Geographiedidaktik

·

Inga Gryl · Michael Lehner · Tom Fleischhauer ·
Karl Walter Hoffmann
(Hrsg.)

Geographiedidaktik

Fachwissenschaftliche Grundlagen,
fachdidaktische Bezüge,
unterrichtspraktische
Beispiele – Band 2

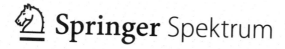

Hrsg.
Inga Gryl
Institut für Geographie, University
of Duisburg-Essen
Essen, Nordrhein-Westfalen, Deutschland

Michael Lehner
Institut für Geographie, University
of Duisburg-Essen
Essen, Nordrhein-Westfalen, Deutschland

Tom Fleischhauer
Erfurt, Thüringen, Deutschland

Karl Walter Hoffmann
Staatliches Studienseminar für Gymnasien
Speyer, Rheinland-Pfalz, Deutschland

ISBN 978-3-662-65719-5   ISBN 978-3-662-65720-1   (eBook)
https://doi.org/10.1007/978-3-662-65720-1

Die Deutsche Nationalbibliothek verzeichnet diese Publikation in der Deutschen Nationalbibliografie; detaillierte bibliografische Daten sind im Internet über http://dnb.d-nb.de abrufbar.

Einbandabbildung: Alternative Map of the Mediterranean Sea by Matthias Görlich, Informationdesign/ Communication Design, Burg Giebichenstein Kunsthochschule Halle.

Planung/Lektorat: Simon Shah-Rohlfs
Springer Spektrum ist ein Imprint der eingetragenen Gesellschaft Springer-Verlag GmbH, DE und ist ein Teil von Springer Nature.
Die Anschrift der Gesellschaft ist: Heidelberger Platz 3, 14197 Berlin, Germany

Vorwort

Liebe Leser*innen, Schulpraktiker*innen, Lehrer*innen, Referendar*innen, Studierende, Fachdidaktiker*innen, Theoretiker*innen und Interessierte, das Schulfach Geographie ist vielfältig – und mannigfaltig ist auch der mit dem Schulfach befasste Personenkreis. Die nicht abzuschließende **Vielfalt** der Anreden dieses Vorworts deutet bereits an, dass dieses Buch, im Bewusstsein der Heterogenität der Adressat*innen, eine Einladung und Unterstützung sein kann, Geographiedidaktik von verschiedenen Ausgangslagen aus zu erkunden. Deswegen bietet es eine Fundgrube an Bausteinen aus geographiedidaktischer Theorie, Schulpraxis und geographischem Fachwissen, in denen jede*r stöbern und sich daraus der eigenen Bedürfnisse bedienen kann.

Kompendien und Lehrbücher zur Geographiedidaktik gibt es bereits einige, und auch wenn jeder neue Aufschlag um Aktualität bemüht ist, können Wiederholungen nicht vermieden werden. Dennoch gibt es gute Gründe für die beiden vorliegenden, eng zusammengehörenden Bände: Jedes Werk zur Geographiedidaktik verfolgt eine eigene Strategie, dieses komplexe Fach erschließbar und in der Praxis vermittelbar zu machen. Das Selbstverständnis dieses Werks ist es, vielfältige geographiedidaktische Ansätze sowohl unter Herstellung eines Anwendungsbezugs als auch unter Fundierung durch geographische, auf Lehrpläne zugeschnittene Inhalte zu vermitteln und flexibel anwendbar zu machen. Mit anderen Worten: Der Band möchte **fachwissenschaftlich fundiert, fachdidaktisch absichtsvoll und unterrichtspraktisch umsetzend** sein. Die Besonderheit besteht nun insbesondere auch darin, dass der umfassende Fundus es ermöglicht, geographiedidaktische Ansätze und fachwissenschaftliche Inhalte ausgehend von dem exemplarischen Anwendungsbezug durch Transferideen vielfältig miteinander zu kombinieren. Um dieses Ziel zu erleichtern, verfügt dieser Band neben seiner linearen, an Lehrplaninhalten orientierten Struktur auch über weitere Indizes, die ein Durchsuchen auf ganz anderen Ebenen erlauben: auf den geographiedidaktischen Ansätzen, den Basiskonzepten, den räumlichen Bezügen und der Kompetenzorientierung etwa.

Die beiden Bände sind ein umfassendes **Gemeinschaftswerk,** das verschiedene Professionen und Expertisen vereint. Die 83 Autor*innen aus der gesamten deutschsprachigen Community der Geographiedidaktik sind in Schulpraxis, Lehramtsausbildung und/oder Forschung tätig. Heterogene Autor*innenteams beflügeln sich gegenseitig und sind sich ein kritisches Korrektiv. Aus diesem Grund wurden alle Beiträge des Bandes offen in der Gruppe der Autor*innen peer-reviewed, um Dialoge im Entstehungsprozess anzuregen[1] . Das Herausgeber*innenteam ist mit Hintergründen in Schulpraxis, Fach- und Seminarleitung und Universität bewusst heterogen zusammengesetzt. Auch Schule ist heterogen und unterliegt vielfältigen Einflüssen.

Für ihre Bereitschaft, sich auf diese herausfordernde Arbeit einzulassen, ihren Erfahrungsschatz zu teilen und mit all ihrer Expertise den Leser*innen Anregung, Professionalisierung und Unterstützung anzubieten, danken wir als Herausgeber den Autor*innen auf das Herzlichste. Darüber hinaus möchten wir uns auch besonders bei Gudrun Reichert und Julia Konschak bedanken, deren Unterstützung in organisatorischer und technischer Hinsicht für uns eine riesige Hilfe war.

Das Titelbild „Alternative Map of the Mediterranean Sea" dieses Bandes stammt von Matthias Görlich (Informationdesign/Communication Design, Mail: goerlich@ burg-halle.de, Burg Giebichenstein Kunsthochschule Halle). Eine Karte zum Thema „Migration und Menschenrechte an Europas Grenzen": Das Mittelmeer wird zur lebens- gefährlichen Barriere, tiefschwarz und in der Konsequenz von unten betrachtet. Wir bedanken uns sehr herzlich für die freundliche Bereitstellung.

Wir wünschen Ihnen als Leser*innen, dass die vorliegenden zwei Bände Ihnen mit den theoriegeleiteten und praxisorientierten Beiträgen die Vielfalt geographie- didaktischer Zugangsweisen aufzeigen und deren Praktikabilität und Transferfähigkeit in der eigenen Erprobung erlebbar machen. Sollten Sie bereits Expert*in im Unterrichten sein, hoffen wir, dass Ihnen die Bände weitere Inspiration bieten und Lust machen, Neues auszuprobieren.

Die Herausgeber*innen
Inga Gryl
Michael Lehner
Karl Walter Hoffmann
Tom Fleischhauer

---

[1] Bei einzelnen Beiträgen wurde das Peer Review-Verfahren auch noch zusätzlich von sechs externen Gutachter*innen unterstützt. Für ihre Anregungen möchten wir uns bei Annette Coen, Jan Grey, Thomas Jekel, Tilman Rhode-Jüchtern, Theresa Steffestun und Sandra Stieger bedanken.

Alternative Inhaltsverzeichnisse

Gliederung nach geographiedidaktischen Bezügen

Dieser Index ergänzt das klassische Inhaltsverzeichnis. Er soll einen Zugriff auf die geographiedidaktischen Bezüge der jeweiligen Beiträge ermöglichen. Als Verweis dient ein Code (z. B. 2.18), wobei die Ziffer vor dem Punkt auf einen der beiden Bände verweist und die Zahl nach dem Punkt auf die Kapitelnummer des jeweiligen Bandes.

(Für weitere Anregungen zur Verwendung dieses Index: siehe Abschnitt 1.2.1 in der Einleitung)

Gliederung nach fachwissenschaftlichen Bezügen

Dieser Index ergänzt das klassische Inhaltsverzeichnis. Er soll einen Zugriff auf die fachwissenschaftlichen Bezüge der jeweiligen Beiträge ermöglichen. Als Verweis dient ein Code (z. B. 2.18), wobei die Ziffer vor dem Punkt auf einen der beiden Bände verweist und die Zahl nach dem Punkt auf die Kapitelnummer des jeweiligen Bandes.
(Für weitere Anregungen zur Verwendung dieses Index: siehe Abschn. 1.2.1 der Einleitung)

Gliederung nach Basiskonzepten

Dieser Index ergänzt das klassische Inhaltsverzeichnis. Er soll einen Zugriff auf die Basiskonzepte, welche in den jeweiligen Beiträge angesprochen werden, ermöglichen. Als Verweis dient ein Code (z. B. 2.18), wobei die Ziffer vor dem Punkt auf einen der beiden Bände verweist und die Zahl nach dem Punkt auf die Kapitelnummer des jeweiligen Bandes.

(Für weitere Anregungen zur Verwendung dieses Index: siehe Abschnitt 1.2.1 der Einleitung)

Basiskonzepte Deutschland

Mensch-Umwelt-System

Systemkomponenten

Prozess, 1.03, 1.04, 1.05, 1.08, 1.09, 1.11, 1.18, 1.19, 1.21, 1.24, 2.03, 2.05, 2.06, 2.08, 2.10, 2.14, 2.15, 2.17, 2.22, 2.26, 2.28

Nachhaltigkeitsviereck
Ökonomie, 1.05, 1.15, 1.16, 1.18, 2.04, 2.05, 2.19, 2.20, 2.24, 2.25, 2.27, 2.28
Ökologie, 1.05, 1.11, 1.15, 1.16, 1.18, 1.25, 2.04, 2.05, 2.19, 2.20, 2.24, 2.25, 2.27, 2.28
Politik, 1.15, 1.16, 1.18, 2.04, 2.05, 2.19, 2.20, 2.24, 2.25, 2.27, 2.28
Soziales, 1.05, 1.15, 1.16, 1.18, 2.04, 2.05, 2.19, 2.20, 2.24, 2.25, 2.27, 2.28

Maßstabsebenen
lokal, 1.07, 1.11, 1.13, 1.18, 1.25, 1.26, 1.27, 2.05, 2.06, 2.07, 2.08, 2.09, 2.10, 2.15, 2.16, 2.17, 2.18, 2.19, 2.22, 2.23, 2.24, 2.25, 2.26, 2.27, 2.28
regional, 1.04, 1.05, 1.07, 1.08, 1.09, 1.13, 1.18, 1.19, 1.21, 1.26, 1.27, 2.05, 2.06, 2.09, 2.10, 2.11, 2.15, 2.17, 2.18, 2.19, 2.22, 2.23, 2.24, 2.25, 2.28
national, 1.07, 1.08, 1.13, 1.16, 1.18, 1.19, 1.21, 1.26, 1.27, 2.05, 2.06, 2.09, 2.11, 2.15, 2.17, 2.18, 2.19, 2.23, 2.24, 2.25, 2.28
international, 1.07, 1.08, 1.13, 1.18, 1.19, 1.26, 1.27, 2.05, 2.06, 2.09, 2.14, 2.17, 2.18, 2.19, 2.23, 2.24, 2.28
global, 1.04, 1.07, 1.08, 1.09, 1.12, 1.13, 1.16, 1.18, 1.22, 1.26, 1.27, 2.05, 2.06, 2.09, 2.14, 2.15, 2.17, 2.18, 2.19, 2.24, 2.25, 2.26, 2.28

Zeithorizonte
kurzfristig, 1.07, 1.18, 2.07, 2.15, 2.17, 2.25
mittelfristig, 1.05, 1.07, 1.09, 1.11, 1.16, 1.18, 1.19, 1.21, 2.07, 2.17, 2.22
langfristig, 1.04, 1.05, 1.07, 1.08, 1.16, 1.18, 1.19, 2.15, 2.17, 2.19, 2.22, 2.25, 2.27

Raumkonzepte
Raum als Container, 1.04, 1.05, 1.08, 1.12, 1.21, 1.24, 1.26, 2.04, 2.08, 2.09, 2.18, 2.21, 2.23
Beziehungsraum, 1.04, 1.08, 1.11, 1.12, 1.13, 1.19, 1.24, 1.26, 2.04, 2.08, 2.09, 2.14, 2.18, 2.21, 2.22, 2.23, 2.26
Wahrgenommener Raum, 1.12, 1.13, 1.23, 1.24, 1.25, 1.26, 1.27, 2.04, 2.05, 2.08, 2.09, 2.11, 2.13, 2.14, 2.16, 2.18, 2.19, 2.21, 2.22, 2.23, 2.27, 2.28
Konstruierter Raum, 1.12, 1.21, 1.22, 1.23, 1.24, 1.26, 1.27, 2.04, 2.07, 2.08, 2.09, 2.11, 2.12, 2.13, 2.14, 2.16, 2.18, 2.21, 2.22, 2.26, 2.27

Basiskonzepte Österreich

Raumkonstruktion und Raumkonzepte, 1.04, 1.08, 1.12, 1.21, 1.23, 1.25, 1.26, 1.27, 2.02, 2.03, 2.04, 2.09, 2.12, 2.13, 2.14, 2.16, 2.18, 2.22, 2.26, 2.27
Regionalisierung und Zonierung, 2.03, 2.08, 2.09, 2.11, 2.17, 2.18

Lehrplan Schweiz

1 Natürliche Grundlagen der Erde untersuchen

Die Schülerinnen und Schüler können...

1.1 die Erde als Planeten beschreiben, 1.12

1.2 Wetter und Klima analysieren, 1.08, 1.09, 1.11, 1.21

1.3 Naturphänomene und Naturereignisse erklären, 1.03, 1.04, 1.05, 1.08, 1.18

1.4 natürliche Ressourcen und Energieträger untersuchen, 1.16, 1.23

2 Lebensweisen und Lebensräume charakterisieren

Die Schülerinnen und Schüler können...

2.1 Bevölkerungsstrukturen und -bewegungen erkennen und einordnen, 1.04, 2.14, 2.15

2.2 Lebensweisen von Menschen in verschiedenen Lebensräumen vergleichen, 1.13, 1.16, 2.03, 2.09, 2.12, 2.13, 2.18, 2.19, 2.23

2.3 die Dynamik in städtischen und ländlichen Räumen analysieren, 1.25, 2.03, 2.04, 2.05, 2.06, 2.07, 2.08, 2.10, 2.23, 2.28

2.4 Mobilität und Transport untersuchen, 2.11, 2.16

2.5 die Bedeutung des Tourismus einschätzen, 2.22, 2.23

3 Mensch-Umwelt-Beziehungen analysieren

Die Schülerinnen und Schüler können...

3.1 natürliche Systeme und deren Nutzung erforschen, 1.05, 1.06, 1.07, 1.08, 1.09, 1.10, 1.11, 1.13, 1.14, 1.16, 1.17, 1.18, 1.22, 1.23, 1.24, 2.22

3.2 wirtschaftliche Prozesse und die Globalisierung untersuchen, 1.15, 1.19, 2.03, 2.17, 2.19, 2.20, 2.24, 2.25, 2.26

3.3 Prozesse der Raumplanung nachvollziehen, 1.04, 1.06, 1.17, 1.25, 2.10, 2.11, 2.21

Gliederung nach Kompetenzen

Dieser Index ergänzt das klassische Inhaltsverzeichnis. Er soll einen Zugriff auf die Kompetenzen, welche in den jeweiligen Beiträge angesprochen werden, ermöglichen. Als Verweis dient ein Code (z. B. 2.18), wobei die Ziffer vor dem Punkt auf einen der beiden Bände verweist und die Zahl nach dem Punkt auf die Kapitelnummer des jeweiligen Bandes.

(Für weitere Anregungen zur Verwendung dieses Index: siehe Abschnitt 1.2.1 der Einleitung)

Fachwissen

F1 Fähigkeit, die Erde als Planeten zu beschreiben

Schülerinnen und Schüler können…

S1 grundlegende planetare Merkmale (z. B. Größe, Gestalt, Aufbau, Neigung der Erdachse, Gravitation) beschreiben, 1.07

S2 die Stellung und die Bewegungen der Erde im Sonnensystem und deren Auswirkungen erläutern (Tag und Nacht, Jahreszeiten), 1.07

F2 Fähigkeit, Räume unterschiedlicher Art und Größe als naturgeographische Systeme zu erfassen

Schülerinnen und Schüler können…

S3 die natürlichen Sphären des Systems Erde (z. B. Atmosphäre, Pedosphäre, Lithosphäre) nennen und einzelne Wechselwirkungen darstellen, 1.03, 1.17

S4 gegenwärtige naturgeographische Phänomene und Strukturen in Räumen (z. B. Vulkane, Erdbeben, Gewässernetz, Karstformen) beschreiben und erklären, 1.03, 1.04, 1.10

S5 vergangene und zu erwartende naturgeographische Strukturen in Räumen (z. B. Lageveränderung der geotektonischen Platten, Gletscherveränderungen) erläutern, 1.08, 1.11

S6 Funktionen von naturgeographischen Faktoren inRäumen (z. B. Bedeutung des Klimas für die Vegetation, Bedeutung des Gesteins für den Boden) beschreiben und erklären, 1.10, 1.17

S7 den Ablauf von naturgeographischen Prozessen in Räumen (z. B. Verwitterung, Wettergeschehen, Gebirgsbildung) darstellen, 1.03, 1.05, 1.09

S8 das Zusammenwirken von Geofaktoren und einfache Kreisläufe (z. B. Höhenstufen der Vegetation, Meeresströmungen und Klima, Ökosystem tropischer Regenwald, Wasserkreislauf) als System darstellen, 1.08, 1.17

S9 ihre exemplarisch gewonnenen Kenntnisse auf andere Räume anwenden. 1.18

F3 Fähigkeit, Räume unterschiedlicher Art und Größe als humangeographische Systeme zu erfassen

Schülerinnen und Schüler können…

S10 vergangene und gegenwärtige humangeographische Strukturen in Räumen beschreiben und erklären; sie kennen Vorhersagen zu zukünftigen Strukturen (z. B. politische Gliederung, wirtschaftliche Raumstrukturen, Bevölkerungsverteilungen), 2.04, 2.12, 2.23

S11 Funktionen von humangeographischen Faktoren in Räumen (z. B. Erschließung von Siedlungsräumen durch Verkehrswege) beschreiben und erklären, 1.12, 2.04

S12 den Ablauf von humangeographischen Prozessen in Räumen (z. B. Strukturwandel, Verstädterung, wirtschaftliche Globalisierung) beschreiben und erklären, 1.15, 1.24, 2.04, 2.08, 2.20, 2.23, 2.28

S13 das Zusammenwirken von Faktoren in humangeographischen Systemen (z. B. Bevölkerungspolitik, Welthandel, Megastädte) erläutern, 2.04, 2.07

S14 die realen Folgen sozialer und politischer Raumkonstruktionen (z. B. Kriege, Migration, Tourismus) erläutern, 2.12, 2.14, 2.23

S15 humangeographische Wechselwirkungen zwischen Räumen (z. B. Stadt – Land, Entwicklungsländer – Industrieländer) erläutern, 2.03

S16 ihre exemplarisch gewonnen Erkenntnisse auf andere Räume anwenden. *(kein Beitrag)*

F4 Fähigkeit, Mensch-Umwelt-Beziehungen in Räumen unterschiedlicher Art und Größe zu analysieren

Schülerinnen und Schüler können...

S17 das funktionale und systemische Zusammenwirken der natürlichen und anthropogenen Faktoren bei der Nutzung und Gestaltung von Räumen (z. B. Standortwahl von Betrieben, Landwirtschaft, Bergbau, Energiegewinnung, Tourismus, Verkehrsnetze, Stadtökologie) beschreiben und analysieren, 1.06, 1.13, 1.14, 1.17, 1.18, 1.19, 1.20, 1.22, 1.25, 2.03, 2.05, 2.22, 2.23

S18 Auswirkungen der Nutzung und Gestaltung von Räumen (z. B. Rodung, Gewässerbelastung, Bodenerosion, Naturrisiken, Klimawandel, Wassermangel, Bodenversalzung) erläutern, 1.05, 1.06, 1.11, 1.13, 1.15, 1.17, 1.19, 1.21, 1.24, 2.05, 2.23

S19 an ausgewählten einzelnen Beispielen Auswirkungen der Nutzung und Gestaltung von Räumen (z. B. Desertifikation, Migration, Ressourcenkonflikte, Meeresverschmutzung) systemisch erklären, 1.10, 1.11, 1.17, 1.19, 2.05, 2.19, 2.23

S20 mögliche ökologisch, sozial und/oder ökonomisch sinnvolle Maßnahmen zur Entwicklung und zum Schutz von Räumen (z. B. Tourismusförderung, Aufforstung, Biotopvernetzung, Geotopschutz) erläutern, 1.04, 1.13, 1.14, 1.17, 1.19, 1.25, 2.23

S21 Erkenntnisse auf andere Räume der gleichen oder unterschiedlichen Maßstabsebene anwenden sowie Gemeinsamkeiten und Unterschiede (z. B. globale Umweltprobleme, Regionalisierung und Globalisierung, Tragfähigkeit der Erde und nachhaltige Entwicklung) darstellen, 1.18, 1.19

F5 Fähigkeit, individuelle Räume unterschiedlicher Art und Größe unter bestimmten Fragestellungen zu analysieren

Schülerinnen und Schüler können...

S22 geographische Fragestellungen (z. B. Gunst-/Ungunstraum, Gleichwertigkeit von Lebensbedingungen in Stadt und Land) an einen konkreten Raum (z. B. Gemeinde/Heimatraum, Bundesland, Verdichtungsraum, Deutschland, Europa, USA, Russland) richten, 1.02, 1.17, 1.25, 2.03, 2.04, 2.05, 2.23, 2.27

S23 zur Beantwortung dieser Fragestellungen Strukturen und Prozesse in den ausgewählten Räumen (z. B. Wirtschaftsstrukturen in der EU, Globalisierung der Industrie in Deutschland, Waldrodung in Amazonien, Sibirien) analysieren, 1.16, 1.17, 1.19, 1.25, 2.05, 2.11, 2.15, 2.23

S24 Räume unter ausgewählten Gesichtspunkten (z. B. die Bevölkerungspolitik in Indien und China; das Klima Deutschlands, Russlands und der USA; die Naturausstattung von Arktis und Antarktis) vergleichen, 2.23

S25 Räume nach bestimmten Merkmalen kennzeichnen und sie vergleichend gegeneinander abgrenzen (z. B. Entwicklungsländer – Industrieländer, Verdichtungs- und Peripherräume in Deutschland und Europa). *(kein Beitrag)*

Räumliche Orientierung

O1 Kenntnis grundlegender topographischer Wissensbestände
Schülerinnen und Schüler...

S1 verfügen auf den unterschiedlichen Maßstabsebenen über ein basales Orientierungswissen (z. B. Name und Lage der Kontinente und Ozeane, der großen Gebirgszüge der Erde, der einzelnen Bundesländer, von großen europäischen Städten und Flüssen). *(kein Beitrag)*

S2 kennen grundlegende räumliche Orientierungsraster und Ordnungssysteme (z. B. das Gradnetz, die Klima- und Landschaftszonen der Erde, Regionen unterschiedlichen Entwicklungsstandes), 1.26

O2 Fähigkeit zur Einordnung geographischer Objekte und Sachverhalte in räumliche Ordnungssysteme
Schülerinnen und Schüler können...

S3 die Lage eines Ortes (und anderer geographischer Objekte und Sachverhalte) in Beziehung zu weiteren geographischen Bezugseinheiten (z. B. Flüsse, Gebirge) beschreiben, 1.02, 1.19, 1.26

S4 die Lage geographischer Objekte in Bezug auf ausgewählte räumliche Orientierungsraster und Ordnungssysteme (z. B. Lage im Gradnetz) genauer beschreiben, 1.18, 1.26

O3 Fähigkeit zu einem angemessenen Umgang mit Karten (Kartenkompetenz)
Schülerinnen und Schüler können...

S5 die Grundelemente einer Karte (z. B. Grundrissdarstellung, Generalisierung, doppelte Verebnung von Erdkugel und Relief) nennen und den Entstehungsprozess einer Karte beschreiben, 1.03

S6 topographische, physische, thematische und andere alltagsübliche Karten im Web oder anderen Quellen finden, lesen und unter einer zielführenden Fragestellung auswerten, 1.03, 1.11

S7 Beeinflussungsmöglichkeiten der Kommunikation mit kartographischen Darstellungen (z. B. durch Farbwahl, Akzentuierung) beschreiben, 1.04, 2.06, 2.26

S8 topographische Übersichtsskizzen und einfache Karten analog und digital anfertigen 1.04

S9 aufgabengeleitet einfache Kartierungen durchführen, 1.27, 2.06

O4 Fähigkeit zur Orientierung in Realräumen

Schülerinnen und Schüler können...

S11 mit Hilfe einer Karte und anderer Orientierungshilfen (z. B. Landmarken, Straßennamen, Himmelsrichtungen, mobilen Geräten zur Standortermittlung) ihren Standort im Realraum bestimmen, 1.26, 2.08

S12 anhand einer Karte eine Wegstrecke im Realraum beschreiben. *(kein Beitrag)*

S13 sich mit Hilfe von Karten und anderen Orientierungshilfen (z. B. Landmarken, Piktogrammen, Kompass, Diensten zur Routenplanung, Augmented Reality) im Realraum bewegen, 1.26, 2.03

S14 schematische Darstellungen von Verkehrsnetzen anwenden. *(kein Beitrag)*

O5 Fähigkeit zur Reflexion von Raumwahrnehmung und -konstruktion

Schülerinnen und Schüler können...

S15 anhand von kognitiven Karten/Mental Maps und Augmented Reality erläutern, dass Räume stets selektiv und subjektiv wahrgenommen werden (z. B. Vergleich der Mental Maps deutscher und japanischer Schüler von der Welt), 1.25, 2.09, 2.13, 2.27

S16 anhand von Karten verschiedener Art erläutern, dass Raumdarstellungen stets konstruiert sind (z. B. zwei verschiedene Kartennetzentwürfe; zwei verschiedene Karten über Entwicklungs- und Industrieländer), 2.06, 2.12, 2.26

Erkenntnisgewinnung/Methoden

M1 Kenntnis von geographisch/geowissenschaftlich relevanten Informationsquellen, -formen und -strategien

Schülerinnen und Schüler können...

S1 geographisch relevante Informationsquellen, sowohl analoge (z. B. Fachbücher, Gelände) als auch digitale (z. B. Internet, Apps), und Hybridformen (digital angereicherte Fach-/Lehrbücher, Augmented Reality, Virtual Reality) nennen, 1.20

S2 geographisch relevante Informationsformen/Medien (z. B. Karte, Foto, Luftbild, Zahl, Text, Diagramm, Globus, Augmented Reality, Virtual Reality) nennen, 1.20

S3 grundlegende Strategien der Informationsgewinnung aus analogen, digitalen und hybriden Informationsquellen und -formen sowie Strategien der Informationsauswertung beschreiben, 1.09, 1.20

M2 Fähigkeit, Informationen zur Behandlung von geographischen/geowissenschaftlichen Fragestellungen zu gewinnen

Schülerinnen und Schüler können...

S4 problem-, sach- und zielgemäß Informationen aus geographisch relevanten Informationsformen/-medien auswählen, 1.03, 1.04, 1.12, 1.16, 1.21, 2.02, 2.10, 2.15, 2.22

S5 problem-, sach- und zielgemäß Informationen im Gelände (z. B. Beobachten, Kartieren, Messen, Zählen, Probennahme, Befragen) oder durch einfache Versuche und klassische Experimente gewinnen, 1.02, 1.03, 1.05, 1.07, 1.14, 2.08, 2.09

M3 Fähigkeit, Informationen zur Behandlung geographischer/geowissenschaftlicher Fragestellungen auszuwerten

Schülerinnen und Schüler können...

S6 geographisch relevante Informationen aus analogen, digitalen und hybriden Informationsquellen sowie aus eigener Informationsgewinnung strukturieren und bedeutsame Einsichten herausarbeiten,1.05, 1.07, 1.13, 1.16, 1.17, 1.20, 1.21, 1.27, 2.15, 2.17, 2.18, 2.24, 2.25, 2.26

S7 die gewonnenen Informationen mit anderen geographischen Informationen zielorientiert verknüpfen, 1.05, 1.17, 2.25

S8 die gewonnenen Informationen in andere Formen der Darstellung (z. B. Zahlen in Karten oder Diagramme, Fotos, Texte, Links u. v. m. in multimediale geographische Darstellungsformen) umwandeln, 1.04, 1.07, 1.08, 1.13, 1.19, 1.20, 1.27

M4 Fähigkeit, die methodischen Schritte zu geographischer/geowissenschaftlicher Erkenntnisgewinnung in einfacher Form zu beschreiben und zu erläutern

Schülerinnen und Schüler können...

S9 selbstständig einfache geographische Fragen stellen und dazu Hypothesen formulieren,1.02, 1.05, 1.07, 1.09, 1.10, 1.12, 2.16, 2.17

S10 einfache Möglichkeiten der Überprüfung von Hypothesen beschreiben und anwenden, 1.09, 1.10, 2.14, 2.17

S11 den Weg der Erkenntnisgewinnung in einfacher Form beschreiben, 1.02, 2.02, 2.17

Kommunikation

K1 Fähigkeit, geographisch/geowissenschaftlich relevante Mitteilungen zu verstehen und sachgerecht auszudrücken

Schülerinnen und Schüler können...

S1 geographisch relevante schriftliche und mündliche Aussagen in Alltags- und Fachsprache verstehen, 1.12, 2.11

S2 geographisch relevante Sachverhalte/Darstellungen (in Text, Bild, Grafik etc.) sachlogisch geordnet und unter Verwendung von Fachsprache ausdrücken, 1.21, 2.07

S3 bei geographisch relevanten Aussagen zwischen Tatsachenfeststellungen und Bewertungen unterscheiden, 1.04, 2.18

S4 geographisch relevante Mitteilungen fach-, situations- und adressatengerecht organisieren und präsentieren, 1.04, 1.18

K2 Fähigkeit, sich über geographische/geowissenschaftliche Sachverhalte auszutauschen, auseinanderzusetzen und zu einer begründeten Meinung zu kommen
Schülerinnen und Schüler können...
S5 im Rahmen geographischer Fragestellungen die logische, fachliche und argumentative Qualität eigener und fremder Mitteilungen kennzeichnen und angemessen reagieren, 1.21, 2.06, 2.09, 2.18, 2.21, 2.26
S6 an ausgewählten Beispielen fachliche Aussagen und Bewertungen abwägen und in einer Diskussion zu einer eigenen begründeten Meinung und/oder zu einem Kompromiss kommen (z. B. Rollenspiele, Szenarien), 2.07, 2.10, 2.14, 2.16, 2.18, 2.21, 2.22, 2.24

Beurteilung/Bewertung

B1 Fähigkeit, ausgewählte Situationen/Sachverhalte im Raum unter Anwendung geographischer/geowissenschaftlicher Kenntnisse zu beurteilen
Schülerinnen und Schüler können...
S1 fachbezogene und allgemeine Kriterien des Beurteilens (wie z. B. ökologische/ökonomische/soziale Adäquanz, Gegenwarts- und Zukunftsbedeutung, Perspektivität) nennen, 1.25, 2.22
S2 geographische Kenntnisse und die o.g. Kriterien anwenden, um ausgewählte geographisch relevante Sachverhalte, Ereignisse, Herausforderungen und Risiken (z. B. Migration, Hochwasser, Entwicklungshilfe, Flächennutzungskonflikte, Konflikte beim Zusammentreffen von Kulturen, Bürgerkriege, Ressourcenkonflikte) zu beurteilen, 1.10, 1.14, 1.16, 1.19, 1.24, 1.26, 2.08, 2.10, 2.19, 2.23

B2 Fähigkeit, ausgewählte geographisch/geowissenschaftlich relevante Informationen aus Medien kriteriengestützt zu beurteilen (Medienkompetenz)
Schülerinnen und Schüler können...
S3 aus klassischen und modernen Informationsquellen (z. B. Schulbuch, Zeitung, Atlas, Internet) sowie aus eigener Geländearbeit gewonnene Informationen hinsichtlich ihres generellen Erklärungswertes und ihrer Bedeutung für die Fragestellung beurteilen, 1.05, 1.08, 1.10, 1.20, 1.27, 2.02, 2.17
S4 zur Beeinflussung der Darstellungen in geographisch relevanten Informationsträgern durch unterschiedliche Interessen kritisch Stellung nehmen (z. B. touristische Anlagen in Reiseprospekten, Stadtkarten für Kinder), 1.20, 1.21, 2.03, 2.06, 2.13, 2.26

B3 Fähigkeit, ausgewählte geographische/geowissenschaftliche Erkenntnisse und Sichtweisen hinsichtlich ihrer Bedeutung und Auswirkungen für die Gesellschaft angemessen zu beurteilen

Schülerinnen und Schüler können...

S5 zu den Auswirkungen ausgewählter geographischer Erkenntnisse in historischen und gesellschaftlichen Kontexten (z. B. Folgen von verschiedenen Weltbildern/Berichte von Entdeckungsreisen) kritisch Stellung nehmen, 1.20, 2.02, 2.05, 2.06, 2.15, 2.18, 2.23, 2.25

S6 zu ausgewählten geographischen Aussagen hinsichtlich ihrer gesellschaftlichen Bedeutung (z. B. Vorhersagen von Naturrisiken und Umweltgefährdung) kritisch Stellung nehmen, 1.12, 1.17, 1.18, 1.19, 1.20, 2.05, 2.18, 2.24, 2.25, 2.28

B4 Fähigkeit, ausgewählte geographisch/geowissenschaftlich relevante Sachverhalte/Prozesse unter Einbeziehung fachbasierter und fachübergreifender Werte und Normen zu bewerten

Schülerinnen und Schüler können...

S7 geographisch relevante Werte und Normen (z. B. Menschenrechte, Naturschutz, Nachhaltigkeit) nennen, 1.15, 1.23, 2.05, 2.20

S8 geographisch relevante Sachverhalte und Prozesse (z. B. Flussregulierung, Tourismus, globale Ordnungen, Entwicklungshilfe/wirtschaftliche Zusammenarbeit, Ressourcennutzung) in Hinblick auf diese Normen und Werte bewerten, 1.06, 1.15, 1.16, 1.22, 1.23, 1.25, 2.05, 2.13, 2.14, 2.15, 2.19, 2.20, 2.23, 2.24, 2.27

Handlung

H1 Kenntnis handlungsrelevanter Informationen und Strategien

Schülerinnen und Schüler kennen...

S1 umwelt- und sozialverträgliche Lebens- und Wirtschaftsweisen, Produkte sowie Lösungsansätze (z. B. Benutzung von ÖPNV, ökologischer Landbau, regenerative Energien), 2.16, 2.19

S2 schadens- und risikovorbeugende/-mindernde Maßnahmen (z. B. Tsunami-Warnsysteme, Entsiegelung, Renaturierung), 1.5

S3 Möglichkeiten, Vorurteile (z. B. gegenüber Angehörigen anderer Kulturen) aufzudecken und zu beeinflussen, 2.13, 2.14

H2 Motivation und Interesse für geographische/geowissenschaftliche Handlungsfelder

Schülerinnen und Schüler interessieren sich...

S4 für die Vielfalt von Natur und Kultur im Heimatraum und in anderen Lebenswelten, 2.13

S5 für geographisch relevante Probleme auf lokaler, regionaler, nationaler und globaler Maßstabsebene (z. B. Meeresverschmutzung, Hochwasser, Armut in Entwicklungsländern), 1.14, 2.19

S6 für die Orientierung an geographisch relevanten Werten, 1.15

H3 Bereitschaft zum konkreten Handeln in geographisch/geowissenschaftlich relevanten Situationen (Informationshandeln, politisches Handeln, Alltagshandeln)

Schülerinnen und Schüler sind bereit,…

S7 andere Personen fachlich fundiert über relevante Handlungsfelder zu informieren (z. B. Umwelt- und Sozialverträglichkeit einer Umgehungsstraße, Notwendigkeit eines Deichbaus oder von Überflutungsflächen, nachhaltige Stadtentwicklung, nachhaltige Landwirtschaft), 1.15, 2.03, 2.18, 2.28

S8 fachlich fundiert raumpolitische Entscheidungsprozesse nachzuvollziehen und daran zu partizipieren (z. B. Planungsvorschläge an den Gemeinderat, Beteiligung an der Lokalen Agenda des Heimatortes), 1.24, 2.10, 2.27

S9 sich in ihrem Alltag für eine bessere Qualität der Umwelt, eine nachhaltige Entwicklung, für eine interkulturelle Verständigung und eine Begegnung auf Augenhöhe mit Menschen anderer Regionen sowie ein friedliches und gerechtes Zusammenleben in der Einen Welt einzusetzen (z. B. Kauf von Fair-Trade- und/oder Ökoprodukten, Partnerschaften, Verkehrsmittelwahl, Abfallvermeidung), 2.23, 2.25

H4 Fähigkeit zur Reflexion der Handlungen hinsichtlich ihrer natur- und sozialräumlichen Auswirkungen

Schülerinnen und Schüler können…

S10 einzelne potentielle oder tatsächliche Handlungen in geographischen Zusammenhängen begründen, 1.15, 2.18, 2.20, 2.24, 2.28

S11 natur- und sozialräumliche Auswirkungen einzelner ausgewählter Handlungen abschätzen und in Alternativen denken, 1.15, 1.18, 2.07, 2.18, 2.20, 2.24, 2.25, 2.28

Gliederung nach räumlichen Bezügen

Dieser Index ergänzt das klassische Inhaltsverzeichnis. Er soll einen Zugriff auf die räumlichen Bezüge der jeweiligen Beiträge ermöglichen. Als Verweis dient ein Code (z. B. 2.18), wobei die Ziffer vor dem Punkt auf einen der beiden Bände verweist und die Zahl nach dem Punkt auf die Kapitelnummer des jeweiligen Bandes.

(Für weitere Anregungen zur Verwendung dieses Index: siehe Abschnitt 1.2.1 der Einleitung)

Inhaltsverzeichnis

Herausgeber- und Autorenverzeichnis

Über die Herausgeber

Inga Gryl, Prof.^in Dr.^in Institut für Geographie, University of Duisburg-Essen, Essen, Nordrhein-Westfalen, Deutschland

Michael Lehner Institut für Geographie, University of Duisburg-Essen, Essen, Nordrhein-Westfalen, Deutschland

Tom Fleischhauer Erfurt, Thüringen, Deutschland

Karl Walter Hoffmann, OStD Staatl. Studienseminar für Gymnasien, Speyer, Rheinland-Pfalz, Deutschland

Autorenverzeichnis

Julian Bette Dr. St.-Ursula-Gymnasium Arnsberg-Neheim, Arnsberg, NRW, Deutschland

Johannes Bohle Dr. Abteilung Geographie, Europa-Universität Flensburg, Flensburg, Deutschland

Swantje Borukhovich-Weis Institut für Sachunterricht, Universität Duisburg-Essen, Essen, Deutschland

Nina Brendel, Jun.-Prof.^in Dr.^in Institut für Umweltwissenschaften und Geographie, Universität Potsdam, Potsdam, Brandenburg, Deutschland

Thomas Brühne PD Dr. Abteilung Geographie, Universität Koblenz, Koblenz, Deutschland

Alexandra Budke, Prof.ⁱⁿ Dr.ⁱⁿ Institut für Geographiedidaktik, Universität zu Köln, Köln, Deutschland

Christian Dorsch Dr. Institut für Humangeographie, Goethe-Universität Frankfurt, Frankfurt am Main, HE, Deutschland

Andreas Eberth Dr. Didaktik der Geographie, Institut für Didaktik der Naturwissenschaften, Leibniz Universität Hannover, Hannover, Deutschland

Eva Engelen Institut für Geographiedidaktik, Universität zu Köln, Köln, Deutschland

Tilo Felgenhauer HS-Prof. Dr. Institut für Sekundarstufenpädagogik, Pädagogische Hochschule Oberösterreich, Linz, Österreich

Tom Fleischhauer Institut für Geographie, University of Duisburg-Essen, Erfurt, Nordrhein-Westfalen, Deutschland

Christian Fridrich Prof. Dr. Fachbereich Geographische und Sozioökonomische Bildung, Pädagogische Hochschule Wien, Wien, Österreich

Janis Fögele Prof. Dr. Institut für Geographie, Abt. Geographiedidaktik, Universität Hildesheim, Hildesheim, Deutschland

Inga Gryl, Prof.ⁱⁿ Dr.ⁱⁿ Institut für Geographie, University of Duisburg-Essen, Essen, Nordrhein-Westfalen, Deutschland

Georg Gudat Institut für Geographie, Friedrich-Schiller-Universität, Jena, Thüringen, Deutschland

Michael Hemmer Prof. Dr. Institut für Didaktik der Geographie, Westfälische Wilhelms-Universität Münster, Münster, Deutschland

Christiane Hintermann, Ass.-Prof.ⁱⁿ Institut für Geographie und Regionalforschung, Universität Wien, Wien, Wien

Karl Walter Hoffmann OStD Staatl. Studienseminar für das Lehramt an Gymnasien, Speyer, Rheinland-Pfalz, Deutschland

Holger Jahnke Prof. Dr. Abteilung Geographie, Europa-Universität Flensburg, Flensburg, Deutschland

Detlef Kanwischer Prof. Dr. Institut für Humangeographie, Goethe-Universität Frankfurt, Frankfurt am Main, Hessen, Deutschland

Thomas Klinger Dr. Forschungsgruppe Mobilität und Raum, ILS Dortmund, Dortmund, NRW, Deutschland

Miriam Kuckuck, Prof.[in] Dr.[in] Institut für Geographie und Sachunterricht, Wuppertal, Deutschland

Bernhard Köppen Prof. Dr. Abteilung Geographie, Universität Koblenz, Koblenz, Deutschland

Melanie Lauffenburger Institut für Humangeographie, Goethe-Universität Frankfurt, Frankfurt am Main, Deutschland

Michael Lehner Institut für Geographie, University of Duisburg-Essen, Essen, Nordrhein-Westfalen, Deutschland

Anne-Kathrin Lindau, Prof.[in] Dr.[in] Didaktik der Geographie, Martin-Luther-Universität Halle-Wittenberg, Halle, Deutschland

Sabine Lippert M.Ed. Geographie und ihre Didaktik, Universität Trier, Trier, Rheinland-Pfalz, Deutschland

Rainer Mehren Prof. Dr. Institut für Didaktik der Geographie, Westfälische Wilhelms-Universität Münster, Münster, Deutschland

Melissa Meurel Institut für Didaktik der Geographie, Westfälische Wilhelms-Universität Münster, Münster, Deutschland

Christiane Meyer, Prof.[in] Dr.[in] Institut für Didaktik der Naturwissenschaften, Didaktik der Geographie, Leibniz Universität Hannover, Hannover, Deutschland

Stephanie Mittrach Green Office, Leibniz Universität Hannover, Hannover, Niedersachsen, Deutschland

Katharina Mohring, Dr.[in] Institut für Umweltwissenschaften und Geographie, Universität Potsdam, Potsdam, Brandenburg, Deutschland

Eva Nöthen, Dr.[in] Institut für Humangeographie, Goethe-Universität Frankfurt, Frankfurt am Main, HE, Deutschland

Fabian Pettig Ass.-Prof. Dr. Institut für Geographie und Raumforschung, Universität Graz, Graz, Steiermark, Österreich

Herbert Pichler Institut für Geographie und Regionalforschung, Universität Wien, Wien, Österreich

Nicole Raschke, Jun.-Prof.[in] Dr.[in] Professur für Geographische Bildung, Institut für Geographie, Technische Universität Dresden, Dresden, Sachsen, Deutschland

Monika Reuschenbach, Prof.[in] Dr.[in] Geografie und Geografiedidaktik, Pädagogische Hochschule Zürich, Zürich, Schweiz

Verena Schreiber, Jun.-Prof.[in] Institut für Geographie und ihre Didaktik, Pädagogische Hochschule Freiburg, Freiburg, Deutschland

Gabriele Schrüfer, Prof.[in] **Dr.**[in] Didaktik der Geographie, Universität Bayreuth, Bayreuth, Deutschland

Sonja Schwarze, Dr.[in] Institut für Didaktik der Geographie, Westfälische Wilhelms-Universität Münster, Münster, Deutschland

Pola Serwene M.Ed. Institut für Umweltwissenschaften und Geographie, Universität Potsdam, Potsdam, Deutschland

Rolf Peter Tanner Prof. Dr. PHBern, Institut Sekundarstufe II, Bern, Kanton Bern, Schweiz

Einleitung

1

Inga Gryl, Michael Lehner, Tom Fleischhauer und Karl Walter Hoffmann

1.1 Geographiedidaktik und das Schulfach Geographie

Zentrale Schlüsselprobleme der Gegenwart wie der menschenverursachte Klimawandel, global ungleiche Entwicklung, Urbanisierung und damit verbundene grundlegende Fragen des Zusammenlebens, komplexe Konflikte in Verbindung mit Migration, die sich u. a. entlang nationaler oder supranationaler Grenzziehungen zeigen, und vieles andere mehr weisen allesamt eine geographische Dimension auf. Neben einer individuellen Ausbildung von wichtigen Kulturtechniken, wie der Karten- und Geomedienkompetenz, ist es eben auch eine Auseinandersetzung mit einschlägigen Gegenwarts- und Zukunftsfragen, welche die Bedeutung einer geographischen Bildung unterstreicht.

Den Auftrag zur geographischen Bildung in der Institution Schule trägt – neben Verbundfächern wie Gesellschafts- oder Naturwissenschaften sowie Sachunterricht – vor allem das Schulfach *Geographie* –, welches in wenigen Bundesländern Deutschlands

I. Gryl · M. Lehner (⊠)
Institut für Geographie, University of Duisburg-Essen, Essen, Nordrhein-Westfalen, Deutschland
E-Mail: michael.lehner@uni-due.de

I. Gryl
E-Mail: inga.gryl@uni-due.de

T. Fleischhauer
Institut für Geographie, University of Duisburg-Essen, Erfurt, Nordrhein-Westfalen, Deutschland
E-Mail: tom.fleischhauer@t-online.de

K. W. Hoffmann
Staatl. Studienseminar für das Lehramt an Gymnasien, Speyer, Rheinland-Pfalz, Deutschland
E-Mail: k.w.hoffmann@speyerseminar.de

© Der/die Autor(en), exklusiv lizenziert an Springer-Verlag GmbH, DE, ein Teil von Springer Nature 2023
I. Gryl et al. (Hrsg.), *Geographiedidaktik*, https://doi.org/10.1007/978-3-662-65720-1_1

noch unter der Bezeichnung „Erdkunde" geführt oder beispielsweise in Österreich als *Integrationsfach* gemeinsam mit Wirtschaft unterrichtet wird. Der Beitrag des Schulfachs zur geographischen Bildung wird in dem Konsenspapier zwischen den geographischen Teilverbänden (Deutschlands), den „Bildungsstandards im Fach Geographie für den Mittleren Schulabschluss", folgendermaßen konkretisiert: „Leitziele des Geographie-unterrichts sind […] die Einsicht in die Zusammenhänge zwischen natürlichen Gegeben-heiten und gesellschaftlichen Aktivitäten in verschiedenen Räumen der Erde und eine darauf aufbauende raumbezogene Handlungskompetenz" (DGfG, 2020: 5). Mit dieser Zielsetzung wird das Fach an der **Schnittstelle zwischen Natur- und Gesellschafts-wissenschaften** positioniert. Neben einer stärker naturwissenschaftlichen orientierten Physischen Geographie, die u. a. Klimageographie oder Geomorphologie umfasst, und einer stärker gesellschafts- und geisteswissenschaftlich ausgerichteten Humangeo-graphie, zu der u. a. Wirtschafts-, Stadt- oder Politische Geographie zählen, wird mit den Bildungsstandards auch eine dritte Säule (vgl. „Drei-Säulen-Modell" nach Weichhart in Gebhardt et al., 2007: 65–75) betont, die auf einer (mehr oder weniger) eigenständigen Gesellschafts-Umwelt-Forschung basiert und sowohl Ansätze aus der Physischen wie auch der Humangeographie integriert.

Darüber hinaus gründet diese Zielsetzung auf einem **erweiterten Raumbegriff**, welcher Raum nicht nur als einen „Container", der bestimmte Sachverhalte enthält, wie Klima, Gewässer, Vegetation, Tierwelt oder Kulturgüter, sondern etwa auch als Ergeb-nis von Aushandlungsprozessen auffasst (wir werden unter Abschn. 1.2.1.3 „Gliederung nach Basiskonzepten" noch näher auf unterschiedliche Raumkonzepte eingehen). Letztlich soll Geographieunterricht dazu befähigen, „die für die Zukunft des Planeten Erde und das Zusammenleben der Menschheit epochalen Problemfelder […] aus geo-graphischer Perspektive erfassen, analysieren und beurteilen zu können und eine raum-bezogene Handlungskompetenz zu entwickeln" (Hemmer, 2021: 138).

Diese gegenwärtigen Leitziele sind auch Ausdruck eines **grundlegenden Wandels** in der Ausrichtung **des Unterrichtsfachs.** Ein tiefgreifender Paradigmenwechsel geht dabei auf die 1970er-Jahre zurück. Seit der Einführung eines eigenständigen Fachs – z. B. 1872 in Verbindung mit der preußischen Bildungsreform (vgl. Bauer, 1976) – lässt sich das Paradigma der Länderkunde als dominante Leitvorstellung herausarbeiten (vgl. Rinschede & Siegmund, 2020: 26). Im Sinne eines länderkundlichen Zugangs rückt die Vermittlung von enzyklopädischem Wissen über einzelne Länder und ihre Bevölkerung in den Fokus. Diese unterrichtliche Leitvorstellung vermochte neben einer Legitimation von Nationalstaaten in Verbindung mit imperialen und kolonialen Ansprüchen sogar einer *Blut-und-Boden-Ideologie* im Kontext des Nationalsozialismus Vorschub zu leisten (vgl. Birkenhauer, 1999; Schultz, 1993: 10). Seit den 1970er-Jahren konnte schritt-weise eine Abkehr von einer länderkundlichen Ausrichtung durchgesetzt werden und es zeichnet sich ein zunehmender Pluralismus an geographiedidaktischen Zugängen ab (vgl. Bauer & Gryl, 2018).

Zwei bedeutende didaktische Prinzipien, die sich als Beispiele im Kontrast zur Länderkunde nennen lassen, sind Schüler*innenorientierung und Exemplarität. Für die unterrichtliche Praxis bedeutet etwa der Anspruch der Exemplarität, dass Einsichten u. a. auch übertragbar sein sollen, wie sich beispielsweise die Einblicke in Ambivalenzen in Verbindung mit dem Braunkohletagebau und möglichen Rekultivierungsmaßnahmen in einer bestimmten Region in vielerlei Hinsicht auch auf andere Regionen übertragen lassen. Über die Wahl des Exemplarischen kann zugleich eine Schüler*innenorientierung realisiert werden. Diesem Anspruch der Exemplarität und Transferfähigkeit wollen wir auch in den vorliegenden zwei Bänden gerecht werden, mit denen ein umfassender Einblick in die zunehmende Vielfalt an Zugängen zum Geographieunterricht geboten werden soll. Wie diese beiden Bände konkret Orientierung in einer vielstimmigen Geographiedidaktik bieten können, ist Gegenstand der folgenden Abschnitte.

1.2 Was ist mit diesem Werk möglich? Eine Gebrauchsanregung

Struktur der Bände

Bücher sind, bedingt durch die physisch notwendige Reihung von Seiten und Kapiteln, zunächst linear. Allerdings müssen sie nicht linear gelesen werden. Die beiden vorliegenden Bände regen dazu an, mithilfe von zusätzlichen Indizes querzulesen, Verweisen auch über die Bände hinweg zu folgen und eigene Zusammenstellungen von Inhalten vorzunehmen. Die in den jeweiligen Kapiteln vorgestellte Kombination aus fachwissenschaftlichem Lehrplanbezug und fachdidaktischem Ansatz ist exemplarisch und einige Verweise sowie der Transferbereich laden zu Neuarrangements ein.

Um ein eigenständiges *Remixen* zu erleichtern sind alle Beiträge gleich aufgebaut (vgl. Abschn. „Struktur der Kapitel"). Und um einen Zugriff auf die einzelnen Elemente der jeweiligen Beiträge zu ermöglichen, wird das klassische Inhaltsverzeichnis durch fünf alternative Verzeichnisse ergänzt:

- Gliederung nach geographiedidaktischen Bezügen
- Gliederung nach fachwissenschaftlichen Bezügen
- Gliederung nach Basiskonzepten
- Gliederung nach Kompetenzen
- Gliederung nach räumlichen Bezügen

Im Folgenden werden diese verwendeten Gliederungssysteme als alternative Inhaltsverzeichnisse näher vorgestellt. Wie diese vielseitigen Zugänge ein eigenständiges Kombinieren der einzelnen Elemente der Beiträge konkret unterstützen können, ist Gegenstand von Abschn. 1.2.3 „Variation didaktischer Zugangsweisen".

Gliederung nach geographiedidaktischen Bezügen

Geographiedidaktische Ansätze[1] sind Modi des Kompetenzerwerbs (Fachwissen, Anwendungskompetenzen und Haltungen) und damit der Erschließung von Welt. Sie sind zwar flexibel einsetzbar, aber stellen eben auch spezifische Brillen auf Aneignung und Welt dar. Sie setzen eigene Akzente, die für den Kompetenzerwerb mal mehr, mal weniger geeignet sind. Ihre Beherrschung eröffnet ein professionell immer neu arrangierbares Repertoire für die Unterrichtsplanung. Zentrales Anliegen ist es hierbei deshalb, geographiedidaktische Ansätze zu vermitteln bzw. für die Unterrichtsplanung bereitzustellen. Zur Realisierung einer selbstverständlichen Anwendbarkeit wird jeder hier aufgeführte Ansatz in einem Beitrag im Kontext mit fachwissenschaftlichen Inhalten statt kontextlos eingeführt und mit einem Vorschlag der praktischen Umsetzung versehen. Zur Vermeidung der Starrheit der Anwendung und zur Anbahnung von Flexibilität und Kreativität wird ihre Transferierbarkeit ebenfalls ausgeführt.

Die Auswahl der Ansätze in den vorliegenden Bänden soll, verteilt über beide Bände(!), eine möglichst umfassende Darstellung aktueller und zentraler geographiedidaktischer Bezüge bieten, gleichwohl wissend, dass nie eine Vollständigkeit erreicht werden kann. Das ist durch den begrenzten Umfang eines solchen Werks bei der enormen Anzahl an Ansätzen bedingt. Zusammen mit den Autor*innen, die als Expert*innen für den jeweiligen Ansatz fungieren, im Austausch mit weiteren Expert*innen aus Schule, Studienseminar, Universität und Verlag sowie im Rückgriff auf eine große Menge an geographiedidaktischer Literatur (insbesondere Fachzeitschriften und unterrichtspraktische Zeitschriften) wurde eine (große) Auswahl getroffen, die möglichst viele bedeutsame „Brillen" der Unterrichtsplanung und des Unterrichtens im Fach Geographie erfassen. Dabei ist es unvermeidbar, dass die präsentierten Ansätze mitunter auf unterschiedlicher Abstraktionsebene angesiedelt sind oder aber auch verschiedenen Denkschulen entstammen. Auch mussten die Autor*innen bei umfassenden Ansätzen bestimmte Akzente setzen. Deshalb werden die Ansätze in den Beiträgen jeweils transparent mit ihren Theoriebezügen und auch möglichen Kontroversen dargestellt.

Neben der Darstellung eines Ansatzes pro Kapitel wird für die Flexibilisierung der Anwendungsbezüge auf weitere Ansätze, die an den vorgestellten anschließbar sind, sowie auf solche, die im Umsetzungsbeispiel mit angerissen werden, verwiesen. In vielen Fällen kann auf diese Weise in einem anderen Kapitel weitergelesen werden. Darüber hinaus berücksichtigt jeder Aufsatz grundlegende didaktische Ansätze, die ein Selbstverständnis in der Vermittlung sind, wie Exemplarität, Problemorientierung, Inklusion, Gelegenheiten zur kognitiven Aktivierung und inhaltliche Strukturierung. Exemplarität als Prinzip der didaktischen Analyse nach Klafki ist

---

[1] Die Hervorhebungen im Index „Gliederung nach geographiedidaktischen Bezügen" verweisen auf Beiträge, die sich explizit mit dem jeweiligen Thema auseinandersetzen. Verweise, die nicht hervorgehoben sind, greifen den jeweiligen Gegenstand weniger umfassend bzw. nicht als Hauptartikel auf.

durch den Unterrichtsbaustein und dessen konkreten thematischen und Raumbezug realisiert. Problemorientierung wird unter anderem mit der problemorientierten Frage gestützt. Inklusion wird durch die Differenzierungsmöglichkeiten gefördert. Kognitive Aktivierung wird in den Unterrichtsbausteinen realisiert, etwa durch anregende Aufgaben, ebenso wie inhaltliche Strukturierung durch Gestaltung der Bausteine in einer logischen Unterrichts- und Materialstruktur.

Gliederung nach fachwissenschaftlichen Bezügen und Lehrplanthemen

Die chronologische Gliederung der vorliegenden Bände folgt fachwissenschaftlichen Themen. Zwar weisen Lehrpläne mittlerweile auch Kompetenzen aus, aber die Gliederung nach aus der Fachwissenschaft Geographie adaptierten Themen ist weiterhin ein entscheidendes Kriterium ihrer Struktur. Um die Unterrichtsplanung zu erleichtern und niederschwellige Anregungen zu geben, fachdidaktische Ansätze anzuwenden, haben wir uns für einen Zugang entschieden, der leicht von den Lehrplänen als verbindliche Grundlage des Unterrichtens ausgehend erschlossen werden kann. Fachdidaktische Ansätze bleiben damit nicht abstrakt, sondern sie gehen zumindest in diesen Bänden mit Lehrplanthemen – exemplarisch – einher. Selbstverständlich sind wir der Auffassung, dass alle alternativen Gliederungsebenen/Inhaltsverzeichnisse, insbesondere auch die fachdidaktischen Ansätze, ebenso relevant sind, alle vorgestellten Verzeichnisse als gleichrangig gelten sollen und ein nichtlineares Lesen empfohlen werden kann.

Bei den fachwissenschaftlichen Bezügen dieser Bände handelt es sich um didaktisch rekonstruierte Darstellungen unter Bezug auf aktuelle fachwissenschaftliche Inhalte. Die Themen wurden auf Basis einer umfangreichen Analyse deutschsprachiger Lehrpläne (Österreich, Schweiz, verschiedene Bundesländer Deutschlands) gruppiert und definiert, und mithilfe des Bandes „Geographie" (Gebhardt et al., 2007), ebenfalls aus dem Springer-Verlag, ergänzt und auf fachwissenschaftlicher Basis aktualisiert. Auf diese Art und Weise ist es möglich, viele fachwissenschaftliche Bezüge des vorliegenden Werks mithilfe der „Geographie" zu vertiefen.

Wichtig in der Konzeption des Werks war es, die Interdisziplinarität des Fachs im Bezug zu Natur- und Gesellschaftswissenschaften sowie die Verflechtung beider Bereiche als Normalfall darzustellen. Daher ist die Gliederung in zwei Bände auch eine verlagstechnische Pragmatik, die aus dem großen Umfang an Beiträgen folgt. Pragmatisch wurde ein Band mit überwiegend naturwissenschaftlich zentrierten Anwendungsbezügen und ein Band mit überwiegend gesellschaftswissenschaftlichen Anwendungsbezügen konzipiert, wobei vor dem Hintergrund von Vernetzung und Komplexität keine scharfe Trennung möglich ist. Daher beinhalten beide Bände darüber hinaus auch explizite Inhalte aus der Mensch-Umwelt-Forschung. Tatsächlich ist die Verflechtung aus natur- und gesellschaftswissenschaftlichen Bezügen als einer der Normalfälle des Fachs Geographie zu sehen. Beide Bände beinhalten zudem methodische Themen: im ersten Band eher technische Grundlagen und im zweiten eher an sozialgeographischen Bezügen einer Kultur der Digitalität orientiert.

Gliederung nach Basiskonzepten

Die bewusste Integration von Basiskonzepten der Geographie nimmt ergänzend zu den fachwissenschaftlichen Grundlagen das **konzeptionelle Lernen** in den Blick. Geographie wird, entgegen der immer wieder auftretenden öffentlichen Wahrnehmung, nicht als ein Themenfach, in dem nacheinander Themen mit Raumbezug behandelt werden, aufgefasst, sondern vielmehr als eine konzeptionelle Disziplin (Leat, 1998) verstanden.

Jede Wissenschaftsdisziplin hat einen (fach-)spezifischen Zugriff auf die Welt. Ein geographischer Zugriffsmodus kann mithilfe von Basiskonzepten konkretisiert werden. „**Basiskonzepte** sind grundlegende, für Lernende nachvollziehbare Leitideen des fachlichen Denkens, die sich in den unterschiedlichen geographischen Sachverhalten wiederfinden lassen. Sie stellen als systematische Denk- und Analysemuster sowie Erklärungsansätze die fachspezifische Herangehensweise der Geographie an einen Lerngegenstand dar" (Fögele & Mehren, 2021: 50; vgl. Infobox 1.1).

Infobox 1.1: Was leisten Basiskonzepte?

Basiskonzepte sind für die **Lehrkraft** ein wichtiges Instrument der Unterrichtsplanung, weil sie als Relevanzfilter den fachlichen Kern des Unterrichts fokussieren. Der eigene Unterricht wird konzeptualisiert und dadurch stärker „geographisiert". Leitend dabei ist, einen fachlich roten Faden durch die Themen des Fachs zu ermöglichen. Das (fachliche) Lernen verlangt ein längeres Verweilen am Thema, eine elaborierte Auseinandersetzung mit entsprechender Verarbeitungstiefe und bindet ganz gezielt das geographische Fragenstellen und metakognitive Reflexionsphasen mit ein.

Basiskonzepte können so als die „Grammatik" des Fachs verstanden werden, während etwa die geographischen Themen und Inhalte (Fachbegriffe und Raumbezüge, Modelle und Theorien) des Unterrichts die „Vokabeln" darstellen. Basiskonzepte als konzeptioneller Zugang bilden so aus diesen einzelnen Vokabeln eine sinnhafte (systematische) Gesamtstruktur. Kurz: Von der Beliebigkeit zur Systematik! Oder: Vom Stoff zum Konzept!

Basiskonzepte stellen in besonderer Weise ein Strukturierungsprinzip dar und leisten einen wertvollen Beitrag zur Förderung von Progression und des kumulativen Lernens. Das bedeutet auch, dass die klassischen Vorgaben einer Inhaltsorientierung und Kompetenzorientierung um die sog. Basiskonzeptorientierung erweitert werden müssen. So hat die Gestaltung mehrphasiger Lernaufgaben erfolgreiches Geographielernen zum Ziel, wenn ganz bewusst ein Denken in Fachkonzepten, geographische Denkstrategien und der Nutzen geographischer Erkenntnisse in Lernphasen eingebunden werden.

Für **Schülerinnen und Schüler** sind Basiskonzepte zunächst Lernhilfen etwa im Sinne einer „geographischen Brille" oder eines „geographischen Schlüssels". Sie stellen als systematische Denk- und Analysemuster sowie Erklärungsansätze die fachspezifische Herangehensweise der Geographie an einen Lerngegenstand dar. Schülerinnen und Schüler werden aufgefordert und angeleitet, Gegenstände noch deutlicher geographisch zu befragen und zu analysieren. Dabei sind Konzeptwissen, Abstraktionsvermögen und der Aufbau von tragfähigen Wissensnetzen erforderlich. Im Ergebnis sollen die Schülerinnen und Schüler fachlich denken können. Basiskonzepte als Denkarten, Analyseinstrument und Reflexionswerkzeug sind Lernhilfen zur Erschließung und Bewältigung von Komplexität.

Vor diesem Hintergrund ist es für die Gestaltung von Geographieunterricht notwendig, dieses fachliche Denken zu konkretisieren (vgl. Hoffmann, 2021).

Einen festgelegten Kanon von geographischen Basiskonzepten gibt es bislang nicht, vielmehr existieren parallel verschiedene Klassifikationen und Kataloge, Hierarchien und Anordnungen. Allen diesen Zusammenstellungen ist gemein, dass mindestens **Raum** (*space* und *place*) und **Maßstab** (*scale*) als Basiskonzepte angesehen werden, was Fögele (2016: 81) und Radl (2016: 35) auch im internationalen Vergleich bestätigen.

Die **Basiskonzepte der Geographie** gelten sowohl für die humangeographischen als auch für die naturgeographischen und regionalgeographischen Bereiche sowie für das Gesamtsystem Mensch – Erde auf sämtlichen Maßstabsebenen. Die Bildungsstandards (DGfG, 2020) definieren das „(Mensch-Umwelt-)System" als zentrales Basiskonzept sowie den „Struktur-Funktion-Prozess" und „Maßstabsebenen" als konkretisierende Basiskonzepte zur Untersuchung des Mensch-Umwelt-Systems (DGfG, 2020: 11).

Aktuell werden in Deutschland das *Mensch-Umwelt-System,* die Systemkomponenten *Struktur, Funktion, Prozess,* die *Raumkonzepte,* verschiedene *Maßstabsebenen* und *Zeithorizonte* sowie das *Nachhaltigkeitsviereck* als Basiskonzepte aufgefasst (Abb. 1.1).

Die bewusste Einbindung dieser sechs Basiskonzepte der Geographie aus Deutschland und die 13 (geographischen und ökonomischen) Konzepte aus Österreich (Abb. 1.2) sowie die Lehrplanbezüge aus der Schweiz[2] stellen ein weiteres Gliederungsprinzip der beiden Bände dar. Dabei wird vorausgesetzt, dass Basiskonzepte kein zusätzlich zu vermittelnder „Lehr-Stoff" und „Lern-Stoff" sind, sondern aus den jeweiligen Basiskonzepten ergeben sich jeweils andere fachliche Sichtweisen auf das gleiche Unterrichtsthema. Lerngegenstände und Themen können mithilfe von Basiskonzepten unterschiedlich befragt werden. Geographieunterricht kann demzufolge nicht nur über ein Basiskonzept strukturiert werden, vielmehr gibt es – je nach Planung und Zielsetzung eines Unterrichtsvorhabens – verschiedene Zugänge und Schwerpunktsetzungen.

---

[2] Da im Lehrplan der Schweiz keine expliziten Konzeptbezüge enthalten sind, beziehen wir uns auf die bestehende Form dieses Lehrplans.

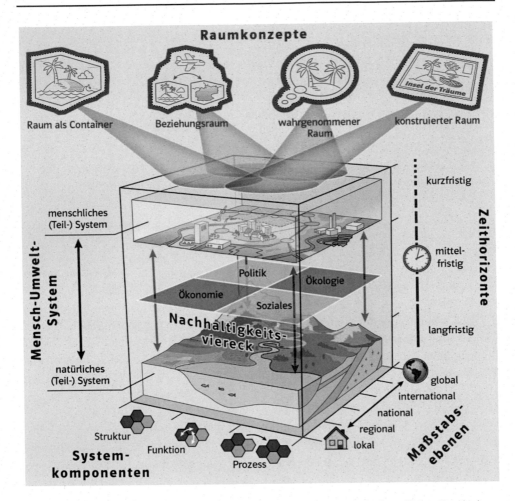

Abb. 1.1 Der erweiterte Würfel der geographischen Basiskonzepte. (Mit freundlicher Genehmigung des Klett-Verlages)

Die Basiskonzeptorientierung bleibt damit nicht abstrakt, sondern sie geht in diesen Bänden mit fachwissenschaftlichen Grundlagen und den fachdidaktischen Bezügen – exemplarisch – einher. Mithilfe der Konzeptorientierung lassen sich sowohl ein fachlich roter Faden zwischen den jeweiligen Beiträgen als auch die Routine geographischer Denkweisen in den Unterrichtsbausteinen konkret aufzeigen. Vor diesem Hintergrund eines eher konzeptionellen Geographieunterrichts kann ähnlich dem Beispiel einer fachdidaktischen Lesart ein (weiteres) nichtlineares Lesen – nun orientiert am konzeptionellen Denken – empfohlen werden.

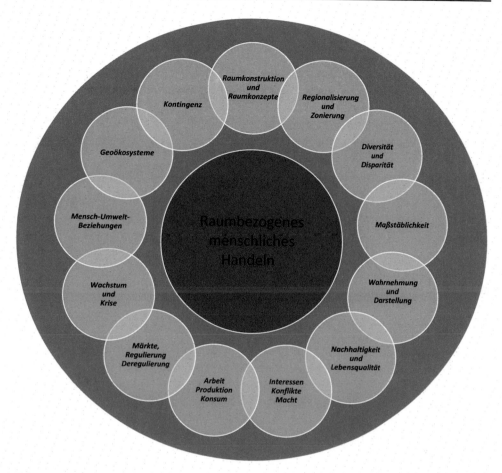

Abb. 1.2 Basiskonzepte im österreichischen GW-Lehrplan. (Eigene Darstellung, basierend auf Jekel & Pichler, 2017)

Gliederung nach Kompetenzen

Seit April 2006 verfügt das Schulfach Geographie über **nationale Bildungsstandards** für den Mittleren Bildungsabschluss. Die von Geographiedidaktiker*innen und Schulgeograph*innen gemeinsam erarbeiteten und von der Deutschen Gesellschaft für Geographie im Frühjahr 2006 verabschiedeten und 2020 zuletzt aktualisierten Bildungsstandards legen fest, über welche **Kompetenzen** ein*e Schüler*in am Ende der Sekundarstufe I verfügen soll (vgl. Infobox 1.2).

Infobox 1.2: Was kennzeichnet einen/eine geographisch gebildeten Schüler*in am Ende der Sekundarstufe I?

Am Ende der Sekundarstufe I sollen Schüler*innen über folgendes Kompetenzprofil verfügen und aus den jeweiligen Kompetenzbereichen operationalisierbare Könnensleistungen zeigen können (DGfG, 2020: 9):

Fachwissen: Schüler*innen können Räume auf den verschiedenen Maßstabsebenen als natur- und humangeographische Systeme erfassen und Wechselbeziehungen zwischen Menschen und Umwelt analysieren.

Räumliche Orientierung: Schüler*innen können sich in Räumen orientieren (topographisches Orientierungswissen, Kartenkompetenz, Orientierung in Realräumen und die Reflexion von Raumwahrnehmungen und Raumkonstruktionen).

Erkenntnisgewinnung/Methoden: Schüler*innen können geographisch/geowissenschaftlich relevante Informationen im Realraum sowie aus Medien gewinnen und auswerten sowie Schritte zur Erkenntnisgewinnung in der Geographie beschreiben.

Kommunikation: Schüler*innen können geographische Sachverhalte verstehen, versprachlichen und präsentieren sowie sich im Gespräch mit anderen darüber sachgerecht austauschen.

Beurteilung/Bewertung: Schüler*innen können raumbezogene Sachverhalte und Probleme, Informationen in Medien und geographische Erkenntnisse kriterienorientiert sowie vor dem Hintergrund bestehender Werte in Ansätzen beurteilen.

Handlung: Schüler*innen können auf verschiedenen Handlungsfeldern natur- und sozialraumgerecht handeln.

Die Bildungsstandards Geographie sind von der KMK kein „offiziell" anerkanntes Dokument, sie stellen aber ein wichtiges **Bezugsdokument** dar, wirken auf vielfältige Weise in die Lehrplanentwicklung hinein ebenso wie in die fachdidaktische Diskussion und die konkrete Unterrichtsplanung. Auch die Herausgeberin und die Herausgeber sehen darin eine gemeinsame Verabredung und ein wichtiges Konsenspapier. Darin eingebunden sind viele konzeptionelle Gedanken, und entlang der 14 Aufgabenbeispiele der Bildungsstandards werden verschiedene Lerngelegenheiten eines reflektierten und **kompetenzorientierten Geographieunterrichts** illustriert.

Der Aufbau der Geographie-Standards folgt dem Aufbauprinzip der **KMK-Standards** der anderen Fächer: Bildungsbeitrag – Ausweisung der Kompetenzbereiche und Teilkompetenzen – Präzisierung über Standards – Konkretisierung mithilfe von Aufgabenbeispielen. Für jeden der sich ergänzenden sechs **geographischen Kompetenzbereiche** (Fachwissen, Räumliche Orientierung, Erkenntnisgewinnung/Methoden, Kommunikation, Beurteilung/Bewertung, Handlung) wurden Standards formuliert, mit denen sich die Förderung einer geographischen Gesamtbildung planen und auch überprüfen lässt.

Hierbei ist grundsätzlich anzumerken, dass die sechs Kompetenzbereiche der nationalen Bildungsstandards zusammenwirken, um eine geographische Gesamtkompetenz zu generieren. Die Bereiche sind nicht überschneidungsfrei. Eine direkte Hierarchie der Bereiche liegt nicht vor. Gleichwohl haben die Bereiche „Fachwissen" und „Räumliche Orientierung" eine gewisse grundlegende Funktion. Der Kompetenzbereich „Handlung" stellt in gewisser Weise einen übergeordneten Bereich dar und schließt an das Leitziel des Geographieunterrichts, die raumbezogene Handlungskompetenz zu fördern, an. Die „Kompetenz-Analysespinne" (DGfG, 2020: 24) verdeutlicht das Zusammenwirken des Fachwissens mit den anderen fünf Kompetenzbereichen zum Aufbau einer geographischen Gesamtkompetenz.

Fatal wäre es jedoch, Kompetenz bzw. die 77 konkret ausformulierten Standards der sechs geographischen Kompetenzbereiche mit Bildung gleichzusetzen. Kompetenzorientierung hat sich stets einem humanistischen Bildungsbegriff unterzuordnen, weil umfassende Bildung auf die Menschwerdung des Einzelnen zielt und Selbstbildung und Bildung des Selbst ist (für eine umfassende, auch kritische Diskussion der Kompetenzorientierung vgl. Hoffmann, 2019; Dickel, 2021).

Gliederung nach räumlichen Bezügen

Selbstverständlich sind den einzelnen Beiträgen auch Raumbezüge immanent. Die Autor*innen wurden gebeten, diejenigen räumlichen Bezüge, welche für die jeweiligen Beiträge von besonderer Bedeutung sind, anzugeben. Dabei wurden Bezüge wie „Chile", „Migrations- & Flucträume", „globale Perspektive", „lokale Perspektive", „New Orleans", „Schulumfeld" oder „Popocatépetl" angeführt. Als Herausgeber*innen war es uns auch wichtig, einen Zugang zu den einzelnen Beiträgen über räumliche Bezüge zu ermöglichen (siehe Index: Gliederung nach räumlichen Bezügen). **Drei Aspekte** sind an dieser Gliederung aus unserer Sicht besonders erwähnenswert:

Die unterschiedlichen Raumbezüge wurden gewählt, um Lehr-Lern-Gegenstände in ihrer Vielfalt zu erschließen bzw. Basiskonzepte und Kompetenzen zu fördern und *nicht* – wie etwa im länderkundlichen Paradigma üblich – einen bestimmten „Raum" *an sich* zu erschließen (**1**). Wenn also beispielsweise ein räumlicher Bezug zum *Popocatépetl* oder zu *New Orleans* bedeutsam gemacht wird, dann etwa in der Absicht, Einblicke in Lehr-Lern-Gegenstände wie Vulkanismus (Popocatépetl; vgl. Band 1, Kapitel 3) zu geben oder physio- und sozialgeographische Fragestellungen im Zusammenhang mit dem Hurrikan „Katrina" (New Orleans; vgl. Band 1, Kapitel 5) zu diskutieren.

An räumlichen Bezügen wie „Migrations- & Flucträume" wird drüber hinaus auch deutlich, dass dabei unterschiedliche *Raumkonzepte* (vgl. Wardenga, 2002), wie sie bereits im Abschnitt zu den Basiskonzepten angesprochen wurden, von Bedeutung sind (**2**). Im Beitrag zu „Migrations- und Fluchtmythen" (vgl. Band 2, Kapitel 13) wird beispielsweise das Raumkonzept „konstruierter Raum" genutzt, um u. a. danach zu fragen, welche „Funktionen eine raumbezogene Sprache [hier: zu Flucht und Migration] in der modernen Gesellschaft erfüllt" (Wardenga, 2002: 10) (Abb. 1.3).

Abb. 1.3 „Raumkonzepte" – Ausschnitt aus dem „erweiterten Würfel der geographischen Basiskonzepte". (Mit freundlicher Genehmigung des Klett-Verlages)

Ergänzend (aber auch überschneidend) zu den unterschiedlichen *Raumkonzepten* zeigt sich an räumlichen Bezügen wie „globale Perspektive" oder „Schulumfeld", dass „Raum" in *unterschiedlichen Qualitäten* von Relevanz ist **(3)**. So betont der Bezug auf eine „globale Perspektive" etwa „Raum" in einer *Maßstabsebene* („Scale") oder der Bezug auf das „Schulumfeld" betont „Raum" als Netzwerk, also als eine Differenzierung von (sozialen) Beziehungen zwischen Knotenpunkten innerhalb topologischer Verflechtungen. In diesem Sinne legt etwa der TSPN-Ansatz (vgl. Jessop et al., 2008) eine Unterscheidung nach den vier räumlichen Qualitäten nahe: *Territory (T), Scale (S), Place (P)* und *Network (N)* (vgl. Tab. 1.1).

Tab. 1.1: Unterschiedliche räumliche Qualitäten nach dem TSPN-Ansatz. (Eigene Darstellung nach Jessop et al., 2008)

Dimension Sozialräumlicher Beziehung	Muster Der Strukturierung Sozialräumlicher Beziehungen
TERRITORIUM („TERRITORY")	Differenzierung sozialer Beziehungen durch Konstruktion von Innen-/Außen-Grenzen; konstitutive Rolle der „Außenseite" – z. B. Nationalstaaten, EU-Außengrenzen
ORT („PLACE")	Differenzierung sozialer Beziehungen basierend auf Bedeutungszuschreibungen etwa aufgrund von Erfahrungen an/mit diesen Orten *(Sense of Place)* – z. B. „Heimat"; Horizontale räumliche Differenzierung
MAßSTABSEBENEN („SCALE")	Vertikale räumliche Differenzierung; Differenzierung sozialer Beziehungen durch (hierarchisierte) relative Raumgrößen wie „lokal", „global", „glokal" etc.
NETZWERK („NETWORKS")	Differenzierung sozialer Beziehungen zwischen Knotenpunkten innerhalb topologischer Verflechtungen wie z. B. *„Global Cities"* (vgl. Sassen, 2001), Wertschöpfungsketten

So ist die *Gliederung nach räumlichen Bezügen* als eine Annäherung zu verstehen, die eine Orientierung innerhalb der vorliegenden Bände unterstützen soll – ohne dabei jedoch zu einem *länderkundlichen Zugang* einzuladen, der den „Raum" *an sich* zu vermitteln versucht. Wir hoffen, in Verbindung mit diesen Anmerkungen eine Orientierung entlang räumlicher Bezüge im Sinne von Raumkonzepten bzw. räumlicher Qualitäten zu ermöglichen.

Struktur der Kapitel

Jeder Beitrag folgt einer festen Struktur, die sowohl eine Theorie-Praxis-Verzahnung als auch die exemplarische Verbindung von Fachwissenschaft und Fachdidaktik sicherstellen soll. Die Struktur ermöglicht eine verlässliche Orientierung innerhalb der Aufsätze und eine schnelle Auffindbarkeit einzelner Punkte, etwa der adressierten Kompetenzen. Wesentlich ist die Dreiteilung in fachwissenschaftlichen/Lehrplan-Bezug, fachdidaktischen Ansatz und deren Kombination in einem Unterrichtsbaustein. Flexibilität der Verwendung der Komponenten eines Beitrags wird angebahnt durch Hinweise zur Differenzierung und zum Transfer sowie Verweise auf andere fachdidaktische Ansätze und weitere Kapitel.

Der **Titel** eines Beitrags verweist auf den fachdidaktischen Ansatz und setzt damit dessen Vermittlung als zentrales Anliegen des jeweiligen Aufsatzes. Der **Untertitel** bezieht sich stärker auf den fachwissenschaftlichen bzw. Lehrplaninhaltsbezug. Die Kombination ist exemplarisch und kontingent, aber jeweils zueinander passend. Ein **Teaser** gibt einen knappen Einblick in diese beiden Komponenten im konkreten Aufsatz sowie in der Regel in zentrale methodische Bezüge des Unterrichtsbausteins. So wird auf einen Blick erkennbar, ob das Beispiel für den*die Leser*in interessant ist. Die **fachwissenschaftliche Grundlage** ist den Lehrplanthemen entsprechend ausgewählt und didaktisch rekonstruiert, aber zugleich mit aktueller Literatur (u. a. auch aus dem Lehrbuchsegment) versehen. Der Absatz wird beschlossen von einer dazu passenden weiterführenden **Leseempfehlung,** beispielsweise aus einem Lehrbuch zum Studienfach Geographie. Eine problemorientierte **Fragestellung** soll den vorgestellten Inhalt im Sinne eines problem- (oder lösungs-)orientierten Unterrichts für Schüler*innen lebendig und wissenswert machen. Diese Frage kann im Unterricht verwendet werden, um für das vorliegende Thema zu motivieren und kognitive Aktivierung anzuregen. Der **fachdidaktische Ansatz** wird ebenfalls literaturgestützt dargestellt. Auch dieser Abschnitt endet mit einer weiterführenden **Leseempfehlung. Weitere fachdidaktische Ansätze** werden erwähnt, die Verbindungen zum vorliegenden Aufsatz aufweisen und oftmals an anderen Stellen des Buches weiter ausgeführt werden. Der **Unterrichtsbaustein** stellt nun eine exemplarische Umsetzung der Kombination aus fachwissenschaftlicher Grundlage und fachdidaktischem Ansatz vor. Der zeitliche Umfang bei Umsetzung im Unterricht variiert von einer kleinen Komponente einer Geographiestunde bis hin zu mehrtägigen Projekten. Neben dieser Darstellung werden noch einmal in gesonderten kleineren Kapiteln relevante Eckpunkte abgefragt: Der **Beitrag zum fachlichen Lernen** soll aufzeigen, wie das Fach Geographie durch den Baustein gelehrt und lernbar gemacht wird. **Kompetenzorientierung** verweist auf Kompetenzen aus den Bildungsstandards und darüber hinaus, die mit dem vorliegenden Entwurf gefördert werden. Die Angabe der **Klassenstufe** gibt eine Orientierung über den Einsatz, wobei der Punkt der **Differenzierung** eine Anwendung auch in anderen Altersstufen sowie Differenzierungen im Sinne des inklusiven Klassenraums vorhält. Der **räumliche Bezug** bietet eine weitere Kategorisierung der Beispiele und eine Orientierung in den kognitiven Karten der Schüler*innen an. Die **Konzeptorientierung** ordnet das Beispiel in Basiskonzepte (D, AU) bzw. Lehrplaninhalte (CH) ein und zeigt damit curriculare Bezüge jenseits der fachwissenschaftlichen Inhalte. **Verweise** auf andere Kapitel beider Bände bieten eine Vertiefung in ausgewählten Aspekten sowie erste Ideen für den Transfer einzelner Komponenten des Aufsatzes, etwa durch Neukombination des fachdidaktischen Ansatzes mit anderen fachwissenschaftlichen Bezügen. Explizit besprochen und handlungsleitend ausgeschmückt wird dies im Absatz **„Transfer".** **Infoboxen** dienen im Aufsatz dem Vorhalten wichtiger zusätzlicher Informationen. Einige **Materialien,** insbesondere Arbeitsmaterialien für Schüler*innen und Druckvorlagen, finden sich im digitalen Materialanhang – nicht jedes Kapitel, aber viele weisen einen solchen auf.

Variation didaktischer Zugangsweisen

Aus dem bisher Gesagten ist deutlich geworden, dass geographiedidaktische Ansätze nicht abstrakt, sondern ganz konkret auf Lehrplanthemen und Fachgegenstände, Basiskonzepte und Kompetenzziele zu beziehen sind. Diese wechselseitige Beziehung ermöglicht immer auch eine **Neukombination** mit verschiedenen fachdidaktischen Ansätzen. Didaktische Prinzipien sind Modi des Kompetenzerwerbs, die verschiedene Lehr-Lern-Prozesse auf bestimmte Kompetenzziele (mit dem Fokus auf einen bestimmten Kompetenzschwerpunkt) hin ausrichten. In einem erwartbaren Lernprodukt wird der Kompetenzerwerb sichtbar bzw. hörbar und kann diskursiv verhandelt werden. Mithilfe des **„didaktischen Mischpults"** (Abb. 1.4) lassen sich diese vielfältigen didaktischen Variations- und Kombinationsmöglichkeiten illustrieren.

Ein Mischpult allgemein formuliert ist eine Konsole, die Audiosignale zusammenführt und ausgibt. Mit einem Mischpult lassen sich eigene Klänge, Rhythmen und Melodien aus verschiedenen Songs miteinander vermischen und aufeinander abstimmen. Das Mischpult ist dabei die Steuerzentrale der benötigten Komponenten zur Musikerzeugung für eine*n Musiker*in oder DJ. Neben dem guten Klang ist bei einem Mischpult besonders wichtig, dass alle nötigen Anschlussmöglichkeiten gegeben sind.

Das „didaktische Mischpult" (Abb. 1.4) – um im Bild zu bleiben – lädt dazu ein, eigene Planungskombinationen von Lehr-Lern-Prozessen mit dem „didaktischen Schieberegler" zu gestalten und immer wieder neu zu kombinieren. Mithilfe dieses Instrumentariums können verschiedene didaktische Entscheidungen bei der Unter-

Diagramm 1

Fachgegenstand	Basiskonzept	Fachdidaktischer Bezug	Kompetenzerwerb mit Fokus auf	Kompetenzerwerb sichtbar im Lernprodukt
Stadt	Raumkonzepte	Partizipation	Fachwissen	Wirkungsgefüge
Migration	Struktur-Funktion-Prozess	Wertebildung	Räumliche Orientierung	Rollenkarte
Klima	Märkte, Regulierung	Zukunftsprinzip	Methoden	Wertequadrat
Informationssektor	Interessen, Macht	Kritisches Denken	Beurteilen/Bewerten	5-Minuten-Vortrag
Energie	Maßstabsebenen	Wissenschaftsorientierung	Kommunikation	Versuchsprotokoll
Raumnutzungskonflikte	Regionalisierung, Zonierung	Lebensweltprinzip	Handlung	Lernplakat
Hochwasser	Arbeit, Produktion, Konsum	Mündigkeit	...	Foreneintrag
Welthandel	Nachhaltigkeitsviereck	Inklusion	...	Pro-Kontra-Liste
Naturgefahren	Disparität	Konfliktorientierung	...	Erklärvideo
Landwirtschaft	Zeithorizonte	Perspektivenwechsel		Argumentationen
...	...	...		...

Diagramm 2

Fachgegenstand	Basiskonzept	Fachdidaktischer Bezug	Kompetenzerwerb mit Fokus auf	Kompetenzerwerb sichtbar im Lernprodukt
Stadt	Raumkonzepte	Partizipation	Fachwissen	Wirkungsgefüge
Migration	Struktur-Funktion-Prozess	Wertebildung	Räumliche Orientierung	Rollenkarte
Klima	Märkte, Regulierung	Zukunftsprinzip	Methoden	Wertequadrat
Informationssektor	Interessen, Macht	Kritisches Denken	Beurteilen/Bewerten	5-Minuten-Vortrag
Energie	Maßstabsebenen	Wissenschaftsorientierung	Kommunikation	Versuchsprotokoll
Raumnutzungskonflikte	Regionalisierung, Zonierung	Lebensweltprinzip	Handlung	Lernplakat
Hochwasser	Arbeit, Produktion, Konsum	Mündigkeit	...	Foreneintrag
Welthandel	Nachhaltigkeitsviereck	Inklusion	...	Pro-Kontra-Liste
Naturgefahren	Disparität	Konfliktorientierung	...	Erklärvideo
Landwirtschaft	Zeithorizonte	Perspektivenwechsel		Argumentationen
...	...	...		...

Abb. 1.4 Didaktisches Mischpult – mit dem Schieberegler didaktisch variieren. (Eigene Darstellung – Idee K. W. Hoffmann)

richtsplanung vom Fachgegenstand bis hin zum Lernprodukt aufgezeigt und stets neu begründet und variiert werden. So kann bspw. der Fachgegenstand „Klima" in Abb. 1.4 basiskonzeptionell mithilfe der Systemkomponenten Struktur, Funktion und Prozess befragt und der sich anschließende Lernprozess wissenschaftsorientiert geplant und auf einen Kompetenzzuwachs im Bereich „Methoden" fokussiert und sichtbar werden – in einem Versuchsprotokoll als erwartbarem Lernprodukt. Die Abb. 1.4 zeigt zusätzlich eine alternative didaktische Kombinationsmöglichkeit: Der Fachgegenstand „Klima" wird mithilfe des Basiskonzepts Nachhaltigkeitsviereck befragt, didaktische Bezüge könnten demzufolge in den Kontext einer Werteorientierung gestellt werden und der daraus resultierende Lehr-Lern-Prozess fokussiert den Kompetenzerwerb Beurteilen/ Bewerten, der sichtbar in einem ausgefüllten Wertequadrat wird. Versuchen Sie es einfach selbst (vgl. Infobox 1.3).

Infobox 1.3: Übung zum „didaktischen Mischpult"
Liebe Leser*innen, nutzen Sie das didaktische Mischpult und verändern Sie für sich passend die Schieberegler. Hierzu eine kleine Übung zum didaktischen Variieren:
1. Finden Sie für das bisherige Beispiel „Klima" eine (für Ihre Lerngruppe) geeignete (und lernwirksame) dritte Kombinationsmöglichkeit. Befragen Sie bspw. den Fachgegenstand „Klima" mithilfe des Basiskonzeptes Raumkonzepte (erweitertes Raumverständnis) und wählen als didaktischen Bezug das Lebensweltprinzip. Und so weiter …
2. Oder Sie wählen einen ganz anderen Fachgegenstand wie bspw. „Landwirtschaft" als Ausgangspunkt. Dieser könnte durch die Frage „Welche Fleisch- und Milchwirtschaft wollen wir für unsere Zukunft?" zu einem Thema gemacht werden. Verwenden Sie nun den Schieberegler und entscheiden Sie sich für ein Basiskonzept. Und so weiter …

Die vorliegenden beiden Bände sollen einen derartigen Zugang zur Geographie und ihrer Didaktik unterstützen, wobei die (im vorangestellten Abschnitt diskutierten) Indizes als Orientierungshilfe dienen.

Literatur

Bauer, I., & Gryl, I. (2018). Quo vadis Geographiedidaktik (II): Was die Fishbowl-Diskussion auf dem HGD-Symposium in Jena (2017) an Perspektiven und Grenzen aufzeigte. *GW-Unterricht*, *13*, 20–33.
Bauer, L. (1976). Geschichte des geographischen Unterrichts im Überblick. In L. Bauer & W. Hausmann (Hrsg.), *Geographie* (S. 30–35). Oldenbourg.

Birkenhauer, J. (1999). Vaterländische Erdkunde. Völkische Erdkunde. In D. Böhn (Hrsg.), *Didaktik der Geographie-Begriffe* (S. 167–168; 170–171). Oldenbourg.

Deutsche Gesellschaft für Geographie (2020). *Bildungsstandards im Fach Geographie für den Mittleren Schulabschluss* (10., aktualisierte und überarbeitete Aufl.,). Deutsche Gesellschaft für Geographie (DGfG).

Dickel, M. (2021). Geographieunterricht unter dem Diktat der Standardisierung. Kritik der Bildungsreform aus hermeneutisch-phänomenologischer Sicht. *GW-Unterricht, 123*, 3–23.

Fögele, J. (2016). Entwicklung basiskonzeptionellen Verständnisses in geographischen Lehrerfortbildungen: Rekonstruktive Typenbildung | Relationale Prozessanalyse | Responsive Evaluation. *Geographiedidaktische Forschungen* (Bd. 61). Monsenstein und Vannerdat.

Fögele, J., & Mehren, R. (2021). Basiskonzepte – Schlüssel zur Förderung geographischen Denkens. *Praxis Geographie, 5,* 50–57.

Gebhardt, H., Glaser, R., Radtke, U., & Reuber P. (2007). *Geographie. Physische Geographie und Humangeographie.* Spektrum Akademischer.

Hemmer, M. (2021). Geographiedidaktik. Bestandsaufnahme und Forschungsperspektiven. In M. Rothgangel, U. Abraham, H. Bayrhuber, V. Frederking, W. Jank, & H. J. Vollmer (Hrsg.), *Lernen im Fach und über das Fach hinaus: Bestandsaufnahmen und Forschungsperspektiven aus 17 Fachdidaktiken im Vergleich* (2. korrigierte Aufl., S. 132–154). Waxmann.

Hoffmann, K. W. (2019). Erdkunde – Kernfach des 21. Jahrhunderts?! Ein lebendiges und zukunftsorientiertes Fach und wichtige Ressource für Menschen im 21. Jahrhundert. Impulsvortrag zur Eröffnung des Tags der Schulgeographie in Kiel am 27. September 2019. https://www.klett.de/alias/1130433.

Hoffmann, K. W. (2021). Das Konzept der Nachhaltigkeit als Grundlage und Reflexionsrahmen schulischen Lernens (Teil 1). Von der Problemorientierung mit Hilfe von Gelingensgeschichten zur Problemlösungsorientierung. https://doinggeoandethics.com/2021/09/13/das-konzept-der-nachhaltigkeit-als-grundlage-und-reflexionsrahmen-schulischen-lernens-teil-i/.

Jekel, T., & Pichler H. (2017). Vom GW-Unterricht zum Unterrichten mit geographischen und ökonomischen Konzepten. Zu den neuen Basiskonzepten im österreichischen GW-Lehrplan AHS Sek II. *GW-Unterricht, 147*(3), 5–15.

Jessop, B., Brenner, N., & Jones, M. (2008). Theorizing sociospatial relations. *Environment and Planning D: Society and Space, 26*(3), 389–401. https://doi.org/10.1068/d9107

Leat, D. (1998). *Thinking through Geography.* Chris Kington Publishing.

Radl, A. (2016). Basiskonzepte im GW-Unterricht – ein Instrument zur Vermittlung globaler Zusammenhänge. *GeoGraz, 59*, 32–37.

Rinschede, G., & Siegmund, A. (2020). *Geographiedidaktik* (4., völlig neu bearbeitete und erweiterte Auflage). Ferdinand Schöningh.

Sassen, S. (2001). *The global city: New York, London, Tokyo* (2. Aufl.). Princeton University Press.

Schultz, H.-D. (1993). Mehr Geographie in die deutsche Schule! Anpassungsstrategien eines Schulfaches in historischer Rekonstruktion. *Geographie und Schule, 84,* 4–14.

Wardenga, U. (2002). Alte und neue Raumkonzepte für den Geographieunterricht. *Geographie heute, 200,* 8–11.

Paradigmen, Epistemologien und Theorien

2

Erkenntnisgewinnung als Geschichte, Grundlage und Praxis des Fachs Geographie

Tilo Felgenhauer, Inga Gryl und Tom Fleischhauer

► **Teaser** Die Geographie hat eine lange und umfassende Entwicklung hinter sich – als Fachwissenschaft und schließlich auch als Schulfach. Paradigmen haben sich abgewechselt und markieren jeweils spezifische Betrachtungsweisen der Welt durch Geographie. Eine besondere Komplexität ergibt sich heute im Schulfach Geographie aus dem Zusammenspiel von fachwissenschaftlichen und fachdidaktischen (Erkenntnis-)Theorien. Der Unterrichtsbaustein, eine Lernaufgabe, legt für Schüler*innen den historischen Wandel im Fach offen und befähigt damit zur Reflexion von Paradigmen und Fachgrenzen in ihrer Bedeutung für geographische Erkenntnisgewinnung und Bildung.

Ergänzende Information Die elektronische Version dieses Kapitels enthält Zusatzmaterial, auf das über folgenden Link zugegriffen werden kann https://doi.org/10.1007/978-3-662-65720-1_2.

T. Felgenhauer (✉)
Institut für Sekundarstufenpädagogik, Pädagogische Hochschule Oberösterreich, Linz, Österreich
E-Mail: tilo.felgenhauer@ph-ooe.at

I. Gryl
Institut für Geographie/Institut für Sachunterricht, Universität Duisburg-Essen, Essen, Deutschland
E-Mail: inga.gryl@uni-due.de

T. Fleischhauer
Carl-Zeiss-Gymnasium, Jena, Deutschland
E-Mail: tom.fleischhauer@t-online.de

2.1   Fachwissenschaftliche Grundlage: Humangeographische *Paradigmen*

Einleitung: Fach- und Ideengeschichte als Systematisierungs- und Reflexionshilfe
Theoretische Konzepte, Ideen und Begriffe fungieren als „Brillen", die unseren Blick
auf die räumliche Wirklichkeit lenken und prägen. Diese Metapher ist aber nicht so zu
verstehen, dass diese „Brillen" primär unseren Blick verfälschen, ihn filtern und ver-
zerren, sondern sie ermöglichen zuallererst, das Erblickte als etwas Räumliches zu
erfassen. Verschiedene „Brillen" zeigen uns entsprechend verschiedene Facetten von
Räumlichkeit. Deshalb ist die Beschäftigung mit Theorie und Begrifflichkeit der Geographie von besonderer Bedeutung. Deren vertieftes Verständnis geht mit Kenntnissen
über ihre Genese und Wandlung Hand in Hand (vgl. Schultz, 2004). Darstellungen dieser
Geschichte(n) bewegen sich zwischen kontinuierlicher Fortschrittserzählung – als eine
Art „Vervollständigungs*geschichte*" geographischen Wissens von den Ursprüngen in der
Antike bis in die Gegenwart (vgl. Schmithüsen, 1970) – und der Darstellung eines *Para-
digmenpluralismus*, der Vielfalt der „Brillen" des geographischen Sehens auf die Welt
(Schlottmann & Wintzer, 2019).

Infobox 2.1: Das Verhältnis Mensch und Natur nach Glacken
Exkurs: Vor-Geschichte – Klassische Fragen zum Verhältnis von Mensch und Natur
Vor der Formierung des modernen Wissenschaftsbetriebes wurden Fragen des
Verhältnisses von Mensch und Raum in Universalgelehrtendiskursen um Natur-
philosophie, Kosmologie, Geographie und in anderen Feldern verhandelt –
unabhängig von den heute maßgeblichen Disziplingrenzen, aber auch ohne
die moderne „Disziplinierung" des wissenschaftlichen Blicks auf den Raum.
Auch die Trennung zwischen wissenschaftlichen und anderen, religiösen und
traditionellen Weltdeutungen und Wissensformen war weniger deutlich gegeben.
Gleichwohl lassen sich in Anlehnung an Clarence Glacken in einem weiten
historischen Bogen drei Diskursstränge, drei Betrachtungsweisen des Verhältnisses
von Mensch und Erde, unterscheiden und auf die Geographie übertragen:
(i)   *Die Erde als Gottes Schöpfung* steht in engem Zusammenhang mit dem
      christlichen Weltbild. Die Wissenschaftler der Renaissance und frühen Neu-
      zeit verstehen und erkunden die Erde primär als Gottes Werk (vgl. Blumen-
      berg, 1986: 68 ff.). Geographie ist dann *eine* Form der Lektüre des göttlichen
      „Buches der Natur" (ebd.). Später bei Carl Ritter, einem Begründer der
      modernen Geographie, geht es darum, die gottgewollte Ordnung von Land-
      Volk-Einheiten als Telos der Geschichte zu verwirklichen.
(ii) Der *Einfluss der Erde auf den Menschen* wird seit der Antike in wieder-
      kehrenden Theorien des Geo- und Klimadeterminismus verhandelt. Natür-
      liche (Geo-)Faktoren, Boden, Klima und Landschaft, bestimmen demnach
      die Entwicklung der Kultur und Geschichte – ein Erklärungsprinzip, eng

verknüpft mit Nationalismus und Rassismus, aber gleichwohl auch aktuell wieder zu finden in populärwissenschaftlichen Publikationen (vgl. Kaplan, 2012; Marshall, 2015).

(iii) Umgekehrt wird *der Einfluss des Menschen auf die Erde* vor allem mit Beginn der Umweltwissenschaften (Marsh, 1864), der Kulturlandschaftsforschung (vgl. Thomas, 1956) und verstärkt durch handlungszentrierte Ansätze (s. u.) thematisiert. Der Mensch ist Gestalter seiner Umwelt, was sich auch im Begriff „Anthropozän" spiegelt (Crutzen, 2002).

Biografisches: Clarence J. Glacken (1909–1989) hat in seinem Hauptwerk „Traces on the Rhodian Shore – Nature and Culture in Western Thought from Ancient Times to the End of the 18th Century" von 1967 die skizzierten drei Fragen formuliert und behandelt – nicht nur mit Blick auf die Geographie. Akademisch sozialisiert in der sogenannten „Berkeley School", hat er sich von der für diese Schule typischen regionalen, empirischen Kulturgeographie (z. B. Arbeiten in Okinawa und Norwegen) hin zur Geistes- und Ideengeschichte der geographischen Wissenschaft orientiert.

Zur Paradigmengeschichte der Humangeographie (seit dem 19. Jahrhundert)[1]

Die Geschichte der Humangeographie kann als Geschichte der Frage nach dem Mensch-Umwelt-Verhältnis gelesen werden. Dabei geht es nicht nur um die Frage der jeweils maßgeblichen Instanz (ob der Mensch oder die Erde für das Verhältnis zwischen beiden prägend ist, s. Exkurs), sondern zunehmend um die Frage, wie der Mensch als Gestalter seiner räumlichen Umgebung genauer konzeptualisiert werden kann.

Die klassische Länderkunde und Geofaktorenlehre hat den Menschen bzw. die Kultur noch als ein Element in einem gedachten räumlichen Container verstanden. Innerhalb dieses Containers (z. B. Land, Region, Landschaft) wurde der Mensch (Gesellschaft/Kultur) als weitgehend abhängig von den ortsspezifischen Naturvoraussetzungen konzeptualisiert (vgl. Hettner, 1907/1924). Die Kulturlandschaftsgeographie hat demgegenüber die Abhängigkeit des Menschen vom Raum relativiert und stattdessen die Gestaltungskraft der Kultur als Erzeuger von Kulturlandschaften in den Vordergrund gestellt (vgl. Sauer, 1941). Dabei hat sie aber das Konzept des Containerraums weitgehend beibehalten. Die raumwissenschaftliche Geographie (und verwandte Paradigmen, s. Tab. 2.1) verlagert den Fokus auf Lagebeziehungen zwischen räumlichen Objekten und deren messende, kartierende Erfassung. Die Distanz, so wird angenommen, ist für räumliche Phänomene (ob natürlich oder gesellschaftlich-kulturell) die maßgebliche

---

[1] Mit Bezug auf Wardenga (1995); Werlen (2008)[3]; Felgenhauer (2011); Schlottmann & Wintzer (2019).

Erklärung im Sinne der berühmten überzeichnenden Kurzformel von W. Tobler (1970: 236): „… near things are more related than distant things". Die verhaltenswissenschaftliche Geographie/Perzeptionsgeographie versucht die wissenschaftliche Strenge der positivistisch ausgerichteten raumwissenschaftlichen Geographie mit verhaltenswissenschaftlichen und psychologischen Konzepten zu verbinden. Vermessen wird nun nicht mehr (nur) die objektive Distanz, sondern die subjektive Wahrnehmung von Räumen (Mental Maps).

Tatsächlich gesellschaftstheoretisch fundiert kann die Humangeographie seit den späten 1970er-Jahren gelten, als im internationalen Fachdiskurs die marxistische Geographie (Radical Geography) und phänomenologische Zugänge (Humanistic Geography) entwickelt und intensiv diskutiert wurden. Im deutschsprachigen Kontext begann eine tiefgreifende konstruktivistische Wende in den 1980er Jahren mit der Rezeption handlungs- und systemtheoretischer Perspektiven (Klüter, 1986; Werlen, 1997). Raum wird im Sinne des Konstruktivismus nicht mehr als Naturtatsache, sondern als gesellschaftlich hervorgebracht verstanden. Das heißt, Raum ist nicht nur materiell gestaltet, sondern wird auch in seiner Bedeutung gesellschaftlich (vor allem sprachlich-symbolisch) konstruiert. Die Praktiken und Aushandlungsprozesse um die Konstruktion gesellschaftlicher Räumlichkeiten sind das neue, teil*disziplin*übergreifende Kernthema der Humangeographie, welches sich in einer vielfältigen Paradigmenlandschaft zeigt (s. Tab. 2.1) und auch wichtige Teildisziplinen wie die Wirtschafts- und Stadtgeographie zunehmend prägt.

Aktuelle Zeitfragen und Spannungslinien

Die aktuellen humangeographischen Theoriediskussionen kreisen weniger um die Frage, ob Raum gesellschaftlich hergestellt ist, sondern wie dies genau geschieht. Die postulierte konstruktivistische Wende hat Bedeutungen, Sprache und Diskurs fokussiert, während aktuell wieder verstärkt materielle Aspekte jenseits des Sprachlich-Symbolischen beleuchtet werden. Die text-, sprach- und bildorientierte Forschung versucht sich zunehmend an einer epistemologischen „Rematerialisierung"; diese „nicht-" bzw. „mehr als sprachlichen" Aspekte der Konstruktion des Räumlichen betreffen: körperliche Praktiken, Emotion und Performativität (vgl. Schurr & Strüver, 2016), materielle Verhältnisse im marxistischen Sinne sowie Herausforderungen einer Schnittstellenforschung (Stichwort „Dritte Säule"), welche gesellschaftliche Naturverhältnisse integrativ und nicht nur gesellschaftszentriert erschließt. Aktuelle inhaltliche Themenschwerpunkte stellen räumliche Aspekte von Teilhabe und Anerkennung (z. B. Feministische Geographien, vgl. Wastl-Walter, 2010), die Entwicklung und Vermittlung von Praktiken der Nachhaltigkeit (vgl. Gäbler, 2015) sowie Debatten um Geographien der Digitalisierung dar (vgl. Bork-Hüffer et al., 2021). Themenübergreifend bewegen sich die theoretischen Diskurse der Humangeographie dabei zwischen Hermeneutik (verstehender Nachvollzug von Alltagspraktiken) und Kritik (Dekonstruktion von Machtverhältnissen).

Tab. 2.1 Ausgewählte Paradigmen der Humangeographie im 19.–21. Jahrhundert. (Eigene Darstellung)

Epistemologische Ausrichtung	Paradigma	Kernthema
Landschaft – Naturalismus (sehen) dominierend ca. 1880–1960	Länderkunde/Geofaktorenlehre	Natur und Kultur als Inhalt eines räumlich abgegrenzten Containers (Land/Region)
	Kulturlandschaftsforschung	Formung der Naturlandschaft durch die Kultur; individuelle Kulturlandschaften als Resultat dieses Wirkens
Raum – Positivismus (messen) ca. seit 1960er-Jahren	funktionalistische Sozialgeographie	Raumbedarf und Raumbeziehungen der Daseinsgrundfunktionen (z. B. arbeiten, wohnen, sich bilden, sich versorgen, sich erholen, Verkehr, in Gemeinschaft leben)
	raumwissenschaftliche Geographie	Raumgesetze/Distanzgesetze menschlichen Verhaltens und Wirtschaftens
	Time Geography/Zeitgeographie	individuelle Raumzeitpfade
Gesellschaft – Konstruktivismus (verstehen) ca. seit den 1970er-Jahren	Perzeptionsgeographie/verhaltenswissenschaftliche Geographie	Raumwahrnehmung; Unterschiede zwischen objektiven und wahrgenommenen Raumverhältnissen
	Humanistic Geography	subjektive Erfahrungen von Orten (Place)
	Radical Geography	materielle Raumverhältnisse, erzeugt durch das kapitalistische Wirtschaftssystem (marxistische Perspektive)
	handlungszentrierte Sozialgeographie	alltägliche Praktiken erzeugen räumliche Wirklichkeit
	systemtheoretische Geographie	Räume als Ergebnis der spezifischen Kodierungen gesellschaftlicher Teilsysteme (Recht, Wirtschaft, Wissenschaft, Kunst, …)
	poststrukturalistische und diskurstheoretische Ansätze (politische Geographie)	machtgeladene, hegemoniale Diskursstrukturen bestimmen über geographische Weltbilder der Menschen
	feministische Geographien	Konstruktion des Räumlichen im Zuge der Konstruktion von Geschlechterverhältnissen
	nichtrepräsentationale Ansätze, New Materialism, Post-Phänomenologie	Raum als vor- und metasprachliches Phänomen; affektives Erleben von Orten

Weiterführende Leseempfehlung

- Schultz (2004): Brauchen Geographielehrer Disziplingeschichte? *Geographische Revue*, 6 (2), S. 43–58.
- Wardenga (1995): Geschichtsschreibung in der Geographie. *Geographische Rundschau*, 47 (9), 523–525.

Problemorientierte Fragestellung

Welche Perspektiven und Inhalte weist das Fach Geographie in seiner Geschichte auf?

2.2 Fachdidaktischer Bezug: Theorien und *Epistemologie*n

Oft wird im Verhältnis von Geographiedidaktik und Schulpraxis von einer Überwindung des Theorie-Praxis-Gap gesprochen – zentral ist, dass es eine theoriefreie Praxis ebenso wenig geben sollte wie eine anwendungsfreie Fachdidaktik. *Epistemologie*n sind ein idealer Link, um beide Bereiche zusammenzudenken: *Epistemologie*n sind Erkenntnistheorien, die offenlegen, wie Einsichten und Wissen entstehen, sowohl auf individueller als auch auf gemeinschaftlicher Ebene (Prechtl & Burkard, 2008). Für geographische Bildung ist es zentral zu wissen, wie Erkenntnisgewinnung abläuft – allgemeine und fachlich orientierte Erkenntnisgewinnung –, und darüber hinaus, wie sich die Gegenstände des Fachs als Erkenntnisse konstituieren.

Das Unterrichtsfach Geographie ist, wie andere Fächer auch, keine Abbilddidaktik der Fachwissenschaft, sondern viel mehr als eine bloße Übersetzung des Fachs in den Unterricht. Dennoch ist die erkenntnistheoretische Entwicklung des Schulfachs mit der des Fachs verwoben. Neue Forschungsfelder der Geographie (Klimawandel, Smart Cities etc.) und die Berücksichtigung erkenntnistheoretischer Turns (Material Turn etc.) führen auch in der Geographiedidaktik zum Eingang immer neuer fachlicher Theorien und Erkenntnisse ins Fach neben dem Eingang neuer Erkenntnisse aus der didaktischen Forschung.

Theorien der Geographiedidaktik entstehen aus dem Zusammendenken und der Anwendung von Theorien (theoretische Forschung) sowie aus empirischer Forschung (z. B. Unterrichtsforschung). Erstere werden auch als nichtszientifische und Letztere als szientifische Theorien bezeichnet (Harant & Thomas, 2020). Theorien sind Gegenstand und Grundlagen der Erkenntnis zugleich: Sie liefern Wissen etwa über geographische Prozesse und über geographisches Unterrichten. Zugleich können sie auch Grundlage von Erkenntnisgewinnung im Unterrichtsfach sein und Gegenstand der Reflexion des Erkenntnisprozesses. So oder so sind der Theorie- und der Epistemologiebegriff über die Erkenntnisgewinnung eng miteinander verbunden.

Allerdings wird der Theoriebegriff in der Geographiedidaktik eher zögerlich verwendet. Naturwissenschaftlich-fachwissenschaftliche Erkenntnisse etwa werden, wenn die empirische Evidenz überwältigend ist, eher als Fakt beschrieben denn als Theorie, wie etwa die Plattentektonik. Für den humangeographischen und auch den didaktischen

Bereich gibt es öfter Begriffe wie Modell, Ansatz und Konzept (Gryl, 2020). Teilweise versucht man damit auch die unterschiedliche Reichweite von Theorien zu fassen. Während beispielsweise die politische Ökologie (Krings, 2008) einen Teilbereich des Zusammenwirkens von Akteur*innen in Nachhaltigkeitsproblemen erklärt, stellt der Konstruktivismus eine umfassende Erkenntnistheorie/Epistemologie dar und wird mit dem Begriff der Theorie geadelt. Abb. 2.1 zeigt die Vielfalt von Bezugstheorien der Geographiedidaktik auf.

Der Begriff der Theorien wird mitunter auch im Plural angewandt, etwa bei Raumtheorien. Damit wird gezeigt, dass es mehrere, nicht vollkommen deckungsgleiche und teilweise auch divergente Theorien gibt. Auf diese Weise greift der szientistische Theoriebegriff nicht, aber es können sich mehrere Theorien mit ihren jeweiligen Grenzen gegenseitig durch verschiedene Perspektiven ergänzen (Gryl, 2020). Auch auf große Erkenntnistheorien im engeren Sinne des Begriffs trifft dies zu, wie Systemtheorie(n) und konstruktivistische Theorie(n). Entsprechend einer unterschiedlichen Tiefe der Adaption können hier verschiedene Theorien für die Gestaltung des Geographieunterrichts gewählt werden: Vor dem Hintergrund eines radikalen Konstruktivismus etwa, der die Möglichkeit der zielgerichteten Vermittlung infrage stellen muss (Glasersfeld, 1998), sind pragmatische wie der pädagogische Konstruktivismus praktikabel, der Vermittlung als möglich einschätzt bei gleichzeitigem Bewusstsein über die Konstruiertheit von Wissen.

Konstruktivistische Theorien beispielsweise eignen sich damit als Epistemologien, um Erkenntnisgänge im Fach im Unterricht gemeinsam nachzuvollziehen (etwa von der Beobachtung zur Sammlung von Belegen hin zur Theorie, vgl. Plattentektonik), um die Konstruiertheit von Erkenntnisprozessen im Unterricht zu berücksichtigen (etwa hinsichtlich Schüler*innenvorstellungen) und um Schüler*innen die Komplexität einer

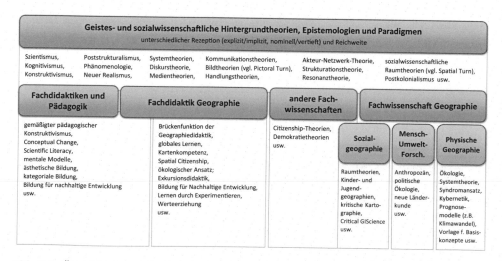

Abb. 2.1 Übersicht über einige Bezugstheorien bzw. epistemologische Bezüge der Didaktik der Geographie. (Darstellung nach Gryl, 2020)

vielperspektivischen Welt erfahrbar zu machen (etwa bei Betrachtung von Räumen als Konstruktionen in den Raumkonzepten, vgl. Band 2, Kap. 12). Epistemologien sind damit sowohl für die Lehrkraft als auch für die Schüler*innen Analysetool und sowohl für fachliche Erkenntnisse als auch für Erkenntnisse über das (fachliche) Lernen wesentliche Grundlage.

Weiterführende Leseempfehlung

- Rhode-Jüchtern, T. (2009): *Eckpunkte einer modernen Geographiedidaktik – Hintergrundbegriffe und Denkfiguren.* Mit je einem Glossar von Volker Schmidtke und Karen Krösch. Klett Kallmeyer. 208 Seiten.
- Gryl (2020): Raumtheorien, Raumkonzepte und ein Kompetenzbereich Räumliche Orientierung: Geographiedidaktische Theoriebezüge und deren Adaption. In: Harant, M., Thomas, P. & Küchler, U. (Hrsg.): *Theorien! Horizonte für die Lehrerbildung.* Tübingen: University Press, 365–380. https://dx.doi.org/10.15496/publikation-45627
- Brucker, A. (2012): Die methodische Entwicklung des Schulfaches Geographie. In: *Geographie heute*, Nr. 33, Heft 299, S. 49–51.

Bezug zu weiteren fachdidaktischen Ansätzen

Wissenschaftsorientierung, metakognitives Lernen, Phänomenologie, Systemkompetenz, Raumkonzepte, Perspektivenwechsel *(Konstruktivismus)*

2.3 Unterrichtsbaustein: Das Fach Geographie im Wandel

Der vorliegende Unterrichtsbaustein ist eine kompakte Lernaufgabe, die deutlich auf einer Metaebene auf das Fach Geographie aus Sicht der geographischen Bildung bzw. des Schulfachs Geographie in verschiedenen historischen Konstellationen abzielt. Dazu sollen die Schüler*innen Lehrbuchdefinitionen zum Begriff Geographie zeitlich ordnen und spezifischen historischen Denkrichtungen zuordnen. Interessant an den Definitionen ist, dass sie aus Sicht geographischer Bildung das Fach und/oder die Disziplin Geographie thematisieren. Dabei wird wiederum deutlich, dass das Unterrichtsfach seine eigene Geschichte hat, die mit gesellschaftlichen und fachlichen Entwicklungen gekoppelt ist. Schüler*innen lernen, hinter die Entstehung von vermeintlich feststehenden Weltbildern zu schauen und den Wandel sowie die Perspektivität auch in geographischen Fragestellungen zu erkennen.

Die Definitionen entstammen knapp anderthalb Jahrhunderten Fachgeschichte. Vor 150 Jahren, am 15. Oktober 1872, wurde Geographie an preußischen Volksschulen zum Pflichtfach erhoben. Geographische Informationen waren unabdingbar für handels- und militärpolitische Interessen sowie zur Legitimation des Kolonialismus. Auch die Geographie als eigenständige Universitätsdisziplin war zu dieser Zeit noch eine vergleichsweise junge Fachwissenschaft. Eine der größten Wandlungen der Disziplin erfolgte später mit dem Geographentag in Kiel 1969 im Sinne einer Wende zur Wissenschafts-orientierung, was auch für das Schulfach die Orientierung weg von der (reinen) Heimat-kunde bedeutete. Über historische Zäsuren hinweg lässt sich die Fachgeschichte der Geographie gut nachvollziehen. Die vorgegebenen Definitionen können dabei leicht durch weitere ergänzt werden.

Die Lernaufgabe ist hoch anspruchsvoll und bis zu einem gewissen Grad voraus-setzungsvoll, was ein allgemeines Wissen über den Wandel der gesellschaftlichen, politischen und philosophischen Bezüge beinhaltet. Deswegen ist die Zielsetzung der Aufgabe nicht das komplett richtige Sortieren der Zitate, sondern das Bereitstellen eines Ansatzpunktes zur Reflexion über die Veränderlichkeit eines Fachs, seiner Erkenntnis-wege und seiner Vermittlung im Spiegel der gesellschaftlichen Verhältnisse.

Arbeitsauftrag

Nachfolgende Definitionen und Erklärungen des Begriffes Geographie/Erdkunde geben einen Einblick in das Fachverständnis vergangener Zeiten.

a) Lest alle Definitionen und markiert wesentliche Inhalte zur Frage: „Womit beschäftigt sich Geographie?"

b) Sortiert die Definitionen in chronologisch richtiger Reihenfolge. Beginnt mit dem ältesten Text.

c) Fasst in mindestens zwei Thesen zentrale Aussagen zusammen, anhand derer deutlich wird, wie sich innerhalb von 150 Jahren Einstellungen und Ansprüche bzgl. des Fachs Geographie wandeln.

d) Beurteilt, inwiefern Definitionen einem vorherrschenden Zeitgeist zugeordnet werden können.

e) Differenzierungsangebot: Ordnet den Texten M1 bis M7 nach dem Lesen folgende Schlagworte zu: *sozialistische Allgemeinbildung, Geographie als alltägliche Handlung, rein länderkundlicher Geographieunterricht, Wissenschaft von der Erde und ihren Bewohnern, Erdbeschreibung wird abgelöst von Erforschung/Erklärung von Dynamiken*

f) Kontrolliert eure eigenen Lösungen mit den Lösungshinweisen.

M1 – Ein Lexikoneintrag

Erdkunde (Erdbeschreibung, Geographie) beschäftigt sich als eine selbständige Wissenschaft mit der Erforschung der Erde, vorzugsweise der Erdoberfläche, nach ihrer stofflichen Zusammensetzung (Land, Wasser, Luft, Organismen), Form und Formänderung unter der Einwirkung der in ihr und über ihr wirkenden und untereinander in Konnex stehenden Kräfte. Eine allgemein angenommene kurze Begriffsbestimmung der E. lässt sich übrigens heute noch nicht geben, da unter den Geographen selbst die Ansichten über Begriff und Ziel der E. noch aus-einander gehen. Diese Unfertigkeit der Anschauungen hat sogar Gelehrte, die außerhalb der Geographie stehen, zu dem übereilten Urteil geführt, die E. sei überhaupt keine selbständige Wissenschaft. Es ist indes nicht schwer, nachzuweisen, dass die E. den Anforderungen an eine selbständige Wissenschaft insofern durchaus entspricht, als sie sowohl ein eigenes ihr allein zukommendes Forschungsobjekt besitzt, als auch nach einer eignen Forschungsmethode arbeitet.

M2 – Eine Publikation für Lehrkräfte

Die Grundlehren der Geographie. Die Geographie oder Erdbeschreibung zerfällt in drei Teile:

1. Die mathematische Geographie belehrt uns über das Weltall, sagt uns, welche Stellung die Erde demselben einnimmt und misst die Erde aus.
2. Die physische Geographie betrachtet die Erde ohne Rücksicht auf die Staaten der Menschen, wie sie von Natur ist und im wesentlichen bleibt.
3. Die politische Geographie redet von den Staaten und Wohnorten der Menschen. Ihr Inhalt ändert sich gleich dem Schicksal der Staaten und Völker.

M3 – Ein Lexikoneintrag

Erdkunde (Geographie, Länderkunde; hierzu die Porträttafel „Geographen"). Wesen und Aufgaben der E. lassen sich nicht, wie bei den meisten andern Wissenschaften, in wenigen Worten bestimmt bezeichnen. Denn sie haben sich im Laufe der Zeit wesentlich geändert, und noch heute gehen die Meinungen auseinander. Wird doch von manchen die Berechtigung der E. als einer besonderen Wissenschaft bestritten! Es genügt daher nicht, eine bestimmte Auffassung vorzutragen, sondern es müssen die verschiedenen Richtungen namhaft gemacht werden. Eine Anzahl geographischer Methodiker hält sich an den ursprünglichen Begriff der E., der auch noch in ihrem Namen zur Geltung kommt, und stellt sie als die Wissenschaft von der Erde und ihren Bewohnern sowohl im Ganzen als nach ihren Teilen hin. Dagegen lässt sich einwenden, dass die E. danach keine besondere Wissenschaft, sondern ein Komplex vieler Wissenschaften sei, dass sie ganz Ungleichartiges vereinige und sich ganz verschiedener Forschungsmethoden bediene, dass sie daher notwendig zur Verflachung führe. Die meisten Geographen sind deshalb bestrebt, Begriff und Aufgaben der E. enger zu fassen. Dafür bieten sich nach dem Entwicklungsgange der E., die man heute meist als eine naturwissenschaftliche Disziplin mit einem ihr innewohnenden geschichtlichen Element bezeichnet, zwei verschiedene Ausgangspunkte dar.

M4 – Ein Lexikoneintrag

Geographīe (grch., d. h. Erdbeschreibung), Erdkunde, die Wissenschaft von der Lage, Bewegung, Größe, Gestalt und Belebung der Erde und ihrer Oberfläche an sich und in Beziehung auf den Menschen; zerfällt in allgemeine und spezielle Erdkunde. Die allgemeine Erdkunde (analytische Darstellungsart) beschäftigt sich mit dem Erdganzen und der Erdoberfläche in ihrer Gesamtheit. Das Erdganze (die Gestalt, Größe, Bewegungen, physik. Eigenschaften der Erde [s. Geophysik], die Orientierung auf ihrer Oberfläche und ihrer kartogr. Verbildlichung) behandelt die Mathem. (Astron.) G., als deren selbständige Nebenzweige sich die Geodäsie, Kartographie und Kartometrie abgesondert haben [Tafeln: Astronomie und Kartographie]. Die Physik., Physische G., Physio(geo)graphie oder Geophysik im weiteren Sinne betrachtet in ihren Zweigen, der Morphologie (Gestaltlehre der festen Erdoberfläche: Orographie und Hydrographie), der Ozeanographie (Meereskunde) und Klimatologie, die Teile der anorganischen Erdoberfläche, das Festland, das Meer und die Lufthülle. [Vgl. auch Tafel: Geologische Formationen.] Die Verbreitung der Pflanzen- und Tierwelt bringt die Bio-G. (Biolog. G.) in der Phyto- und Zoo-G. (Pflanzen- und Tier-G.) zur Darstellung. Die Anthropo-G. (Histor. G. im weiteren Sinne, Kultur-G.) zeigt uns die Erde als Wohnstätte der Menschheit, die Abhängigkeit des Menschen von ihr und seine Herrschaft über sie. Als Unterabteilungen sind die Siedlungskunde, Verkehrs-, Handels- und Wirtschafts-G., die G. der Völkersitze, die Polit. G. zu nennen. Die spezielle Erdkunde (synthetische Darstellungsart) ist gleichbedeutend mit Länderkunde (Chorographie). Sie gibt zusammenhängende Darstellungen einzelner kleinerer oder größerer, natürlich abgegrenzter Länderräume und der in denselben gelegenen Staatengebilde. Beim Eingehen auf einzelne Örtlichkeiten wird die landeskundliche Einzelbeschreibung zur Ortsbeschreibung oder Topographie. Nimmt die Darstellung eine frühere Zeitepoche als Vorwand, so unterscheidet man alte, mittlere, neuere, biblische etc. G. (Histor. G. im engern Sinne). Als Abarten sind noch zu erwähnen die Post-, Forst-, Kirchen-, Missions-, Militär-, Krankheits-G. [S. Beilage: ⇒ Entdeckungsreisen.]

M5 – Eine Publikation für Lernende

Geographie („Erdbeschreibung"). Sich ständig weiterentwickelndes System von Erkenntnissen über Struktur und Dynamik von Natur- und Wirtschaftsräumen.

M6 – Eine Publikation für Lehrkräfte

Der Geographieunterricht hat wie alle anderen Unterrichtsfächer in unserer sozialistischen Schule das Ziel, die heranwachsenden Menschen entsprechend den in den Lehrplänen ausgewiesenen Zielen zu bilden und zu erziehen. In der Vergangenheit und in der Gegenwart war und ist es die wesentliche Aufgabe des Geographieunterrichts, den Schülern ein von den Auffassungen der jeweils herrschenden Klasse bestimmtes Bild von der Erde zu vermitteln. Während der Geographieunterricht in kapitalistischen Ländern mehr oder weniger deutlich ausgeprägt noch immer der Erziehung zum Nationalismus, zur Überheblichkeit gegenüber anderen Völkern, dem Antikommunismus, der Verbreitung rassistischer Rassentheorien und des geographischen Determinismus dient, ist der wissenschaftliche Unterricht im Sozialismus zum Beispiel auf die Erziehung der Schüler zum proletarischen Internationalismus und sozialistischen Patriotismus gerichtet.

M7 – Ein Lexikoneintrag

Geographie kann im weitesten Sinne aufgefasst werden als ein System von umwelt- und speziell erdraumbezogenen Kognitionen und Handlungen. Als ein integraler Bestandteil der menschlichen Alltagspraxis umfasst Geographie das Wissen über die Umwelt, die Orientierung im Raum sowie das Handeln der Menschen in ihren materiellen und geistigen Umwelten. Geographie gehört insofern nicht nur zum Alltagswissen der Menschen, sondern sie ist zugleich auch Kontext, Medium und Ergebnis ihres alltäglichen Handelns. Systematisiert und reflektiert wird die Alltagsgeographie in der wissenschaftlichen Geographie, die im Folgenden näher behandelt wird. Andere professionelle Subsysteme der Geographie sind beispielsweise die geographische Bildung (Didaktik der Geographie) und die Raumplanung.

Lösungshinweise

M1–1886 – aus: *Meyers Konversations-Lexikon*, Band 5, 4. Auflage, S. 750. – digital zugänglich unter: https://de.wikisource.org/wiki/MKL1888:Erdkunde

M2–1869 – aus: Hermann Adalbert Daniel: *Leitfaden für den Unterricht in der Geographie*. 55. unveränderte Auflage. Halle, S. 1.

M3–1906 – aus: *Meyers Großes Konversations-Lexikon*, Band 6, S. 4. – digital zugänglich unter: https://www.zeno.org/Meyers-1905/A/Erdkunde

M4–1911 – aus: *Brockhaus' Kleines Konversations-Lexikon*, 5. Auflage, Band 1, S. 664. – digital zugänglich unter: https://www.zeno.org/Brockhaus-1911/A/Geographie?hl=geographie bzw. https://www.zeno.org/nid/20001137468

M5–1981 – aus: *Geographie in Übersichten. Wissensspeicher für den Unterricht.* (Ost-)Berlin, S. 7.
M6–1976 – aus: Ludwig Barth & Wolfgang Schlimme (Hrsg.): *Methodik Geographieunterricht.* (Ost-)Berlin, S. 11.
M7–2001 – aus: Hans Heinrich Blotevogel, *Lexikon der Geographie*, Band 2, S. 14 f.

Beitrag zum fachlichen Lernen

Der Unterrichtsbaustein leistet konkret einen Beitrag zu einem Verständnis des Fachs Geographie aus einem historischen Blickwinkel heraus. Durch Definition des Fachs aus Sicht des darauf bezogenen Unterrichtsfachs zu bestimmten Zeitpunkten werden sowohl der Paradigmenwandel von Wissenschaft als auch die Entwicklung von fachlicher Bildung betrachtet und in ihren gesellschaftlichen Abhängigkeiten reflektiert.

Kompetenzorientierung

- **Erkenntnisgewinnung/Methoden:** S4 „problem-, sach- und zielgemäß Informationen aus geographisch relevanten Informationsformen/-medien auswählen" (DGfG 2020: 20); S11 „den Weg der Erkenntnisgewinnung in einfacher Form beschreiben" (ebd.: 21)
- **Beurteilung/Bewertung:** S3 „aus klassischen und modernen Informationsquellen […] gewonnene Informationen hinsichtlich ihres generellen Erklärungswertes und ihrer Bedeutung für die Fragestellung beurteilen" (ebd.: 24); S5 „zu den Auswirkungen ausgewählter geographischer Erkenntnisse in historischen und gesellschaftlichen Kontexten […] kritisch Stellung nehmen" (ebd.: 25)
- Über die Bildungsstandards hinaus: Erkenntnisse über das Fach Geographie und seine Entwicklung erlangen (Metawissen über das Fach)
  Metawissen über das Fach ist ein zentrales Fachkonzept, das noch nicht in den Bildungsstandards Geographie verzeichnet ist, aber zukünftig insbesondere mit Blick auf die Sekundarstufe II Eingang finden könnte. Indem sich die Schüler*innen im Unterrichtsbaustein mit der Entwicklung des Fachs anhand von historischen Definitionen von Geographie auseinandersetzen, erhalten sie Einblicke, wie sich die Rahmenbedingungen und Kriterien von Erkenntnis, Wissen und Wissenschaftsorientierung wandeln und im Zuge wissenschaftlicher und gesellschaftlicher Innovationen weiterentwickeln.

Klassenstufe und Differenzierung

Voraussetzung für den Unterrichtsbaustein ist ein Unterricht in der Oberstufe, weil hier bereits semiprofessionelle Erfahrungen und eine erste Expertise im Bereich des historischen Lernens vorliegen. Gleichzeitig kann die Geschichte des Fachs, etwa anhand zeitlich verschieden gelagerter Momentaufnahmen/Narrationen (vgl. Schlüsselerzählungen in Band 1, Kapitel 2) bereits in jüngeren Klassenstufen zum Thema gemacht werden.

Räumlicher Bezug
Kein konkreter räumlicher Bezug; Metaebene auf das Fach im deutschsprachigen Raum in seiner zeitlichen Entwicklung

Konzeptorientierung
Deutschland: Metaebene (Reflexion) auf die hier aufgezeigten Basiskonzepte; *Disziplin*wissen
Österreich: Raumkonstruktion und Raumkonzepte, Wahrnehmung und Darstellung, Kontingenz
Schweiz: Metaebene (Reflexion) auf die hier aufgezeigten Basiskonzepte; *Disziplin*wissen; insbesondere weltgeschichtliche Kontinuitäten und Umbrüche erklären (Abschn. 6.2 und 6.3)

2.4   Transfer

Die Fachgeschichte der Geographie stellt einen sehr spezifischen Blick dar, der nicht ohne Weiteres transferiert, aber doch variiert werden kann. Konkrete Elemente können ausgewählt und vertieft werden, etwa bzgl. der Raumkonzepte, und es können Verlinkungen zu anderen historischen Ereignissen hergestellt werden, was interessante Einblicke in das sich wandelnde Verhältnis von Wissenschaft, Politik und Gesellschaft gibt. Auch eine Anschlussfähigkeit zu Themen der Angewandten Geographie (Globalisierung, Nachhaltigkeit, Entwicklungszusammenarbeit) in ihren historischen Kontexten und Entwicklungen ist gegeben.

Die aus der historischen Auseinandersetzung resultierende Metaebene auf fachdidaktische und fachliche Theorien wiederum eröffnet eine Quelle des Hinterfragens vieler Erkenntnisse der Geographie, aber auch der fachdidaktischen Überzeugungen und etablierten Praktiken von Lehrkräften. Dieses Bewusstsein, dass möglicherweise die Dinge anders, kontingent sein können, ist zentral und bereichernd für geographische Bildung.

Verweise auf andere Kapitel
- Fögele, J. & Hoffmann, K. W.: *Wissenschaftsorientierung. Klimawandel.* Band 1, Kapitel 20.
- Gryl. I. & Hemmer, M.: *Metakognitives Lernen. Grundlagen des Fachs – Gegenstandsbereich, Erkenntnisinteresse, Wege der Erkenntnisgewinnung und Legitimation.* Band 1, Kapitel 2.
- Pettig, F. & Raschke, N.: *Transformative Bildung. Zukunftsforschung und Megatrends – Ernährung.* Band 2, Kapitel 23.

Literatur

Blumenberg, H. (1986). *Die Lesbarkeit der Welt*. Suhrkamp.

Bork-Hüffer, T., Füller, H., & Straube, T. (Hrsg.). (2021). Handbuch Digitale Geographien. *Welt – Wissen – Werkzeuge*. Brill/Schöningh.

Brucker, A. (2012). Die methodische Entwicklung des Schulfaches Geographie. In *Geographie heute* (Nr. 33, Heft 299), S. 49–51.

Crutzen, P. (2002). Geology of mankind. *Nature, 415*, 23.

Deutsche Gesellschaft für Geographie e. V. (Hrsg.) (2020). *Bildungsstandards im Fach Geographie für den Mittleren Schulabschluss mit Aufgabenbeispielen* (10., aktualisierte und überarbeitete Aufl.).

Felgenhauer, T. (2011). Geographische Paradigmen als alltägliche Deutungsmuster. *Berichte zur deutschen Landeskunde, 85*(4), 323–340.

Gäbler, K. (2015). Green capitalism, sustainability, and everyday practice. In B. Werlen (Hrsg.), *Global Sustainability* (S. 63–86). Springer.

Glacken, C. (1967). *Traces on the Rhodian Shore. Nature and culture in western thought from ancient times to the end of the eighteenth century*. University of California Press.

Gryl, I. (2020). Raumtheorien, Raumkonzepte und ein Kompetenzbereich Räumliche Orientierung: Geographiedidaktische Theoriebezüge und deren Adaption. In M. Harant, P. Thomas, & U. Küchler (Hrsg.), *Theorien! Horizonte für die Lehrerbildung* (S. 365–380). University Press. https://doi.org/10.15496/publikation-45627.

Harant, M., & Thomas, P. (2020). Theorie – was sie war, wozu sie wurde und was sie heute in der Lehrerbildung sein kann. Historische und systematische Perspektiven. In M. Harant, P. Thomas, & U. Küchler (Hrsg.), *Theorien! Horizonte für die Lehrerbildung* (S. 23–35). University Press. https://doi.org/10.15496/publikation-45627.

Hettner, A. (1907). *Grundzüge der Länderkunde* (Bd. 1/2). Spamer, Teubner (Erstveröffentlichung 1924).

Kaplan, R. (2012). *The revenge of geography*. Random House.

Klüter, H. (1986). Raum als Element sozialer Kommunikation. *Gießener Geographische Schriften* (Bd. 60). Gießen.

Krings, T. (2008). Politische Ökologie. Grundlagen und Arbeitsfelder eines geographischen Ansatzes der Mensch-Umwelt-Forschung. *Geographische Rundschau, 60* (12), 4–9.

Marsh, G. (1864). *Man and nature, or, physical geography as modified by human action*. Scribner.

Marshall, T. (2015). *Prisoners of geography. Ten maps that tell you everything you need to know about global politics*. Elliot & Thompson.

Prechtl, P., & Burkard, F. P. (2008). *Metzler Lexikon Philosophie*. J.B. Metzler.

Rhode-Jüchtern, T. (2009). Eckpunkte einer modernen Geographiedidaktik – Hintergrundbegriffe und Denkfiguren. Mit je einem Glossar von Volker Schmidtke und Karen Krösch. *Klett Kallmeyer, 208*.

Sauer, C. (1941). Foreword to historical geography. *Annals of the Association of American Geographers, 31*(1), 1–24.

Schlottmann, A., & Wintzer, J. (2019). Weltbildwechsel. *Ideengeschichten geographischen Denkens und Handelns*. Haupt.

Schmithüsen, J. (1970). *Geschichte der geographischen Wissenschaft*. Bibliographisches Institut.

Schultz, H.-D. (2004). Brauchen Geographielehrer Disziplingeschichte? *Geographische Revue, 6*(2), 43–58.

Schurr, C., & Strüver, A. (2016). „The Rest": Geographien des Alltäglichen zwischen Affekt, Emotion und Repräsentation. *Geographica Helvetica, 71*, 87–97.

Thomas, W. (Hrsg.). (1956). *Man's role in changing the face of the earth* (Tagungsband). Chicago University Press.

Tobler, W. (1970). A computer movie simulating urban growth in the Detroit region. *Economic Geography, 46*(2), 234–240.

von Glasersfeld, E. (1998). *Radikaler Konstruktivismus. Ideen, Ergebnisse, Probleme.* Suhrkamp.

Wardenga, U. (1995). Geschichtsschreibung in der Geographie. *Geographische Rundschau, 47*(9), 523–525.

Wastl-Walter, D. (2010). Gender Geographien. *Geschlecht und Raum als soziale Konstruktionen, Sozialgeographie Kompakt.* Steiner.

Werlen, B. (1997). *Gesellschaft, Handlung und Raum.* Steiner (Erstveröffentlichung 1987).

Werlen, B. (2008). *Sozialgeographie.* Haupt.

Kompetenzorientierte Zugänge zum Thema Stadt

3

Räumliche Struktur, funktionale Gliederung sowie kritische Raumwahrnehmung von Städten am Beispiel von Koblenz

Thomas Brühne und Bernhard Köppen

▶ **Teaser** Das Thema Stadt besitzt in der Geographie eine lange Forschungstradition und ist im Geographieunterricht fest verankert. Mithilfe eines fachdidaktischen Modells werden ausgewählte kompetenzorientierte Zugänge aufgezeigt. Diese umfassen das Verständnis der Struktur von Städten und ihrer funktionalen Gliederung wie auch die Berücksichtigung gesellschaftlicher Diskurse über einzelne Stadtteile im Sinne selektiver Bewertung und Wahrnehmung des Räumlichen.

3.1 Fachwissenschaftliche Grundlage: Stadtgeographie – Funktionale Gliederung von Städten

Städte sind zentrale Umschlagplätze von Wissen und Informationen, Orte besonderer Welterfahrungen, sie gelten als Innovationspole und Ankerpunkte gesellschaftlichen Lebens und der Ökonomie. Die Stadt ist ein Ort für die Zusammenkunft besonders differenzierter Lebensstile. Die Faszination des Forschungsgegenstandes Stadt lässt sich exemplarisch bereits leicht anhand der wissenschaftlichen Kategorien für Städte und urbane Systeme aufzeigen: Groß-, Mittel- und Kleinstadt, zentraler Ort, Metropole, World-City, Megacity, Agglomeration oder Metropolregion sind elementare Konzepte nationaler und internationaler Stadtforschung. Ziele sind die Erforschung, Analyse und Einordnung städtischer Strukturen, Funktionen und Prozesse, wobei sich die Fragestellungen von einer eher eng

T. Brühne (✉) · B. Köppen
Abteilung Geographie, Universität Koblenz, Koblenz, Deutschland
E-Mail: bruehne@uni-koblenz.de

B. Köppen
E-Mail: koeppen@uni-koblenz.de

I. Gryl et al. (Hrsg.), *Geographiedidaktik*, https://doi.org/10.1007/978-3-662-65720-1_3

gefassten, deskriptiven Stadtgeographie zu interdisziplinären sowie theoriegeleiteten Betrachtungen gewandelt haben (Heineberg, 2017). Die „vielschichtigen Untersuchungsaspekte stadtgeographischen Arbeitens" (ebd.: 13) reichen von naturwissenschaftlichen (z. B. Stadtklimatologie und -ökologie) über sozialwissenschaftliche (z. B. Demographie, Quartiersentwicklung) bis hin zu planungsbezogenen Problemfeldern (z. B. Revitalisierung, Suburbanisierung versus Reurbanisierung) (Reuber, 2020). Darüber hinaus bestehen neuere sozialkonstruktivistische Zugänge der Betrachtung von Stadt als hybrider Raum (Hofmeister & Kühne, 2016) sowie die unter postmoderner Urbanisierung diskutierten Dekonstruktionsansätze (Soja, 2000).

Vor dem Hintergrund dieser Vielfalt stadtgeographischer Unterrichtsthemen erscheint die Arbeit mit fachdidaktischen Stadtmodellen hilfreich, wenn es darum gehen soll, die Komplexität von Stadtstrukturen und deren funktionaler Gliederung räumlich vereinfacht abzubilden und gleichzeitig Interdependenzen des global-gesellschaftlichen Wandels aufzuzeigen (Brühne, 2016).

In den deutschen Lehr-, Bildungsplänen, Fachanforderungen bzw. Kerncurricula für den Geographieunterricht der Sekundarstufe I firmiert das Thema Stadt häufig unter den Inhaltsfeldern *innere Differenzierung und funktionale Gliederung von Städten, Verstädterung, Stadtentwicklung* und *Stadt-Umland-Beziehung*. Fortführend wird das Thema in der Sekundarstufe II anhand spezieller (globaler) Problemstellungen der *Metropolisierung* sowie *sozialräumlicher Fragmentierung* betrachtet, was den Lehrpersonen kompetenzorientierte Anknüpfungen im Sinne eines themenbezogenen Spiralcurriculums ermöglicht (vgl. Abb. 3.1). Im Kontext der mit den Bildungsstandards der DGfG (2020) verbundenen Basis(teil)konzepte bietet das Thema Stadt dabei eine passgenaue Orientierung an den geographischen Systemkomponenten Struktur, Funktion und Prozess (vgl. Tab. 3.1). Mit der Behandlung des Themas Stadt können zudem ausgewählte Aspekte der Systemkompetenz (Mehren et al., 2016) operationalisiert werden: Die Lernenden beschreiben, dekontextualisieren und modellieren unterschiedliche innerstädtische Gliederungsmöglichkeiten von Städten und erkennen diese systematisch als Elemente eines übergeordneten humangeographischen (Sub-)Systems. Dieses wiederum kann aufgrund seiner anthropogen induzierten Wechselwirkungen zur Natur als Mensch-Umwelt-Interaktion bewertet werden. Günstig wäre es, das Thema möglichst früh in der Primarstufe zu behandeln, um die kindlichen Vorerfahrungen aufgreifen und daraus resultierende spiralcurriculare Potenziale geltend machen zu können.

Weiterführende Leseempfehlung
Dirksmeier, P. & Stock, M. (Hrsg.). (2020). *Urbanität*. Stuttgart: Franz Steiner Verlag.

Problemorientierte Fragestellungen
- Wie lassen sich verschiedene Städte voneinander abgrenzen oder miteinander vergleichen? Gibt es allgemeine Merkmale (zum Beispiel über den Aufbau einer Stadt)?
- Wodurch wird meine Wahrnehmung über verschiedene Stadtteile beeinflusst?

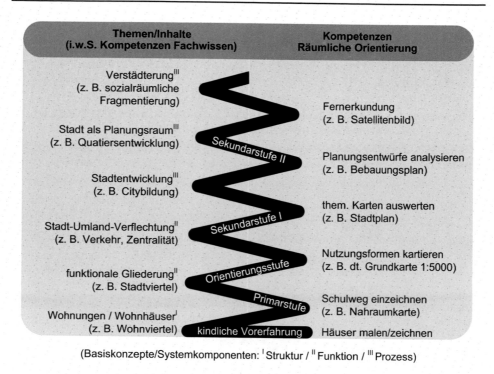

(Basiskonzepte/Systemkomponenten: [I] Struktur / [II] Funktion / [III] Prozess)

Abb. 3.1 Themenbezogenes Spiralcurriculum zum Thema Stadt. (Eigene Darstellung: T. Brühne)

Tab. 3.1 Stadtgeographische Forschungsrichtungen, innerstädtische Gliederungsmuster und ihr Bezug zu geographischen Basiskonzepten. (Eigene Darstellung: T. Brühne)

Ansätze und Forschungs-richtungen in der Stadtgeographie	Innerstädtische Gliederung …	Bezug zu den Basiskonzepten (Deutschland)	Bezug zu Basis-konzepten (Österreich)	Verbindliche Inhalte Lehrplan 21 (Schweiz)
Morphogenetisch	… entsprechend Aufriss, Grundriss, Stadtgestalt, Baukultur	Struktur	Nachhaltigkeit und Lebensquali-tät (im weitesten Sinne)	Siedlungsent-wicklung, Ver-städterung
Funktional	… nach Gebäude- und Flächennutzung/ Raumfunktion	Funktion	Regionalisierung und Zonierung	Zentrums-, Erholungs- und Wohnfunktion
Zentralitäts-forschung	… in Funktions- oder Kommunikations-bereiche	Funktion	Maßstäblichkeit	Bevölkerungsver-teilung

(Fortsetzung)

Tab. 3.1 (Fortsetzung)

Ansätze und Forschungsrichtungen in der Stadtgeographie	Innerstädtische Gliederung …	Bezug zu den Basiskonzepten (Deutschland)	Bezug zu Basiskonzepten (Österreich)	Verbindliche Inhalte Lehrplan 21 (Schweiz)
Kulturgenetisch	… gemäß kulturraumspezifischer Typologie	Struktur	Diversität und Disparität Kontingenz	Verstädterung
Sozialräumlich	… anhand sozialer, sozioökonomischer oder demographischer Merkmale	Prozess		Landflucht, Segregation
Quantitativ	… anhand faktoriell bedingter statistischer Methoden	Struktur	Regionalisierung und Zonierung	Zersiedlung, Verstädterung
Verhaltensorientiert	… nach Aktivitäten Individuum bzw. Gruppe (aktionsräumlich) … mittels subjektiver Wahrnehmung	Funktion Prozess	Wahrnehmung und Darstellung Raumkonstruktion und Raumkonzepte	Mental Maps
Angewandt	… planungsbezogen entsprechend Flächennutzung	Prozess	Interessen, Konflikte und Macht	Industrieregionen, Dienstleistungszentren, Umnutzung und Aufwertung ehemaliger Industriezentren, Raumplanung, nachhaltige Raumentwicklung

Struktur = Elemente einer Stadt in ihrer räumlichen Ausprägung
Funktion = Beziehungen und Interaktionen zwischen den Elementen einer Stadt
Prozess = gleichzeitige Betrachtung raum-zeitlicher Veränderungen der Elemente und Funktionen einer Stadt

3.2   Fachdidaktischer Bezug: Kompetenzorientierung

Im Rahmen geographischer Bildung stehen nicht mehr die Lehr- und Lernziele aus Sicht der Lehrperson im Zentrum der Betrachtung, sondern die Kompetenzorientierung der Lernenden (DGfG, 2020). Der seit der Jahrtausendwende von den Kultusministerkonferenzen initiierte

Paradigmenwechsel bewirkte grundlegende Neuausrichtungen im Bildungssektor. In allen Phasen der Lehramtsausbildung wird darauf geachtet, den Geographieunterricht auf Grundlage längerfristig kompetenzorientierter Lerninteraktionen zu begründen. Die vom Dachverband der Deutschen Gesellschaft für Geographie (DGfG) herausgegebenen Bildungsstandards dienen hierbei als ein allgemein anerkannter Rahmen für die Orientierung an übergeordneten Kompetenzbereichen. Mit dem Erwerb sogenannter Teilkompetenzen, die wiederum aus mehreren Standards zusammengesetzt sind, sollen Lernende systematisch raumbezogene Handlungskompetenz erlangen (vgl. Abb. 3.2).

In der geographiedidaktischen Forschung besteht hinsichtlich der Kompetenzorientierung weitgehend Konsens über die kontinuierliche Weiterentwicklung auf Grundlage sogenannter Kompetenzentwicklungsmodelle. Mithilfe dieser soll es (theoretisch) möglich sein, Kompetenzen in ihren Strukturen und Entwicklungsstufen einerseits sichtbar zu machen und andererseits diesbezügliche Erfolge empirisch zu messen. Mit dem Erscheinen der Bildungsstandards wurden exemplarisch Aufgaben entwickelt und aktualisiert, die der beispielhaften Übersetzung einzelner Teilkompetenzen und Standards als konkretes unterrichtspraktisches Beispiel dienen sollen.

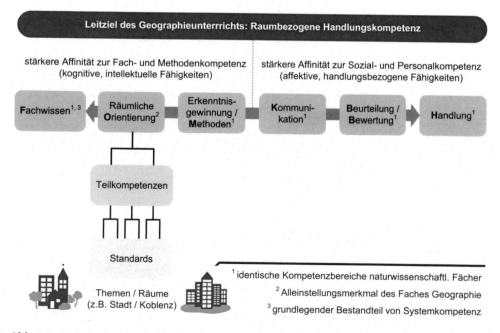

Abb. 3.2 Struktur der Kompetenzorientierung im Fach Geographie. (Eigene Darstellung: T. Brühne)

Infobox 3.1: Warum gibt es Bildungsstandards und woher stammt der Kompetenzbegriff?

Seit 2000 werden regelmäßig die Ergebnisse aus der PISA-Studie veröffentlicht. In der ersten Studie 2000/01 konnte sich Deutschland im internationalen Vergleich nicht besonders gut positionieren. Als Reaktion beschloss die Kultusministerkonferenz im Jahr 2003 die Entwicklung von Bildungsstandards in den Fächern Deutsch, Mathematik, Biologie, Chemie und Physik sowie der ersten Fremdsprache. Wegen des hohen Aufwands konnte dies nicht für alle Unterrichtsfächer realisiert werden. Im Jahr 2005 begann deshalb eine Gruppe, bestehend aus Geographiedidaktik und Schulgeographie, mit der Entwicklung adäquater Vorgeben für das Schulfach Erdkunde bzw. Geographie. Aufbau und Struktur orientierten sich an bereits existierenden Standards. Räumliche Orientierung ist hierbei das Alleinstellungsmerkmal, da dieser Kompetenzbereich in keinem anderen Unterrichtsfach vorzufinden ist (Hemmer & Schallhorn, 2006). Wie in den meisten anderen Unterrichtsfächern ist der geographische Kompetenzbegriff angelehnt an die frühere Definition nach Weinert (2001).

Mit Blick in die Praxis kann trotz aller Bemühungen um Kompetenzorientierung davon ausgegangen werden, dass diese in den gesellschaftswissenschaftlichen Fächern noch nicht vollständig verankert ist. Sander (2013) stellt solche Entwicklungen beispielhaft für die Politikdidaktik fest und spricht sogar von einer Kompetenzblase. Eine Ursache liegt vermutlich in der Trägheit des Bildungssystems bezüglich Neuerungen. Dies hatte sich bereits im Kontext vergangener Paradigmenwechsel gezeigt. Auf der anderen Seite kann Kompetenzorientierung aufgrund seiner Abstraktionsgrade in eine Mehrdeutigkeit an didaktischen Denk- und Handlungsmustern münden. Im Hinblick auf künftige fachdidaktische Entwicklungen stellen sich somit zwei interessante Fragen: Ist die konsequente Verankerung der Kompetenzorientierung im Geographieunterricht tatsächlich eine Frage der Zeit? Ist der Ansatz womöglich ebenfalls nicht mehr taufrisch und was wird uns nach der Kompetenzorientierung erwarten? (vgl. hierzu Sander, 2019)

Weiterführende Leseempfehlung

Hemmer, M. (2021). Geographiedidaktik. Bestandsaufnahme und Forschungsperspektiven. In Rothgangel, M., Abraham, U., Bayrhuber, H., Frederking, V., Jank, W. & Vollmer, J. (Hrsg.), *Lernen im Fach und über das Fach hinaus. Bestandsaufnahmen und Forschungsperspektiven aus 17 Fachdidaktiken im Vergleich* (S. 132–154). Münster: Waxmann.

Bezug zu weiteren fachdidaktischen Ansätzen

Systemkompetenz, Basiskonzepte, Modellierung, kognitive Karten/subjektive Karten

3.3   Unterrichtsbaustein: Didaktisches Modell zum Thema Stadt am Beispiel von Koblenz

Um städtische Strukturen, Funktionen und Prozesse kompetenzorientiert zu vermitteln, bietet sich eine didaktische Modellierung an, bei der die Förderung des vernetzenden Denkens den Schwerpunkt didaktischer Überlegungen bildet. Der Unterrichtsbaustein gründet auf ausgewählten Elementen innerstädtischer Gliederungsmuster, welche modellhaft in Merkmale und Merkmalskonfigurationen (Verknüpfungen einzelner Merkmale) unterschieden werden. In dem didaktischen (Stadt-)Modell wird von drei unterschiedlichen Bezugsebenen ausgegangen, die systemisch zusammenfügt werden sollen. Diese Idee unterscheidet sich von klassischen Unterrichtsansätzen, in denen die Schüler*innen mit fertigen Stadtmodellen konfrontiert werden (vgl. Abb. 3.3).

Schritt 1: Die Schüler*innen sollen zunächst städtische Einzelobjekte auf Gemeinsamkeiten und Unterschiede vergleichen. Hierbei können Fotos oder digitale

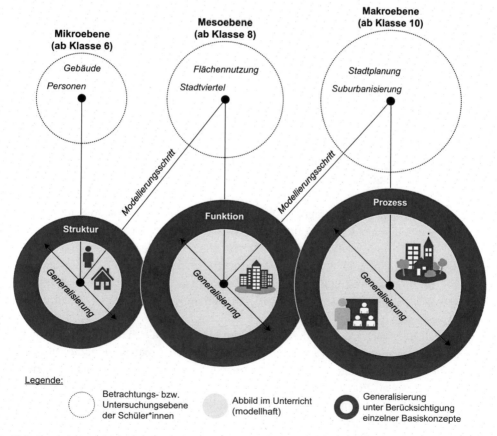

Abb. 3.3 Merkmalskonfigurationen und Modellierungsschritte des didaktischen Modells zum Thema Stadt. (Eigene Darstellung: T. Brühne)

Medien wie Google Earth verwendet werden. Ziel des Vergleichs ist es, das wahrgenommene *Städtische* zu modellieren (z. B. durch eine Anordnung) und in eine angenommene generalisierte *Struktur* zu überführen (z. B. Physiognomie einer Stadt: Aufriss, Bebauung). Dieser Analyse- und Modellierungsschritt ist zunächst an die lokale Maßstabsebene gebunden und lässt wenig Bezüge zur nächsthöheren Ebene der *Funktion* einer Stadt bzw. der regionalen Maßstabsebene zu.

Schritt 2: Das weitere Vorgehen basiert auf der Untersuchung ganzer Stadtteile, indem größere zusammenhängende Bebauungen oder Nachbarschaften erkannt werden. Hierfür können Luftbilder, Karten oder Stadtpläne näher untersucht werden. Es erfolgt eine weitere Modellierung mit dem Ziel der erneuten Generalisierung: Die zuvor erfassten und zusammengefügten Einzelobjekte werden nochmals abstrahiert und in die nächstgrößere Einheit überführt (im Sinne einer neuen, erweiterten Merkmalskonfiguration). Mit der Generalisierung entstehen erste Lernprodukte (z. B. Kartenskizzen, Tabellen, grafische Darstellungen). Anhand der vom Lernenden zuvor selbstständig erfassten Strukturen werden funktionale Einheiten erkannt und diese mit eigenständigen Begriffen wie „Wohnviertel", „Verkaufsfläche", „Erholungsgebiet" versehen.

Schritt 3: Die Stadt ist schließlich als ein (vernetztes) Gesamtsystem zu betrachten, um innerstädtische Zusammenhänge zwischen den einzelnen Funktionen einer Stadt zu erschließen. Es vollzieht sich ein finaler Generalisierungsschritt (vgl. Abb. 3.4). Im Sinne des wissenschaftspropädeutischen Arbeitens wird zugleich eine didaktische Gelenkstelle für kulturraumspezifische Vergleiche oder die Einordnung von Stadtstrukturmodellen in globale Städtesysteme wie Global Cities geschaffen.

Durch die didaktischen Modellierungsschritte können parallel wichtige Beiträge zur räumlichen Orientierung initiiert werden. Das systematische Erstellen, Skizzieren und Vervollständigen eines eigenen Stadtmodells verhilft zur räumlichen Lokalisation: Erfasste Einzelobjekte werden auf Stadtplänen, Stadtkarten und/oder digitalen Globen verortet, ehe eine Generalisierung und Modellierung vollzogen wird. Der Vergleich zwischen Modell und Realität trägt zur späteren Orientierung im Realraum Stadt bei.

Neben Modellierungsschritten und der Überführung in ein eigenes Modell sollen die Schüler*innen mit Aspekten der Raumwahrnehmung des Städtischen (prozesshafte Veränderungen) konfrontiert werden. Durch einen Exkurs erfahren die Lernenden hierbei, dass die bewusste wie auch unbewusste Zusammenschau (vermeintlich) objektiver Information (z. B. amtliche Statistik) die Wahrnehmung von Städten oder Stadtvierteln beeinflussen kann.

Arbeitsauftrag wäre zunächst die Unterscheidung von Stadtteilen mittels geeigneter Indikatoren (z. B. Bevölkerung mit Migrationshintergrund, Arbeitslosenquote) der amtlichen Statistik. Dazu käme der Vergleich einzelner Stadtteile im Hinblick auf mögliche Veränderungen (Prozesse). Bereits die Auswahl der Statistik soll an eine kritische Reflexion heranführen, indem die Schüler*innen mit folgenden Problemfragen konfrontiert werden: Was möchte ich herausfinden? Warum und mit welchem Ziel? Wird durch meine persönliche Auswahl von (statistischen) Kennwerten mein Ergebnis bereits vorstrukturiert? Ferner soll das Image von Stadtvierteln kritisch betrachtet werden. Mög-

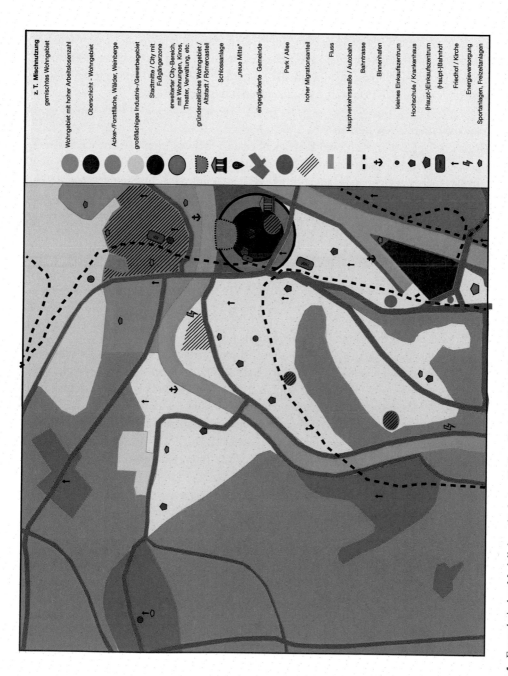

Abb. 3.4 Exemplarisches Modell der mitteleuropäischen Stadt am Beispiel von Koblenz. (Entwurf: S. Schmidt, 2019; Kartographie: smartgeomatic 2021)

liche Zugänge wären beispielsweise die mediale Darstellung oder Narration individueller Wahrnehmungen des Städtischen seitens der Schüler*innen.

Der Zeitungsartikel (vgl. Abb. 3.5) stellt eine beispielhafte Problemsituation her. Hier wird eine argumentative Verkettung von einer Brandserie, früheren Fällen von Vandalismus hin zu sozioökonomischer und ethnischer Segregation vorgenommen bzw. als möglicher Kausalzusammenhang medial in die öffentliche Meinungsbildung eingebracht. Diese Art der suggestiven Darstellung soll kritisch reflektiert werden.

Beitrag zum fachlichen Lernen

Durch das Beispiel zeigt sich eine Zielgleichheit der fachwissenschaftlichen Erfassung städtischer *Strukturen, Funktionen* und *Prozesse* (Heineberg, 2017, 2020) und den in den Bildungsstandards gleichnamig angeführten Bestandteilen der **Basiskonzepte** (DGfG, 2020). Der Lernende überführt dabei seine abstrakte Vorstellung von einer Stadt in das Verständnis eines (human-)geographischen Systems. Neben der zusätzlichen Förderung räumlicher Orientierung kommt es gleichzeitig zur (kritischen) Beurteilung/Bewertung: Indem die Lernenden erkennen, dass Städte einem ständigen Wandel (Prozess) unterliegen, dieser Wandel aber wiederum mitunter medial verzerrt reproduziert wird, vollzieht sich ein erweitertes Verständnis von Raumwahrnehmung.

Kompetenzorientierung

Dem Thema Stadt kommt eine hohe Bedeutung für die geographische Bildung zu. In den Bildungsstandards der DGfG wird allein 16-mal in unterschiedlichen Zusammenhängen darauf Bezug genommen (inkl. Aufgabenbeispielen). Hierbei zeigt sich eine hohe Affinität zum Kompetenzbereich Fachwissen. Demgegenüber stehen die ernüchternden Erkenntnisse geographiedidaktischer Interessenforschung: In ihren Studien zum Interesse von Schüler*innen an Themen, Regionen und Arbeitsweisen im Geographieunterricht stellten Hemmer und Hemmer (2010) fest, dass „bei der Subskala Stadt- und Wirtschaftsgeographie [zwar] eine leichte Interessenzunahme von 1995 auf 2005 zu verzeichnen [sei]. Gleichwohl bildet diese Skala zu beiden Messzeitpunkten das Schlusslicht" (ebd.: 79). Als Schlussfolgerung daraus erscheint es sinnvoll, ein aus Sicht von Schüler*innen womöglich auf den ersten Blick weniger attraktives Thema (hier: Stadt) mit einer interessanten Arbeitsweise (hier: Arbeit mit Modellen) didaktisch zu kombinieren. Abb. 3.6 zeigt eine Auswahl an Kompetenzbereichen, Teilkompetenzen im Kontext der Nennung des Themas Stadt.

Klassenstufe und Differenzierung

Ab Klassenstufe 6 (Struktur), ab Klassenstufe 8 (Funktion), ab Klassenstufe 10 (Prozess/Raumwahrnehmung)

Der Wechsel zwischen Raumbeschreibung und eigener Abstraktion durch die Lernenden ermöglicht einen hohen Grad an Differenzierung. Die drei Modellierungsschritte sowie Generalisierungen führen den Lernenden beispielsweise an einen Vergleich seines zusammengesetzten Modellentwurfs mit bereits existierenden Modellen

|| Archivierter Artikel vom 01.05.2019, 17:27 Uhr

Koblenz

Anwohner haben Angst: Brandserie im sozialen Brennpunkt

Gehen in den Koblenzer Stadtteilen Neuendorf und Lützel die Feuerteufel um? In den vergangenen Wochen brannten dort immer wieder Mülltonnen, Altpapiercontainer oder Autos. Dieses Mal loderten die Flammen in der Nacht zum Dienstag in einem Büro- und Wohngebäude – der Schaden beträgt rund 100.000 Euro, dass kein Bewohner schwerer verletzt wurde, grenzt an ein Wunder.

Doris Schneider, Thomas Brost und Markus Kuhlen 01.05.2019, 17:36 Uhr

Warum das Feuer ausgebrochen ist, kann die Polizei noch nicht sagen. Ob sie einen Zusammenhang mit den sich häufenden Bränden in der jüngsten Vergangenheit sieht, dazu macht die Polizei keine Angaben. Die Bewohner und Passaten im betroffenen Brenderweg sind sich indes sicher, dass es ein Brandanschlag war.

[. . .]

Die Vielzahl der Brände In jüngster Zeit rücken die Koblenzer Stadtteile Neuendorf und Lützel wieder stärker in den Fokus. Das war schon im vergangenen Jahr so, als die Situation zuletzt eskalierte. Damals flog im Spätsommer gar ein brennender Molotowcocktail in Richtung eines Polizeiwagens, das Auto eines Bezirksbeamten war außerdem mit Steinen demoliert worden. Selbst Sozialarbeiter fühlten sich bedroht und stellten die Arbeit vorübergehend ein.

Vor allem in der Großsiedlung Neuendorf kommt es seit Jahren immer wieder zu Problemen. Waren in dem sozialen Brennpunkt vor rund zehn Jahren noch Beschimpfungen gegen Polizisten an der Tagesordnung, wurden daraus vor allem nach 2014 sogar Attacken. Unrühmlicher Gipfel waren Ausschreitungen im Sommer 2018. „Das war purer Hass auf die Polizei. An einer Zusammenarbeit mit uns gab es kein Interesse", sagte Thomas Fischbach, Leiter der Polizeidirektion Koblenz, jüngst im Gespräch mit unserer Zeitung.

Sozialer Schmelztiegel

In dem sozialen Schmelztiegel gibt es eine gegenüber dem restlichen Stadtgebiet auffällig hohe Quote an Altersarmut, Arbeitslosigkeit, Perspektivlosigkeit, psychischer Belastungen und Sucht. Rund 70 Prozent der Bewohner in der Siedlung haben einen Migrationshintergrund, im Rest der Stadt sind es im Schnitt etwa 30 Prozent. Kaum irgendwo in der Stadt Koblenz leben so viele Menschen auf so engem Raum zusammen.

Ob der aktuelle Brand mit alldem zusammenhängt und wirklich gelegt wurde, werden Sachverständige klären. In der Straße jedenfalls breitet sich langsam ein Gefühl der Unsicherheit aus, bei manchen sogar Angst. „Irgendwann passiert mal was Schlimmes", fürchtet eine Frau. „Dann bleibt es nicht beim Sachschaden."

Von Doris Schneider, Thomas Brost und Markus Kuhlen

Abb. 3.5 Stadtgeographische Prozesse eines Koblenzer Stadtteils zwischen Wirklichkeit und Wahrnehmung. (Quelle: D. Schneider, T. Brost, M. Kuhlen, ©Rheinzeitung 2019, Layout verändert)

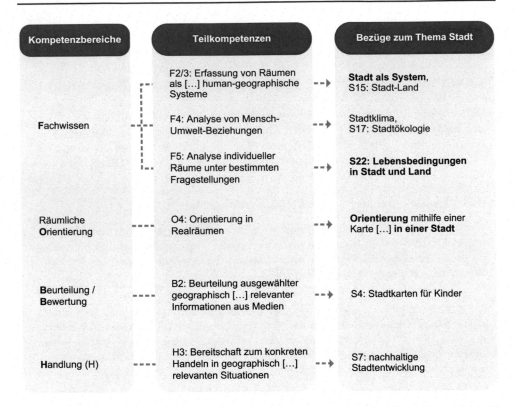

Abb. 3.6 Ausgewählte Kompetenzerwerbe im Kontext des Themas Stadt. (Eigene Darstellung: T. Brühne)

heran (vgl. Abb. 3.5). Einzelne Generalisierungsschritte können auch in der sonst gängigen Form des Lesens und Beschreibens mithilfe von Karten vollzogen werden. Die Lehrkraft kann den Grad der Abstraktion insofern steuern, als sie beispielsweise nicht alle Modellierungs- und Generalisierungsschritte die Schüler*innen selbstständig durchführen lässt. Alternativ könnten beispielsweise ausgewählte Merkmalskonfigurationen in vereinfachter Form vorgegeben oder einzelne funktionale Strukturen des Städtischen im Generalisierungsschritt didaktisch zusammengefasst werden (z. B. Gewerbe- und Industrieflächen, Einkaufs- und Erholungsräume).

Räumlicher Bezug
Koblenz (lokale und regionale Maßstabsebene ab Klassenstufe 6), Deutschland/mitteleuropäische Stadt (nationale Maßstabsebene ab Klassenstufe 8)

Konzeptorientierung
Deutschland: Systemkomponenten (Struktur, Funktion, Prozess)

Österreich: Raumkonstruktion und Raumkonzepte, Regionalisierung und Zonierung, Diversität und Disparität, Maßstäblichkeit, Wahrnehmung und Darstellung, Nachhaltigkeit und Lebensqualität, Interessen, Konflikte und Macht, Kontingenz
Schweiz: Lebensweisen und Lebensräume charakterisieren (2.2a, 2.2b 2.3a–c), Mensch-Umwelt-Beziehungen analysieren (3.2d, 3.3a), sich in Räumen orientieren (4.2d, 4.3c)

3.4   Transfer

Die Arbeit mit didaktisierten (Stadt-)Modellen erscheint eine lohnenswerte Möglichkeit, um ausgewählte Aspekte der Kompetenzorientierung und das Denken in Zusammenhängen zu fördern. Die Erzeugung didaktischer Modellsituationen (Neugebauer, 1980), indem Schüler*innen eigene Modellierungsschritte tätigen, kann zum Aufbau geographischer Modellierkompetenz (Ammoneit et al., 2019) beitragen. Auch im Hinblick auf weitere abstrakte gesellschaftsrelevante Themen wie Migration lässt sich ein Transfer erzeugen: Die durch den Lernenden selbst erarbeiteten und entdeckten Merkmale (z. B. Ursachen von Migration) werden systematisch in eigene Konzepte, Ideen oder Vorstellungen (z. B. Migrationsmuster als Merkmalskonfiguration) überführt. Diese bilden wiederum die Grundlage für die Schaffung eines eigenen Modells (z. B. Push-Pull-Modell, Detektion räumlicher Migrationskorridore) sowie den rekonstruierenden Vergleich mit der scheinbar objektiv wirkenden und subjektiv enttarnten Wirklichkeit alltäglicher Medien, Statistiken oder Karten.

Verweise auf andere Kapitel
- Bette, J.: *Modellkompetenz. Wirtschaftsräumlicher Wandel – Innovation.* Band 2, Kapitel 17.
- Fögele, J. & Mehren, R.: *Basiskonzepte. Stadtentwicklung – Transformation von Städten.* Band 2, Kapitel 4.
- Fögele, J., Mehren, R. & Rempfler, A.: *Systemkompetenz. Planetare Belastungsgrenzen – Stickstoff.* Band 1, Kapitel 17.
- Hiller, J. & Schuler, S.: *Mental Maps/Subjektive Karten. Nachhaltige Stadtentwicklung – Stadtgrün.* Band 1, Kapitel 25.

Literatur

Ammoneit, R., Reudenbach, C., Turek, A., Nauß, T., & Peter, C. (2019). Geographische Modellierkompetenz – Modellierung von Raum konzeptualisieren. *GW-Unterricht, 156,* 19–29.
Brühne, T. (2016). *Städte in verschiedenen Kulturräumen.* Verlag Dr. Kovač.
[DGfG] Deutsche Gesellschaft für Geographie, (Hrsg.). (2020). *Bildungsstandards im Fach Geographie für den Mittleren Schulabschluss.* Selbstverlag Deutsche Gesellschaft für Geographie.
Heineberg, H. (2017). *Stadtgeographie.* Schöningh.

Heineberg, H. (2020). Stadtstrukturmodelle und die innere Gliederung der Stadt. In H. Gebhardt, R. Glaser, U. Ratdke, P. Reuber, & A. Vött (Hrsg.), *Geographie. Physische Geographie und Humangeographie* (S. 849–859). Springer Spektrum.

Hemmer, I., & Hemmer, M. (Hrsg.). (2010). Interesse von Schülerinnen und Schülern an einzelnen Themen, Regionen und Arbeitsweisen des Geographieunterrichts – ein Vergleich zweier empirischer Studien aus den Jahren 1995 und 2005. *Schülerinteresse an Themen, Regionen und Arbeitsweisen des Geographieunterrichts. Ergebnisse der empirischen Forschung und deren Konsequenzen für die Unterrichtspraxis* (S. 65–145). Selbstverlag des Hochschulverbandes für Geographie und ihre Didaktik e. V. (HGD).

Hemmer, I., & Schallhorn, E. (2006). Nationale Bildungsstandards für das Schulfach Geographie – ein notwendiger Meilenstein! *Praxis Geographie, 36*(4), 46–47.

Hofmeister, S., & Kühne, O. (2016). *StadtLandschaften: Die neue Hybridität von Stadt und Land (Hybride Metropolen)*. Springer VS Verlag für Sozialwissenschaften.

Mehren, R., Rempfler, A., Ullrich-Riedhammer, E.-M., Buchholz, J., & Hartig, J. (2016). Systemkompetenz im Geographieunterricht. *Zeitschrift für Didaktik der Naturwissenschaften, 22*(1), 147–163. https://doi.org/10.1007/s40573-016-0047-y

Neugebauer, W. (1980). Didaktische Modellsituationen. In H. Stachowiak (Hrsg.), *Modelle und Modelldenken* (S. 50–74). Klinkhardt.

Reuber, P. (2020). Stadtgeographie. Aktuelle Entwicklungen, Theorien und Themenfelder der Geographischen Stadtforschung. In H. Gebhardt, R. Glaser, U. Radtke, P. Reuber, & A. Vött (Hrsg.), *Geographie. Physische Geographie und Humangeographie* (S. 844–849). Springer Spektrum.

Sander, W. (2013). Die Kompetenzblase – Transformationen und Grenzen der Kompetenzorientierung. *Zeitschrift für Didaktik der Gesellschaftswissenschaften 4*(1), 100–124.

Sander, W. (2019). Zurück zur Bildung? Die gesellschaftswissenschaftlichen Fächer nach der Kompetenzorientierung. *Zeitschrift für Didaktik der Gesellschaftswissenschaften 10*(2), 93–111.

Schmidt, S. (2019). *Entwicklung eines theoretischen Modells zur funktionalen und sozialräumlichen Gliederung der Stadt Koblenz*. Koblenz (unveröffentl. Masterarbeit, Universität Koblenz-Landau, Campus Koblenz)

Soja, E. W. (2000). *Postmetropolis: Critical studies of cities and regions*. Wiley-Blackwell.

Weinert, F. (2001). Vergleichende Leistungsmessung in Schulen – eine umstrittene Selbstverständlichkeit. In F. Weinert (Hrsg.), *Leistungsmessungen in Schulen* (S. 17–31). Beltz.

Geographische Basiskonzepte

4

Fachliches Denken mit den Leitideen der Geographie – aufgezeigt am Beispiel Transformation von Städten

Janis Fögele und Rainer Mehren

▶ **Teaser**

Das „Jahrhundert der Metropolen" (OECD, 2015) ist zugleich geprägt von fortschreitender Digitalisierung und einem zunehmend deutlicher zutage tretenden Klimawandel, aus dem immer lautere Rufe nach nachhaltigen Städten und einer sozialökologischen Transformationen unserer Lebensweise resultieren. Die in diesem Spannungsfeld liegende Transformation von Städten ist eine sehr bedeutsame und komplexe Herausforderung von Gegenwart und Zukunft, deren Entwicklungsperspektiven auch im Geographieunterricht einen zentralen Stellenwert einnehmen.

Wie aber analysieren Geograph*innen diese Zukunftsfrage? Im Beitrag wird der Ansatz der geographischen Basiskonzepte vorgestellt, der einen fachlichen Zugriff auf die unterschiedlichen Lerngegenstände des Fachs ermöglicht. Auf diese Weise kann die Komplexität von Themen wie die Transformation *von Städten* angemessen analysiert und geographisches Denken gefördert werden.

J. Fögele (✉)
Institut für Geographie, Abt. Geographiedidaktik, Universität Hildesheim,
Hildesheim, Deutschland
E-Mail: foegele@uni-hildesheim.de

R. Mehren
Institut für Didaktik der Geographie, Westfälische Wilhelms-Universität Münster,
Münster, Deutschland
E-Mail: rainer.mehren@unimuenster.de

I. Gryl et al. (Hrsg.), *Geographiedidaktik*, https://doi.org/10.1007/978-3-662-65720-1_4

4.1   Fachwissenschaftliche Grundlage: Stadtentwicklung – Transformation von Städten

Mehr als die Hälfte der Menschen weltweit leben schon jetzt in Städten, für das Jahr 2100 prognostiziert die OECD einen Anteil von etwa 85 % auf eine dann 9 Mrd. Menschen zählende Stadtbevölkerung. Passenderweise ist der Bericht mit dem Titel „Das Jahrhundert der Metropolen" überschrieben (OECD, 2015). Neben diesem rasanten, auf mehreren Ebenen verlaufenden Wachstum wirken sich zwei weitere globale Veränderungen tiefgreifend auf den urbanen Raum aus: Digitalisierung und Digitalität prägen gegenwärtige städtische Entwicklungen etwa unter dem Schlagwort der Smart City (Bauriedl & Strüver, 2017). Zugleich drängen immer mehr Akteure angesichts eines massiven Klimawandels auf grundlegende sozialökologische Transformationen der globalen Lebensweise, mit entsprechenden Bemühungen um eine nachhaltige Stadt (Brokow-Loga & Eckardt, 2020; Rink, 2018). Diese drei parallelen Entwicklungen, Wachstum, Digitalisierung und Nachhaltigkeit, skizzieren einige der gegenwärtigen und zukünftigen grundlegenden Transformationen von Städten.

Obwohl auch diese drei Ebenen bereits eine Konzentration auf wesentliche Aspekte darstellen, umfassen sie eine solche Fülle an Fragestellungen, dass im Folgenden die Frage der städtischen Entwicklung im Sinne einer sozialökologischen Transformation fokussiert wird.

„Nachhaltige Stadtentwicklung [ist] zu einem allgemeinen Entwicklungsparadigma geworden" (Gerhard, 2018: 43). Passivhäuser, Ausbau öffentlicher Verkehrsmittel, Grünanlagen, Wärmedämmung … – die Liste der Maßnahmen zur ressourcenschonenden Stadt ist lang. Zugleich wird kritisiert, dass Konzepte nachhaltiger Stadtentwicklung ein „deutliches Primat der Ökonomie" (Gerhard, 2018: 47) zeigen (u. a. Großmann, 2020). Was ist damit gemeint? Bezug nehmend auf die Analyse des Wissenschaftlichen Beirats Globale Umweltveränderungen (WBGU, 2011) zur *großen Transformation* wird vielfach Kritik an nachhaltigen (Stadt-)Entwicklungskonzepten geäußert, wonach diese zwar ökologische Transformationen anvisieren, dies aber im Rahmen des Wachstumsparadigmas bzw. eingebettet in kapitalistischen Logiken gedacht würde (Brand, 2020). Konkretisiert wird diese Kritik etwa mit der empirischen Diagnose, wonach Energieeffizienzmaßnahmen städtischen Bauens und Sanierens zu höheren Mietpreisen und damit zu Wohnsegregation beitragen (Großmann, 2020). Entsprechend strebt das SDG 11 (Sustainable Development Goal der UN) mit dem Ziel *nachhaltiger Städte und Gemeinden* als Bestandteil dieser Entwicklung an, Städte nicht zuletzt auch inklusiv zu gestalten, also zumindest die Entstehung exklusiver Stadträume und Verdrängungsprozesse zu vermeiden (Kabisch et al., 2018). Unklar ist dabei in der Praxis jedoch, wie verhindert werden kann, dass entsprechende Investitionen nicht automatisch in Verdrängungsprozessen münden (Großmann, 2020; Brokow-Loga & Neßler, 2020). Es zeigen sich darin (mehrfache) dilemmatische Zielkonflikte zwischen den Dimensionen von Nachhaltigkeit (z. B. gesellschaftspolitischer Umgang mit Eigentum am Boden, ökonomische Anreizsetzung zum Wohnungsbau, soziale Differenzen des individuellen Wohnflächenverbrauchs, ökologische Leitlinien des Wohnungsbaus und Flächenverbrauch). Im Unterrichtsbeispiel wird insbesondere die Frage nach der Vereinbarkeit *grünen* Städtebaus mit sozialen Belangen in den Blick genommen.

Relevanz und curriculare Einordnung des Themas
Schon jetzt lebt die Mehrheit der Menschen weltweit in Städten, der Anteil nimmt immer weiter zu. Wie sich das Leben in den Städten entwickelt, prägt also zunehmend das Leben aller Menschen. Zentrale Zukunftsherausforderungen der Menschen wie ein klimagerechte(er) Lebensstil entscheiden sich also immer mehr in Städten (Gerhard, 2018: 44; WBGU, 2016), was die Relevanz des vorliegenden Themas hervorhebt. Es handelt sich darüber hinaus um einen sehr zentralen Untersuchungsgegenstand insbesondere der Humangeographie. Auch in den Bildungsstandards für die Geographie wird „Stadt als System" (DGfG, 2020: 12) im Kompetenzbereich Fachwissen explizit als bedeutsamer Lerngegenstand bezeichnet, anhand dessen weitere Kompetenzbereiche (insb. Beurteilung & Bewertung sowie Handlung) gefördert werden. Diese Bedeutung schlägt sich auch in den Bildungsplänen bzw. Kerncurricula der Länder nieder. Während das Leben in Stadt und Land bereits in der Sekundarstufe I klassischerweise bearbeitet wird, ist dieser Beitrag eher der Sekundarstufe II zuzuordnen. Diese Einordnung lässt sich anhand der Kerncurricula zweier Bundesländer exemplarisch konkretisieren. Curriculare Bezüge bestehen etwa in den Bereichen *Konzepte der Stadtentwicklung, Stadtentwicklung im 21. Jahrhundert* (Kerncurriculum der gymnasialen Oberstufe in Niedersachsen) sowie *Globale Herausforderungen: Stadtentwicklung, das Konzept der nachhaltigen Stadtentwicklung* und *Weltweite Verstädterung* (Bildungsplan der Klassenstufe 11/12 an Gymnasien in Baden-Württemberg). Durch die Dichte und Komplexität der unterschiedlichen Ebenen städtischer Transformation dienen geographische Basiskonzepte insbesondere als strukturierte Analysebrillen für die Bearbeitung des Lerngegenstands.

Weiterführende Leseempfehlung
Kabisch, S.; Koch, F. & D. Rink (2018): Urbane Transformation unter dem Leitbild der Nachhaltigkeit. In: *Geographische Rundschau* 6, 4–9.

Problemorientierte Fragestellungen
Im Jahr 2100 könnten etwa 9 Mrd. Menschen weltweit in Städten leben – mehr als doppelt so viele wie heute –, die zudem die Grundlage für eine nachhaltigere Lebensweise der Menschen bilden sollten.

- **Wie können diese Transformationen bewältigt werden, wie verändert sich das Leben in der Stadt, wie kann (und soll) es gestaltet werden?**
- Welche Antworten auf diese Fragen verschafft ein geographischer Blick auf die Transformation von Städten?

Der unten skizzierte Unterrichtsbaustein zur Untersuchung einer der Facetten, der sozialökologischen Transformation, greift aus diesem Themenkomplex die folgende Fragestellung heraus:

Grünes Wohnen nur für Wohlhabende? – Perspektiven zur nachhaltigen Transformation von Städten.

4.2 Fachdidaktischer Bezug: Geographische Basiskonzepte

Basiskonzepte (engl. auch *Big Ideas, Core Ideas* oder *Key Concepts*) „sind grundlegende, für Lernende nachvollziehbare Leitideen des fachlichen Denkens, die sich in den unterschiedlichen geographischen Sachverhalten wiederfinden lassen. Sie stellen als systematische Denk- und Analysemuster sowie Erklärungsansätze die fachspezifische Herangehensweise der Geographie an einen Lerngegenstand dar" (Fögele & Mehren, 2021: 50). Abb. 4.1 fasst einige wesentliche, in der deutschsprachigen Geographie(didaktik) diskutierte geographische Fachkonzepte zusammen.

Basiskonzepte – die Grammatik des Fachs

Urbanisierung, Massentourismus, Transport und Verkehr, Regenwaldrodung oder Klimawandel: All diese Themen spielen im Geographieunterricht eine große Rolle. Für das Verständnis dieser auf den ersten Blick ganz unterschiedlichen Gegenstände als die *Vokabeln* des Fachs ist einerseits ein vertieftes Faktenwissen erforderlich. Um diese Themen aber tiefgreifend erschließen und verstehen zu können, wird andererseits ein systematisches, konzeptionelles Fachverständnis benötigt. Geographische Basiskonzepte repräsentieren als die *Grammatik* des Fachs dieses Konzeptwissen bzw. -verständnis. Die benannten Sachverhalte etwa sind mithilfe des Basiskonzepts Nachhaltigkeitsviereck (aus den Dimensionen Ökonomie, Soziales, Politik und Ökologie) systematisch zu untersuchen (dargestellt als Ebene im Mensch-Umwelt-System mit den zuvor genannten vier Dimensionen in Abb. 4.1). Dieses exemplarisch benannte Basiskonzept als strukturierende Analysebrille des Fachs hilft dabei, die komplexen und vielfältigen Zusammenhänge reduziert und trotzdem geographisch angemessen zu untersuchen. In der nachfolgenden Tab. 4.1 wird aufgezeigt, wie die Wahl des Basiskonzepts das jeweilige Untersuchungsinteresse und damit verbundene Fragestellungen beeinflusst. Oder anders formuliert: Jedes Basiskonzept ergibt eine je eigene Perspektive auf den Untersuchungsgegenstand. Zusammen bilden sie die geographische Sichtweise auf bzw. das geographische Erkenntnisinteresse an thematischen Gegenständen ab.

Hilfreiches Werkzeug für Lernende und Lehrende

Basiskonzepte sind ein Denkwerkzeug für Lernende. Als Analysebrille dienen sie als metakognitives Instrument zur Erschließung komplexer Sachverhalte. Sie helfen dabei, Fragen an einen Gegenstand zu formulieren, Informationen zu strukturieren oder Zusammenhänge in komplexen Sachverhalten herzustellen. Aber auch für Lehrkräfte bieten Basiskonzepte ein hilfreiches Gerüst bei der Unterrichtsplanung. Als

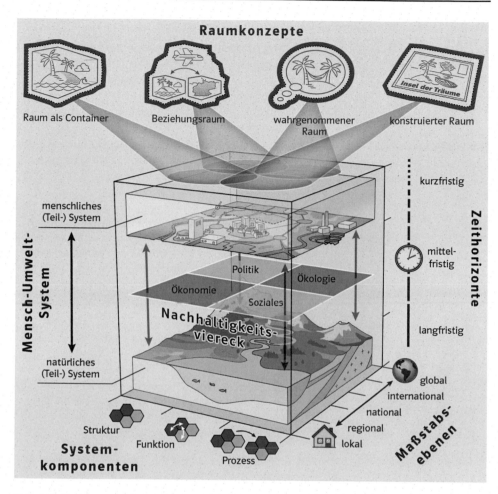

Abb. 4.1 Basiskonzepte der Geographie. (Quelle: Fögele et al., 2021a nach Fögele, 2016 und DGfG, 2020)

wiederkehrende fachliche Muster helfen Basiskonzepte als roter Faden dabei, Unterricht so zu strukturieren, dass Lernen kumulativ erfolgt und Lernende ein fachliches Verständnis erwerben können. Basiskonzepte sind damit ein wesentliches Mittel für die Entwicklung geographischen Denkens.

Basiskonzepte der Geographie

Im Zentrum steht das übergeordnete Hauptbasiskonzept *Mensch-Umwelt-System*, das als Würfel dargestellt ist (Abb. 4.1) und aus human- sowie naturgeographischen (Sub-) Systemen mit Interaktionen zwischen beiden besteht. Die nachfolgenden Basiskonzepte dienen der gezielten Analyse ausgewählter Aspekte im Mensch-Umwelt-System, die sich gegenseitig ergänzen, teilweise aber auch überschneiden. Die Interaktionen im Mensch-Umwelt-System können etwa konkretisiert mithilfe des Basiskonzepts *Nachhaltig-*

Tab. 4.1 Unterschiedliche Untersuchungsfragen desselben Lerngegenstands *Stadt*

Basiskonzepte	Unterschiedliches Erkenntnisinteresse beim Lerngegenstand „Transformation von Stadt"
(Mensch-Umwelt-)System	Welcher Zusammenhang besteht typischerweise zwischen der Bevölkerungsdichte der Stadt und dem Wohlstand ihrer Bevölkerung und auf welche Prinzipien ist diese Wechselwirkung zurückzuführen?
Nachhaltigkeitsviereck	Wie sieht eine Politik der Stadtentwicklung in Mitteleuropa aus, die ökonomische, ökologische und soziale Interessen ausgleicht?
Struktur-Funktion-Prozess	Welche Verkehrsinfrastruktur kann in der Stadt identifiziert werden (Straßen, Rad- und Fußwege, ÖPNV-Linien, Schienen …)? Welche Verkehrsmittelnutzung und welche Bewegungsmuster ergeben sich zu welchem Zweck daraus? Welche Anpassungen der Verkehrsinfrastruktur und Bewegungsprofile wären zukünftig erstrebenswert?
Vier Raumkonzepte und das erweiterte Raumverständnis	Mit welchen Strategien kann ein neues Raumimage (z. B. zur Förderung des Städtetourismus) medial konstruiert werden (z. B. Metropole Ruhr)?
Zeithorizonte	Welche Stadtentwicklungsprozesse im Zeichen der Transformation sind denkbar und sinnvoll für die kommenden 5, 15, 50 Jahre?
Maßstabsebenen	Welche Transformationsprozesse werden lokal initiiert, welche regional und national, welche international und global? Welche Folgen hat das umgekehrt auf andere Maßstabsebenen?

keitsviereck untersucht werden, das in Abb. 4.1 als Ebene im Mensch-Umwelt-System dargestellt ist (verstanden als Fokussierung auf ausgewählte Aspekte des komplexen Mensch-Umwelt-Systems, konkret auf Facetten der vier Dimensionen Ökologie, Ökonomie, Soziales und Politik). Diese Untersuchung ist aber auch entlang räumlicher und zeitlicher Skalen möglich (die Achsen sowie Basiskonzepte *Maßstabsebenen* und *Zeithorizonte*), wobei insbesondere die Wechselwirkungen zwischen z. B. lokalen und globalen Phänomenen von Interesse sind. Das Basiskonzept *Struktur – Funktion – Prozess* hilft dabei, Strukturen als räumliche Muster, funktionale Beziehungen zwischen den Elementen im Raum sowie deren Veränderungen zu untersuchen. Schließlich bieten die vier *Raumkonzepte* bzw. das erweiterte Raumverständnis eine Möglichkeit, sowohl physisch-materielle als auch mentale Raumaspekte des Mensch-Umwelt-Systems zu analysieren (dargestellt als vier sich überlagernde „Scheinwerfer").

Weiterführende Leseempfehlung

- Fögele, J. & R. Mehren (2021,). Basiskonzepte – Schlüssel zur Förderung geographischen Denkens und ihre Anbahnung im Unterricht. In *Praxis Geographie*, 51(4), 48–55.

- Thume, S. & J. Hofmann (2020). Als Kapstadt beinahe das Wasser ausging. Das Basiskonzept Maßstabswechsel mittels Concept Maps anbahnen. In *Praxis Geographie* (4), 25–29.
- Hemmer, M. & R. Uphues (2012). Abwanderung aus der Großwohnsiedlung Berlin-Marzahn. Eine Analyse mittels der vier Raumperspektiven der Geographie. In *Praxis Geographie* (1), 22–27.

Bezug zu weiteren fachdidaktischen Ansätzen
Metakognitives Denken, Systemkompetenz, Raumkonzepte

4.3   Unterrichtsbaustein: Wohnen in der Stadt – Eine basiskonzeptionelle Analyse

Vorüberlegungen | Unterrichtsplanung mit geographischen Basiskonzepten
Mit Basiskonzepten tritt ein Instrument der Unterrichtsgestaltung hinzu, das zwischen Inhalt und Methode einzuordnen ist. Entsprechend können einige Charakteristika eines Unterrichts mit Basiskonzepten identifiziert werden (ausführlich in Fögele & Mehren, 2021). Nachfolgend sind einige dieser Merkmale exemplarisch benannt, die im Unterrichtsbaustein beispielhaft umgesetzt werden.

1. *Basiskonzepte als eigener Lerngegenstand:* Basiskonzepte sind kognitiv zu anspruchsvoll, um sie (ausschließlich) nebenbei einzuführen. Unterrichtseinheiten, die den Anspruch haben, das basiskonzeptionelle Verständnis zu fördern, sollten dies auch mit dem entsprechenden Kernanliegen/Lernziel in den Fokus stellen. Zu einem konzeptionellen Verständnis gehören vor allem die Kenntnis der Basiskonzepte (inkl. Fachterminologie), das Wissen um ihre Anwendungsbereiche und ihr Potenzial sowie der sichere, flexible und produktive Umgang mit ihnen in unterschiedlichen Kontexten.
2. *Schriftliche Fixierung:* Basiskonzepte sollten schriftlich fixiert werden. Es wurden zu diesem Zweck Lernkarten für die oben benannten Basiskonzepte entwickelt, die als Planungshilfe für Lehrkräfte sowie als Analyseinstrument für Lernende helfen sollen (vgl. Fögele et al., 2021a). Diese enthalten jeweils eine grafische Übersetzungshilfe in Form eines Piktogramms mit Kurzdefinition auf der Vorderseite sowie exemplarische kontextunabhängige Leitfragen aus Sicht des Basiskonzepts auf der Rückseite (Abb. 4.2).
3. *Aufgaben auf konzeptioneller Ebene:* Da das Konzeptverständnis nicht allein darin besteht, dass man die Basiskonzepte kennt, sondern vor allem darin, dass man mit ihnen produktiv umgehen kann, sollten Arbeitsaufträge auf konzeptioneller Ebene eingebunden werden. Ein Beispiel wären etwa: „Analysieren Sie die räumlichen Strukturen, Funktionen und Prozesse der orientalischen Stadt." Oder: „Analysieren Sie die Ursachen der Gentrifizierung vor dem Hintergrund der vier Raum-

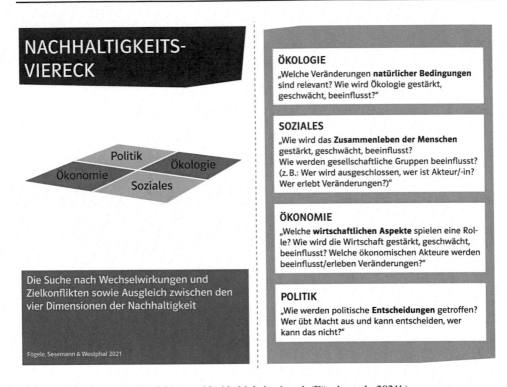

NACHHALTIGKEITS-VIERECK

Politik
Ökonomie
Ökologie
Soziales

Die Suche nach Wechselwirkungen und Zielkonflikten sowie Ausgleich zwischen den vier Dimensionen der Nachhaltigkeit

Fögele, Sesemann & Westphal 2021

ÖKOLOGIE
„Welche Veränderungen **natürlicher Bedingungen** sind relevant? Wie wird Ökologie gestärkt, geschwächt, beeinflusst?"

SOZIALES
„Wie wird das **Zusammenleben der Menschen** gestärkt, geschwächt, beeinflusst? Wie werden gesellschaftliche Gruppen beeinflusst? (z. B.: Wer wird ausgeschlossen, wer ist Akteur/-in? Wer erlebt Veränderungen?)"

ÖKONOMIE
„Welche **wirtschaftlichen Aspekte** spielen eine Rolle? Wie wird die Wirtschaft gestärkt, geschwächt, beeinflusst? Welche ökonomischen Akteure werden beeinflusst/erleben Veränderungen?"

POLITIK
„Wie werden politische **Entscheidungen** getroffen? Wer übt Macht aus und kann entscheiden, wer kann das nicht?"

Abb. 4.2 Lernkarte zum Basiskonzept Nachhaltigkeitsviereck (Fögele et al., 2021b)

konzepte." Oder: „Entwickeln Sie Maßnahmen zur Verringerung der Flächenversiegelung unter Berücksichtigung des Nachhaltigkeitsvierecks." Diese Aufgabentypen setzen voraus, dass die Lernenden bereits in der Arbeit mit Basiskonzepten geübt sind. Um darauf hinzuarbeiten bzw. auch zugunsten einer größeren Aufgabenvielfalt können Basiskonzepte auch konzeptionell (d. h. implizit) den Aufgaben zugrunde gelegt werden, ohne dass sie expliziert wären. Wenn beispielsweise das Phänomen des Übertourismus (engl. Overtourism) mit der Frage bearbeitet wird, warum so viele Menschen die immer gleichen Ziele ansteuern, um davon Fotos zu machen, können die nachfolgenden beiden Aufgaben formuliert werden, denen die Gegenüberstellung des physisch-materiellen Raums (erste Aufgabe) und des Raums als Konstrukt (zweite Aufgabe) zugrunde liegt: „Vergleichen Sie die dargestellte Landschaft der touristischen Fotografien von Santorin und dem Preikestolen." „Erklären Sie, welche ‚Message' die Touristen mit ihren Fotos transportieren wollen." Basiskonzeptionelle Aufgaben müssen diese nicht immer in jedem Fall benennen, auch im Rahmen einer anschließenden Reflexion kann der konzeptionelle Kern der Erarbeitung herausgestellt werden.

Leitfrage des Unterrichtsbausteins

„Grünes Wohnen nur für Wohlhabende? – Perspektiven zur nachhaltigen Transformation von Städten" *Untersuchung mit den* Basiskonzepten *des* Nachhaltigkeitsvierecks *und der* vier Raumkonzepte

Das unter dieser Leitfrage verfolgte, nachfolgend skizzierte Unterrichtsbeispiel (Verlauf siehe Tab. 4.2) geht davon aus, dass die Lernenden bereits mit der Arbeit mit geographischen Basiskonzepten vertraut sind, um deren strukturierende Funktion im Rahmen der fachlichen Analyse herauszustellen. Dies bedeutet für dieses Beispiel, dass Basiskonzepte deduktiv als Analyseraster vorgegeben werden. Einerseits werden auf diese Weise mögliche Zielkonflikte der Dimensionen von Nachhaltigkeit herausgearbeitet (Erarbeitung I). Andererseits liefert eine raumkonzeptionelle Analyse (Erarbeitung II) Einblicke in einen gesellschaftlichen Wertewandel des Wohnens, der über den zuvor erarbeiteten Zielkonflikt hinausragt und auf weitere Perspektiven nachhaltiger Transformation von Städten verweist. Dieser zweite Aspekt des individuellen Wohnflächenverbrauchs erhöht insofern die Schülerorientierung, als dass die subjektive Präferenz von Wohnmodellen alle betrifft.

Thematische und konzeptionelle Vertiefung

Eingangs skizzierte weitere Ebenen städtischer Transformation können im Anschluss an diesen Unterrichtsvorschlag vertieft werden. Mithilfe geeigneter Basiskonzepte könnten beispielsweise die folgenden Themenbereiche bearbeitet werden:

- **Verstädterung und Urbanisierung als Wachstumsprozess**
  Basiskonzept *Struktur – Funktion – Prozess*
  Räumliche *Strukturen* unterliegen intensiven Wandlungs*prozessen*, Städte dehnen sich aus, werden verdichtet, fragmentiert u. v. m. Diese veränderte innere Gliederung der Stadt erzeugt neue Spannungen, Dynamiken und Beziehungsgefüge, die unter dem Basisteilkonzept *Funktion* in den Blick genommen werden.
- **Digitalisierung städtischen Lebens**
  Basiskonzept der vier Raumkonzepte
  Digitalität in der Stadtentwicklung, das kann für effiziente (Verkehrs-)Steuerungssysteme stehen, für Vernetzung von Menschen und Gruppen in der Stadt, aber auch für ein Kontrollsystem, für eine Governance-Strategie, die im entsprechenden Spannungsfeld zulasten individueller Freiheit das Pendel in Richtung kollektiver Sicherheit bewegt. Insbesondere *mentale Raumkonzepte (wahrgenommener Raum und konstruierter Raum)* helfen dabei, diese Überprägung des physischen durch den virtuellen Raum in der Stadt zu untersuchen und zu beurteilen.

Beitrag zum fachlichen Lernen

Der Beitrag zeigt auf, wie ein konzeptionelles Fachverständnis zur Analyse einer wesentlichen Herausforderung und Frage künftigen Zusammenlebens beitragen kann. Zugleich offenbart die Frage nach der gegenwärtigen und künftigen Transformation von

Tab. 4.2 Möglicher Stundenverlauf

Phase	Unterrichtsgegenstand & L-S-Interaktion	Didaktisch-methodischer Kommentar
Einstieg	Einstieg im Plenum mit einem kontraintuitiven Fallbeispiel: Zeitungsbericht zu ökologischer Bausanierung mit dem unerwünschten Nebeneffekt von Mietpreissteigerungen und möglichen sozialen Verdrängungseffekten Formulierung der Leitfrage der Stunde	Der kognitive Konflikt bildet den ersten Impuls für mögliche Zielkonflikte zwischen den Dimensionen der Nachhaltigkeit; im Sinne des Conceptual Change erhöht dieser Konflikt die Chance zur Erweiterung des eigenen Konzeptverständnisses; zum Ende der Phase wird mit der Leitfrage auch das Basiskonzept Nachhaltigkeitsviereck als Analyseperspektive transparent gemacht. Im Sinne des Merkmals *Basiskonzepte als eigener Lerngegenstand* wird im vorliegenden Unterrichtsbaustein das Konzeptverständnis ausdifferenziert.
Erarbeitung I	Arbeitsteilige Gruppenarbeit zur Vorbereitung einer Podiumsdiskussion mit den *vier Dimensionen der Nachhaltigkeit*. SuS erarbeiten in Expert:innengruppen (vier Gruppen, eine pro Dimension) die Sachaspekte der vier Dimensionen (z. B. *politische* Förderung von Wohnmodellen zwischen Eigentum und Genossenschaft, *ökonomische* Anreizsetzung zum Wohnungsbau, *soziale* Differenzen des individuellen Wohnflächenverbrauchs und Aspekte der Wohnsegregation, *ökologische* Leitlinien des Wohnungsbaus und Flächenverbrauchs).	Im Sinne der *schriftlichen Fixierung* nutzen die SuS zur Befragung ihrer jeweiligen die Lernkarte zum Basiskonzept Nachhaltigkeitsviereck und wenden die dort aufgeführten basiskonzeptionellen Leitfragen auf den Gegenstand und die verfügbaren Informationsmaterialien an.
Diskussion und Sicherung	In einer Podiums- und Plenumsdiskussion wird die Leitfrage mit den Argumenten der Expert*innengruppen debattiert. An Tafel/Smartboard werden die Aspekte parallel gesichert, indem sie in einer Vierfeldermatrix, die den vier Dimensionen der Nachhaltigkeit entspricht, festgehalten werden. In der Folge werden Zielkonflikte zwischen den Argumenten der Dimensionen mit Pfeilen markiert.	Die Sicherung ist durch das Basiskonzept Nachhaltigkeitsviereck strukturiert, wodurch dieses erneut *schriftlich fixiert* wird. Die Aufgabe, Zielkonflikte zwischen den Dimensionen zu identifizieren, entspricht dem Merkmal *Aufgaben auf konzeptioneller Ebene* zu entwickeln.

(Fortsetzung)

Tab. 4.2 (Fortsetzung)

Phase	Unterrichtsgegenstand & L-S-Interaktion	Didaktisch-methodischer Kommentar
Überleitung	Die Leitfrage des Unterrichtsbausteins verweist insbesondere auf den Zielkonflikt zwischen der ökologischen Stadtentwicklung und Aspekten der sozialen Durch- bzw. Entmischung. Herausforderungen einer sozialökologischen Transformation von Stadt scheinen so vor allem die gesellschaftlichen Klassen und Schichten zu betreffen. Zur Differenzierung erfolgt ein Blick auf die durchschnittliche Entwicklung der Wohnfläche pro Kopf seit den 1960er-Jahren in Deutschland mit der Erkenntnis, dass diese über alle Schichten hinweg statistisch zugenommen hat. Dies führt zur Frage, welche Rolle die Entwicklung von Lebensstilen bei den Herausforderungen der sozialökologischen Transformation spielt. Dies wird in der Folge vor dem Hintergrund der *vier Raumkonzepte* analysiert.	Im Sinne der *Aufgaben auf konzeptioneller Ebene* stellen SuS Verbindungen zwischen den statistischen Entwicklungen des Wohnflächenverbrauchs (physisch-materielle Raumkonzepte) und den Entwicklungen von Lebensstilen (mentale Raumkonzepte) her und erarbeiten so den Zusammenhang aus (subjektiven) Vorlieben, Moden und sozialen Medien sowie (objektivem) Flächenverbrauch und Knappheit städtischen Wohnraums.
Erarbeitung II	„Was hat Instagram mit der Wohnungsknappheit in Städten zu tun?" Begründe den Zusammenhang mithilfe der geographischen Raumkonzepte. – Im Rahmen eines Mysterys ordnen die SuS Informationskärtchen dieses Zusammenhangs den vier Raumkonzepten zu und stellen Verknüpfungen zwischen den Raumperspektiven her.	
Sicherung und Transfer	SuS vergleichen ihre Arbeitsergebnisse im Rahmen eines Gallery Walk und stellen Beziehungen zu den Ergebnissen der Erarbeitungsphase I her. Daraus kann geschlossen werden, dass Maßnahmen zur Überwindung von Zielkonflikten von Dimensionen der Nachhaltigkeit (z. B. Soziales und Ökologie) begrenztes Potenzial haben, da der gesellschaftliche Wertewandel des Wohnens (erfasst mit den mentalen Raumkonzepten) dadurch kaum adressiert werden würde. Abschließend können alternative (z. B. Mehrgenerationen- und Genossenschaftskonzepte) diskutiert werden. Im abschließenden Rückbezug auf die Leitfrage kann also insofern differenziert werden, dass die Herausforderung nicht ausschließlich ein Konflikt zwischen gesellschaftlichen Schichten oder zwischen sozialen und ökologischen Belangen darstellt, sondern dass die Frage nachhaltigen Wohnens in Städten eine gesamtgesellschaftliche Entwicklungsaufgabe ist.	

Stadt vielfältige Möglichkeiten für die fachlich vertiefte Auseinandersetzung mit geographischen Basiskonzepten im Unterricht als zentrales Instrument zur Förderung fachlichen Denkens.

Kompetenzorientierung

Fachwissen: Schüler:innen können S10 „vergangene und gegenwärtige humangeographische Strukturen in Räumen beschreiben und erklären; sie kennen Vorhersagen zu zukünftigen Strukturen [...]" (DGfG, 2020: 14); können S11 „Funktionen von humangeographischen Faktoren in Räumen [...] beschreiben und erklären" (ebd.); S12 „den Ablauf von humangeographischen Prozessen in Räumen [...] beschreiben und erklären" (ebd.); S13 „das Zusammenwirken von Faktoren in humangeographischen Systemen [...] erläutern" (ebd.); S22 „geographische Fragestellungen [...] an einen konkreten Raum [...] richten" (ebd.: 15)

Als Kern des Kompetenzbereichs Fachwissen der Bildungsstandards für Geographie werden mit dem Beispiel im Wesentlichen Standards dieses Bereichs adressiert. Dabei steht insbesondere der Standard S22 im Fokus (in F5, „Fähigkeit, individuelle Räume [...] unter bestimmten Fragestellungen zu analysieren", DGfG, 2020: 15), wobei sich das Unterrichtsbeispiel auf die Sek II bezieht und damit der Operator deutlich ausgebaut und eine dezidiert basiskonzeptionelle Befragung des Untersuchungsgegenstands durch die Lernenden angestrebt wird. An dieser Stelle soll Stadt als System, insbesondere als humangeographisches System erfasst werden (F3, DGfG, 2020: 14), wobei in den Standards S10 bis S13 die basiskonzeptionelle Untersuchung mittels Struktur – Funktion – Prozess konkretisiert wird.

Klassenstufe und Differenzierung

Gymnasiale Oberstufe

Das Unterrichtsbeispiel setzt eine gewisse Kenntnis im Umgang mit geographischen Basiskonzepten, hier dem Nachhaltigkeitsviereck und den Raumkonzepten, voraus. Durch die Kombination dieser beiden Basiskonzepte wird eine komplexe Analyse erreicht. Zugleich ist die Bearbeitung für Lernende damit sehr anspruchsvoll. Es kann also eine Konzentration auf die vier Dimensionen der Nachhaltigkeit erfolgen oder im Fall der Raumkonzepte lediglich die dichotome Unterscheidung von physisch-materiellem und mentalem Raum vorgenommen werden, statt zwischen vier Raumkonzepten zu unterscheiden. Auch können zur Unterstützung der eigenständigen Arbeit mit Basiskonzepten Lernkarten (vgl. Fögele et al., 2021b) oder vergleichbare Unterstützungsangebote zum Verständnis der einzelnen Konzepte und ihrer Frage- bzw. Analysehaltung angeboten werden.

Räumlicher Bezug

Global, insbesondere Europa und Nordamerika zur Transformation westlicher Industriestädte

Konzeptorientierung
Deutschland: Nachhaltigkeitsviereck (Ökonomie, Ökologie, Politik, Soziales), Raum-
konzepte (Raum als Container, Beziehungsraum, wahrgenommener Raum, konstruierter
Raum)
Österreich: Raumkonstruktion und Raumkonzepte, Wahrnehmung und Darstellung,
Nachhaltigkeit und Lebensqualität
Schweiz: Lebensweisen und Lebensräume charakterisieren (Abschn. 2.3)

4.4   Transfer

Geographische Basiskonzepte sind der Kern des Kompetenzbereichs Fachwissen (DGfG,
2020:10 f.). Entsprechend ist der Erwerb konzeptionellen Verständnisses über alle Schuljahre
und Themen des Geographieunterrichts hinweg anzustreben. Im vorliegenden Unterrichtsbaustein wurde ein Ausschnitt des Themenkomplexes „Transformation von Stadt" mithilfe des
Nachhaltigkeitsvierecks sowie ergänzend mit den Raumkonzepten bearbeitet. Auf dasselbe
Thema gerichtet ergeben sich mit weiteren Basiskonzepten der Geographie neue, eigene
Analyseperspektiven, wie das am Beispiel des Städtewachstums (z. B. Struktur – Funktion
– Prozess) oder der Digitalisierung städtischen Raums (z. B. vier Raumkonzepte) skizziert
wurde. Damit Basiskonzepte von Lernenden in unterschiedlichen thematischen Kontexten
möglichst flexibel und eigenständig genutzt werden können, ist ein Transfer im Sinne einer De-
und Rekontextualisierung erforderlich. Das heißt: Basiskonzepte, die hier im Bereich Stadtgeographie zum Einsatz kamen, müssen sowohl abstrahiert werden (Dekontextualisierung),
um ihren übertragbaren Erklärungsgehalt begreifen zu können (z. B. durch die explizite
Thematisierung des Nachhaltigkeitsvierecks als Basiskonzept in einer Phase der Metareflexion), als auch an neuen (nichtanalogen) Kontexten konkretisiert und angewendet werden
(Rekontextualisierung – z. B. Anwendung des Nachhaltigkeitsvierecks am Ende der Unterrichtseinheit „Stadt" auf ganz andere Gegenstände wie z. B. „Regenwald" oder „Tourismus").

Verweise auf andere Kapitel
- **Gryl. I. & Hemmer, M.:** *Metakognitives Lernen. Grundlagen des Fachs – Gegen-
  standsbereich, Erkenntnisinteresse, Wege der Erkenntnisgewinnung und Legitimation.*
  Band 1, Kapitel 2.
- **Hanke, M., Ohl, U. & Sprenger, S.:** *Faktische Komplexität. Globale Zirkulation –
  Golfstromzirkulation.* Band 1, Kapitel 8.
- **Hiller, J. & Schuler, S.:** *Mental Maps/Subjektive Karten. Nachhaltige Stadtent-
  wicklung – Stadtgrün.* Band 1, Kapitel 25.
- **Janßen, H. & Raschke, N.:** *Außerschulische Lernorte. Ressourcen und Strukturwandel
  – Braunkohle.* Band 1, Kapitel 24.
- **Meurel, M., Lindau, A.-K. & Hemmer, M.:** *Exkursionsdidaktik. Stadtentwicklung –
  Gentrifizierung.* Band 2, Kapitel 8.

- Pettig, F. & Raschke, N.: *Transformative Bildung. Zukunftsforschung und Megatrends – Ernährung.* Band 2, Kapitel 24.
- Schreiber, V.: *Kritisches Kartieren. Stadtentwicklung – Ungleichheit in Städten.* Band 2, Kapitel 6.

Literatur

Bauriedl, S., & Strüver, A. (2017). Smarte Städte. Digitalisierte urbane Infrastrukturen und ihre Subjekte als Themenfeld kritischer Stadtforschung. *Sub\urban, 5*(1/2), 87–104). https://doi.org/10.36900/suburban.v5i1/2.272.

Brand, U. (2020). Sozial-ökologische Transformation konkret. Die solidarische Postwachstumsstadt als Projekt gegen die imperiale Lebensweise. In A. Brokow-Loga & F. Eckardt (Hrsg.), *Postwachstumsstadt. Konturen einer solidarischen Stadtpolitik* (S. 30–42). Oekom.

Brokow-Loga, A., & Eckardt, F. (Hrsg.). (2020). *Postwachstumsstadt. Konturen einer solidarischen Stadtpolitik.* Oekom.

Brokow-Loga, A., & Neßler, M. (2020). Eine Frage der Flächengerechtigkeit! *Sub/urban, 8*(1/2), 183–192). https://doi.org/10.36900/suburban.v8i1/2.572.

DGfG (Hrsg.). (2020). *Bildungsstandards im Fach Geographie für den Mittleren Schulabschluss mit Aufgabenbeispielen,* (10. Aufl.). Bonn.

Fögele, J. (2016). *Entwicklung basiskonzeptionellen Verständnisses in geographischen Lehrerfortbildungen. Rekonstruktive Typenbildung | Relationale Prozessanalyse | Responsive Evaluation.* Monsenstein und Vannerdat (Geographiedidaktische Forschungen, 61).

Fögele, J., & Mehren, R. (2021). Basiskonzepte – Schlüssel zur Förderung geographischen Denkens und ihre Anbahnung im Unterricht. *Praxis Geographie, 51*(4), 48–55.

Fögele, J., Sesemann, O., & Westphal, N. (2021a). Unterrichtsplanung mit Basiskonzepten – Lernprodukte als Planungshilfen. *TERRASSE Online.* https://www.klett.de/alias/1141355.

Fögele, J., Sesemann, O., & Westphal, N. (2021b). Basiskonzepte-Lernkarten zur Förderung geographischen Denkens. *TERRASSE Online.* https://www.klett.de/alias/1141565.

Gerhard, U. (2018). Primat der Ökonomie? Wer gestaltet die Stadt der Zukunft? *Ruperto Carola, 12*(6), 43–50.

Großmann, K. (2020). Gebäude-Energieeffizienz als Katalysator residentieller Segregation. *Sub\urban, 8*(1/2), 199–210. https://doi.org/10.36900/suburban.v8i1/2.570.

Kabisch, S., Koch, F., & Rink, D. (2018). Urbane Transformation unter dem Leitbild der Nachhaltigkeit. *Geographische Rundschau, 6,* 4–9.

OECD. (2015). *The metropolitan century. Understanding urbanisation and its consequences.* OECD Publishing.

Rink, D. (2018). Nachhaltige Stadt. *Dieter Rink und Annegret Haase (Hg.): Handbuch Stadtkonzepte. Analysen, Diagnosen, Kritiken und Visionen* (1. Aufl. (UTB, 4955), S. 237–257). Verlag Barbara Budrich.

WBGU – Wissenschaftlicher Beirat Globale Umweltveränderungen. (2011). *Welt im Wandel: Gesellschaftsvertrag für eine Große Transformation.* WBGU.

WBGU – Wissenschaftlicher Beirat Globale Umweltveränderungen. (2016). *De Umzug der Menschheit: Die transformative Kraft der Städte.* WBGU.

Globales Lernen im Geographieunterricht

5

Das Raumbeispiel *Megacity Shanghai*

Gabriele Schrüfer und Andreas Eberth

▶ **Teaser** Am Beispiel des Themas *Megacity Shanghai* wird globales Lernen als didaktischer Ansatz bzw. übergeordnetes Bildungsziel vorgestellt. Dabei wird auf die drei Kompetenzbereiche Erkennen – Bewerten – Handeln, die für globales Lernen besonders relevant sind, eingegangen. Im Unterrichtsbaustein wird eine Sequenz, die alle drei Bereiche berücksichtigt, vorgestellt. Darin wird mit dem Wertequadrat eine Unterrichtsmethode zur Förderung von Bewertungskompetenzen konkret vertieft.

5.1 Fachwissenschaftliche Grundlage: Verstädterung – Megacities

Mit einer Bevölkerung von über 24 Mio. Einwohnenden (NBS, 2020) zählt Shanghai zu den größten Megacities weltweit. Auf ca. 4000 km² wohnen etwa genauso viele Menschen wie in Australien; die Bevölkerungsdichte liegt bei 7226 Einwohnenden

Ergänzende Information Die elektronische Version dieses Kapitels enthält Zusatzmaterial, auf das über folgenden Link zugegriffen werden kann https://doi.org/10.1007/978-3-662-65720-1_5.

G. Schrüfer (✉)
Didaktik der Geographie, Universität Bayreuth, Bayreuth, Deutschland
E-Mail: gabriele.schruefer@uni-bayreuth.de

A. Eberth
Didaktik der Geographie, Institut für Didaktik der Naturwissenschaften, Leibniz Universität Hannover, Hannover, Deutschland
E-Mail: eberth@idn.uni-hannover.de

I. Gryl et al. (Hrsg.), *Geographiedidaktik*, https://doi.org/10.1007/978-3-662-65720-1_5

pro Quadratkilometer. Shanghai kann mit einigen Superlativen aufwarten: Neben dem größten Containerhafen findet man hier auch das längste U-Bahn-Netz, die größte Müllverbrennungsanlage der Welt, das mit 632 m höchste Gebäude Chinas sowie die größte Börse Chinas. Neben Hongkong ist Shanghai Chinas internationalste Stadt (siehe Infobox 5.1). Die Bevölkerung hat sich innerhalb von 20 Jahren fast verdoppelt (NBS, 2020). In diesem Zusammenhang ist für Shanghai zudem der hohe Anteil an Wanderarbeitenden zu nennen. Demnach haben rund 6 Mio. Menschen ihren eigentlichen Wohnsitz in ländlichen Regionen, während sie in Shanghai in Fabriken und im Bausektor arbeiten oder einfache Dienstleistungen erbringen. Geringqualifizierte aus ländlicheren Gebieten Chinas werden als günstige Arbeitskräfte gebraucht. Eine entsprechende Wertschätzung wird ihnen aber nicht zuteil. Sie haben beispielsweise kein Anrecht auf günstige medizinische Versorgung und dürfen auch nicht einfach Wohnungen kaufen (siehe Infobox 5.3).

Die hohe Bevölkerungsdichte führt zu sozialen, ökologischen und ökonomischen Auswirkungen und Herausforderungen. Ähnlich wie in anderen Megacities sind darunter zu nennen: teilweise unkontrollierte Siedlungsexpansion, hohes Verkehrsaufkommen, zum Teil infrastrukturelle Defizite, hohe Konzentration von Industrieproduktion sowie Finanz- und Dienstleistungen, ökologische Überlastungserscheinungen, sozioökonomische Disparitäten sowie häufig ungeklärte Landeigentumsfragen und Landnutzungskonflikte (nach Kraas, 2020). So gilt Shanghai als eine der am stärksten von Luftverschmutzung bzw. Smog betroffenen Städte der Welt.

Wurden Megacities aufgrund dieser Charakteristika in der Forschung lange eher negativ bewertet, ist inzwischen eine Trendwende erkennbar. „Die hohe Konzentration von Bevölkerung, Infrastruktur, Wirtschaftskraft, Kapital und Entscheidungen sowie die enorme sozioökonomische Entwicklungsdynamik in Megastädten machen sie zu Knotenpunkten von Globalisierungsprozessen und zu Steuerungszentralen einer zunehmend von Städten dominierten Welt" (Kraas, 2020: 891). So sind es gerade auch die Megacities, von denen – nicht zuletzt aufgrund ihrer Bevölkerungsdichte – Impulse für eine zukunftsfähige Stadtentwicklung ausgehen und die als Experimentierfeld für neue Ansätze dienen (Dirksmeier, 2018). In Shanghai ist diesbezüglich insbesondere die Ausweisung von Sonderwirtschaftszonen zu nennen (siehe Infobox 5.2). Dies hat zu ausländischen Direktinvestitionen und zum Aufbau von Joint Ventures zwischen internationalen und chinesischen Unternehmen geführt. Der Stadtteil Pudong – 1990 wurde dort eine Sonderwirtschaftszone eingerichtet – steht geradezu symbolisch für diese Entwicklung (Abb. 5.1).

Shanghai hat sich bis 2035 das Ziel gesetzt, die Einwohnendenzahl auf maximal 25 Millionen zu begrenzen und den Anteil privater Autos an den gesamten Transportmitteln auf unter 15 % zu senken. Um Shanghai entsprechend zu entlasten und gleichzeitig einem regionalen Ungleichgewicht entgegenzuwirken, werden und wurden neue Entlastungsstädte im Umland gebaut, wie zum Beispiel Lingang New City. Anlass der

Abb. 5.1 Blick über die Sonderwirtschaftszone Pudong nach Nordwesten, im Bildmittelgrund der Huangpu River mit der Uferpromenade „The Bund". (Foto: A. Eberth 2018)

Neugründung dieser Stadt war der Bau des Tiefseehafens auf Yangshan Island, der sich seit 2005 in Betrieb befindet und über eine 32 km lange Brücke mit dem Festland verbunden ist. Auf dem Festland ergänzen ein Logistikzentrum und eine Schwerindustriezone den Hafen. Die benötigte Fläche wurde teilweise durch Aufschüttung des Meeres gewonnen. An der Planung der Stadt war maßgeblich ein Hamburger Architekturbüro beteiligt, das den internationalen Wettbewerb zur Planung der neuen Hafenstadt gewonnen hatte.

Infobox 5.1: Internationale Stadt – Shanghai
Shanghai wurde bereits im 19 Jahrhundert als wichtigster Marktplatz Ostasiens bezeichnet. Briten und Franzosen, etwas später auch US-Amerikaner, räumten zu dieser Zeit bereits Konzessionen in Shanghai ein. Aufgrund der günstigen Lage nahe wichtiger Handelsrouten für Seide und Tee entwickelte sich Shanghai bis 1900 zu einem wichtigen Industriezentrum. Zur Zeit des Nationalsozialismus wurde Shanghai Zufluchtsort vieler Jüdinnen und Juden. Inzwischen hat sich die Stadt neben Honkong zur größten Wirtschaftsmetropole Chinas entwickelt. Im Jahre 2019 hatten mehr als 700 multinationale Unternehmen ihren regionalen Hauptsitz in Shanghai, dazu kommen mehr als 450 aus dem Ausland finanzierte Forschungs-und Entwicklungszentren (vgl. german.china.org.cn). Neben Volkswagen haben beispielsweise auch Unternehmen wie BASF oder General Motors Firmensitze in Shanghai.

Infobox 5.2: Sonderwirtschaftszone

Sonderwirtschaftszonen dienen vor allem der Steigerung von in- und ausländischen Direktinvestitionen. Rechtliche und bürokratische Erleichterungen
sollen die betreffenden Regionen für Investoren attraktiv machen. Für die Region
sowie das angrenzende Umland erhofft man sich technologische und wirtschaftliche Entwicklungen. In Pudong wurde auch der Finanzsektor geöffnet. Dies
führt dazu, dass nicht mehr nur die vier großen chinesischen staatlichen Institute
bestimmen, wer ein Darlehen erhält (i. d. R. Staatskonzerne), sondern nun wird es
auch kleineren privaten Unternehmen ermöglicht, Kredite aufzunehmen. Dies soll
wiederum zur Folge haben, dass Innovationen es ermöglichen, im globalen Wettbewerb zu bestehen.

Infobox 5.3: Wanderarbeitende

Als Wanderarbeitende werden meist ungelernte, billige Arbeitskräfte bezeichnet,
die für niedrige Löhne *kochen, waschen, putzen, reparieren und bauen.* Ihre Jobs
sind meist gekennzeichnet durch die sogenennanten drei Ds: „dirty, dangerous,
demanding". Ohne Wanderarbeitende wird nahezu kein Bauprojekt in Shanghai
realisiert. Die Bedeutung, die Wanderarbeitende im Hinblick auf die wirtschaftliche Entwicklung der Stadt haben, spiegelt sich jedoch weder im gesellschaftlichen Ansehen noch im sozialen Umfeld wider. Oft gelten sie als nicht sesshaft
und versorgen ohne festen Wohnsitz die ganze Familie, die nicht selten auf dem
Land wohnen bleibt. Häufig bleiben auch die Kinder allein zurück, da beide
Elternteile als Wanderarbeitende ihren Unterhalt bestreiten. Die Zahl der Wanderarbeitenden in China steigt jährlich. Und damit auch die Herausforderungen,
sowohl für die Eltern als auch für die Kinder. Für Kinder von Wanderarbeitenden
gibt es inzwischen zwar speziell eingerichtete Schulen, sie befähigen jedoch nicht
zum Besuch einer guten Universität. Neue Kreditregelungen für einheimische
Banken ermöglichen mittlerweile auch Wanderarbeitenden die Aufnahme von
Krediten. Die Vergabe von Arbeitsmedaillen auch an wenige ausgesuchte Wanderarbeitende soll Respekt und Wertschätzung zeigen. Jedoch werden fortdauernde
Armut und gesellschaftliche Marginalisierung, verbunden mit wenig Ver-
änderungschancen, weiterhin kritisch gesehen.

Weiterführende Leseempfehlung

Kraas, F., Aggarwal, S., Coy, M. & Mertins, G. (Hrsg.) (2014), *Megacities. Our Global Urban Future.* Berlin: Springer.

Problemorientierte Fragestellung

Welche komplexen räumlichen Auswirkungen und Wechselbeziehungen in ökonomischer, ökologischer und sozialer Hinsicht resultieren aus Verstädterungsprozessen und wie können diese aus unterschiedlichen Perspektiven bewertet werden?

5.2   Fachdidaktischer Bezug: Globales Lernen

Globales Lernen wird als Unterrichtsprinzip verstanden, das sich an der Leitfrage orientiert, welche Fähigkeiten oder Kompetenzen Menschen benötigen, um im Zuge globaler Herausforderungen ein verantwortungsvolles (nachhaltiges) Leben führen zu können (Schrüfer & Schokemöhle, 2012; Seitz, 2008). Dabei wird globales Lernen „als offener, lebenslanger Lernprozess verstanden" (Schrüfer & Schokemöhle, 2012: 115). Als zentrale Kompetenzbereiche haben sich Systemkompetenz, Bewertungskompetenz sowie Handlungskompetenz (Erkennen – Bewerten – Handeln) etabliert (Asbrand & Martens, 2012):

- Im Sinne einer Systemkompetenz soll erstens Wissen weitgehend selbstorganisiert konstruiert werden. Dabei gilt es, komplexe Vernetzungen, Wechselwirkungen und Rückkopplungen zwischen lokalen, nationalen und globalen Handlungsebenen zu erkennen und mit sozialen, ökologischen, ökonomischen und politischen Dimensionen zu verschränken. Komplexe Wirklichkeitsbereiche werden als Systeme rekonstruiert und modelliert, sodass auf dieser Basis Handlungsmöglichkeiten entworfen und bewertet werden können.
- Die Bewertungskompetenz berücksichtigt zweitens verschiedene Perspektiven und teils konkurrierende Normen und Wertorientierungen, die (oft unbewusst) als Grundlage des Bewertens dienen. Die Auseinandersetzung mit unterschiedlichen Wertmaßstäben steht im Mittelpunkt der Förderung von Bewertungskompetenz und soll zum Perspektivwechsel befähigen (Schrüfer & Schokemöhle, 2012: 116). Das Erarbeiten eines eigenen ethischen Urteils und das Ableiten eigener Handlungsentscheidungen machen ein hohes Maß an Reflexivität erforderlich (Mehren et al., 2015: 6 f.).
- Die Handlungskompetenz kann drittens in Anlehnung an die Gestaltungskompetenz verstanden werden. Ausgehend von der Kenntnis und Bewertung eines Problems sollen zukunftsfähige Lösungen entwickelt werden. Dazu ist die Förderung kooperativer und partizipativer Fähigkeiten von Bedeutung (Schrüfer & Schokemöhle, 2012: 116). Zur entsprechenden Gestaltung von Unterricht bestehen diverse didaktisch-methodische Möglichkeiten, die durch digitale Anwendungen sinnstiftend

ergänzt werden können (Schrüfer & Brendel, 2018). Die Problemorientierung als etabliertes Unterrichtsverfahren kann dabei durch eine Lösungsorientierung erweitert werden.

Um eine unreflektierte Reproduktion neoliberaler und neokolonialer Strukturen zu vermeiden, ist eine Orientierung globalen Lernens an postkolonialen Perspektiven bedeutsam (Castro Varela & Heinemann, 2017). Eine konsequente Berücksichtigung der fachlichen und ethischen Komplexität sowie der Kontroversität vieler geographischer Fall- und Raumbeispiele, die in den Kontext globalen Lernens gesetzt werden, kann helfen, globale Ungleichheiten darzustellen und Fragen von Macht und Hierarchie zu stellen (siehe Infobox 5.4). Dabei liegt die Intention globalen Lernens im Geographieunterricht auch im Aufbau einer Ambiguitätstoleranz, um Schüler*innen kompetent im Umgang mit einer vielfältigen und widersprüchlichen Welt zu machen. Dies ist herausfordernd, bietet aber das Potenzial „für das Erlernen geistiger Toleranz […] sowie die Kunst der Selbstverteidigung gegen dogmatische und hegemoniale Erzählungen von Welt. Die Welt ist voller Vielfalt und Widersprüche; es wäre falsch, wenn unser Fach diese aus dem Blick verlieren würde" (Kersting, 2015: 57).

Infobox 5.4: Teilausgabe „Geografie" des Orientierungsrahmens „Globale Entwicklung"
Der *Orientierungsrahmen „Globale Entwicklung"* wird von Engagement Global im Auftrag der Kultusministerkonferenz des Bundesministeriums für wirtschaftliche Zusammenarbeit und Entwicklung (BMZ) herausgegeben. Er verfolgt das Ziel, Bildung für nachhaltige Entwicklung (BNE) in der Primar- und Sekundarstufe I zu verankern und nachhaltige Entwicklung zum Leitbild der Unterrichtsfächer sowie schulischer Aktivitäten zu machen. In der 2021 neu erschienenen Teilausgabe „Geografie" werden das didaktische Konzept und die Bedeutung der doppelten Komplexität und Kontroversität vieler geographischer Themen anschaulich dargelegt. Zudem werden Beispielthemen und eine Unterrichtssequenz vorgeschlagen. Das Dokument steht online zum kostenlosen Download bereit:

https://www.globaleslernen.de/sites/default/files/files/pages/10_or-ge_geografie_bf.pdf

Weiterführende Leseempfehlung
Schrüfer, G. & Schwarz, I. (Hrsg.) (2010), *Globales Lernen: Ein geographischer Diskursbeitrag.* Münster: Waxmann.

Bezug zu weiteren fachdidaktischen Ansätzen
Bildung für nachhaltige Entwicklung, Systemkompetenz, Werte-Bildung

---

5.3   Unterrichtsbaustein: Megacity Shanghai

Der Einstieg in die Unterrichtssequenz kann über eine Auflistung der Superlative von Shanghai (siehe fachwissenschaftliche Grundlage) erfolgen. Ausgehend davon kann der Impuls erfolgen, welche Auswirkungen, Ursachen und Wechselbeziehungen im

Zusammenhang mit diesen Superlativen stehen. Basierend auf diesen Vermutungen kann die Leit- bzw. Problemfrage für den Unterricht entwickelt und formuliert werden.

Systemische Zusammenhänge im Rahmen der Entwicklung der Megacity Shanghai können sodann unter Berücksichtigung der Dimensionen Ökologie, Ökonomie und Soziales erarbeitet werden. Je nach Komplexitätsanspruch können auch die Dimensionen Politik und Kultur ergänzt werden. Im Sinne des Governance-Ansatzes können dadurch Aspekte der Stadtplanung und Regierbarkeit von Megacities thematisiert werden.

Um die komplexen Verstädterungsprozesse in Shanghai kennenzulernen, eignet sich z. B. die Schnappschuss-Methode (Rendel, 2014). Auch die Mystery-Methode ist geeignet, um komplexe Zusammenhänge zu erkennen (Schuler et al., 2017). Durch die Inszenierung als Rätsel und Einbettung in eine Geschichte wirkt die Methode motivierend. Die Darstellung der Lösung des Mysterys als Wirkungsgefüge trägt zudem zum Verständnis von Kausalitäten und zum Aufbau eines Systemverständnisses bei. Als Lernprodukt kann das Wirkungsgefüge als Plakat oder mittels digitaler Applikationen anschaulich aufbereitet werden. Hinweise zur Konzeption eines thematisch passenden Mysterys geben Schuler et al. (2017: 125 ff.). Alternativ könnten die Zusammenhänge auch anhand verschiedener Materialien (Karten, Text, Statistiken) erarbeitet und in Form einer Concept Map dargestellt werden. Wichtig dabei ist es, Zusammenhänge, Wechselwirkungen und Rückkopplungen verschiedener Elemente (beispielsweise ausgehend von der rasanten Bevölkerungsentwicklung) in den Dimensionen der Nachhaltigkeit und in verschiedenen Maßstabsebenen (lokal, regional, national, global) zu berücksichtigen.

Um die Bewertungskompetenz zu fördern, ist es wichtig, Handlungen und ihre Konsequenzen aus unterschiedlichen Perspektiven und auf Basis unterschiedlicher Normen und Werte zu analysieren. Hierfür ist zum Beispiel die Arbeit mit dem Praktischen Syllogismus oder mit einem Wertequadrat (Abb. 5.2b, c) geeignet. Damit kann es gelingen, die einem Argument zugrunde liegenden Normen und Wertmaßstäbe zu identifizieren. Dies berücksichtigend kann als Konklusion ein ethisches Urteil gefällt werden (siehe dazu Meyer & Felzmann, 2011). Betrachtet man beispielsweise die Gründung sog. Entlastungsstädte in Verbindung mit der Beschränkung des Bevölkerungswachstums in Shanghai, kann dies unter ökologischen Gesichtspunkten einerseits als umweltfreundlich und ressourcenschonend bewertet werden, da in den neuen Städten vor allem Elektrofahrzeuge für Carsharing oder Busse eingesetzt werden sollen oder aus Windkraft und Solaranlagen gewonnener Strom in das öffentliche Netz eingespeist wird. Andererseits kommt es zu einem zunehmenden Verlust von Freiflächen bzw. von landwirtschaftlicher Nutzfläche. Aus ökonomischer Perspektive kann der Bau von Entlastungsstädten zumindest für Shanghai positiv beurteilt werden, da die Regierung gezielt Talente auswählt, die sich in der Megacity Shanghai ansiedeln dürfen. Zudem gibt es einen boomenden Immobilienmarkt. Gleichzeitig wird jedoch die soziale Ungleichheit verschärft (soziale Dimension). So mangelt es an kostengünstigem Wohnraum für Menschen mit niedrigem Einkommen. Daher wird befürchtet, dass es an Arbeitskräften für einfache, dennoch notwendige Arbeiten mangeln könnte.

In Bezug auf die Handlungskompetenz können unterschiedliche Maßstabsebenen und etwa die Beziehungen zwischen Deutschland und Shanghai thematisiert werden. Als konkretes Beispiel könnten z. B. enge Kooperationen im Bereich der Automobilindustrie gewählt werden oder die Produktion medizinischer Produkte wie OP-Masken in China und ihre Bedeutung für Deutschland am Fallbeispiel der globalen Corona-Pandemie. Auch Transportwege von Containerschiffen und Eisenbahn können aufgegriffen werden unter Berücksichtigung der sog. Neuen Seidenstraße.

Beispielhaft wird im Folgenden mit Stunde 3 der in Tab. 5.1 dargestellten Unterrichtssequenz eine Möglichkeit zur Förderung der Bewertungskompetenz (Stunde 3) vorgestellt.

Die folgenden Materialien (Abb. 5.2a–c) mit Arbeitsaufträgen, Statements und Wertequadrat sind als Kopiervorlagen im digitalen Materialanhang zu finden.

Beitrag zum fachlichen Lernen

Lange Zeit wurde der Blick im Geographieunterricht im Zusammenhang mit Megacities auf sog. Push- und Pull-Faktoren und die entsprechenden (vor allem negativen) Auswirkungen des rasanten Städtewachstums gerichtet. Die Komplexität der Thematik erfordert jedoch zunächst ein systemisches Verständnis der Prozesse, bei dem unterschiedliche Wechselbeziehungen, Rückkopplungen und weitergehende Auswirkungen berücksichtigt werden. Entsprechend ist auch die Frage der Bewertung komplex zu betrachten. Aus verschiedenen Perspektiven können Prozesse unterschiedlich beurteilt werden. Dies ist sowohl in Bezug auf die ökologische, ökonomische und soziale

---

Arbeitsaufträge zur Schulung der Bewertungskompetenz (Stunde 3)

1. Lies die Meinungen **M 1 – M 8**.

2. Übertrage die Vorlage **M 9** in dein Heft.

3. Verorte die Aussagen **M 1 – M 8** im Wertequadrat (**M 9**) durch Eintrag einer Markierung an der entsprechenden Position. Entscheide dazu für jede Aussage, ob der Bau von Entlastungsstädten in Bezug auf die Aspekte Ökonomie und Ökologie/Soziales als positiv oder negativ bewertet wird.

4. Analysiere, welche Argumente überwiegen.

5. a) Vergleicht eure Ergebnisse in der Klasse.

   b) Diskutiert Gründe für mögliche Unterschiede.

   c) Formuliert eine zusammenfassende Bewertung zum Bau von Entlastungstädten.

6. Formuliere zwei weitere Argumente, die in **M 1 – M 8** nicht genannt sind. Beeinflussen sie deine Bewertung?

Abb. 5.2 **a**: Arbeitsaufträge zur Schulung der Bewertungskompetenz (Stunde 3); **b**: Verschiedene Statements zur Verortung im Wertequadrat (zusammengestellt nach Schulz, (2013). Dezentralisierung als Strategie nachhaltiger Stadtentwicklung in chinesischen Megastädten. Eine Untersuchung der New Town-Planungen Shanghais. *GeoLoge 1*); **c**: Vorlage für ein Wertequadrat

"Obwohl es im Masterplan zur Stadtentwicklung vorgesehen ist, werden die Freiflächen nicht geschützt. Inzwischen sind bereits viele Grünflächen bebaut. Damit gehen wichtige Naturräume und Naherholungsmöglichkeiten verloren."

M 1 Umweltschützerin Li

"Ich arbeite in einer Fabrik in einer der neuen Entlastungsstädte in Shanghai. Die Mieten in dort errichteten Wohnungen sind aber so hoch, dass ich mir diese nicht leisten kann. Daher wohne ich 20 km entfernt von der Fabrik in einer einfachen Unterkunft und pendle täglich zur Arbeit. Das kostet täglich viel Zeit."

M 2 Fabrikarbeiter Wang

"Die hochwertige Architektur in den Entlastungsstädten, die z. B. den britischen oder holländischen Stil imitiert, schafft Quartiere mit Lebensqualität. So können hohe Immobilienpreise erzielt werden. Unsere Firma ist sehr erfolgreich in der Vermarktung von Wohnungen in den Entlastungsstädten."

M 3 Immobilienmakler Sun

"Es gibt kaum günstige Einkaufsmöglichkeiten für Waren des täglichen Bedarfs. Viele Angebote der Unternehmen vor Ort sind hochpreisig. Das macht die Entlastungsstädte unattraktiv, da sich viele Menschen mit niedrigem Einkommen eine Nahversorgung vor Ort nicht leisten können."

M 4 Ming, Bewohnerin in Shanghai

"Die Anbindung einiger Entlastungsstädte an den ÖPNV ist nach wie vor nicht optimal. Weite Wege bis zu den Metrostationen sorgen dafür, dass doch auf Motorradtaxis, *Uber*-Service oder ein eigenes Auto gesetzt werden muss."

M 5 Stadtplaner Wang

"Ich komme eigentlich aus Deutschland und arbeite im Management eines internationalen Automobilkonzerns in Shanghai. Unsere Büros liegen in der Sonderwirtschaftszone Pudong. Ich wohne allerdings in einer 20 km entfernten Entlastungsstadt. Dort ist es ruhiger und es gibt luxuriöse Wohnungen. Dadurch muss ich aber täglich mit dem Auto zur Arbeit fahren."

M 6 Lennart, Manager aus Deutschland

"In den Entlastungsstädten schaffen wir attraktive Standorte für Unternehmen und Konzerne. Die Nachfrage ist sehr hoch. Wirtschaftspolitisch sind Investitionen in die Entlastungsstädte daher sinnvoll."

M 7 Politiker Ling

"In den neu errichteten Gebäuden in den Entlastungsstädten wird auf hohe Umweltstandards geachtet und die Versorgung erfolgt zu einem Großteil über erneuerbare Energien."

M 8 Ning, Professorin für Stadtgeographie

Abb. 5.2 (Fortsetzung)

Dimension als auch auf individuelle Werte und Normen zu sehen. Entsprechend fallen die Bewertungen in Bezug auf das Raumbeispiel je nach Perspektive auch ganz unterschiedlich aus.

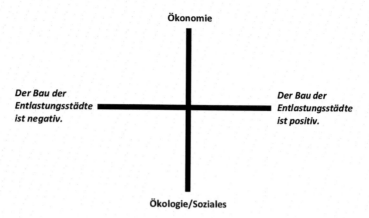

Abb. 5.2 (Fortsetzung)

Tab. 5.1 Struktur einer möglichen Unterrichtssequenz. (Eigene Darstellung)

Stunde	thematischer Schwerpunkt	Bezug zum globalen Lernen
1	**Megacities** weltweit: Entwicklung, Verteilung, Charakteristika	Systemkompetenz
2	Shanghai als **Megacity**	Systemkompetenz
3	Nachhaltige Stadtentwicklung durch den Bau von Satellitenstädten?	Bewertungskompetenz
4	Ökonomische Beziehungen zwischen Deutschland und Shanghai	Handlungskompetenz

Kompetenzorientierung

- **Fachwissen:** S17 „das funktionale und systemische Zusammenwirken der natürlichen und anthropogenen Faktoren bei der Nutzung und Gestaltung von Räumen [...] beschreiben und analysieren" (DGfG 2020: 15); S18 „Auswirkungen der Nutzung und Gestaltung von Räumen [...] erläutern" (ebd.); S19 „an ausgewählten einzelnen Beispielen Auswirkungen der Nutzung und Gestaltung von Räumen [...] systemisch erklären" (ebd.); S22 „geographische Fragestellungen [...] an einen konkreten Raum [...] richten" (ebd.); S23 „zur Beantwortung dieser Fragestellungen Strukturen und Prozesse in den ausgewählten Räumen [...] analysieren" (ebd.: 16)
- **Beurteilung/Bewertung:** S5 „zu den Auswirkungen ausgewählter geographischer Erkenntnisse in historischen und gesellschaftlichen Kontexten [...] kritisch Stellung nehmen" (ebd.: 25); S6 „zu ausgewählten geographischen Aussagen hinsichtlich ihrer gesellschaftlichen Bedeutung [...] kritisch Stellung nehmen" (ebd.); S7 „geo-

graphisch relevante Werte und Normen [...] nennen" (ebd.); S8 „geographisch relevante Sachverhalte und Prozesse [...] in Hinblick auf diese Normen und Werte bewerten" (ebd.)

Folgende Kompetenzbereiche im Kontext „Globale Entwicklung" werden adressiert (siehe dazu Tab. 5.2):

- Systemkompetenz (Erkennen)
- Bewertungskompetenz (Bewerten)
- Handlungskompetenz (Handeln)

Die Schüler*innen können …

Klassenstufe und Differenzierung

Der Unterrichtsbaustein ist ab Klassenstufe 9 einsetzbar. Er kann in fachlich differenzierter Form zugleich in der Oberstufe Anwendung finden (z. B. in Verbindung mit dem Praktischen Syllogismus oder kritischem Denken). Sowohl in Sekundarstufe I als auch II sollten unbedingt die drei Kompetenzbereiche globalen Lernens – Erkennen, Bewerten, Handeln – berücksichtigt werden. In der Komplexität der Zusammenhänge kann allerdings sinnstiftend differenziert werden. So kann in der Sekundarstufe I z. B. die Anzahl der Einflussfaktoren bzw. Elemente verringert werden. Gleichwohl sollte vermieden werden, dass entsprechende Aspekte so stark didaktisch reduziert werden, dass die Kausalitäten nur in unterkomplexer Weise erkannt werden können bzw. lediglich als Vor- und Nachteile gegenübergestellt werden.

Räumlicher Bezug

Shanghai

Konzeptorientierung

Deutschland: Mensch-Umwelt-System (menschliches (Teil-)System, natürliches (Teil-)System), Systemkomponenten (Struktur, Funktion, Prozess), Nachhaltigkeitsviereck (Ökonomie, Ökologie, Politik, Soziales), Maßstabsebenen (lokal, regional, national, international, global), Raumkonzept (wahrgenommener Raum)

Österreich: Diversität und Disparität, Nachhaltigkeit und Lebensqualität

Schweiz: Lebensweisen und Lebensräume charakterisieren (2.3c)

Tab. 5.2 Kernkompetenzen des Lernbereichs „Globale Entwicklung" (Schrüfer & Sprenger, 2021: 27 ff.)

BNE-Kernkompetenzen (ERKENNEN)	Fachbezogene Teilkompetenzen
1. Informationsbeschaffung und -verarbeitung *Informationen zu Fragen der Umwelt und Entwicklung beschaffen und themenbezogen verarbeiten*	1. Topografisches Orientierungswissen erwerben und anwenden sowie Herausforderungen der Umweltnutzung und der Entwicklung räumlich einordnen 2. Geografisch relevante Informationen aus analogen und digitalen Informationsquellen sowie aus eigener Informationsgewinnung darstellen und themenbezogen verarbeiten 3. Geografisch relevante Medien und Methoden zur mehrperspektivischen Herausarbeitung von Lebenswirklichkeiten und nachhaltiger Lösungsansätze einsetzen 4. Problembezogen Kenntnisse über wichtige räumliche Systeme und die Interaktionen innerhalb und zwischen Systemen erwerben, analysieren und darstellen
2. Erkennen von Vielfalt *Die soziokulturelle und natürliche Vielfalt in der Einen Welt erkennen*	1. Räumliche Strukturen und deren Vielfalt analysieren, um ein differenziertes Weltbild zu gewinnen 2. Die Vielfalt von Natur und Gesellschaft in Lebensräumen unterschiedlicher Maßstabsebenen als Potenzial und Entwicklungschance beschreiben 3. Das Zusammenwirken von Faktoren in Mensch-Umwelt-Systemen erläutern
3. Analyse des globalen Wandels *Globalisierungs- und Entwicklungsprozesse mithilfe des Leitbilds der nachhaltigen Entwicklung fachlich analysieren*	1. Auswirkungen der Nutzung und Gestaltung von Räumen auf unterschiedlichen Maßstabsebenen analysieren 2. Soziale, politische, ökonomische und ökologische Wechselwirkungen untersuchter Beispielräume mit der Zielperspektive nachhaltiger Entwicklung untersuchen 3. Räumliche Interaktionen und Veränderungen von Systemen erklären
4. Unterscheidung von Handlungsebenen *Handlungsebenen vom Individuum bis zur Weltebene in ihrer jeweiligen Funktion für Entwicklungsprozesse erkennen*	1. Wirkungszusammenhänge der Globalisierung auf verschiedenen Maßstabsebenen an Beispielen erörtern 2. Räumliche Auswirkungen der Wirtschaftsweise transnationaler Konzerne an Beispielen darstellen 3. Das unterschiedliche Verhalten einzelner Staaten in der globalen Zusammenarbeit (Global Governance) analysieren 4. Kommunale Projekte der nachhaltigen Entwicklung untersuchen und in ihren Zielen und (Beteiligungs-)Möglichkeiten darstellen 5. Abhängigkeiten und Gestaltungsmöglichkeiten des einzelnen Konsumenten in weltweiten Produktionsnetzen an Beispielen darstellen

(Fortsetzung)

Tab. 5.2 (Fortsetzung)

BNE-Kernkompetenzen (ERKENNEN)	Fachbezogene Teilkompetenzen
5. Perspektivenwechsel und Empathie *Sich eigene und fremde Wertorientierungen in ihrer Bedeutung für die Lebensgestaltung bewusst machen, würdigen und reflektieren*	1. Eigene Handlungsmotive reflektieren und vor dem Hintergrund des Leitbilds der nachhaltigen Entwicklung bewerten 2. Anhand von kognitiven Karten *(Mental Maps)* erläutern, dass Räume selektiv und subjektiv wahrgenommen werden 3. Eigene und fremde Wertvorstellungen bei der Analyse von Räumen und Entwicklungsproblemen diskutieren 4. Unterschiedliche Weltbilder und Sichtweisen durch Perspektivenwechsel erörtern
6. Kritische Reflexion und Stellungnahme Durch kritische Reflexion zu Umwelt- und Entwicklungsfragen Stellung nehmen und sich dabei an der internationalen Konsensbildung, am Leitbild nachhaltiger Entwicklung und an den Menschenrechten orientieren	1. Eingriffe in Natur und Umwelt vor dem Hintergrund ihrer ökologischen und sozialen Verträglichkeit bewerten 2. Unterschiedliche Gewichtungen von Menschenrechten im wirtschaftlichen und politischen Handeln an Beispielen erklären und bewerten 3. Unterschiedliche Entwicklungsstrategien in ihrer Wirkung analysieren und bewerten und dabei den eurozentrisch geprägten Entwicklungsbegriff kritisch reflektieren, z. B. aus postkolonialer Perspektive
7. Beurteilen von Entwicklungsmaßnahmen Ansätze zur Beurteilung von Entwicklungsmaßnahmen unter Berücksichtigung unterschiedlicher Interessen und Rahmenbedingungen erarbeiten und zu eigenständigen Bewertungen kommen	1. Chancen von wissenschaftlich-technischen Möglichkeiten der Ertragssteigerung angesichts der damit verbundenen Risiken untersuchen und bewerten 2. Maßnahmen der Raumplanung analysieren und hinsichtlich ihrer Zukunftsfähigkeit bewerten
8. Solidarität und Mitverantwortung Bereiche persönlicher Mitverantwortung für Mensch und Umwelt erkennen und als Herausforderung annehmen	1. Persönliche und gesellschaftliche Mitverantwortung für den Erhalt globaler Gemeinschaftsgüter wie Klima, Wasser, Boden und biologische Vielfalt als eigene Aufgabe an Beispielen erläutern 2. Den eigenen Lebensstil im lokalen und globalen Kontext unter dem Aspekt der Nachhaltigkeit bewerten und wirksam Mitverantwortung übernehmen 3. Solidarität mit Menschen zeigen, die von Katastrophen, Kriegen, Armut, Diskriminierung und Benachteiligung betroffen sind

(Fortsetzung)

Tab. 5.2 (Fortsetzung)

BNE-Kernkompetenzen (ERKENNEN)	Fachbezogene Teilkompetenzen
9. **Verständigung und Konfliktlösung** Zur Überwindung soziokultureller und interessen- bestimmter Barrieren in Kommunikation und Zusammenarbeit sowie zu Konfliktlösungen beitragen	1. Raumwirksame Interessenkonflikte analysieren und Ideen zur Konfliktlösung entwickeln 2. Sich mit fundierten Argumenten und Vorschlägen in gesellschaftliche Prozesse der nachhaltigen Entwicklung einbringen
BNE Kernkompetenzen (HANDELN)	**Fachbezogene Teilkompetenzen**
10. **Handlungsfähigkeit im globalen Wandel** Die gesellschaftliche Handlungsfähigkeit im globalen Wandel vor allem im persönlichen und beruflichen Bereich durch Offenheit und Innovationsbereitschaft sowie durch eine angemessene Reduktion von Komplexität sichern und die Ungewissheit offener Situationen ertragen	1. Modelle zur Reduktion von Komplexität und deren Aussagekraft kritisch erörtern 2. Die Widersprüchlichkeit von Analysen, Entwicklungsstrategien und Prognosen an Beispielen der eigenen Lebenswelt darstellen und angemessene Verhaltensweisen entwickeln
11. **Partizipation und Mitgestaltung** Die Schülerinnen und Schüler können und sind aufgrund ihrer mündigen Entscheidung bereit, Ziele der nachhaltigen Entwicklung im privaten, schulischen und beruflichen Bereich zu verfolgen und sich an ihrer Umsetzung auf gesellschaftlicher und politischer Ebene zu beteiligen.	1. Für wechselnde Herausforderungen angemessene Haltungen entwickeln, die sich an dem Leitbild der nachhaltigen Entwicklung orientieren 2. Einen Beitrag zur nachhaltigen Transformation gesellschaftlicher Entwicklungsprobleme im eigenen Umfeld leisten 3. Sich selbstbestimmt für Ziele und Grundsätze der Nachhaltigkeit einsetzen und in entsprechenden Projekten mitwirken

5.4 Transfer

Die hehren Ansprüche des globalen Lernens weisen eine Nähe zu anderen fachdidaktischen Ansätzen (u. a. Systemkompetenz, transformative Bildung, Bildung für nachhaltige Entwicklung, ethisches Urteilen, Argumentation, kritisches Denken, Werte-Bildung) auf, die gleichsam Bausteine sein können, um zum globalen Lernen beizutragen. Zahlreiche Themen des Geographieunterrichts können daher im Sinne globalen Lernens aufbereitet werden, darunter u. a. Aspekte der Globalisierung bzw. globaler Ungleichheit, Entwicklungszusammenarbeit, Migration/Flucht, Welternährung, Wertschöpfungsketten.

Verweise auf andere Kapitel
- Fögele, J., Mehren, R. & Rempfler, A.: *Systemkompetenz. Planetare Belastungsgrenzen – Stickstoff.* Band 1, Kapitel 17.
- Kanwischer, D.: *Reflexion. Informationssektor – Geographien der Information.* Band 2, Kapitel 26.

- Meyer, C. & Mittrach, S.: *Bildung für nachhaltige Entwicklung. Welthandel – Textilindustrie.* Band 2, Kapitel 20.

Literatur

Asbrand, B., & Martens, M. (2012). Globales Lernen – Standards und Kompetenzen. In: G. Lang-Wojtasik & U. Klemm (Hrsg.), *Handlexikon Globales Lernen* (S. 99–103). Münster.

Castro Varela, M. D. M., & Heinemann, A. M. B. (2017). „Eine Ziege für Afrika!" Globales Lernen unter postkolonialer Perspektive. In: O. Emde, U. Jakubczyk, B. Kappes, & B. Overwien. (Hrsg.), *Mit Bildung die Welt verändern? Globales Lernen für eine nachhaltige Entwicklung* (S. 38–54). Budrich.

DGfG – Deutsche Gesellschaft für Geographie (2020). *Bildungsstandards im Fach Geographie für den Mittleren Schulabschluss – mit Aufgabenbeispielen.* Bonn.

Dirksmeier, P. (2018). Die Emergenz der Masse – zur Urbanität im globalen Süden. *Geographica Helvetica, 73*(1), 11–17.

Kersting, P. (2015). Ein kritischer Überblick systemtheoretisch geprägter Ansätze in der Geographie. In I. Gryl, I. A. Schlottmann, & D. Kanwischer (Hrsg.), *Mensch:Umwelt:System – Theoretische Grundlagen und praktische Beispiele für den Geographieunterricht. (Praxis Neue Kulturgeographie)* (S. 43–60). LIT.

Kraas, F. (2020). Megastädte. In H. Gebhardt, R. Glaser, U. Radtke, P. Reuber, & A. Vött (Hrsg.), *Geographie. Physische Geographie und Humangeographie* (S. 891–896). Springer Spektrum.

Mehren, M., Mehren, R., Ohl, U., & Resenberger, C. (2015). Die doppelte Komplexität geographischer Themen. Eine lohnenswerte Herausforderung für Schüler und Lehrer. *Geographie aktuell & Schule, 37*(216), 4–11.

Meyer, C., & Felzmann, D. (2011). Was zeichnet ein gelungenes ethisches Urteil aus? Ethische Urteilskompetenz im Geographieunterricht unter der Lupe. In C. Meyer, R. Henrÿ, & G. Stöber (Hrsg.), *Geographische Bildung. Kompetenzen in didaktischer Forschung und Schulpraxis. Tagungsband zum HGD-Symposium in Braunschweig* (S. 130–146). Westermann.

NBS: National Bureau of Statistics (2020). China Statistical Yearbook 2020. https://www.stats.gov.cn/tjsj/ndsj/2020/indexeh.htm.

Rendel, A. (2014). Verstädterung in China. Mit der Schnappschuss-Methode auf den Punkt gebracht. *Praxis Geographie, 4,* 36–43.

Schrüfer, G., & Schokemöhle, J. (2012). Nachhaltige Entwicklung und Geographieunterricht. In J.-B. Haversath (Hrsg.), *Geographiedidaktik. Theorie – Themen – Forschung. (Das Geographische Seminar)* (S. 107–132). Westermann.

Schrüfer, G., & Brendel, N. (2018). Globales Lernen im digitalen Zeitalter. In G. Schrüfer, N. Brendel, & I. Schwarz (Hrsg.), *Globales Lernen im digitalen Zeitalter (Erziehungswissenschaft und Weltgesellschaft 11)* (S. 9–34). Waxmann.

Schrüfer, G., & Sprenger, S. (2021). Kompetenzorientierung. In Engagement Global (Hrsg.), *Orientierungsrahmen für den Lernbereich Globale Entwicklung. Teilausgabe Geografie* (S. 26–29). Bonn.

Schuler, S., Vankan, L., & Rohwer, G. (2017). *Diercke. Denken lernen mit Geographie. Methoden 1.* Westermann.

Schulz, S. (2013). Dezentralisierung als Strategie nachhaltigerer Stadtentwicklung in chinesischen Megastädten. Eine Untersuchung der New Town Planungen Shanghais. In *GeoLoge* (Heft 1, S. 3–19).

Seitz. (2008). Globales Lernen in weltbürgerlicher Absicht: Zur Erneuerung weltbürgerlicher Bildung in der postnationalen Konstellation. In: B. Gruber & K. Hämmerle (Hrsg.), *Demokratie lernen heute. Politische Bildung am Wendepunkt* (S. 131–144). Böhlau.

Mapping als Praxis kollaborativer Wissensproduktion

6

Zu den Potenzialen der Critical Cartography für die Auseinandersetzung mit städtischer Ungleichheit im Geographieunterricht

Verena Schreiber

▶ **Teaser** Städte sind seit jeher Knotenpunkte gesellschaftlichen Zusammenlebens und wirtschaftlicher Aktivitäten. Sie eröffnen Freiräume für individuelle
Entfaltung, soziale Teilhabe und emanzipatorische Praktiken, geben ihren
Bewohner*innen jedoch auch vielfach zu spüren, was es heißt, am Rande
zu stehen und von gesellschaftlichen Prozessen ausgeschlossen zu sein.
Zur Auseinandersetzung mit städtischen Ungleichheitsverhältnissen sowie
individuellen und kollektiven Erfahrungen von Teilhabe und Ausgrenzung
leisten Mapping-Verfahren und Ansätze aus dem Feld der reflexiven Kartendidaktik einen wichtigen Beitrag.

6.1   Fachwissenschaftliche Grundlage: Ungleichheit in Städten

Städtische Räume und Orte sind nicht allen Menschen gleichermaßen zugänglich. Selbst
der öffentliche Raum, der als prägendes Element der europäischen Stadt gilt, steht längst
nicht (mehr) jedem offen. Wo Stadtentwicklungspolitik noch bis vor einigen Jahrzehnten
auf die Integration breiter Bevölkerungsgruppen und sozialen Ausgleich zielte (vgl.
Häußermann, 2009), bestimmen heute unternehmerische Politikmuster die Gestaltung
unserer Städte. Diese richten städtische Entwicklung primär an ökonomischen Zielen
aus, setzen auf medial wirksame Leuchtturmprojekte, Public Private Partnerships und
globale Investoren, um im weltweiten Städtewettbewerb bestehen zu können.

V. Schreiber (✉)
Institut für Geographie und ihre Didaktik, Pädagogische Hochschule Freiburg,
Freiburg, Deutschland
E-Mail: verena.schreiber@ph-freiburg.de

I. Gryl et al. (Hrsg.), *Geographiedidaktik*, https://doi.org/10.1007/978-3-662-65720-1_6

Die Interessen und Bedürfnisse eines Großteils der lokalen Bevölkerung rücken dabei vielfach in den Hintergrund und tatsächliche Verbesserungen der Lebensbedingungen vor Ort für alle werden durch eine globale Ausrichtung von Stadtpolitik kaum erreicht. Vielmehr lässt sich in den letzten Jahren eine Verschärfung der sozialen Ungleichheit beobachten. So haben etwa prekäre Beschäftigungsverhältnisse zugenommen, die zwar immer mehr Menschen in Arbeit bringen, aber immer weniger den Lebensunterhalt sichern können. Gleichzeitig führen der Rückbau der sozialen Sicherungssysteme u. a. beim Mietrecht und die Privatisierung kommunaler Wohnungsbestände dazu, dass für Menschen mit niedrigen Einkommen kaum noch bezahlbarer Wohnraum zur Verfügung steht und sie in die besonders gefährdeten Räume der Stadt gedrängt werden (vgl. Siebel, 2012: 464 f.). Solche Entwicklungen forcieren eine räumliche Polarisierung, die städtische Lebensqualität und Teilhabe zu einem Privileg für Menschen mit Geld macht und die Stadt in Quartiere verdichteten Reichtums und Armutsgebiete spaltet, in denen sich gesellschaftlich ausgegrenzte und auf staatliche Hilfe angewiesene Menschen in unattraktiven Wohnbeständen konzentrieren (vgl. Harvey, 2013: 45; Heeg, 2013: 67).

Die räumliche Konzentration von Menschen in ähnlichen Lebenssituationen in einem Gebiet wird in der Stadtforschung als Segregation bezeichnet und vonseiten der Stadtpolitik vorwiegend negativ bewertet. In den Debatten um Segregation und ihrer Erfassung in Form von Sozialraumanalysen fällt auf, dass ausschließlich die Verdichtung marginalisierter Bevölkerung als ein Problem erscheint, während die „glamour zones" (Sassen, 1996: 220) der urbanen Eliten und die homogenen Wohnsiedlungen der abgesicherten Mittelschicht nicht nur unberücksichtigt bleiben, sondern auf ihre Bewahrung hingearbeitet wird (vgl. Alisch 2018: 509). Segregation kann also ein Ausdruck und Motor von Ausgrenzung sein, muss es aber nicht. Sie ist es immer dann, wenn der Wohnort aufgrund marktwirtschaftlicher Prozesse nicht freiwillig gewählt, sondern erzwungen ist und den Menschen eine gleichwertige Teilhabe am öffentlichen Leben, bessere Bildungschancen und ein allgemein anerkannter Lebensstandard verwehrt bleiben.

Wenngleich die Stadt also auch Vielfalt und Selbstentfaltung ermöglichen mag, entscheiden nicht primär frei gewählte Lebensentwürfe, sondern strukturelle Machtasymmetrien über den Zugang zu den städtischen Gütern. Die ungleiche Verteilung des Reichtums ist indes nur einer von vielen Aspekten, die darauf Einfluss nehmen, wie wir uns durch die Stadt bewegen und in ihr leben können. Auch geschlechtliche, rassistische oder generationale Grenzziehungen in unserer Gesellschaft bestimmen darüber, wer von der Attraktivität des Städtischen profitieren darf. Als Geograph*innen können wir dafür sensibilisieren, dass aus Klassen-, Geschlechts- oder Altersunterschieden resultierende Ungleichheitsverhältnisse immer auch eine räumliche Dimension besitzen und maßgeblich mit Entwicklungen des Städtischen verbunden sind. Es ist die Aufgabe einer kritisch-reflexiven geographischen Bildung, (städtische) Raumproduktionen als zentrale Mittel gesellschaftlicher Strukturierung und Machtausübung offenzulegen (vgl. Massey, 2013).

Weiterführende Leseempfehlung

Belina, B., M. Naumann und A. Strüver (Hrsg. 2020): *Handbuch Kritische Stadtgeographie*. Münster: Westfälisches Dampfboot.

Problemorientierte Fragestellungen

- Welche Rolle spielen Raumproduktionen bei der Herstellung und Reproduktion sozialer Ungleichheit?
- Warum haben nicht alle Menschen gleichermaßen Zugang zu den städtischen Ressourcen und dieselben Möglichkeiten, den städtischen Raum für sich zu nutzen?
- An welchen Orten und in welcher Weise erfahren Menschen in der Stadt Ausgrenzung? Wo sind Städte, aber auch Räume der Solidarität sowie gesellschaftlichen Teilhabe und stoßen Transformationsprozesse an?

6.2 Fachdidaktischer Bezug: Kritisches Kartieren

Schon in den Begriffen der Teilhabe und Ausgrenzung scheint auf, dass Ungleichheit im tatsächlichen Leben nur als eine individuelle und kollektive Erfahrung existiert. Wenn Schüler*innen städtische Ungleichheit nicht nur als eine theoretische Frage unter Rückgriff auf z. B. sozialstatistische Daten erörtern, sondern als ein konkretes Problem der sie umgebenden Welt begreifen sollen, brauchen wir eine geographische Bildung, die an den eigenen Differenzerfahrungen ansetzt und im gemeinschaftlichen Prozess zur Problematisierung raumbezogener Ungleichheitsverhältnisse in der Stadt anregt. Hierzu eignen sich **Mapping**-Verfahren und Ansätze aus dem Feld der reflexiven Kartendidaktik.

War es bis vor einigen Jahren noch Konsens, dass Karten verkleinerte, vereinfachte und verebnete Abbilder der Erdoberfläche sind, konnten konstruktivistische Zugänge in der Geographiedidaktik zuletzt einen umfassenden Perspektivwechsel auf Karten einleiten. Einen wichtigen Bezugspunkt bilden Arbeiten aus dem Feld der Critical Cartography (z. B. Harley, 1989; Wood, 1992), die Karten nicht als objektive Abbildungen einer ihnen vorgängigen Realität, sondern als gesellschaftliche Konstruktionen begreifen. So macht ein Blick auf historische Karten schnell deutlich, dass diese stets ein Instrument der Sicherstellung von Herrschaftswissen und Kontrolle waren und ihre Inhalte interessengeleitet darstellten (vgl. Abb. 6.1).

Obgleich sich die Verfahren der Kartographie in den letzten Jahrzehnten durch geographische Informationssysteme massiv verändert haben und z. B. „Volunteered Geographic Information"-Anwendungen (z. B. OpenStreetMap) neue Akteursgruppen in die Kartenerstellung einbinden können, hat dies an dem Wesen der Karte jedoch nichts grundlegend verändern können: Auch heute erzeugen Karten die Tatsachen selbst, die sie vordergründig nur abzubilden behaupten.

Eine Kartenarbeit im Geographieunterricht, die sich nur auf die Vermittlung von Kenntnissen über Kartengrundlagen konzentriert oder die auf Karten abgebildeten

Abb. 6.1 British Empire Map of the World, 1886.
https://collections.leventhalmap.org/search/commonwealth:x633f896s
Norman B. Leventhal Map & Education Center at the Boston Public Library

Inhalte unkritisch als Informationsgrundlage heranzieht, läuft vor diesem Hintergrund ins Leere. Eine **reflexive** Kartenkompetenz als Beitrag zur Mündigkeitserziehung junger Menschen (vgl. Gryl, 2016; Lehner et al., 2018) erfordert differenzierte Fertigkeiten des Kartenlesens und -interpretierens ebenso wie die Einbeziehung von Schüler*innen in den Prozess der Kartenerstellung selbst, um ihre Sichtweisen auf die sie umgebende Welt zu kommunizieren und hegemonialen Raumdeutungen alternative Betrachtungen entgegenzustellen (vgl. Dorsch & Kanwischer, 2020: 30; Gordon et al., 2016; Schulze et al., 2015). Reflexive Kartenkompetenz schließt folglich neben einer kritischen Betrachtung kartographischer Repräsentationen stets auch eine kollektive und verantwortungsbewusste Praxis des Karten-Machens (Mapping, vgl. Abb. 6.2) ein (vgl. kollektiv orangotango+, 2019; Schreiber, 2021). Die zentralen Anliegen von Mapping-Projekten sind:

1. ein kritisches Bewusstsein dafür zu entwickeln, was um uns herum passiert, wie soziale und räumliche Prozesse ineinandergreifen und unterschiedliche Machtpositionen sichern, wie diese aber auch offengelegt und Gegen-Perspektiven („Countermapping") artikuliert werden können;
2. die Erfahrungen von Schüler*innen in Vermittlungsprozesse einzubeziehen und eine dialogische und kollaborative Wissensproduktion anzustoßen;
3. pädagogische Beziehungen zwischen Lehrenden und Lernenden wertschätzend zu gestalten und bestehende Machtgefälle in Bildungsprozessen zu reduzieren.

Mapping-Verfahren mit Schüler*innen im Geographieunterricht eignen sich damit in besonderem Maße für eine vertiefende Auseinandersetzung mit städtischen Ungleichheitsverhältnissen. Sie schärfen den Blick auf räumliche Machtstrukturen und umkämpfte Raumproduktionen und schaffen partizipative Lerngelegenheiten, in denen sich junge Menschen über ihre Erfahrungen austauschen und zu kritischen Mitforscher*innen zu den Problemen der Gegenwart werden können.

Weiterführende Leseempfehlung
Dammann, F. und B. Michel (2022): *Handbuch Kritisches Kartieren*. Bielefeld: transcript.

Bezug zu weiteren fachdidaktischen Ansätzen
Subjektive Karten: Das Verfahren des „subjektiven Kartierens" wurde im Kontext wahrnehmungsgeographischer Arbeiten ab den 1970er-Jahren entwickelt. In der Geographiedidaktik kommt es sowohl als Forschungsmethode (z. B. zur Erfassung der räumlichen Abstraktionskompetenz von jungen Menschen oder kindlicher Selbst- und Weltbeziehungen) als auch als Medium zur Gestaltung von Bildungsprozessen (z. B. Einführung in die Kartenarbeit/genetisches Verfahren, räumliche Orientierung im Wohnumfeld) zum Einsatz.

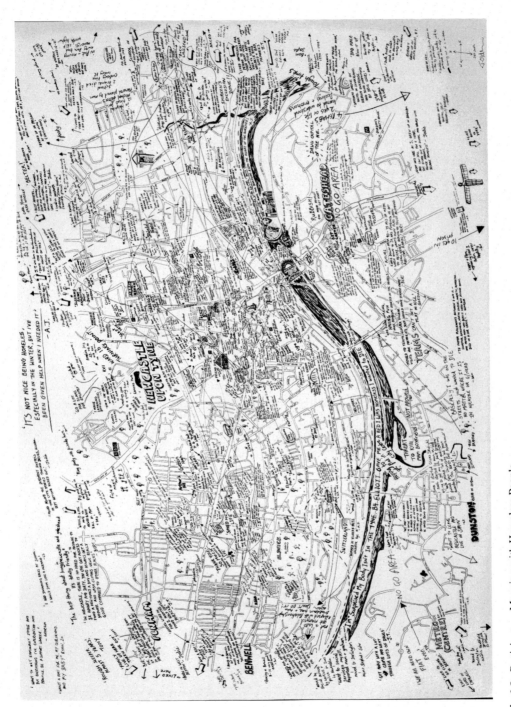

Abb. 6.2 Participatory Mapping with Homeless People.
https://notanatlas.org/maps/imaging-homelessness-in-a-city-of-care
Urheber: Lovely Jojo (https://www.lovelyjojos.com), Autor*innen: Oliver Moss, Adele Irving

6.3   Unterrichtsbaustein: Reflexive Kartenkritik und kollaborative Kartenpraxis

Der Unterrichtsbaustein nutzt Mapping-Verfahren, um Schüler*innen für sozial-räumliche Ungleichheitsstrukturen in der Stadt zu sensibilisieren und ihnen Möglichkeiten zu eröffnen, eigene Erfahrungen von Teilhabe und Ausgrenzung in ihrem Lebensumfeld zu artikulieren. Er verknüpft zwei Zugänge kritischen Kartierens:

1. Baustein „Reflexive Kartenkritik"
In einem ersten Schritt setzen sich die Schüler*innen mit kartographischen Repräsentationen von städtischer Ungleichheit und ungleichen Zugangsmöglichkeiten zum öffentlichen Raum auseinander. In methodischer Hinsicht wird die Fähigkeit von Schüler*innen gefördert, Karteninhalte und -darstellungen kritisch zu hinterfragen, dahinterliegende Interessen und Hierarchien zu identifizieren und die Wirkungen von Karten zu reflektieren. Als Einstieg bietet sich an, die Schüler*innen – ohne weitere Vorgaben – eine Weltkarte zeichnen zu lassen. Die Zeichnungen werden anschließend mit Kartenmaterial kontrastiert, das mit dem uns vertrauten Blick auf die Welt bricht (z. B. eine Hobo-Dyer Equal Area Projection Map, vgl. Abb. 6.3, oder eine Kartenanamorphote zu globaler Ungleichheit, vgl. Worldmapper). Hierdurch erfassen die Schüler*innen, dass Karten niemals neutral im Hinblick auf ihre Darstellungen und Inhalte sind, sondern Konventionen (z. B. winkeltreue Projektion, Farbgestaltungen) unterliegen, spezifischen Intentionen (das „Eigene" im Mittelpunkt, Eurozentrismus) folgen und selektiv (Verschweigen vs. Herausstellung von Informationen) sind.
Für eine kartographische Hinführung zum Thema „Städtische Ungleichheit" eignen sich zwei Wege: erstens eine Auseinandersetzung mit sozialstatistischen Erfassungen von städtischer Ungleichheit in Form von Sozialatlanten. Diese werden zum Zweck kommunalplanerischer Bearbeitung segregierter Stadtgesellschaften im Rahmen von Sozialraumanalysen erstellt und liegen idealerweise auch für die eigene Stadt vor (vgl. Abb. 6.4). Die Schüler*innen erkennen, dass die zur Bestimmung der sozialen Bedarfslage von Stadtteilen herangezogenen Indikatoren – wie Arbeitslosigkeit, Transferleistungen oder Sprachkompetenz – kaum Aussagen über dort lebende Individuen und soziale Netzwerke zulassen, sondern vornehmlich problematische Fremdzuschreibungen widerspiegeln (z. B. deutsche Staatsbürgerschaft versus Migrationshintergrund, vgl. Heeg, 2013). Ergänzend/alternativ bietet es sich zweitens an, mit den Schüler*innen sogenannte Kinderstadtpläne zu analysieren, die junge Menschen und ihre Familien auf für sie zugeschnittene Räume und Orte in der Stadt hinweisen (vgl. z. B. Kinderstadtplan der Stadt Freiburg). Unter Rückgriff auf dieses Kartenmaterial lässt sich einerseits erörtern, ob Kinder und Jugendliche städtische Räume und Orte in gleicher Weise nutzen dürfen wie Erwachsene, und andererseits mit den Schüler*innen diskutieren, ob die für sie vorgesehenen Räume auch tatsächlich den Orten entsprechen, die ihnen selbst

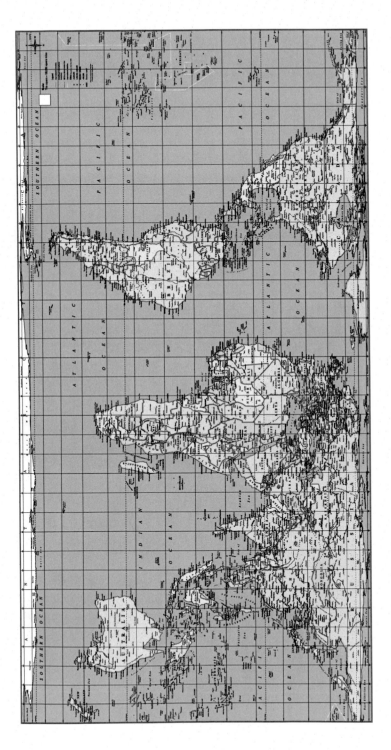

Abb. 6.3 Hobo-Dyer Equal Area Projection Map. (Quelle: Global Media Holdings, LLC, 2021 (CC BY-NC-ND 4.0))

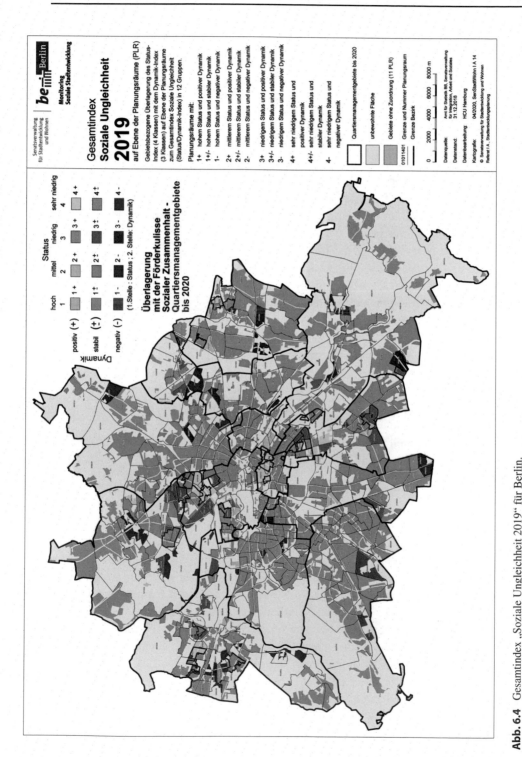

Abb. 6.4   Gesamtindex „Soziale Ungleichheit 2019" für Berlin.
https://www.stadtentwicklung.berlin.de/planen/basisdaten_stadtentwicklung/monitoring/download/2019/karten/Status_Dynamik_Index_2019.pdf,
Senatsverwaltung für Stadtentwicklung und Wohnen Berlin

in ihrem alltäglichen Leben wichtig sind (Schreiber, 2021). Hierdurch erfolgt zugleich eine erste Sensibilisierung für die Möglichkeit, eigene Erfahrungen mittels Karten zu kommunizieren.

Infobox 6.1: Mögliche Gesprächsimpulse und Aufgabenstellungen für den Baustein „Reflexive Kartenkritik"

1. Zeichne eine Weltkarte.
   - Vergleiche deine Karte mit den Karten der anderen.
   - Erläutere, was allen Karten gemeinsam ist und worin sie sich unterscheiden. Erkläre, welchen Regeln du beim Zeichnen gefolgt bist.
   - Begründe, warum du und deine Mitschüler*innen die Karte so und nicht anders gezeichnet haben.
2. Vergleiche deine Weltkarte mit den hier gezeigten Weltkarten.
   - Benenne Unterschiede. Beurteile, ob die Welt auf anderen Karten falsch dargestellt ist.
   - Erörtere, wer ein Interesse daran haben könnte, die Welt so darzustellen, und wo diese Karten möglicherweise verwendet werden.
3. Analysiere die Karte (Sozialatlas und/oder Kinderstadtplan).
   - Beschreibe, was auf der Karte dargestellt wird und welche Darstellungsmittel genutzt werden.
   - Stelle Überlegungen an, wer die Karte erstellt haben könnte, welches Datenmaterial zu ihrer Erstellung benötigt wurde und für wen/zu welchem Zweck sie gemacht wurde?
   - Nimm dazu Stellung, ob sich Menschen, die an diesen Orten leben, durch die Karte repräsentiert und in ihren Bedürfnissen beachtet fühlen. Wenn du die Karte mitgestalten könntest, was wäre dir wichtig und was würdest du in ihr eintragen?

---

2. Baustein „Kollaborative Kartenpraxis"

In einem zweiten Schritt werden kollaborative Mapping-Projekte dafür fruchtbar gemacht, eigene Erfahrungen von Solidarität und Teilhabe, aber auch von Ausgrenzung in der Stadt sichtbar zu machen (vgl. Abb. 6.5). Im Sinne des forschenden Lernens werden die auf der abstrakten Ebene erarbeiteten Inhalte (Baustein I) in konkrete Kartierungsprojekte überführt. Die Schüler*innen erkennen, dass sich mittels Mapping in Ungleichheitsverhältnisse niedrigschwellig intervenieren sowie eigene Erlebnisse und gegenhegemoniales Wissen kommunizieren lässt. Hierdurch werden sie darin unterstützt, zu handlungsfähigen Subjekten zu werden.

Als Einstieg in ein kollaboratives Mapping-Projekt sollte zunächst im Klassenverband eine gemeinsame Karte des betrachteten Gebiets erstellt werden, in welche die

Abb. 6.5 Kollektives Kartieren (Auszug aus „Manual of collective mapping: critical cartographic resources for territorial processes of collaborative creation"); https://iconoclasistas.net Iconoclastistas 2016, Urheber: Julía Risler und Pablo Ares

Schüler*innen beispielsweise ihnen persönlich wichtige, von ihnen gemiedene sowie ihnen unbekannte Orte eintragen. Hierdurch kommen zum einen Orte zum Vorschein, die in offiziellen Karten meist keine Berücksichtigung finden, da sie als irrelevant gelten, für junge Menschen aber bedeutsam sind. Zum anderen lässt sich eine Diskussion darüber anstoßen, warum Kindern der Zugang zu vielen Räumen und Orten der Stadt verwehrt bleibt. Diese Karte wird anschließend für eine Erkundungstour mit den Schüler*innen durch das Gebiet und einen vertieften Austausch über Erfahrungen von Teilhabe und Ausgrenzung an den markierten Orten genutzt. Aus den gesammelten Beobachtungen lassen sich schließlich weiterführende Fragestellungen zu städtischer Ungleichheit ableiten und spezifische Mapping-Projekte entwickeln, die interessengeleitet von Klein-gruppen bearbeitet und abschließend vorgestellt werden.

Das Spektrum der Kartierungen kann dabei solidarische, historische oder utopische Orte gleichermaßen umfassen wie „Angsträume" oder Orte, an denen sich junge Menschen überwacht oder von denen sie sich ausgeschlossen fühlen; mittels der Projekte können Schüler*innen artikulieren, welche Orte ihnen in ihrem Wohnumfeld wichtig sind, wo sie Unterstützung erfahren, was ihnen aber auch fehlt und was sie stört.

Infobox 6.2: Mögliche Gesprächsimpulse und Aufgabenstellungen für den Baustein „Kollektiv-emanzipatorische Kartenpraxis"

1. Markiere die Orte, an denen du dich am liebsten aufhältst, die du im Alltag meidest und an denen du noch nie warst.
   - Halte in einer Sprechblase fest, was dir an diesen Orten gefällt, was dich stört und warum du noch nie dort warst (alternativ: Orte, von denen du dich ausgegrenzt fühlst; Orte, an denen du Solidarität erfährst o. Ä.).
2. Entwickelt ein eigenes Mapping-Projekt.
   - Stellt Überlegungen an, was euch im Stadtteil bewegt, worauf ihr aufmerksam machen wollt und was ihr gerne auf einer Karte thematisieren würdet.
   - Sammelt Ideen und tauscht euch darüber aus.
3. Legt eine Vorgehensweise fest und verständigt euch über die Arbeitsschritte.
   - Tauscht euch darüber aus, was ihr benötigt, um gut miteinander arbeiten zu können (Material, Arbeitsplatz etc.).
   - Sammelt Informationen und Aussagen, die ihr in euer Projekt einbeziehen wollt, und legt fest, wie ihr diese darstellen wollt (Signaturen, Icons, Texte, Farben, Fotos, Zitate, Zeichnungen etc.). Achtet darauf, wertschätzend miteinander umzugehen, und denkt auch an jene, die möglicherweise nicht auf eurer Karte sein wollen.
4. Stellt euer Mapping-Projekt der Klasse vor.
   - Erläutert das Anliegen, das ihr mit der Kartierung verfolgt habt, wie ihr bei der Projektarbeit vorgegangen seid und was euch bei der Projektarbeit bewegt hat.
   - Beschreibt, was gut lief und wo ihr an Grenzen gestoßen seid.
   - Diskutiert, welche neue Perspektive euer Projekt auf den Stadtteil erlaubt, die sonst in gängigen Karten keine Berücksichtigung findet.

Beitrag zum fachlichen Lernen

Mittels des Unterrichtsbausteins I erkennen die Schüler*innen, dass räumliche Strategien der Ausgrenzung und Einhegung städtische Ungleichheiten reproduzieren, unsere Vorstellungen von städtischen Orten und in ihnen lebenden Menschen prägen und regulieren, wie sich Menschen – insbesondere Kinder und Jugendliche – durch die Stadt bewegen können. Baustein II leistet einen Beitrag zur Erschließung von und Auseinandersetzung mit persönlichen und kollektiven Erfahrungen von Teilhabe und Ausgrenzung im städtischen Raum.

Kompetenzorientierung

- **Räumliche Orientierung:** S7 Manipulationsmöglichkeiten kartographischer Darstellungen beschreiben; S9 „aufgabengeleitet einfache Kartierungen durchführen" (DGfG 2020: 18); S16 „anhand von Karten verschiedener Art erläutern, dass Raumdarstellungen stets konstruiert sind […]" (ebd.)

- **Kommunikation:** S5 „im Rahmen geographischer Fragestellungen die logische, fachliche und argumentative Qualität eigener und fremder Mitteilungen kennzeichnen und angemessen reagieren" (ebd.: 22)
- **Beurteilung/Bewertung:** S4 „zur Beeinflussung der Darstellungen in geographisch relevanten Informationsträgern durch unterschiedliche Interessen kritisch Stellung nehmen […]" (ebd.: 25); S5 „zu den Auswirkungen ausgewählter geographischer Erkenntnisse in historischen und gesellschaftlichen Kontexten […] kritisch Stellung nehmen" (ebd.)

Klassenstufe und Differenzierung
Mapping-Verfahren zur Erfassung lebensweltlicher Erfahrungen eignen sich grundsätzlich für alle Altersstufen. Für jüngere Schüler*innen der Sekundarstufe I bieten sich als Einstieg in die reflexive Kartenkompetenz eher Kinderstadtpläne an; für Schüler*innen der Sekundarstufe II ist eine umfängliche Auseinandersetzung mit sozialstatistischen Daten und ihren problematischen Prämissen zielführend.

Räumlicher Bezug
Urbane Räume, Wohnquartier, Schulumfeld

Konzeptorientierung
Deutschland: Systemkomponenten (Struktur, Prozess), Maßstabsebenen (lokal, regional, national, international, global)
Österreich: Diversität und Disparität, Interessen, Konflikte und Macht, Wahrnehmung und Darstellung
Schweiz: Lebensweisen und Lebensräume charakterisieren (Abschn. 2.3), sich in Räumen orientieren (Abschn. 4.2)

6.4 Transfer

Mapping-Projekte lassen sich in vielfältiger Weise inhaltlich variieren und erweitern, etwa hinsichtlich des gewählten Themas (z. B. Wohnen, Mobilität), der Maßstabsebene (z. B. Stadt, Stadtteil, Schul-/Wohnumgebung, Schule), der Einbeziehung weiterer Akteur*innen (z. B. Bewohner*innen), der Nutzung digitaler Kartenapplikationen (z. B. OpenStreetMap, Story Maps) oder des zeitlichen Umfangs. Weitere wertvolle Anregungen und Methoden für eine *reflexive Kartenarbeit* finden sich in Gryl (2016); der Open Access-Atlas „This is not an Atlas" (kollektiv orangotango+, 2019) und die Initiative Iconoclasistas (https://iconoclasistas.net, spanisch) führen zahlreiche inspirierende Beispiele und Vorgehensweisen einer *kollektiv-emanzipatorischen Kartenpraxis* auf.

Ungeachtet aller thematischen Ausrichtung ist bei der Planung und Durchführung von Mapping-Projekten wichtig, dass die Schüler*innen über einen längeren Zeitraum und ohne Verwertungsdruck miteinander arbeiten können. Das Lernumfeld sollte außerdem von einer Dialogkultur geprägt sein, bei der alle Beteiligten verantwortlich mit persönlichen Äußerungen umgehen und alle Beiträge wertgeschätzt werden (vgl. Schreiber & Carstensen-Egwuom, 2021). Letztlich können Mapping-Projekte auch nicht vor dem Schultor haltmachen. Wer mit Schüler*innen Orte der Schule im Spannungsfeld von Teilhabe und Ausgrenzung kartiert, muss daher für Widersprüche offen sein, die sich aus pädagogischen Programmen und kritischer Kartendidaktik ergeben (vgl. Schreiber, 2021).

Verweise auf andere Kapitel
- Borukhovich-Weis, S., Gryl, I. & Lehner, M.: *Innovativität. Öffentlicher Stadtraum – Recht auf Stadt.* Band 2, Kapitel 7.
- Hiller, J. & Schuler, S.: *Mental Maps/Subjektive Karten. Nachhaltige Stadtentwicklung – Stadtgrün.* Band 1, Kapitel 25.
- Meurel, M., Lindau, A.-K. & Hemmer, M.: *Exkursionsdidaktik. Stadtentwicklung – Gentrifizierung.* Band 2, Kapitel 8.
- Schulze, U. & Pokraka, J.: *Spatial Citizenship. Geovisualisierung – Webmapping.* Band 1, Kapitel 27.

Literatur

Alisch, M. (2018). Sozialräumliche Segregation: Ursachen und Folgen. In EU. Huster, J. Boeckh, & H. Mogge-Grotjahn (Hrsg.), *Handbuch Armut und soziale Ausgrenzung* (S. 503–522). Springer VS.

Deutsche Gesellschaft für Geographie (DGfG) (Hrsg.). (2020). *Bildungsstandards im Fach Geographie für den Mittleren Schulabschluss* (10. aktualisierte und überarbeitete Aufl.). Bonn.

Dorsch, C., & Kanwischer, D. (2020). Mündigkeit in einer Kultur der Digitalität. Geographische Bildung und „Spatial Citizenship". *Zeitschrift für Didaktik der Gesellschaftswissenschaften, 2,* 23–40.

Gordon, E., Elwood, S., & Mitchell, K. (2016). Critical spatial learning. Participatory mapping, spatial histories, and youth civic engagement. *Children's Geographies, 14*(5), 558–572.

Gryl, I. (Hrsg.). (2016). Diercke Methoden. *Reflexive Kartenarbeit.* Westermann.

Harley, J. B. (1989). Deconstructing the map. *Cartographica, 26*(2), 1–20.

Harvey, D. (2013). *Rebellische Städte. Vom Recht auf Stadt zur urbanen Revolution.* Suhrkamp.

Häussermann, H. (2009). Die soziale Dimension unserer Städte. In: K. Biedenkopf, H. Bertram, & E. Niejahr (Hrsg.), *Starke Familie – Solidarität, Subsidiarität und kleine Lebenskreise* (S. 147–156). https://www.bosch-stiftung.de/sites/default/files/publications/pdf_import/Starke_ Familie_2_Kommissionsbericht_ganz_final.pdf. Zugegriffen: 20. Mai 2021.

Heeg, S. (2013). Fragmentierung. In: J. Lossau, T. Freytag, & R. Lippuner (Hrsg.), *Schlüsselbegriffe der Kultur- und Sozialgeographie* (S. 67–80). UTB Ulmer.

kollektiv orangotango+ (Hrsg.). (2019). *This is not an atlas. A global collection of countercartographies.* Transcript. https://www.transcript-verlag.de/media/pdf/15/bd/b4/oa9783839445198. pdf. Zugegriffen: 20. Mai 2021.

Lehner, M., Pokraka, J., Gryl, I., & Stuppacher K. (2018). Re-reading spatial citizenship and rethinking Harley's deconstructing the map. *GI_Forum 1,* 143–155.

Massey, D. (2013). Geographische Sichtweise. In M. Rolfes & A. Uhlenwinkel (Hrsg.), *Metzler Handbuch 2.0 Geographieunterricht. Ein Leitfaden für Praxis und Ausbildung,* (S. 303–311). Westermann.

Sassen, S. (1996). Whose city is it? Globalization and the formation of new claims. *Public Culture, 8*(2), 205–223.

Schreiber, V. (2022). Countermapping als Werkzeug des Geographieunterrichts – eine Gratwanderung zwischen kritischem Kartieren und institutionellen Verfügungen. In B. Michel & F. Dammann (Hrsg.), *Handbuch Kritisches Kartieren* (S. 265–277). Transcript.

Schreiber, V., & Carstensen-Egwuom, I. (2021). Feministisch Lehren und Lernen. In: Autor*innenkollektiv Geographie und Geschlecht (Hrsg.), *Handbuch Feministische Geographien. Arbeitsweisen und Konzepte* (S. 97–117). Barbara Budrich.

Schulze, U., Gryl, I., & Kanwischer, D. (2015). Spatial Citizenship – Zur Entwicklung eines Kompetenzstrukturmodells für eine fächerübergreifende Lehrerfortbildung. *Zeitschrift für Geographiedidaktik, 43*(2), 139–164.

Siebel, W. (2012). Stadt und soziale Ungleichheit. *Leviathan, 40*(3), 462–475.

Wood, D. (1992). *The power of maps.* Guilford.

Schüler*innen zu Neuem befähigen mit „Bildung für Innovativität"

7

Gestaltung des öffentlichen Raumes und Recht auf Stadt

Inga Gryl, Swantje Borukhovich-Weis und Michael Lehner

▶ **Teaser** Der Beitrag stellt die *Innovativität fördernde Simulation* vor, eine Unterrichtsmethode, um Kompetenzen von Innovativität im Unterricht zu fördern. Anhand der Methode setzen sich Schüler*innen mit dem öffentlichen Raum auseinander, entwickeln durch haptisches Arbeiten in Gruppen kreative Ideen für eine Stadt nach ihren Vorstellungen und diskutieren Optionen der Umsetzung. Damit liefert der Beitrag eine Möglichkeit, das Thema „Recht auf Stadt" konkret im Geographieunterricht zu behandeln.

7.1 Fachwissenschaftliche Grundlage: Der öffentliche Raum und das Recht auf Stadt

(Teil-)Öffentlicher Raum für Kinder und Jugendliche ist z. B. ein Spielplatz, Schulhof, Jugendzentrum, Park oder öffentlicher Platz (vgl. Herlyn et al., 2003: 22). Nach Blinkert (2017: 28 f.) sind Aktionsräume *für Kinder* zugängliche Gebiete im Wohnumfeld von

Ergänzende Information Die elektronische Version dieses Kapitels enthält Zusatzmaterial, auf das über folgenden Link zugegriffen werden kann https://doi.org/10.1007/978-3-662-65720-1_7.

I. Gryl (✉) · M. Lehner
Institut für Geographie, University of Duisburg-Essen, Essen, Nordrhein-Westfalen, Deutschland
E-Mail: inga.gryl@uni-due.de

M. Lehner
E-Mail: michael.lehner@uni-due.de

S. Borukhovich-Weis
Institut für Sachunterricht, Universität Duisburg-Essen, Essen, Deutschland
E-Mail: swantje.borukhovich-weis@uni-due.de

Kindern, in denen sie sich gerne aufhalten, die sicher sind und in denen Interaktion mit anderen Kindern möglich ist. Seit den 1960er-Jahren sind Aktionsräume dieser Art weniger geworden (vgl. ebd.). Die „Überbauung von Freiflächen, […] eine Funktions-entmischung [und der] motorisierte[…] Individualverkehr [haben dazu geführt, dass der] städtische Raum […] für viele Kinder langweilig oder gefährlich und nicht selten beides" (ebd.: 29) geworden ist. Zudem sind vorhandene öffentliche Räume „viel-fach [von] Erwachsenen inszenierte […] Räume und nicht die Räume der Kinder" (Braches-Chyrek & Röhner, 2016: 29). Öffentlicher Raum ist für die Entwicklung, die Begegnung und den Austausch mit Gleichaltrigen bzw. Peers, die Selbstdarstellung und Repräsentation von Kindern und insbesondere Jugendlichen sehr bedeutend (Herlyn et al., 2003: 30; Blinkert, 2017: 29).

Infobox 7.1: Der Begriff „öffentlicher Raum"

Nach Herlyn et al. (2003: 16) beschreibt das Adjektiv „öffentlich" „eine prinzipielle Zugänglichkeit für alle ohne physische und soziale Barrieren; wird nur eine bestimmte Gruppe zugelassen oder ein Raum für sie reserviert, sprechen wir von Teilöffentlichkeiten". Nach einer idealtypischen Definition kommt öffentlichem Raum eine sozial verbindende Rolle zu, da dort „Kommunikation und […] Interaktion zwischen verschiedenen Bevölkerungsgruppen" (ebd.: 9) möglich sind und stattfinden. Welche konkreten Flächen tatsächlich öffentlich sind, verändert sich stetig (Schubert, 2000: 100). Beispielsweise wird öffentlicher Raum in Innenstädten durch private Anbieter*innen besetzt, wenn etwa Ver-treter*innen aus dem Einzelhandel „konsumfördernde Auslagen und Werbetafeln" (Herlyn et al., 2003: 19) aufstellen oder private Gastronom*innen die Sitzbereiche ihrer Restaurants nach außen verlagern (ebd.). Auch wandeln Politiker*innen urbanen, öffentlichen Raum in privaten Raum um, wenn sie öffentlichen Boden an Investor*innen verkaufen, die darauf beispielsweise eine innerstädtische Shopping Mall bauen lassen (Herlyn et al., 2003: 19). Dieser Raum kann temporär allen Menschen unzugänglich gemacht werden, wenn die Shopping Mall schließt, oder dauerhaft einigen Menschen, die von privaten Sicherheitskräften aus der Mall verwiesen werden, weil sie etwa als störend oder bedrohlich eingestuft werden. Auch aufgrund der Privatisierung von öffentlichem Raum verliert urbaner Raum vielerorts den Charakter eines Interaktions- und Kommunikationsraumes für alle Menschen (ebd.).

Städtischer Raum ist heute in vielen Ländern „ubiquitär" (Blinkert, 2017: 17). Die meisten Menschen leben in Städten (ebd.). Welcher urbane Raum öffentlicher Raum ist, bedingt somit, wie zahlreiche Kinder und Jugendliche leben und aufwachsen. Ver-bunden mit dem Ziel „sanitizing the city" (Sanders-McDonagh et al., 2016: 131), wört-lich also die Säuberung der Stadt, werden unterschiedliche Bevölkerungsgruppen (beispielsweise Sexarbeiter*innen oder LGBTQIA*) aus Teilen des öffentlichen Raums verdrängt (ebd.: 129 f.), um diesen ansprechender und weniger „schäbig" (ebd.: 129) zu gestalten. Herlyn et al. (2003: 248) kritisieren, dass das „räumlich-gestalterische [...] und organisatorische [...] Bemühen um Jugendliche [...] oft darauf ausgerichtet ist, sie aus den öffentlichen Räumen fernzuhalten bzw. sie dort nur dann willkommen zu heißen, wenn sie als [Konsument*innen] oder mit den gleichen Verhaltensweisen wie Erwachsene auftreten". Werlen und Reutlinger (2019: 39) fordern, dass es der (Weiter-)Entwicklung einer Kinder- ebenso wie einer Jugendgeographie bedarf, welche „die spezifischen Bewältigungsprobleme [...] unter den heutigen gesellschaftlichen Bedingungen thematisier[en] und genauer erforsch[en]".

Nach der Idee von einem „Recht auf Stadt" sollen möglichst alle Menschen für sich die Gestaltung der lokalen Umwelt, in der sie leben, vorantreiben und nicht wenige (politische und privatwirtschaftliche) Entscheidungsträger*innen dies für viele andere übernehmen (Gomes de Matos & Starodub, 2016: 20 f.). Dieser radikale Gegenentwurf zu einer exkludierenden Raumgestaltung geht auf den französischen Philosophen Henri Lefebvre zurück.

Infobox 7.2: Zum Ursprung des Begriffs „Recht auf Stadt"

Henri Lefebvre (1970) untersuchte – anknüpfend an die Überlegungen von Marx und Engels zum Gegensatz zwischen Stadt und Land –, wie sich die Industrialisierung der Agrarproduktion auf die bäuerliche Gesellschaft in seiner Heimat, den Pyrenäen, ausgewirkt und eine Voraussetzung für die zunehmende Verstädterung gebildet hatte (vgl. Guelf, 2010: 25–27). Urbanisierung ist für Lefebvre eine gesamtgesellschaftliche Entwicklung mit sozialen Auswirkungen auf das Leben aller Menschen (ebd.). Sie umfasst eine Ausdehnung städtischen und eine Vereinnahmung ländlichen Raums, eine „ungeheure Konzentration [...] von Menschen, Tätigkeiten, Reichtümern, von Dingen und Gegenständen, Geräten, Mitteln und Gedanken [und zugleich ein Auseinanderfallen in] Fragmente [wie] Randgebiete, Vororte, Zweitwohnungen, Satellitenstädte usw." (Lefebvre, 1970: 20). Getrieben wird diese Entwicklung durch kapitalistische Interessen, d. h. Handels- und Gewinnorientierung (Gebhardt & Holm, 2011: 8). Diese kapitalistische Stadt und Gesellschaft führt zu einem „Verlust der Selbstbestimmung im Alltag und in sozialen Beziehungen" (Gomes de Matos & Starodub, 2016: 20). Lefebvre erachtete bestehende vorindustrielle Definitionen von Stadt und Methoden zu ihrer Analyse als überholt, ungeeignet, um diese Entwicklung zu beschreiben und ihr zu begegnen, und entwickelte daher einen radikal neuen Ansatz (Guelf, 2010: 27).

Lefebvre entwickelt ein Verständnis von Stadt, das analytisch-konzeptionell und politisch ist. Das Städtische wird nicht durch quantitativ messbare containerräumliche Merkmale

wie Größe oder Besiedlungsdichte bestimmt, sondern durch Fragen nach der Lebensqualität – und geht damit über Grundbedürfnisse wie Wohnen, Gesundheit oder Ausbildung hinaus (vgl. Schmid, 2011: 31–33). Politisch lässt sich „Recht auf Stadt" als
eine „kollektive Wiederaneignung des städtischen Raumes [verstehen, die zu] einem veränderten, erneuerten städtischen Leben" (Gebhardt & Holm, 2011: 8) führen soll. Alle
Menschen, auch marginalisierte oder Minderheiten, sollen zu „Akteur*innen [werden],
die ihre Bedürfnisse an Raum und im Raum selbst definieren" (Gomes de Matos &
Starodub, 2016: 20), um ihre Stadt und die kapitalistische Gesellschaft insgesamt zu transformieren (ebd.: 20 f.). Lefebvre versteht also Stadt nicht (nur) als defizitären, sondern als
dynamischen Raum, aus dem heraus gesellschaftliche Veränderung erwachsen soll und
kann. Lefebvre liefert damit eher eine Utopie als eine geschlossene Theorie, die sich aus
der Vorstellung von sozialem Austausch jenseits der Prägung durch kapitalistische Wert-
vorstellung speist. Bis heute ist sein Ansatz prägend für den wissenschaftlichen Diskurs
und Ankerpunkt für zahlreiche soziale Bewegungen und Organisationen.

Infobox 7.3: Zum Einfluss des Begriffs „Recht auf Stadt"

Lefebvre prägte mit seinem Konzept den kritisch-marxistischen Strang der Geographie. Eine breite akademische Rezeption setzt außerhalb der französisch-
sprachigen Debatte in den späten 1990er-Jahren ein. Zur Jahrtausendwende gibt es
zahlreiche Publikationen (in verschiedenen Sprachen), die das „Recht auf Stadt"
thematisieren. Exemplarisch sei hier auf Harvey (2012) verwiesen. Lefebvres
Utopie ist auch über den akademischen Kreis hinaus einflussreich: Vertreter*innen
von zahlreichen sozialen (Protest-)Bewegungen weltweit und internationalen Nicht-
regierungsorganisationen (NGOs) greifen Lefebvres Gedanken in ihrem Leitbild
auf. Wie die Idee des „Rechts auf Stadt" konkret gefüllt wird, ist vielfältig und
reicht von Wohnungsbesetzungen und Forderungen nach bezahlbarem Wohnraum über Proteste durch einige Bevölkerungsgruppen gegen die Vertreibung aus
dem städtischen Raum (Gebhardt & Holm, 2011: 7) bis hin zur Verschönerung und
Nutzung öffentlichen Raums etwa im Zuge von Guerrilla Gardening (Iveson, 2013:
941). Mittlerweile ist „Recht auf Stadt" also ein Schirmbegriff, auf den unterschiedliche Akteur*innen Bezug genommen haben und nehmen. Die verbindende Idee ist,
dass Lebensräume durch ihre Nutzer*innen um- und mitgestaltet werden.

**Infobox 7.4: Anregungen, Anleitungen und Umsetzungsideen für ein „Rechts auf
Stadt"**

1. Der **Verkehrsclub Deutschland e. V. (VCD) stellt auf „Erobere dir die Straße
   zurück"** (https://www.strasse-zurueckerobern.de/; Abruf: 10.4.2022) Projekte
   dazu vor, wie Bürger*innen Städte (temporär) umgestalten, sich für nachhaltige

Mobilität einsetzen, sich vernetzen und auf die eigenen Bedürfnisse aufmerksam machen können. Das umfasst beispielsweise Ideen für den „PARK(ing) Day" oder temporäre Spielstraßen (Abb. 7.1).

2. Die **Zeitschrift „COMÚN – MAGAZIN FÜR STADTPOLITISCHE INTERVENTIONEN"** (https://comun-magazin.org/; Abruf: 10.4.2022) enthält praktische Beiträge von Aktivist*innen, die sich etwa gegen Verdrängung oder steigende Mieten und für lebenswerten Wohnraum engagieren, aber auch Buchtipps oder Rezensionen und Hinweise auf Veranstaltungen. Das Magazin ist als Online-Ausgabe (kostenlos) und als Printversion in ausgewählten Buchhandlungen erhältlich oder online bestellbar.

3. Die **Online-Plattform „Recht auf Stadt, Plattform fuer stadtpolitisch Aktive"** (https://wiki.rechtaufstadt.net/index.php/Start; Abruf 10.4.2022) listet die deutschen Städte, in denen „Recht auf Stadt"-Gruppen aktiv sind, informiert über Veranstaltungen und stellt Text-, Audio- und Videomaterialien bereit. Die Website ist als Wiki angelegt und lädt Interessierte dazu ein, eigene Beiträge zum Thema „Recht auf Stadt" zu veröffentlichen.

Abb. 7.1 Ausschnitt aus dem Webauftritt der Initiative „strasse-zurueckerobern.de" des VCD (Screenshot, Abruf: 10.4.2022)

Weiterführende Leseempfehlung

Holm, Andrej; Gebhardt, Dirk, (Hrsg.) 2011. *Initiativen für ein Recht auf Stadt: Theorie und Praxis städtischer Aneignungen.* Hamburg: VSA-Verlag.

Problemorientierte Fragestellung

Wie kann ein „Recht auf Stadt" für jede*n in unserer Stadt der Zukunft gestaltet werden?

7.2 Fachdidaktischer Bezug: Bildung für Innovativität (BfI)

Gesellschaften wandeln sich stetig. Technische Innovationen wie mobiles Internet, Social Media etc. wirken sich darauf aus, wie Menschen kommunizieren, interagieren und sich orientieren (können). Das veränderte Kommunikationsverhalten triggert wiederum neue Erfindungen. Zum Beispiel verlieren klassische Kulturtechniken wie der Umgang mit (Papier-)Karten durch Geolokalisierung und Webkarten an Bedeutung.

Infobox 7.5: Zum Begriff „Innovation"

Innovationen sind umgesetzte bzw. eingeführte Neuerungen technischer, kultureller, ökonomischer, wissenschaftlicher oder soziale Art (Borukhovich-Weis et al., 2023). Der Begriff ist meist positiv konnotiert (vgl. Gryl, 2013: 18). Damit wird er zu einem attraktiven Label, das keinesfalls wertfrei ist. Ein deutscher Autobauer wirbt mit dem Slogan „Innovation trifft auf Vision. [Wir stehen] schon immer für Innovation" (Mercedes-Benz AG 2022: o. S., https://tinyurl.com/29yxnasx). Innovationen sind nicht per se etwas Positives, sondern immer ambivalent, d. h., Vorteile einer Innovation für einige Menschen können Nachteile für andere bedeuten. Es gilt daher zu fragen, wer von welchen Neuerungen profitiert. Inventionen sind noch nicht umgesetzte Ideen für Neuerungen (Borukhovich-Weis et al., 2023). Nur eine geteilte Invention kann als Innovation gesellschaftlich wirksam werden (Maier et al., 2001). Innovationen werden somit nie nur von einem Menschen gemacht. Ein Beispiel: Einige Städte, wie zum Beispiel Oslo, sind bereits (fast) autofrei, in anderen ist die Umsetzung in Planung, in wieder anderen steht zur Diskussion, ob eine Innenstadt ohne Autos wünschenswert sei (Glazener & Khreis, 2019: 26). Die autofreie (Innen-) Stadt ist demnach sowohl eine gelebte Innovation als auch eine Invention. Zudem können Innovationen neben den erhofften auch ungewollte und unabsehbare Nebenfolgen nach sich ziehen (vgl. Gryl, 2013: 18). Mit E-Scootern wurde die Hoffnung verbunden, dass sie dazu beitragen, den städtischen Autoverkehr einzudämmen, wenn Menschen die E-Roller anstelle des Autos nutzen (vgl. Gebhardt et al., 2021: 2). Bisher scheint das nicht einzutreten. Vielmehr haben versperrte Bürgersteige, Unfälle und Verschmutzung dazu geführt, dass die Nutzung in einigen Städten nicht mehr oder nur noch eingeschränkt gestattet ist, wie beispielsweise in Köln (Baumanns, 2022: o. S.). Zum anderen gilt es zu bedenken, dass Inventionen – so „gut" sie sein mögen – Bestehendes ersetzen (könnten), aber dadurch nicht alles Bestehende (direkt) verändern: Selbst wenn wir Städte autofrei gestalten, selbst wenn die meisten Menschen morgen auf alternative (platzsparende) Verkehrsmittel wie das Fahrrad, E-Scooter oder Straßenbahnen „umsteigen", bleiben physisch materielle Strukturen des jahrzehntelangen motorisierten Individualverkehrs (Straßen, Kreuzungen, Parkplätze etc.) (zunächst) persistent und erschweren die Implementation des Neuen. Daher müssen für Erneuerungen auch die notwendigen Rahmenbedingungen diskutiert werden.

Eine „Bildung für Innovativität" (BfI) (u. a. basierend auf Weis et al., 2017) hat zum Ziel, Innovativität zu fördern, also die Fähigkeit, an Innovationsprozessen zu partizipieren. Eine BfI möchte Schüler*innen befähigen, sich aktiv in den Diskurs darüber, was *wünschenswerte* und *notwendige* Neuerungen oder *nicht wünschenswerte* Veränderungen sind, einzubringen, indem sie lernen, sich zu Vorschlägen anderer zu positionieren und selbstständig Inventionen zu entwickeln (Borukhovich-Weis et al., 2023).

Die BfI steht damit Partizipation nahe, zielt aber eher darauf ab, Bestehendes infrage zu stellen, gesellschaftliche Probleme zu identifizieren, darauf basierend gesellschaftliche Strukturen zu erneuern oder sich gegen Erneuerungen zu positionieren. Eine BfI folgt damit einem emanzipatorischen (Vielhaber 1999) und mündigkeitsorientierten Ideal. Menschen partizipieren auch, um bestehende Verhältnisse zu stabilisieren. Bürger*innen legitimieren Politiker*innen und Parteien, indem sie sie wählen. Keine Wahlbeteiligung – keine Legitimation. Der Aufruf, sich an Wahlen zu beteiligen, wird mitunter damit begründet, das bestehende politische System, die parlamentarische Demokratie, zu erhalten. Geht es beispielsweise darum, das politische System grundsätzlicher zu hinterfragen und zu verändern, bewegen wir uns im Bereich von Innovativität. Forderungen nach einer diversen, paritätischen Besetzung des Parlaments, nach mehr Bürger*innenentscheiden oder einer Absenkung des Wahlalters sind Beispiele hierfür.

Innovativität beinhaltet die drei Teilfähigkeiten „Reflexivität", „Kreativität" und „Implementivität" (Scharf & Gryl, 2021: 154–158). An einem Innovationsprozess sind mehrere Personen(-gruppen) beteiligt: Einige Menschen innovieren *aktiv*, indem sie Lösungsvorschläge für bestehende Probleme entwickeln, andere eher *reaktiv*, indem sie die Umsetzung der Lösungsvorschläge monetär oder öffentlich unterstützen (ebd.:

160 f.). Somit besteht die Fähigkeit Innovativität nicht notwendigerweise darin, etwas Neues zu erfinden, sondern kann auch bedeuten, an Teilen von Innovationsprozessen zu partizipieren. Die drei Phasen des Innovationsprozesses (Problemidentifikation, Lösungsentwicklung, Umsetzung der Lösungsideen) laufen dynamisch und iterativ ab: Entwickelte Lösungen werden nicht immer implementiert, sondern mitunter verworfen, sodass eine neue Lösung entwickelt werden muss (ebd.: 159–160).

> **Infobox 7.6: Zu den Begriffen „Reflexivität", „Kreativität" und „Implementivität"**
>
> **Reflexivität** ist die Fähigkeit, den Status quo sowie das (eigene) menschliche Handeln zu hinterfragen und gesellschaftliche Probleme zu identifizieren, die eine Lösung erfordern (Scharf & Gryl, 2021: 154). **Kreativität** ist die Fähigkeit, Ideen bzw. Inventionen als Schlüssel zur Problemlösung zu entwickeln (ebd.: 156). Mittels **Implementivität** können Menschen andere mit Argumenten auf die identifizierten Probleme aufmerksam machen und davon überzeugen, dass diese eine Lösungsentwicklung benötigen oder eine bereits entwickelte Lösungsidee implementiert werden sollte (ebd.: 157).

In der Schule können Lehrkräfte Schüler*innen dabei unterstützen, Innovationen zu betrachten und zu modifizieren oder neue Innovationen zu initiieren. Sowohl die Reichweite als auch der Neuigkeitswert von Innovationen können in der Schule limitiert sein: Möglicherweise ist die Neuigkeit nur eine für diese Gruppe spezifische; gleichwohl wohnt ihr dann dennoch ein Erkenntnisgewinn und transformatives wie mündigkeitsorientiertes Potenzial inne.

Häufig fehlen in Schulen aufgrund von Zeit-, Selektions-, Noten- und Bewertungsdruck sowie starren Hierarchien Freiräume, um Partizipation und Innovativität bzw. ihre drei Teilfähigkeiten im Unterricht zu fördern (vgl. Borukhovich-Weis et al., 2023). Gerade kreatives Arbeiten in seiner gewissen Ungerichtetheit (Braun, 2011) wird dadurch beeinträchtigt. Dabei sind Kinder und Jugendliche kreativ und zudem an politischer Mitwirkung und progressiver Veränderung interessiert (vgl. Borukhovich-Weis et al., 2023), wie beispielsweise die „Fridays for Future"-Bewegung zeigt.

Die „Innovativität fördernde Simulation" (IfS) übersetzt die BfI in eine konkrete Unterrichtsmethode und möchte die drei Teilfähigkeiten einer BfI im Unterricht fördern. Hat die IfS einen Bezug zum öffentlichen Raum, ist sie ein Weg für Lehrkräfte, um die Idee „Recht auf Stadt" in den Unterricht zu integrieren.

> **Infobox 7.7: „Fridays for Future" und Raum**
> Kinder und Jugendliche sind der Raumgestaltung von Erwachsenen nicht hilf-
> los ausgeliefert. Sie sind kreativ, wenn es um Raumaneignung und -umnutzung
> geht. Insbesondere dann, wenn ihnen keine Gestaltungsräume zu Verfügung
> stehen, erobern sie sich (öffentliche) Räume und nutzen sie für ihre Bedürfnisse,
> wie beispielsweise Schwittek (2016) in Untersuchungen in Kirgistan und Deutsch-
> land zeigt. Die Parkbank wird zum Klettergerüst, der Spielplatz zum nächtlichen
> Treffpunkt. Die „Fridays for Future"-Bewegung ist ein besonderes Beispiel.
> Schüler*innen verlassen freitags den ihnen zugewiesenen Raum, die Schule, um
> den öffentlichen Raum als Bühne für ihre politischen Forderungen zu nutzen, und
> verbinden dabei Proteste in Klein- und Großstädten weltweit mit Kampagnen im
> digitalen Raum. Sie kämpfen *im* Raum für die Veränderung *von* Raum, für eine
> nachhaltige Nutzung des gesamten globalen Raumes, der Erde. Sie verweisen auch
> auf die Zeitlichkeit von Raum: Die heutigen Generationen dürfen die Ressourcen
> nicht verschwenden und müssen den Klimawandel stoppen, damit den zukünftigen
> Generationen der Lebensraum auf der Erde erhalten bleibt.

Weiterführende Leseempfehlung
Borukhovich-Weis, Swantje; Gryl, Inga; Lehner, Michael & Scharf, Claudia (2023):
Zwischen Anspruch und Wirklichkeit – Partizipation und Kreativität in der Schule.
Implikationen für eine „Bildung für Innovativität" (BfI) im Sachunterricht. In: Jaeger,
Friedrich & Voßkamp, Sabine: *Wie kommt das Neue in die Welt? Kreativität und
Innovation interdisziplinär.* Stuttgart: Metzler-Verlag.

Bezug zu weiteren fachdidaktischen Ansätzen
Partizipation, Spatial Citizenship, Inklusion

7.3 Unterrichtsbaustein: Die „Innovativität fördernde Simulation" (IfS)

Die IfS ist eine Unterrichtsreihe und besteht aus vier Phasen:

Phase 1: Reflexion und Problemidentifikation
Phase 2: Ideenentwicklung
Phase 3: Ideentransfer
Phase 4: Implementierung der Ideen

Eine empirische Studie von Vogler et al. (2010) zeigt, dass Partizipation zu konservativen
und wenig kreativen Ideen führt, wenn Reflexion und Problemidentifikation im Unterricht vernachlässigt werden. In der hier vorgestellten Unterrichtsreihe reflektieren

Schüler*innen zunächst mithilfe von Beobachtungsaufgaben den sie umgebenden öffentlichen Raum (Phase 1). Anschließend wird die kreative Ideenentwicklung (Phase 2) aus dem sie umgebenden Raum gelöst und findet in einem *fiktiven* Szenario statt, um Schüler*innen die Möglichkeit zu geben, jenseits der Diskurse zu denken, die limitierende Faktoren betonen und teils als unumstößlich überbewerten. Die Ideenentwicklung ist die eigentliche Simulation, in der

- die Lehrkraft die Schüler*innen in ein fiktives, spielerisches Szenario in der Zukunft auf den fernen Fantasieplaneten „Innovasien" entführt,
- auf dem die Schüler*innen Mitspracherecht haben und die Rolle von Entscheidungsträger*innen einnehmen,
- haptisch (mithilfe von Bastel- und Baumaterialien) kreativ und gemeinschaftlich Ideen zur Gestaltung ihrer Lebenswelt in Form von Modellen (s. Abb. 7.2) entwickeln und
- diese in der Klasse präsentieren und diskutieren (Borukhovich-Weis et al., 2023).

Im Zuge des Ideentransfers und der Implementierung (Phase 3 und 4) regt die Lehrkraft die Schüler*innen dazu an, die entwickelten Ideen ins Hier und Jetzt zu übertragen. Gemeinsam diskutiert und prüft die Klasse, welche Ideen wie umgesetzt werden

Abb. 7.2 Schüler*innen einer altersgemischten Klasse (Klasse 3 und 4) entwickeln Modelle einer Stadt nach ihren Vorstellungen, April 2022. (Fotos: Swantje Borukhovich-Weis)

sollten und könnten. Die Lehrkraft ist also Begleiter*in der Schüler*innen, berät sie und geht zusammen mit ihnen auf die Suche nach Möglichkeiten der Veränderung des öffentlichen Raums. Abb. 7.3 zeigt, dass alle drei Teilfähigkeiten fast in jeder Phase der IfS adressiert werden (sollen). Nicht alle Fähigkeiten werden in den verschiedenen Phasen jedoch gleichermaßen angesprochen. Reflexivität steht stark in Phase 1 im Fokus. Auch die Frage danach, welche Ideen tatsächlich umgesetzt werden *sollen* (Phase 2), spricht reflexives Denken der Schüler*innen an. Phase 2, die eigentliche „Simulation", adressiert primär Kreativität. Gleichzeitig handeln die Schüler*innen in ihren Gruppen aus, wie ihre Stadt sein soll bzw. was sie bauen, und handeln damit implementiv. (Spätestens) in Phase 4 wird Implementivität unverzichtbar, doch auch hier können kreative Ideen dabei helfen, Ideen umzusetzen, wenn beispielsweise eine gelungene Gestaltung von Öffentlichkeits- oder Social-Media-Kampagnen die Aufmerksamkeit von Menschen erregt und hilft, sie als Unterstützer*innen zu gewinnen.

Die IfS kann mit unterschiedlichen Themen gefüllt werden, etwa Stadt- oder Schulgestaltung des Schulhofs. Die unterschiedlichen Themen lassen sich aus räumlicher Perspektive behandeln wie in der hier vorgestellten IfS. Wichtig ist, dass der thematische Rahmen einen Bezug zur Lebenswelt der Schüler*innen hat.

Der Rahmen der hier vorgestellten IfS (s. Tab. 7.1), also „öffentlicher Raum" bzw. „Recht auf Stadt", ist für Kinder und Jugendliche hochrelevant. Raum ist sozial konstruiert, d. h., jeder Mensch nimmt ein und denselben physischen Raum unterschiedlich wahr, nutzt und gestaltet ihn anders. Das gilt für Menschen jeden Alters. Da sich im

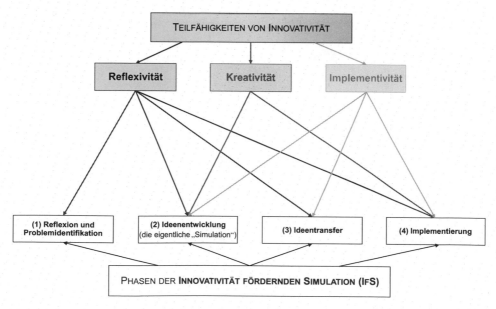

Abb. 7.3 Förderung der Teilfähigkeiten von Innovativität im Zuge der „Innovativität fördernden Simulation" (IfS). (Eigene Darstellung)

Tab. 7.1 Ablauf der Unterrichtsreihe der Innovativität fördernden Simulation (IfS)

Phase der IfS	Inhaltlich-methodische Schwerpunkte	Gesamtdauer*	Materialien
(1) Reflexion und Problem-identi-fikation	Schüler*innen identifizieren Probleme im öffentlichen Raum in der Stadt (bzw. im ländlichen Raum), in der sie leben, oder in dem gemeinsamen Umfeld der Schule. Die Schüler*innen erhalten **Fragen bzw. Beobachtungsaufgaben**, die zur Reflexion über die Nutzung des öffentlichen Raums anregen sollen („An welchen Orten in deiner Stadt fühlst du dich wohl/nicht wohl?", „Welchen Menschen begegnest du in deiner Stadt?" etc.) Die Schüler*innen können die Aufgaben in Einzel- oder Partner*innenarbeit (etwa als Hausaufgabe oder im Zuge einer gemeinsamen Stadtbegehung) bearbeiten Es handelt sich stets um eine Problemkonstruktion, weil die Identifikation als Problem eine Wertung aus Sicht von Akteur*innen und Beobachter*innen ist Die Schüler*innen können ihre Ergebnisse verschriftlichen, skizzieren bzw. malen, vertonen oder videographieren. Dies ermöglicht einen inklusiven Zugang zur Lösung der Aufgabe Die Schüler*innen präsentieren ihre Ergebnisse in der Klasse. Die Ergebnisse werden gesammelt und etwa an einer Pinnwand fixiert	Mindestens **drei Unterrichts-stunden:** Beobachtung der Schüler*innen im Zuge von Hausaufgaben oder einer Stadtteilbegehung etwa im Zuge **einer Doppelstunde oder eines Tagesaus-flugs** (abhängig von der gewünschten Komplexität und des gewünschten Umfangs der Ergebnisse) Wir empfehlen **eine Unterrichtsstunde**, um die Ergebnisse der Schüler*innen zusammenzutragen	Fragekärtchen mit Beobachtungsaufgaben (s. Anhang 1) Ggf. elektronische Endgeräte (Diktiergerät, Kamera) zur Sammlung der Ergebnisse
(2) Ideenent-wicklung	**Einführung (5 Min.)** Die Lehrkraft führt in das fiktive, spielerische Szenario mit einer Reise in die Zukunft zu dem fernen, neu entdeckten, erdähnlichen Planeten Innovasien ein: – Auf Innovasien dürfen Kinder und Jugendliche mitbestimmen, ihre Meinung wird ebenso berücksichtigt wie die von Erwachsenen, – Da es auf Innovasien noch keine Städte gibt, ist die Aufgabe zunächst, eine Stadt zu planen, die *auch* aus der Sicht von Kindern und Jugendlichen *für alle Menschen* ansprechend und lebenswert ist, – Dafür dürfen die Kinder und Jugendlichen Ideen entwickeln, indem sie bauen, basteln, malen, skizzieren und gestalten – Erhalten *keinerlei* konkrete Vorgaben dazu, wie ihre Stadt gestaltet werden soll Ab diesem Zeitpunkt findet eine Identifikation der Schüler*innen mit der Rolle als Städtebauer*innen statt, und die irdischen Rahmenbedingungen (Nicht-Expert*innenstatus der Schüler*innen, Macht- und Interessenstrukturen, Platz- und Geldmangel, technologische Hürden) werden bewusst ausgeblendet **Individuelle Reflexionsphase (10 Min.):** Die Schüler*innen arbeiten in einer kurzen Reflexionsphase anhand eines Arbeitsblattes in Einzel- oder Partner*innenarbeit **Aushandlungs-, Bau- und Konstruktionsphase (mind. 60 Min.):** Die Schüler*innen sollen sich zunächst zu ihren Notizen aus der Reflexionsphase austauschen und dann das gemeinsame Bauen starten: – Das haptisch-ästhetische Arbeiten unterstützt die Ideengenerierung – Das soziale Lernen wirkt durch Widersprüche und Inspiration fördernd – Die Offenheit der Aufgabe (er)löst die Schüler*innen aus dem in Schule vielfach vertretenen Leistungsdruck, die ‚korrekten‘, ‚gewünschten‘ Ergebnisse zu erzielen zu müssen – Die Offenheit und das Arbeiten mit den Bastel- und Baumaterialien ermöglichen einen inklusiven Zugang: Ungeachtet der sprachlichen, kognitiven und motorischen Fähigkeiten können sich die Schüler*innen in die Konstruktions- und Bauphase einbringen **Aufräumen und Ausstellen (10 Min.):** Die Materialien werden aufgeräumt und die Stadtmodelle im Klassenraum ausgestellt (etwa auf zusammengeschobenen Tischen oder Regalen). Es sollten nach Möglichkeit auch Fotos aus verschiedenen Perspektiven gemacht werden **Präsentation der Ergebnisse (40 Min.):** In einem „Gallery Walk" stellen die Stadtplaner*innen der einzelnen Gruppen dem Plenum ihre Ergebnisse vor (s. Abb. 7.5). Im Anschluss an jede Präsentation sind Fragen zulässig **Rückreise zur Erde (5 Min.):** Die Städtebauer*innen begeben sich auf die fiktive Rückreise in die gegenwärtige Situation, um sich aus der Simulation zu lösen	Mindestens **drei Unterrichts-stunden:** Wir empfehlen **eine Doppelstunde** für die Einführung, die Bauphase und das Aufräumen. Davon sollte möglichst viel Zeit, mindestens 60 min, für die Bauphase eingeplant werden Für die Präsentation der Ergebnisse empfehlen wir **eine Einzelstunde**	Plakate bzw. digitale Präsentation zur Einführung in die Simulation und Skript für Lehrkräfte (s. Anhang 2 und 3) Arbeitsblatt für die individuelle Reflexion (s. Anhang 4 für Einzelarbeit bzw. 5 für Partner*innenarbeit) Bastel- und Baumaterial (s. Anhang 6 „Liste mit möglichen Materialien für die IfS" und Anhang 7 „Einführung in die Gruppenarbeit.) Foto-/Videokamera zur Dokumentation der Modelle

(Fortsetzung)

Tab. 7.1   (Fortsetzung)

Phase der IfS	Inhaltlich-methodische Schwerpunkte	Gesamtdauer*	Materialien
(3) Ideentransfer	Die Schüler*innen beraten zunächst in ihren Kleingruppen, welche Ideen aus den zuvor gebauten Städten im eigenen Wohnort umgesetzt werden sollten. Die Schüler*innen annotieren ihre Stadtmodelle, wofür drei Optionen möglich sind: – Option 1: Annotation direkt an den Modellen – Option 2: Annotation an ausgedruckten Fotos und mithilfe von Plakatmaterial – Option 3: Annotation an digitalen Fotos mithilfe elektronischer Endgeräte und entsprechender Software Anschließend tauschen sich die Schüler*innen darüber im Plenum aus. Die Lehrkraft initiiert einen Abgleich zu den in Phase 1 identifizierten Probleme. Die Schüler*innen diskutieren, welche Ideen umgesetzt werden sollten, welche Probleme sie beheben und inwiefern eine Umsetzung möglich ist bzw. welche auftretenden Hürden überwunden werden müssen	Wir empfehlen hierfür eine **Doppelstunde**	Option 1: Annotationsmaterial (Klebezettel, Moderationskarten, Klebestift etc.) Option 2: Ausgedruckte Fotos, Annotationsmaterial (s. o.), Plakate Option 3: Digitale Fotos, elektronische Endgeräte (Tablets, PCs), Software (z. B. PowerPoint, Photoshop)
(4) Implementierung	Für ein Teilproblem kann die Klasse gemeinsam eine Umsetzung/ Implementierung einer Lösung anvisieren. Dabei muss für die Wahl des Problems zwischen der Dringlichkeit des Problems für die Betroffenen, der Komplexität der Umsetzung der Lösung und dem möglichen Erfolg abgewogen werden. Die Lehrkraft regt zudem dazu an, Nebenfolgen dieser möglichen Innovation abzuschätzen und zu diskutieren Die Umsetzung gelingt durch Präsentation der Ideen, Recherche, Befragungen und das Gewinnen von Unterstützer*innen: – Das entwickelte und annotierte Modell kann beispielsweise öffentlichkeitswirksam in Social Media zur Gewinnung von Unterstützer*innen eingesetzt werden – Im Falle des ‚Rechts auf Stadt' könnten Akteur*innen in der Stadtverwaltung, Anwohner*innen, Presse und auch weitere Öffentlichkeit angesprochen werden – Die Lehrkraft stellt (erfolgreiche und ggf. gescheiterte) Projekte und Initiativen zu ‚Recht auf Stadt' vor, die den Schüler*innen Ideen und Inspiration zur Umsetzung ihrer Ideen liefern Schüler*innen lernen Präsentations- und Kommunikationsformen, die für die Umsetzung relevante Akteur*innen zielgruppenspezifisch ansprechen können Eine stetige Reflexion über den Grad und die Hürden der Implementation in der Klasse ist notwendig. Ein Scheitern und auch die kritische Analyse des Ausmaßes eines Erfolgs bedarf einer besonderen Reflexion mit Blick auf komplexe humangeographische Systeme im Stadtraum	Wir empfehlen diese Einheit **flexibel** in Abhängigkeit von der Komplexität und dem Umfang der Umsetzung durchzuführen	Selbst erstellte Bilder, Präsentationen, Schreiben, Social Media etc. Informationen aus Recherche der Schüler*innen und der Lehrkraft (s. Infokasten „Tipp: Anregungen, Anleitungen und Umsetzungsideen für ein ‚Recht auf Stadt'")

*Die hier empfohlene Gesamtdauer für die IfS ist umfangreich. Empirische Durchführungen zeigen, dass sich Ausschnitte daraus und verknappte Versionen davon auch mit weniger Zeiteinsatz realisieren (Borukhovich-Weis, in Vorb.). Insbesondere die eigentliche ‚Simulation' kann auch mit geringerem Vor- und Nachbereitungsaufwand durchgeführt werden (ebd.)

Verlauf des Älterwerdens Interessen, Kompetenzen und die (subjektive) Lebenssituation verändern, variiert die Bewertung der und das Verhältnis zur Umgebung (vgl. Blinkert, 1997: 60; Hasse & Schreiber, 2019: 9). Jeder Raum ist zudem an Zeit gebunden, da Menschen Räume mit den dort stattfindenden Ereignissen verbinden: Wir können „keinen Raum […] diesseits der Dauer erleben, geschweige denn kritisch verarbeiten; zu einem Ort gehört immer, was *zu einer Zeit* in seiner Gegend war und geschah" (Hasse & Schreiber, 2019: 10, Hervor. i. Orig.). Im Zuge der Corona-Pandemie wurde Kindern und Jugendlichen beispielsweise der Zugang zu Aktionsräumen verweigert (s. Abb. 7.4). Vor-

Abb. 7.4 Gesperrter „Spielplatz" während des ersten Lockdowns in der Covid-19-Pandemie (Bonn, März 2020). (Foto: David Kaldewey, Rechte erteilt)

mals vermeintlich sichere Räume wurden nun als Räume der Gefahr einer Ansteckung gesehen.

Um Kinder und Jugendliche an der Gestaltung des Raums teilhaben zu lassen, gilt es daher zu untersuchen, welche Erfahrungen sie in unterschiedlichen Räumen gemacht haben, wie sie Räume wahrnehmen und nutzen wollen, und es gilt zu berücksichtigen, welche (altersspezifischen) Unterschiede dahingehend unter ihnen bzw. zwischen ihnen und Erwachsenen bestehen. Kinder und Jugendliche haben das Recht, in einem Raum aufzuwachsen, der sicher, inklusiv und kulturell ansprechend ist (vgl. Deutsches Komitee für UNICEF e. V., 2022: 22–37). Sie sollen sich zu der Gestaltung ihrer Lebenswelt frei informieren und sprachlich und künstlerisch frei äußern dürfen (vgl. ebd.: 17). Diese Forderung umfasst privaten, familiären *und* öffentlichen Raum. Die IfS setzt hier an: Schüler*innen erhalten die Möglichkeit, den sie umgebenden öffentlichen Raum zu hinterfragen und kreativ Gegenentwürfe für lebenswerten Raum in der Stadt zu gestalten. Dies dient als Grundlage, um tatsächliche Partizipationsprojekte zu diskutieren und zu initiieren. Der Ablauf der Unterrichtsreihe ist in Tab. 7.1 dargestellt.

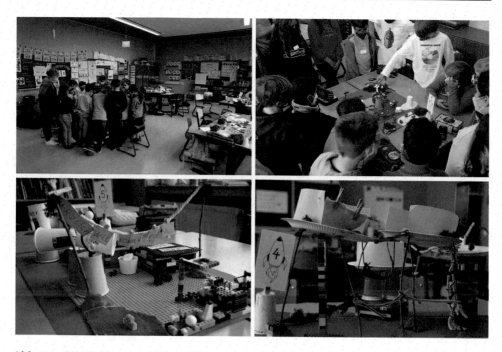

Abb. 7.5 Schüler*innen der Klasse 2 (Foto oben links) und aus jahrgangsübergreifenden Klassen (Klasse 3 und 4) (Fotos unten und oben rechts) präsentieren ihre Modelle zu einer Stadt nach ihren Vorstellungen, März/April 2022 (Fotos: Swantje Borukhovich-Weis)

Beitrag zum fachlichen Lernen

Die Schüler*innen lernen, dass es herausfordernd ist, ein „Recht auf Stadt" für alle umzusetzen, dass Interessen und Machtverhältnisse raumprägend sind und dass Routinen Selbstverständlichkeiten schaffen können, die nicht für alle lebenswert, sondern mitunter ungerecht oder nicht nachhaltig sind. Alltägliche Diskurse und Routinen beeinflussen menschliches Denken und Handeln. Die IfS eröffnet ein fiktionales Setting, das neue Diskurse fördern kann. Schüler*innen machen sich ihre Bedürfnisse (nach Veränderung) bewusst und erfahren, dass sie damit nicht allein sind, indem sie sich innerhalb der Klasse dazu austauschen und weitere Initiativen zu „Recht auf Stadt" kennenlernen. Dies ermöglicht eine selbstverständlich erscheinende alltägliche Lebenswelt infrage zu stellen und so eine abstrakte Idee von Partizipation zu konkretisieren. Damit leistet die IfS einen Beitrag zu einer kritischen und problemorientierten politischen Bildung.

Kompetenzorientierung

- **Fachwissen:** S13 „das Zusammenwirken von Faktoren in humangeographischen Systemen [...] erläutern" (DGfG 2020: 14)
- **Kommunikation:** S2 „geographisch relevante Sachverhalte/Darstellungen (in Text, Bild, Grafik etc.) sachlogisch geordnet und unter Verwendung von Fachsprache ausdrücken" (ebd.: 22); S6 „an ausgewählten Beispielen fachliche Aussagen und

Bewertungen abwägen und in einer Diskussion zu einer eigenen begründeten Meinung und/oder zu einem Kompromiss kommen (z. B. Rollenspiele, Szenarien)" (ebd.: 23)

- **Handlung:** S11 „[…] sozialräumliche Auswirkungen einzelner ausgewählter Handlungen abschätzen und in Alternativen denken" (ebd.: 28)

Schüler*innen erlangen (Teil-)Kompetenzen von Innovativität, d. h. reflexive, kreative und soziale Kompetenzen sowie solche der Argumentation, Aushandlung und Implementierung.

Das Konzept ist anschlussfähig an politische Bildung und Spatial Citizenship, dessen reflexive, darstellende und argumentative Kompetenzen in der vorliegenden Reihe ebenfalls adressiert werden.

Klassenstufe und Differenzierung

Die IfS eignet sich für die gesamte Sekundarstufe, die Primarstufe ab der zweiten Jahrgangsstufe und für altersgemischte Klassen, wie eine qualitative Interventionsstudie im Sachunterricht der Grundschule zeigt (Borukhovich-Weis, in Vorb.). Die Methode ermöglicht eine natürliche, innere Differenzierung, da Schüler*innen ihre Lebenswelt aus ihrer Perspektive analysieren, sich aufgrund vielfältiger haptischer Zugänge in die Konstruktion der Städte entsprechend ihren Fähigkeiten einbringen und die Lösungsumsetzung je nach Machbarkeit abgewogen wird. Groß angelegte Projekte und entsprechend komplexe Social-Media- und Öffentlichkeitskampagnen sind beispielsweise in der Oberstufe denkbar. Mit jüngeren Schüler*innen (in der Grundschule oder den unteren Sekundarstufen) kann die Umsetzung (zunächst) in einem überschaubareren Rahmen etwa auf Ebene einer Schulkonferenz, im Gespräch mit der Schulleitung oder Vertreter*innen des Fördervereins besprochen werden.

Räumlicher Bezug

Stadträume (und sonstige Siedlungsräume), Ansatz erweiterbar auf globale Probleme

Konzeptorientierung

Deutschland: Mensch-Umwelt-System (menschliches (Teil-)System), Maßstabsebene (lokal), Zeithorizonte (kurzfristig, mittelfristig), Raumkonzept (konstruierter Raum)

Österreich: Nachhaltigkeit und Lebensqualität, Interessen, Konflikte und Macht, Kontingenz

Schweiz: Lebensweisen und Lebensräume charakterisieren (2.3)

7.4 Transfer

Lehrkräfte können die Innovativität fördernde Simulation (IfS) als Ausgangspunkt nutzen, um mit Schüler*innen auf einer Metaebene über Lehren und Lernen bzw. die Entwicklung von Innovationen zu diskutieren. Folgende Fragen sind denkbar:

Welchen Einfluss hat

- die Beobachtung des eigenen Lebensraumes,
- das fiktive Szenario,
- die gemeinschaftliche Aushandlung in Kleingruppen,
- die Offenheit der Aufgabenstellung und/oder
- das haptische Arbeiten

auf die Ideenentwicklung genommen?

Schüler*innen können alltägliche Verhältnisse und Routinen auch in anderen Bereichen ihrer Lebenswelt hinterfragen. Reflektieren sie die gesellschaftliche Gesetztheit von Abläufen in der Schule, können ihre Ergebnisse in die gemeinsame, akteur*innen-orientierte Schulentwicklung einfließen.

Aus fachwissenschaftlicher Sicht lassen sich die Frage der Nutzung öffentlichen Raums in der Stadt und damit zusammenhängende Interessenkonflikte auf weitere Teilgebiete der Stadtgeographie (Mobilität, Gentrifizierung, Grünflächen etc.) übertragen. Im engeren Rahmen können Schüler*innen Raumnutzungskonflikte im Umfeld der Schule analysieren, dieses Umfeld als zu gestaltenden Raum begreifen und ihre Erkenntnisse wiederum auf andere Räume übertragen.

Fächerübergreifend und fächerverbindend bietet die IfS mehrere Anknüpfungspunkte: Argumentationsstrategien, Medien- bzw. Öffentlichkeitskampagnen lassen sich beispielsweise im Deutschunterricht sprachlich analysieren, im Kunstunterricht hinsichtlich der grafischen Gestaltung betrachten, im Politik- bzw. Gesellschaftslehreunterricht hinsichtlich der möglichen Durchschlagskraft, der Handlungsspielräume oder Handlungsbegrenzungen (insbesondere für Kinder und Jugendliche) diskutieren. Im Informatikunterricht können die Mechanismen von Algorithmen von Social-Media-Plattformen untersucht werden. Die interdisziplinären Zugänge könnten die Schüler*innen wiederum nutzen, um eigens initiierte Projekte m Bereich „Recht auf Stadt" zu realisieren oder zu optimieren. Unterricht wird damit problem-, handlungs- und lebensweltorientiert.

Verweise auf andere Kapitel
- Hiller, J. & Schuler, S.: *Mental Maps/Subjektive Karten. Nachhaltige Stadtentwicklung – Stadtgrün.* Band 1, Kap. 25.
- Kanwischer, D. & Lauffenburger, M.: *Didaktisches Strukturgitter. Raumplanung – Bürger*innenbeteiligung.* Band 2, Kap. 10.
- Meurel, M., Lindau, A.-K. & Hemmer, M.: *Exkursionsdidaktik. Stadtentwicklung – Gentrifizierung.* Band 2, Kap. 8.
- Mittrach, S. & Dorsch, C.: *Mündigkeitsorientierte Bildung. Kultur der Digitalität – Smart Cities.* Band 2, Kap. 28.
- Schreiber, V.: *Kritisches Kartieren. Stadtentwicklung – Ungleichheit in Städten.* Band 2, Kap. 6.

Literatur

Baumanns, R. (2022). Ausweitung der Abstellverbotszone und feste Rückgabeorte. https://www. stadt-koeln.de/politik-und-verwaltung/presse/mitteilungen/23694/index.html.

Blinkert, B. (1997). *Aktionsräume von Kindern auf dem Land. Eine Untersuchung im Auftrag des Ministeriums für Umwelt und Forsten Rheinland-Pfalz* (Bd. 5). Centaurus Verlag & Media.

Blinkert, B. (2017). Kind sein in der Stadt. In: S. Fischer & P. Rahn (Hrsg.), *Kind sein in der Stadt. Bildung und ein gutes Leben* (S. 27–47). Budrich.

Borukhovich-Weis, S., Gryl, I., Lehner, M., & Scharf, C. (2023). Zwischen Anspruch und Wirklichkeit – Partizipation und Kreativität in der Schule. Implikationen für eine Bildung für Innovativität (BfI) im Sachunterricht. In F. Jaeger & S. Voßkamp (Hrsg.), *Wie kommt das Neue in die Welt? Kreativität und Innovation interdisziplinär.* Metzler-Verlag (im Druck).

Borukhovich-Weis, S. (2022). *Die Innovativität fördernde Simulation (IfS) aus der Perspektive von Lehrkräften. Ergebnisse einer qualitativen Studie im Sachunterricht der Grundschule* (Arbeitstitel) (in Vorb.).

Braches-Chyrek, R., & Röhner, C. (2016). Kindheit und Raum. In R. Braches-Chyrek & C. Röhner (Hrsg.), *Kindheit und Raum* (S. 7–33). Budrich.

Braun, D. (2011). *Kreativität in Theorie und Praxis. Bildungsförderung in Kita und Kindergarten.* Herder.

Deutsches Komitee für UNICEF e. V. (2022). Konvention über die Rechte des Kindes. https:// www.unicef.de/blob/194402/3828b8c72fa8129171290d21f3de9c37/d0006-kinderkonvention-neu-data.pdf.

DGfG (Deutsche Gesellschaft für Geographie v.V.) (2020). *Bildungsstandards im Fach Geographie für den Mittleren Schulabschluss mit Aufgabenbeispielen* (10., aktualisierte und überarbeitete Auflage). DGfG.

Gebhardt, D., & Holm, A. (2011). Initiativen für ein Recht auf Stadt. In A. Holm & D. Gebhardt (Hrsg.), *Initiativen für ein Recht auf Stadt: Theorie und Praxis städtischer Aneignungen* (S. 7–24). VSA-Verlag.

Gebhardt, L., Wolf, C., & Seiffert, R. (2021). „I'll take the e-scooter instead of my car" – The potential of e-scooters as a substitute for car trips in Germany. *Sustainability, 13,* 1–19.

Glazener, A., & Khreis, H. (2019). Transforming our cities: Best practices towards clean air and active transportation. *Current environmental health reports, 6*(1), 22–37.

Gomes de Matos, C., & Starodub, A. (2016). „Es liegt auf der Straße, es hängt in Bäumen und versteckt sich unter Pflastersteinen": Das Recht auf Stadt in Theorie und Praxis. *Kritische Justiz, 49*(1), 18–30.

Gryl, I. (2013). Alles neu – Innovation durch Geographie und GW-Unterricht? *GW-Unterricht, 131,* 3–14.

Guelf, F. M. (2010). *Die urbane Revolution: Henri Lefebvres Philosophie der globalen Verstädterung.* Transcript.

Harvey, D. (2012). *Rebel cities: From the right to the city to the urban revolution.* Verso Books.

Hasse, J., & Schreiber, V. (2019). Einleitung. In: J. Hasse & V. Schreiber (Hrsg.), *Räume der Kindheit. Ein Glossar* (S. 9–14). Transcript.

Herlyn, U., von Seggern, H., Heinzelmann, C., & Karow, D. (2003). *Jugendliche in öffentlichen Räumen der Stadt. Chancen und Restriktionen der Raumaneignung.* Leske + Budrich.

Iveson, K. (2013). Cities within the city: Do-it-yourself urbanism and the right to the city. *International journal of urban and regional research, 37*(3), 941–956.

Lefebvre, H. (1970). *Die Revolution der Städte.* Athenäum.

Lefebvre, H. (2016). *Das Recht auf Stadt.* Deutsche Erstausgabe (1. Aufl.). Edition Nautilus.

Maier, G. W., Frey, D., Schulz-Hardt, S., & Brodbeck, F. C. (2001). Innovation. In: G. Wenninger (Hrsg.), *Lexikon der Psychologie* (Bd. 2, S. 264–267). Spektrum.

Mercedes-Benz AG (2022). *Driven by tomorrow. Auf dem Weg zur Nachhaltigkeit.* https://www.mercedes-benz.de/passengercars/technology-innovation/sustainability.html.

Sanders-Mcdonagh, E., Peyrefitte, M., & Ryalls, M. (2016). Sanitising the city: Exploring hegemonic gentrification in London's soho. *Sociological research online, 21*(3), 128–133.

Scharf, C., & Gryl, I. (2021). Handlungstheoretische Implikationen für Innovativität: Ein Konzept für schulische Bildung? *Momentum Quarterly, 10*(3), 150–167.

Schmid, C. (2011). Henri Lefebvre und das Recht auf die Stadt. In A. Holm & D. Gebhardt (Hrsg.), *Initiativen für ein Recht auf Stadt: Theorie und Praxis städtischer Aneignungen* (S. 25–52). VSA-Verlag.

Schubert, H. (2000). *Städtischer Raum und Verhalten: Zu einer integrierten Theorie des öffentlichen Raumes.* Leske + Budrich.

Schwittek, J. (2016). „Wenn ich groß bin, möchte ich Auto fahren wie mein Vater, nach Bischkek, nach Osch und nach Batken!" – Generationale und räumliche Ordnungsarrangements in Kirgistan und Deutschland. In R. Braches-Chyrek & C. Röhner (Hrsg.), *Kindheit und Raum* (S. 105–129). Verlag Barbara Budrich.

Vielhaber, C. (1999). Vermittlung und Interesse – Zwei Schlüsselkategorien fachdidaktischer Grundlegung im „Geographie und Wirtschaftskunde"-Unterricht. In C. Vielhaber (Hrsg.), *Geographiedidaktik kreuz und quer. Vom Vermittlungsinteresse bis zum Methodenstreit. Von der Spurensuche bis zum Raumverzicht. Materialien der Didaktik der Geographie und Wirtschaftskunde* (Bd. 15, S. 9–26). Geographie- und Wirtschaftskunde Universität Wien.

Vogler, R., Ahamer, G., & Jekel, T. (2010). GEOKOM-PEP. Pupil led research into the effects of geovisualization. In T. Jekel, A. Koller, K. Donert, & R. Vogler (Hrsg.), *Learning with Geoinformation V* (S. 51–60). Wichmann.

Weis, S., Scharf, C., & Gryl, I. (2017). New and even newer. Fostering Innovativeness in Primary education. *International E-Journal of Advances in Education, 3*(7), 209–219.

Werlen, B., & Reutlinger, C. (2019). Sozialgeographie. In F. Kessl & C. Reutlinger (Hrsg.), *Handbuch Sozialraum. Grundlagen für den Bildungs- und Sozialbereich* (2. Aufl., S. 23–44). Springer.

Geographische Schüler*innenexkursionen planen, durchführen und auswerten

Der Gentrifizierung auf der Spur

Melissa Meurel, Michael Hemmer und Anne-Kathrin Lindau

▶ **Teaser** Geograph*innen wollen die Welt in ihrer räumlichen Dimensionalität verstehen. Ungeachtet der vielfältigen Geodaten und medialen Repräsentationen wie Satellitenbilder und Karten ist der Realraum noch immer zentraler Ausgangs- und Endpunkt geographischen Erkenntnisgewinns und Handelns. Im Aktionsraum Schule gehören Schüler*innenexkursionen zum festen Methodenrepertoire des Geographieunterrichts, in der Geographiedidaktik sind sie seit den 1970er-Jahren kontinuierlich Gegenstand fachdidaktischer Forschung und Entwicklung. Im nachfolgenden Beitrag wird am Beispiel der Gentrifizierung des Kreuzviertels in Münster aufgezeigt, wie Lehrpersonen mit Schüler*innen im Gelände arbeiten können.

M. Meurel (✉) · M. Hemmer
Institut für Didaktik der Geographie, Westfälische Wilhelms-Universität Münster, Münster, Deutschland
E-Mail: melissa.meurel@uni-muenster.de

M. Hemmer
E-Mail: michael.hemmer@uni-muenster.de

A.-K. Lindau
Didaktik der Geographie, Martin-Luther-Universität Halle-Wittenberg, Halle, Deutschland
E-Mail: anne.lindau@geo.uni-halle.de

I. Gryl et al. (Hrsg.), *Geographiedidaktik*, https://doi.org/10.1007/978-3-662-65720-1_8

8.1   Fachwissenschaftliche Grundlage: Stadtentwicklung – Gentrifizierung

Der Begriff der Gentrifizierung (engl. gentrification) wurde erstmalig von der britischen Soziologin Ruth Glass im Kontext der Londoner Stadtentwicklung in den 1960er-Jahren verwendet (Glass, 1964). Anschließend wird das Phänomen in zahlreichen Großstädten in Europa und den USA beobachtet, sodass seit den 1980er-Jahren die Gentrifizierung als Forschungsgegenstand der Stadtgeographie auch in Deutschland Anwendung findet (Heineberg, 2017: 278). Gentrifizierung beschreibt einen Aufwertungsprozess innerstädtischer Wohnviertel, der mit einer Veränderung der Bewohnerstruktur verbunden ist.

Der Gentrifizierungsprozess wird von Dangschat (1988: 281) idealtypisch als doppelter Invasions-Sukzessions-Zyklus, einem zwei- oder mehrmaligen Austausch der ansässigen Bevölkerung mit fünf Phasen, modelliert (Abb. 8.1). Zunächst wandern Pionier*innen, dazu zählen u. a. Studierende und Künstler*innen, in ein Wohnquartier mit leeren oder alten Gebäuden mit entsprechend günstigen Mietpreisen. Dort wohnen bislang überwiegend Bevölkerungsgruppen wie Ausländer*innen, Alte oder Arme mit niedrigem Einkommen. Durch den Zuzug der Pionier*innen wird das Wohnumfeld neu belebt, indem neue Szeneorte wie Kneipen, Galerien oder Kultureinrichtungen entstehen. Auf diese Weise gewinnt der Stadtteil an Attraktivität für Besucher*innen und sogenannte Gentrifier. Das sind beispielsweise Yuppies (young urban professionals) oder DINKs (double income, no kids), die als statushohe, einkommensstarke Personen mit großen Qualitätsansprüchen an ihre Wohnung und deren Umfeld charakterisiert werden können (Heineberg, 2017: 287). Die Gentrifier ziehen in das Quartier, wodurch die Nachfrage an Wohnungen steigt. In diesem Zuge werden bestehende Wohngebäude renoviert und Mietpreise erhöht. Gleichzeitig entdecken Investoren*innen das Wohnviertel und kaufen systematisch Wohnungen, die sie hochwertig modernisieren und anschließend zu hohen Preisen vermieten. Als Folge des Anstiegs der Grundstücks- und Mietpreise kann sich ein Großteil der alteingesessenen Bevölkerung, dazu zählen auch die Pionier*innen, das Wohnen im Stadtteil nicht mehr leisten. Sie werden auf diese Weise zugunsten zahlungskräftigerer Eigentümer*innen und Mieter*innen verdrängt. Einhergehend mit dem Austausch der Bevölkerungsgruppe wird das Wohnquartier an die Bedürfnisse und die Konsumgewohnheiten der neuen Bewohner*innen angepasst, indem ehemalige Kultläden hochpreisigen Restaurants und neuen Läden weichen.

Das in Abb. 8.1 dargestellte Verlaufsmodell der Gentrifizierung ist in den meisten Schulbüchern präsent, muss jedoch kritisch hinterfragt werden, da es bislang nicht vollständig empirisch bestätigt werden konnte (Thume & Bienert, 2019: 46). Aktuelle Forschungsergebnisse weisen darauf hin, dass der Prozess der Gentrifizierung nicht in getrennt voneinander ablaufenden Phasen stattfindet, wie es das Modell suggeriert (Heineberg, 2017: 278). Zudem bleiben die operationalen Definitionen der Pioniere und Gentrifier ungenau und ein Wechsel der Gruppenzugehörigkeit unberücksichtigt (Thume & Bienert, 2019: 46).

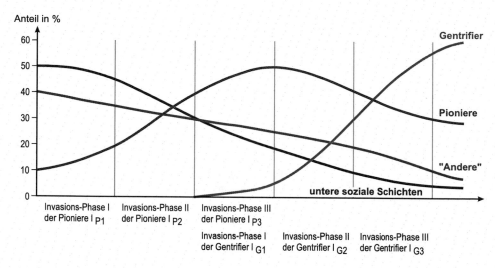

Abb. 8.1 Modell des doppelten Invasions-Sukzessions-Zyklus der Gentrifizierung (nach Dangschat, 1988: 281)

In einem erweiterten Modell versucht Krajewski (2006: 62) der Komplexität des Phänomens Gentrifizierung als urbanem Transformationsprozess zu begegnen. Demzufolge wird die Gentrifizierung als mehrdimensionaler Aufwertungsprozess eines Stadtquartiers verstanden (Abb. 8.2). Dabei ist die symbolische Aufwertung als übergeordnete Dimension zu betrachten, die sich durch raumbezogene Kommunikation (z. B. Imagewandel, Landmarks, Leuchtturmprojekte) zeigt und durch die bauliche, soziale und funktionale Aufwertung hervorgerufen wird.

Gentrifizierungsprozesse bedingen die sozioökonomische und -kulturelle Homogenisierung von Stadtquartieren. Die Segregation kann mit alltäglichen Konfrontationen der Bewohner*innen und ihrer unterschiedlichen Lebensstile einhergehen. Städtepolitische Gegenmaßnahmen können beispielsweise Mietpreisbremsen, Regelungen zur Mindestanzahl sozialer Wohnungen, Milieuschutz des Stadtviertels und Kündigungssperrfristverordnungen sein.

Weiterführende Leseempfehlung
Belina, B., Naumann, M. & Strüver, A. (2020). *Handbuch Kritische Stadtgeographie*. Münster, Westfälisches Dampfboot.

Problemorientierte Fragestellung
In welcher Weise und warum verändern sich Stadtviertel durch Gentrifizierungsprozesse?

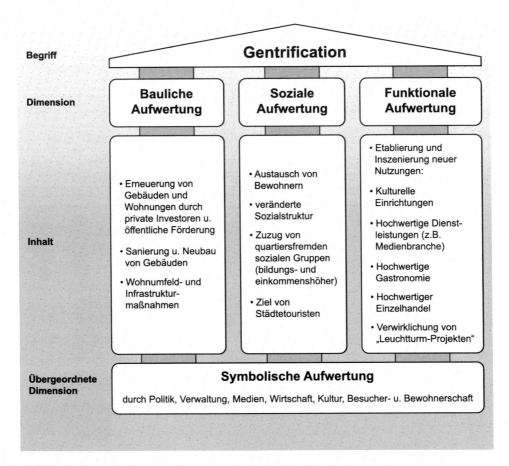

Abb. 8.2 Modell der Dimensionen von Gentrifizierung (Krajewski, 2006: 62)

8.2   Fachdidaktischer Bezug: Exkursionsdidaktik

In der Geographiedidaktik wird unter einer Exkursion eine Form des außerschulischen Unterrichts verstanden, „welche den Schüler*innen die Erfassung und Analyse geographischer Sachverhalte, Methoden, Strukturen, Prozesse durch Realbegegnung mit der räumlichen Wirklichkeit ermöglicht" (Amend & Vogel, 2013: 71). Häufig mit Exkursionen verbundene Synonyme sind z. B. Unterrichtsgang, Erkundungswanderung, Geländearbeit – wobei sich in der Geographiedidaktik der Begriff Schüler*innen-exkursion durchgesetzt hat. Seit Bestehen des Schulfachs Geographie gehören Schüler*innenexkursionen zum festen methodischen Repertoire.

Ziel geographischer Schüler*innenexkursionen ist es, einen abgegrenzten Raumaus-schnitt in einem relativ kurzen Zeitfenster (wie z. B. einem Unterrichtsgang von einigen

Stunden, einer Tages- oder Mehrtagesexkursion) unter einer zielführenden Fragestellung zu erfassen, zu analysieren und zu bewerten (DGfG, 2020). Exkursionen wird als methodische Großform des Geographieunterrichts in außerschulischen Lernumgebungen ein hoher Stellenwert für den Kompetenzerwerb zugesprochen (Ohl & Neeb, 2012: 260; Amend & Vogel, 2013: 72). So können die in den Bildungsstandards Geographie ausgewiesenen sechs Kompetenzbereiche (DGfG, 2020: 9) im Rahmen einer geographischen Schülerexkursion gefördert werden (Abb. 8.3).

   Als Gelingensbedingungen von Schüler*innenexkursionen haben sich die im äußeren Kreis der Abb. 8.3 angeführten didaktischen Prinzipien erwiesen, die über die rein geographische Perspektive hinausgehen. Die exkursionsbezogenen Aspekte der Kompetenzbereiche sowie die didaktischen Prinzipien unterstützen die Planung, Durchführung und

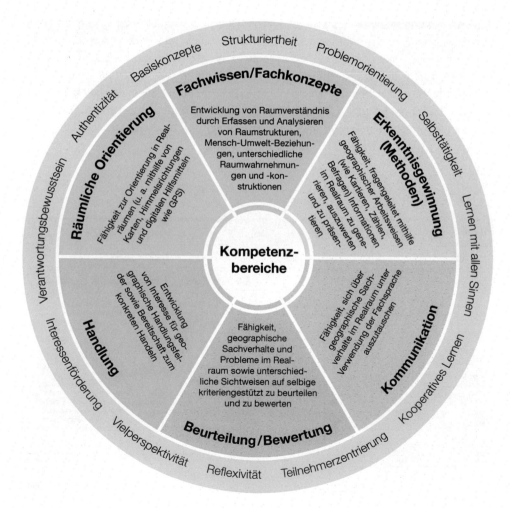

Abb. 8.3 Kompetenzbereiche und didaktische Prinzipien geographischer Schülerexkursionen. (Eigene Darstellung auf der Grundlage von Hemmer & Uphues, 2009: 49; DGfG, 2020: 9)

Auswertung von geographischen Exkursionen und können als konzeptionelle Rahmung dienen.

Trotz der didaktischen Relevanz und des hohen Interesses von Schüler*innen an Exkursionen sowie der Implementierung in den Lehrplänen werden Exkursionen aufgrund ihrer organisatorischen Mehraufwendungen sowie der fehlenden Professionalisierung von Lehrkräften noch nicht im ausreichenden Maße realisiert (z. B. Lößner, 2011: 107). Zur positiven Wirksamkeit von Schüler*innenexkursionen liegen einige empirische Studien vor, die jedoch vorwiegend spezielle Fragestellungen verfolgen und aufgrund ihrer Lernorte kaum vergleichbar sind bzw. sehr geringe Stichproben aufweisen (vgl. hierzu ausführlich Hemmer, 2020: 45–47).

Geographische Schüler*innenexkursionen werden nach dem Grad der Selbstbestimmung der Lernenden sowie der lerntheoretischen Ausrichtung von Instruktion und Konstruktion in die beiden Grundkonzepte Überblicks- und Arbeitsexkursion unterschieden (Abb. 8.4). Die Exkursionsform der Spurensuche als stark konstruktivistische Form der Arbeitsexkursion fokussiert auf eine aktive Konstruktion bedeutsamer Fragestellungen durch die Schüler*innen, die infolge des Spurensuchens und Spurenlesens im Gelände entwickelt werden (Hard, 1995: 37; Hemmer & Uphues, 2009: 41). Die individuellen Fragestellungen, die an den Exkursionsraum gerichtet werden, resultieren aus und in einer subjektiven Raumwahrnehmung, -erkundung, -erschließung und -bewertung (Lindau & Renner, 2019: 41)

Überblicksexkursion	Arbeitsexkursion		
kognitivistisch	kognitivistisch	konstruktivistisch	
		gemäßigt konstruktivistisch	stark konstruktivistisch
… zur Demonstration geographischer Sachverhalte und rezeptiven Aneignung kognitiver Lerninhalte.	… zur selbstständigen Anwendung geographischer Arbeitsweisen in einem systematisierten Lernprozess mit feststehenden (Lern-)Inhalten.	… zur aktiven Wissenskonstruktion in einem selbstständigen, möglichst selbstgesteuerten Lernprozess in der Balance zwischen Konstruktion und Instruktion.	… zur aktiven Wissenskonstruktion in einem weitesgehend freien und selbstgesteuerten Lernprozess.
Beispiel: Schüler*innen folgen den referierenden Ausführungen der Lehrkraft, eines*r Experten*in oder Schülers*in (z. B. Stadtführung).	**Beispiel:** Schüler*innen beobachten, kartieren, befragen im Rahmen einer von der Lehrkraft vorstrukturierten Exkursion (z. B. Betriebserkundung).	**Beispiel:** Schüler*innen beobachten, kartieren, befragen im Rahmen einer thematisch vorgegebenen sowie von Schüler*innen und der Lehrkraft gemeinsam strukturierten Exkursion (z. B. Projekt).	**Beispiel:** Schüler*innen entwickeln auf der Grundlage individueller Erkundungen eine für sie bedeutsame Fragestellung und bearbeiten diese unterstützt durch die Lehrkraft (z. B. Spurensuche).

Abnahme der Instruktion

Zunahme der Konstruktion

Abb. 8.4 Klassifikation exkursionsdidaktischer Konzepte. (Eigene Darstellung auf der Grundlage von Ohl & Neeb, 2012: 261; Dickel & Scharvogel, 2013: 177; Hemmer & Uphues, 2009: 41)

Weiterführende Leseempfehlung

Hemmer, M. (2020). Geographische Erkundungen mit Schülerinnen und Schülern im Realraum – Lernen.Lehren.Forschen an öffentlichen Orten. In M. Jungwirth, N. Harsch, Y. Korflür & M. Stein (Hrsg.), *Forschen.Lernen.Lehren an öffentlichen Orten – The wieder view* (S. 29–56). Münster: WTM (= Schriften zur Allgemeinen Hochschuldidaktik, Bd. 5).

Bezug zu weiteren fachdidaktischen Ansätzen

Basiskonzepte, Räumliche Orientierung

8.3 Unterrichtsbaustein: Planung und Durchführung einer Schülerexkursion am Beispiel des Kreuzviertels in Münster

Im Mittelpunkt des Unterrichtsbausteins steht eine Exkursion, in der Schüler*innen am Beispiel des Kreuzviertels in Münster für die Dimensionen der Gentrifizierung sensibilisiert werden sollen. Unter Anwendung geographischer Arbeitsweisen sollen die Teilnehmenden möglichst selbsttätig zentrale Kennzeichen der Gentrifizierung wie die bauliche, soziale und funktionale Aufwertung des Viertels seit den 1990er-Jahren erfassen, analysieren und beurteilen. Die der Exkursion vor- und nachgelagerten Unterrichtsstunden ermöglichen den Schüler*innen u. a. eine Einordnung des Themas, eine modellbasierte Vertiefung des Prozesses der Gentrifizierung, einen kritischen Rückblick auf den methodischen Zugriff und den Untersuchungsraum sowie einen inhaltlichen Transfer auf andere Räume.

Das Kreuzviertel stellt ein zentrumsnahes Gründerzeit-Viertel im Norden der Stadt Münster dar, wie es in vergleichbarer Form in zahlreichen anderen Städten zu finden ist. Demzufolge können die Exkursionsbausteine problemlos auf andere Raumbeispiele übertragen werden.

Auf dem bis zum Ende des 19. Jahrhunderts als Garten- und Ackerland genutzten Areal entstand ab der Jahrhundertwende ein planmäßig angelegtes Bürgerviertel, zumeist in Blockrandbebauung, mit repräsentativen historisierenden Fassaden, großräumigen Wohnungen und vereinzelten herrschaftlichen Villen. Aufgrund der Nähe zu Universität, Altstadt und Promenade zog das Viertel vor allem Universitätsbedienstete, alteingesessene Geschäftsleute und Offiziere der verschiedenen Garnisonen an. Die Zerstörungen während des Zweiten Weltkriegs fielen im Vergleich zum übrigen Stadtgebiet eher gering aus, zahlreiche Wohnungen wiesen mit der Zeit jedoch erhebliche bauliche Mängel und Einschränkungen in der Wohnqualität auf (wie z. B. fehlende Bäder und Balkone). Unterstützt durch den Prozess der Suburbanisierung entwickelte sich das Kreuzviertel seit den 1970er-Jahren zunehmend zu einem studentischen Wohnviertel (mit Wohngemeinschaften und studentischer Infrastruktur). Demgegenüber ist seit den 1990er-Jahren im Zuge einer veränderten Bewertung stadtnaher, großbürgerlicher Wohnformen ein vermehrter Zuzug statushöherer Bevölkerungsschichten zu vermerken. Damit einher gingen zum einen hochwertige Neubauten und aufwendige Modernisierungen der Altbausubstanz, zum anderen eine weitere Belebung des Viertels z. B. durch kreative Einzelhandelskonzepte, exklusive Boutiquen, verkehrsberuhigende Maßnahmen und eine Ausweitung des gastronomischen Angebots. Das Kreuzviertel zählt seit dieser Zeit (erneut) zu den begehrtesten Wohnvierteln der Stadt Münster (Abb. 8.5). Wenngleich zentrale Kennzeichen der Gentrifizierung wie die bauliche, soziale, funktionale und symbolische Aufwertung im Kreuzviertel gegeben sind, muss gleichermaßen konstatiert werden, dass das Viertel in Abgrenzung zum idealtypischen Prozess der Gentrifizierung seit seiner Entstehung „immer ein Wohnviertel vor allem für Bewohner mit höheren Bildungsabschlüssen gewesen" (Krajewski, 2007, S. 127) ist und dass die in Summe heterogene Bevölkerung sich zudem dadurch auszeichnet, „dass die verschiedenen Bevölkerungsgruppen heute im Quartier weitgehend konfliktfrei mit- bzw. nebeneinander leben" (ebd.).

Die nachfolgend skizzierte halbtägige Schüler*innenexkursion, die wahlweise am Ende der Sekundarstufe I oder in der Sekundarstufe II durchgeführt werden kann, lässt sich beispielsweise in eine Unterrichtssequenz zur Entwicklung der Stadt in Mitteleuropa, zum Struktur- und Funktionswandel innerstädtischer Quartiere oder zur Beurteilung ausgewählter Stadtentwicklungsprozesse (z. B. der Reurbanisierung)

Abb. 8.5 Gebäudeensemble im Umfeld der Kreuzkirche. (Eigenes Foto: Hemmer, 2020)

auf nationaler und internationaler Ebene einbinden. Von Vorteil wäre es, wenn die Schüler*innen bereits im Vorfeld der Exkursion über ein grundlegendes stadtgeographisches Wissen verfügen, im konkreten Fall die Entwicklung der Stadt Münster bis zur Industrialisierung kennen und in methodischer Hinsicht mit ausgewählten, geographischen Arbeitsweisen wie der Beobachtung, Kartierung und Befragung vertraut sind.

Die Exkursion weist eine klare Strukturierung auf (Tab. 8.1). Nach einem problemerschließenden Einstieg an der Promenade wird bei den folgenden Standorten jeweils eine Dimension der Gentrifizierung in den Mittelpunkt gerückt. Während bei der baulichen Dimension die Beobachtung und der Vergleich mit historischen Fotos den methodischen Zugriff bilden, sind dies bei der sozialen Dimension die Befragung der Bewohner*innen sowie bei der funktionalen Dimension eine Nutzungskartierung. Mit einem Rückgriff auf die problemerschließende Fragestellung werden am letzten Standort nicht nur die zentralen Erkenntnisse der Arbeit vor Ort zusammengefasst, sondern zudem eine abschließende Beurteilung der Entwicklung des Viertels aus verschiedenen Perspektiven vorgenommen.

Bei der Wahl der Standorte wurde darauf geachtet, dass es zwischen den physiognomisch wahrnehmbaren Phänomenen vor Ort und dem jeweiligen Thema eine Passung gibt. Zudem liegen die Standorte räumlich nah beieinander und gewährleisten auch für größere Gruppen ein gefahrloses Arbeiten vor Ort. Zur Sicherung der Ergebnisse erhalten die Schüler*innen als *Leitmedium* ein Arbeitsblatt (DIN A3), in dessen Mittelpunkt sich eine Karte des Kreuzviertels befindet sowie randlich vier Textfelder angeordnet sind. Während der Exkursionen tragen die Teilnehmenden den Standort und die zurückgelegte Wegstrecke in ihre Routenskizze ein, notieren am Ende der jeweiligen Standortarbeit die zentralen Ergebnisse in die mit einem Pfeil zum Standort verbundenen Textfelder und komplettieren ihr Arbeitsblatt abschließend mit einer gemeinsam erarbeiteten Überschrift.

In der unterrichtlichen Nachbereitung der Exkursion kann der Fokus z. B. verstärkt auf die Akteure und den Prozess der Gentrifizierung gelegt werden. Hierzu bietet sich das Modell von Dangschat (1988) an, bei dem jedoch eine ausführliche Modellkritik nicht fehlen sollte. Vertieft werden kann das Thema Gentrifizierung zudem durch einen Vergleich mit anderen Städten, z. B. Prenzlauer Berg (Fögele et al., 2016) oder eine Diskussion über mögliche Maßnahmen zur Eindämmung der Segregation und Verdrängung bestimmter Bevölkerungsgruppen aus innerstädtischen Quartieren.

Beitrag zum fachlichen Lernen
Die Schülerexkursion bietet sowohl in fachinhaltlicher als auch in methodischer Hinsicht einen wichtigen Beitrag zum fachlichen Lernen, da das Thema Gentrifizierung einen zentralen Schlüssel zum Verständnis des Struktur- und Funktionswandels von Räumen und die Geländearbeit ein genuines Merkmal geographischer Erkenntnisgewinnung darstellen. Sämtliche Basiskonzepte der Geographie sind Gegenstand der Exkursion wie z. B. das Basiskonzept Struktur in der vorherrschenden Blockrandbebauung des Viertels. Neben der Einübung fachspezifischer Arbeitsweisen bietet die Exkursion vielfältige

Tab. 8.1 Verlaufsplan der Exkursion „Das Kreuzviertel in Münster – der Gentrifizierung auf der Spur". (Eigene Darstellung: Meurel, Hemmer & Lindau)

Standort	Inhaltlich-methodischer Schwerpunkt	Materialien
Standort 1 Promenade Kreuz-schanze	**1.1 Einführung in das Exkursionsthema** *Orientierung* Die Schüler*innen lokalisieren den Standort auf dem Stadt-plan und verbalisieren dessen Lage *Entwicklung einer Problemstellung* Die Lehrperson verweist anhand konkreter Wohnungs-gesuche auf die hohe Nachfrage nach Miet- und Eigen-tumswohnungen im Kreuzviertel und skizziert dazu kontrastierend dessen Gestalt in den 1980er Jahren. Gemeinsam mit den Schüler*innen wird die nachfolgende problemerschließende Fragestellung entwickelt: *In welcher Weise und warum hat sich das Kreuzviertel in Münster in den letzten 25 Jahren verändert?* *Vorkenntnismobilisierung* Die Schüler*innen bringen ihre Vorkenntnisse ein und formulieren erste Hypothesen *Zieltransparenz* Die Lehrperson skizziert Zielsetzung, geographische Relevanz, Struktur und organisatorische Aspekte der Exkursion **1.2 Lagegunst des Kreuzviertels** Die Schüler*innen beschreiben anhand der Routenskizze die Abgrenzung des Kreuzviertels und charakterisieren unter Zuhilfenahme des Stadtplans dessen Lagegunst wie z. B. die fußläufige Nähe zur Altstadt, Promenade und Uni-versität oder den Wiehenburgpark im Norden des Quartiers *Sicherung* Die Schüler*innen notieren die Ergebnisse der Standort-arbeit auf ihrem Arbeitsblatt	Stadtplan Wohnungsgesuche aus Zeitung und Internet Arbeitsblatt inklusive Routen-skizze
Standort 2 Nordplatz	**Bauliche Aufwertung des Kreuzviertels** *Orientierung und Beobachtung* Die Schüler*innen lokalisieren den Standort auf ihrer Routen-skizze, erkunden selbstständig das Untersuchungsgebiet und beschreiben die Gestalt charakteristischer Gebäude *Erarbeitung* Die Schüler*innen vergleichen den Zustand ausgewählter Gebäude(ensemble) mit historischen Aufnahmen aus der Gründerzeit und den 1980er Jahren. Die Lehrperson ergänzt die Beobachtungen mit Hinweisen zur Wohnsituation in den 1970/80er Jahren, zu den städtebaulichen Maßnahmen der 1990er Jahre zur Verbesserung der Wohnqualität (z. B. Verkehrsberuhigung, Stadtgrün und Denkmalschutz) sowie zu aktuellen Entwicklungen auf dem Immobilienmarkt *Sicherung* Die Schüler*innen notieren die Ergebnisse der Standort-arbeit auf ihrem Arbeitsblatt	Arbeitsblatt inklusive Routen-skizze, Historische Fotos

(Fortsetzung)

Tab. 8.1 (Fortsetzung)

Standort	Inhaltlich-methodischer Schwerpunkt	Materialien
Standort 3 Hoyastraße ausgewähltes Haus z. B. Nr. 6 oder 16	**Soziale Aufwertung des Kreuzviertels** *Orientierung und Beobachtung* Die Schüler*innen lokalisieren den Standort auf ihrer Routenskizze und beschreiben unter Berücksichtigung der Erkenntnisse des vorherigen Standorts das Gebäude (z. B. Fassadenelemente, Exposition) *Vorbereitung der Befragung* Die Schüler*innen notieren in Gruppen Fragen, die sie einzelnen Bewohner*innen des Hauses stellen wollen (z. B. zur Geschichte des Hauses, zur Wohndauer, den Berufen und der Wohnzufriedenheit der derzeitigen Bewohner*innen) *Durchführung und Auswertung der Befragung* Die Schüler*innen interviewen eine*n Bewohner*in des Hauses und erfahren dadurch u. a., welche Sozialstruktur das Haus in den zurückliegenden Jahrzehnten aufwies, wer nach der umfassenden Modernisierung im Jahr 2000 hier einzog und weshalb sich die Bewohner*innen (vorrangig Akademiker*innen und Kreative, vielfach in Single-Haushalten) für eine Wohnung im Kreuzviertel entschieden haben Zur Vertiefung verteilt die Lehrperson ausgewählte Graphiken zur Sozialstruktur des Kreuzviertels (z. B. zur Entwicklung der Altersstruktur, zum Anteil der Studierenden an der Wohnbevölkerung). Die Schüler*innen stellen diese in Bezug zu den Ergebnissen des Interviews *Sicherung* Die Schüler*innen notieren die Ergebnisse der Standortarbeit auf ihrem Arbeitsblatt	Arbeitsblatt inklusive Routenskizze, Graphiken zur Sozialstruktur des Kreuzviertels
Standort 4 Kreuzkirche und umliegende Straßen	**Funktionale Aufwertung des Kreuzviertels** *Vorbereitung der Kartierung* Anknüpfend an das vorherige Interview skizziert die Lehrperson die Zielsetzung sowie den Ablauf der Kartierung *Durchführung der Kartierung* Die Schüler*innen erfassen die Struktur des Kreuzviertels, indem sie arbeitsteilig eine Nutzungskartierung im Umfeld der Kreuzkirche und der angrenzenden Straßen durchführen *Zusammenführung der Ergebnisse* Die Schüler*innen übertragen ihre Ergebnisse auf eine DIN A0 Karte und erörtern neben der vorherrschenden Wohnfunktion die Einzelhandels- und Dienstleistungsstruktur des Viertel. Diese ist sowohl auf den täglichen Bedarf (z. B. Bäckereien, Apotheken, Wäscherei) als auch auf exklusive Angebote hin ausgerichtet ist (z. B. Modeateliers, Antiquitätenläden, Tischkultur und hochwertige Gastronomie) *Sicherung* Die Schüler*innen notieren die Ergebnisse der Standortarbeit auf ihrem Arbeitsblatt	Arbeitsblatt inklusive Routenskizze, Kartierungsgrundlage in DIN A3 sowie DIN A0, Stifte

(Fortsetzung)

Tab. 8.1 (Fortsetzung)

Standort	Inhaltlich-methodischer Schwerpunkt	Materialien
Standort 5 Gertruden-straße, Schulhof des Schiller-gymnasiums	**Zusammenfassung, Auswertung und Vertiefung der Ergebnisse** Anknüpfend an die problemerschließende Fragestellung fassen die Schüler*innen unter Einbezug des Modells der Dimensionen der Gentrifizierung die Beobachtungen und Erkenntnisse der Exkursion zusammen und vertiefen den Aspekt der Symbolischen Aufwertung (z. B. Imageverbesserung, Medienpräsenz). Zum letztgenannten Aspekt ergänzt die Lehrkraft gegebenenfalls einige empirische Befunde zur Wahrnehmung des Kreuzviertels aus der Perspektive unterschiedlicher Bevölkerungsgruppen Die Schüler*innen beurteilen abschließend die Entwicklung des Viertels aus verschiedenen Perspektiven (z. B. im Rahmen einer Pro- und Contra-Debatte)	Arbeitsblatt inklusive Routen-skizze, Plakat mit den Dimensionen der Gentrifizierung

Ansatzpunkte zur Förderung der räumlichen Orientierungskompetenz. Die für die Geographie unverzichtbare Vielperspektivität wird u. a. in den vier Raumkonzepten deutlich, die allesamt Gegenstand der Exkursion sind, sowie in der von den Schüler*innen am letzten Standort im Rahmen einer Pro- und Contra-Diskussion vorgenommenen Beurteilung des urbanen Transformationsprozesses.

Kompetenzorientierung

- **Fachwissen:** S. 12 „den Ablauf von humangeographischen Prozessen in Räumen (z. B. Strukturwandel, wirtschaftliche Globalisierung) beschreiben und erklären" (DGfG, 2020: 14)
- **Räumliche Orientierung:** S. 11 „mit Hilfe einer Karte und anderer Orientierungshilfen (z. B. Landmarken, Himmelsrichtungen, mobilen Geräten zur Standortermittlung) ihren Standort im Realraum bestimmen" (ebd.: 18)
- **Erkenntnisgewinnung/Methoden:** S. 5 „problem-, sach- und zielgemäß Informationen im Gelände (z. B. Beobachten, Kartieren oder durch einfache Versuche und klassische Experimente gewinnen" (ebd.: 20)
- **Beurteilung/Bewertung:** S. 2 „geographische Kenntnisse und die o. g. Kriterien anwenden, um ausgewählte geographisch relevante Sachverhalte, Ereignisse, Herausforderungen und Risiken (z. B. Migration, Hochwasser, Entwicklungshilfe, Ressourcenkonflikte) zu beurteilen" (ebd.: 24)

Klassenstufe und Differenzierung

Bei dem vorliegenden Unterrichtsbaustein handelt sich um eine flexibel einsetzbare Schüler*innenexkursion, die vorzugsweise in der Jahrgangsstufe 9/10 oder in der Einführungsphase der gymnasialen Oberstufe eingesetzt werden kann. In Abgrenzung zu der von der Lehrkraft in weiten Teilen vorstrukturierten Arbeitsexkursion am Ende der Sekundarstufe I sollte die Problemstellung in der Sekundarstufe II bereits im Vorfeld der Exkursion erfolgen, so dass im Sinne einer stärkeren Teilnehmerzentrierung die zentralen Untersuchungsgegenstände und -methoden mit den Schüler*innen gemeinsam festgelegt werden. Denkbar wären zudem eine Spurensuche, eine Tablet- bzw. Smartphone-Exkursion, wie sie Fögele et al. (2016) zum Thema Gentrifizierung für den Prenzlauer Berg entwickelt haben sowie ein Projektkurs, bei dem beispielsweise die Wahrnehmung des Kreuzviertels aus der Perspektive unterschiedlicher Bevölkerungsgruppen untersucht wird.

Räumlicher Bezug
Urbane Räume, Gründerzeitviertel bzw. anderweitige Teilräume einer Stadt, die dem Prozess der Gentrifizierung unterliegen.

Konzeptorientierung
Deutschland: Systemkomponenten (Struktur, Funktion, Prozess), Maßstabsebene (lokal), Raumkonzepte (Raum als Container, Beziehungsraum, Wahrgenommener Raum, Konstruierter Raum).
Österreich: Regionalisierung und Zonierung.
Schweiz: Lebensweisen und Lebensräume charakterisieren (2.3), Sich in Räumen orientieren (4.3).

8.4   Transfer

Der Transfer betrifft sowohl das Thema Gentrifizierung als auch den methodischen Zugriff. Die Gentrifizierung als ein urbaner Transformationsprozess ist nicht nur in den europäischen und US-amerikanischen Städten zu beobachten, sondern mittlerweile ein weltweit verbreitetes Phänomen. Die in den Mittelpunkt der Exkursion gerückte Erfassung, Analyse und Beurteilung zentraler Kennzeichen der Gentrifizierung lässt sich in vergleichbarer Weise in zahlreichen anderen Städten beobachten. Aus fachdidaktischer Perspektive bieten die vorgestellte Schüler*innenexkursion und hier insbesondere der Verlaufsplan zudem vielfältige Ansatzpunkte für die Planung und Durchführung eigener Exkursionen, wie z. B. deren Strukturierung, deren Fokussierung auf ein Thema pro Standort oder die der Unterrichtsplanung vergleichbare kleinschrittige Planung (und Sicherung) der Standortarbeit.

Verweise auf andere Kapitel
- Brühne, T. & Köppen, B.: *Kompetenzorientierung. Stadtgeographie – Funktionale Gliederung von Städten.* Band 2, Kapitel 3.
- Fögele, J. & Mehren, R.: *Basiskonzepte. Stadtentwicklung – Transformation von Städten.* Band 2, Kapitel 4.

- Gryl. I. & Hemmer, M.: *Metakognitives Lernen. Grundlagen des Fachs – Gegenstandsbereich, Erkenntnisinteresse, Wege der Erkenntnisgewinnung und Legitimation.* Band 1, Kapitel 2.
- Hemmer, I., Hemmer, M. & Müller, M. X.: *Interessenorientierung. Landwirtschaft – Ökologischer Anbau.* Band 1, Kapitel 14.
- Janßen, H. & Raschke, N.: *Außerschulische Lernorte. Ressourcen und Strukturwandel – Braunkohle.* Band 1, Kapitel 24.
- Keil, A. & Kuckuck, M.: *Handlungstheoretische Sozialgeographie. Energieträger – Energiewende.* Band 1.
- Reuschenbach, M. & Hoffmann, T.: *Aktualitätsprinzip. Ökosysteme – Gefährdung von Lebensräumen.* Band 1.
- Scholten, N., Nöthen, E. & Sprenger, S.: *Sprachbewusster Umgang mit Bildern. Klimawandel – Auswirkungen des Klimawandels.* Band 1.

Literatur

Amend, T., & Vogel, H. (2013). Exkursion/Schülerexkursion. In D. Böhn & G. Obermaier (Hrsg.), *Wörterbuch der Geographiedidaktik. Begriffe von A–Z* (S. 71–72). Westermann.

Dangschat, J. S. (1988). Gentrification: Der Wandel innenstadtnaher Wohnviertel. *Kölner Zeitschrift für Soziologie und Sozialpsychologie, Sonderheft, 29,* S. 272–292.

Dickel, M., & Scharvogel, M. (2013). Geographische Exkursionspraxis: Erleben als Erkenntnisquelle. In D. Kanwischer (Hrsg.), *Geographiedidaktik: Ein Arbeitsbuch zur Gestaltung des Geographieunterrichts* (S. 176–185). Borntraeger.

DGfG (2020). *Bildungsstandards im Fach Geographie für den Mittleren Schulabschluss* (10. Aufl.). Selbstverlag Deutsche Gesellschaft für Geographie.

Fögele, J., Hofmann, R., & Mehren, R. (2016). Gentrifizierung am Prenzlauer Berg – Eine Schülerexkursion mit Smartphones/Tablets. *Geographische Schülerexkursionen. Bd. 4.* Selbstverlag. https://www.geographische-schuelerexkursionen.de.

Glass, R. (1964). *London: Aspects of change.* Macgibbon & Kee.

Hard, G. (1995). Spuren und Spurenleser. *Zur Theorie und Ästhetik des Spurenlesens in der Vegetation und anderswo (Osnabrücker Studien zur Geographie, Bd. 16).* Rasch.

Heineberg, H. (2017). *Stadtgeographie* (5. überarbeitete Aufl.). Ferdinand Schöningh.

Hemmer, M. (2020). Geographische Erkundungen mit Schülerinnen und Schülern im Realraum – Lernen.Lehren.Forschen an öffentlichen Orten. In M. Jungwirth, N. Harsch, Y. Korflür, & M. Stein (Hrsg.), *Forschen.Lernen.Lehren an öffentlichen Orten – The wieder view* (S. 29–56, = Schriften zur Allgemeinen Hochschuldidaktik, Bd. 5). WTM.

Hemmer, M., & Uphues, R. (2009). Zwischen passiver Rezeption und aktiver Konstruktion. Varianten der Standortarbeit, aufgezeigt am Beispiel der Großwohnsiedlung Berlin-Marzahn. In M. Dickel & G. Glasze (Hrsg.), *Vielperspektivität und Teilnehmerzentrierung. Richtungsweiser der Exkursionsdidaktik* (Praxis neue Kulturgeographie, Bd. 6, S. 39–50). LIT.

Krajewski, C. (2006). *Urbane Transformationsprozesse in zentrumsnahen Stadtquartieren – Gentrifizierung und innere Differenzierung am Beispiel der Spandauer Vorstadt und der Rosenthaler Vorstadt in Berlin.* (Münstersche Geographische Arbeiten, Bd. 48).

Krajewski, C. (2007). Gentrification in innenstadtnahen Wohnquartieren: Das Kreuzviertel in Münster. In H. Heineberg (Hrsg.), *Westfalen Regional. Aktuelle Themen, Wissenswertes und*

Medien über die Region Westfalen-Lippe (Siedlung und Landschaft in Westfalen, Bd. 35, S. 126–127).

Lindau, A.-K., & Renner, T. (2019). Zum Warum des Fragenstellens bei geographischen Exkursionen. Eine empirische Studie mit Lehramtsstudierenden am Beispiel einer Exkursion in die nördliche Toskana. *Zeitschrift für Geographiedidaktik, 47*(1), 24–44.

Lößner, M. (2011). *Exkursionsdidaktik in Theorie und Praxis: Forschungsergebnisse und Strategien zur Überwindung von hemmenden Faktoren: Ergebnisse einer empirischen Untersuchung an mittelhessischen Gymnasien* (Bd. 48). Selbstverlag des Hochschulverbandes für Geographie und ihre Didaktik.

Ohl, U., & Neeb, K. (2012). Exkursionsdidaktik: Methodenvielfalt im Spektrum von Kognitivismus und Konstruktivismus. In J. B. Haversath (Hrsg.), *Geographiedidaktik: Theorie, Themen, Forschung* (S. 259–288). Westermann.

Thume, S., & Bienert, N. (2019). Das Verlaufsmodell der Gentrifizierung auf dem Prüfstand. *Praxis Geographie, 49*(3), 46–50.

Mit phänomenologischen Mikrologien im Unterricht forschen

Spuren des Europäischen im Alltag von Schüler*innen erfahrbar machen

Fabian Pettig und Eva Nöthen

9

▶ **Teaser** Was Europa ist und als Wertegemeinschaft zusammenhält, ist verhandelbar (geworden). Dies zeigen nicht zuletzt aktuelle Debatten um Erweiterungen des Staatenbundes EU, um Grenzschließungen gegenüber Geflüchteten oder um eine gerechte Verteilung von Impfstoff. Der im Beitrag entwickelte Unterrichtsbaustein stößt aus Perspektive der Phänomenologie – durch Einbindung des methodischen Zugangs der Mikrologien – die Auseinandersetzung von Schüler*innen mit dem europäischen Gedanken, der alltagsweltlichen Erlebbarkeit und raumkonstituierenden Wirksamkeit an.

F. Pettig (✉)
Institut für Geographie und Raumforschung, Universität Graz, Graz, Österreich
E-Mail: fabian.pettig@uni-graz.at

E. Nöthen
Institut für Humangeographie, Goethe-Universität Frankfurt,
Frankfurt am Main, Deutschland
E-Mail: noethen@geo.uni-frankfurt.de

I. Gryl et al. (Hrsg.), *Geographiedidaktik*, https://doi.org/10.1007/978-3-662-65720-1_9

9.1 Fachwissenschaftliche Grundlage: Europa – Europa im Alltag

Infobox 9.1: Kundgebung von Pulse of Europe

3. Juli 2017. Es herrscht wunderschönes Frühlingswetter. Der „Platz der Grundrechte" vis-à-vis des Karlsruher Schlosses ist voll mit Menschen. Es wehen blaue Flaggen mit gelben Sternen. Nach gemeinsamem Singen der Europahymne mit dem deutschsprachigen Text von Friedrich Schiller und einer kurzen Ansprache gibt es ein offenes Mikrofon. Anwesende berichten von Gedanken, Ängsten, Wünschen und schönen Erlebnissen mit Bezug zu Europa. So geht es zum Beispiel um die Angst vor dem (Wieder-)Erstarken rechtspopulistischer Kräfte, um die Sorge vor der Wiederholung eines Ereignisses wie dem Brexit oder um eine grenzkontrolllose Reise nach Paris (verändert nach Englert, 2017).

Mit *Pulse of Europe* entstand 2016 eine überparteiliche und unabhängige proeuropäische Bürgerbewegung, die den europäischen Gedanken wieder alltäglich erlebbar sowie Menschen, die sich für Demokratie und Grundrechte in Europa einsetzen, sichtbar machen möchte. Erster Impuls der Initiator*innen Sabine und Daniel Röder war es, ausgehend vom Ursprungsort Frankfurt a. M. mit wöchentlichen Kundgebungen europaweit eine Präsenz für eine europäische Idee – im Sinne der Europäischen Union (EU) – im öffentlichen Raum herzustellen. Dabei ging es den Aktivist*innen weniger um eine kritische Positionierung gegenüber aktuellen politischen Entwicklungen als vielmehr um ein gemeinsames Einstehen für die Grundlagen einer europäischen Wertegemeinschaft (Pulse of Europe e. V., o. J.). Dazu gehören unter anderem Frieden, Demokratie, Grundrechte, Rechtsstaatlichkeit, Freiheit, kritische Selbstreflexion der Politik, Vielfalt neben Gemeinsamkeit, Partizipation und Bürgernähe, wie sie u. a. auch in den „Kopenhagener Kriterien" (s. u.) festgeschrieben sind. Ihren vorläufigen Höhepunkt erreichte die Bewegung am 4. Juni 2017, als in 126 Städten in insgesamt 19 Ländern proeuropäische Kundgebungen stattfanden. Zuletzt ist es zwar stiller geworden um die Bewegung, doch lebt sie (vor allem) auf ihren *Social Media*-Kanälen auf Twitter und Facebook weiter. Aber was und wo genau ist dieses „Europa", für das so viele Menschen auf die Straße gehen, und welche Bedeutung hat es im Alltag von Schüler*innen? Die Geographie stellt als Antwort auf die Fragen, was bzw. wo Europa ist, kein einheitliches Verständnis bereit (Schultz, 2003). So variiert die Spannbreite an Antworten räumlich um mehrere Tausend Kilometer je nachdem, ob physische, kulturelle, ethnische, politische oder Kombinationen verschiedener Kriterien in Betracht gezogen werden (ebd.). Aus Perspektive der *new regional geography* bzw. der *Neuen Regionalgeographie* wird in diesem Zusammenhang von *Raumkonstruktionen* gesprochen. Raumkonstruktionen werden dabei als interessengeleitete Abstraktionen verstanden, die – auch in z. T. höchst problematischer Weise – Regionalisierungen vornehmen, um Ordnungen herzustellen oder Übersichtlichkeit zu schaffen (Gebhardt, 2013: 188; zur Aufarbeitung der Begriffe *Grenze* und *Territorium* siehe Reuber, 2014, zur Debatte um *europeanization* bzw. *Europäisierung* siehe z. B. Rovnyi & Bachmann, 2012).

   Das Sich-Beziehen auf einen räumlich eingrenzenden Europa-Begriff – auf Basis welcher Kriterien auch immer – birgt die Gefahr eines Strebens nach Homogenität und, verbunden damit, die Ausgrenzung anderer, im selben Raum lebender Gruppen (Schultz, 2013). Der aus diesen Überlegungen für eine kritisch-reflexive Vermittlung resultierenden Frage „Wer grenzt Europa wann, warum und wie ab?" wurde in unterschiedlichen fachdidaktischen Publikationen bereits nachgegangen (vgl. z. B. Scharr, 2013; Schultz, 2003; Teufel, 2015). In Ergänzung dieser Ansätze – und ganz im Sinne von *Pulse of Europe* – eröffnet der Blick auf Europa als eine sich in spezifischen Orten bzw. *places* (vgl. Begriffserläuterung) kristallisierende Idee eine subjektzentrierte Perspektive, die im Sinne einer Alltags- und Schüler*innenorientierung Anknüpfungspotenzial für phänomenologische Bildungsprozesse bietet. Vor diesem Hintergrund widmet sich der im Folgenden ausgeführte Unterrichtsbaustein aus erlebensorientierter, phänomenologischer Perspektive dem Versuch einer qualitativen Beschreibung all dessen, was im konstruktivistischen Sinne im gelebten Raum als europäisch wahrgenommen wird, ohne dies territorial rückzubinden.

Infobox 9.2: Begriffserläuterung von „space" und „place"
Space und *place* stellen zentrale Konzepte der Geographie(didaktik) dar (vgl. Uhlenwinkel, 2013a, 2013b). In der Tradition der (deutschsprachigen) Raumstrukturforschung wird als *space* ein Raum bezeichnet, der durch die Beschreibung von Lagebeziehungen, Distanzen und Grenzen seine nähere Bestimmung erfährt. Nach Tuan wird einem *space* über diese metrischen-funktionalen Parameter hinaus keine individuelle Bedeutung zugeschrieben (Tuan, 1997). In Reaktion auf die vornehmlich quantitativ ausgerichteten und auf die Abgrenzung von räumlichen Einheiten bedachten Ansätze der Raumstrukturforschung richtet die humanistisch orientierte Geographie ihren Blick auf Raum als einen durch Erlebnisse und Erfahrungen mit Bedeutung belegten Ort und nennt diesen *place*. Dabei ist ein *place* nach Tuan in seiner Größe und Ausdehnung nicht eindeutig bestimmbar (ebd.). Vielmehr formt sich seine Gestalt aus der diskursiven Zuschreibung. *Places* können in diesem Sinne als Kristallisationspunkte beschrieben werden, in denen sich Ideen, Vorstellungen, Wünsche und Erinnerungen an schöne Erlebnisse materialisieren, z. B. Stadtanlagen, Denkmäler und Architekturen, aber auch raumprägende Ereignisse und Veranstaltungen.

Weiterführende Leseempfehlung
Gebhardt, H., Glaser, R. & Lentz, S. (Hrsg.) (2013). *Europa – eine Geographie*. Berlin: Springer Spektrum.

Problemorientierte Fragestellung
Wie wird Europa bzw. der europäische Gedanke in meinem Alltag wahrnehmbar?

9.2   Fachdidaktischer Bezug: Phänomenologie

Als Gründervater der Phänomenologie gilt Edmund Husserl, dessen Arbeiten u. a. durch Martin Heidegger, Maurice Merleau-Ponty, Jean-Paul Sartre und Bernhard Waldenfels aufgegriffen und weiterentwickelt wurden. Entsprechend vielfältig ist „die" Phänomenologie, lässt sich im Kern aber als Philosophie der Erfahrung bestimmen (Waldenfels, 2002). Kennzeichnend für das phänomenologische Denken ist, dass das Verhältnis von Mensch und Welt nicht dichotom, im Sinne der Trennung von Subjekt und Objekt bzw. Körper und Geist, konzeptualisiert, sondern die Intentionalität der Erfahrung betont wird: Jemandem erscheint etwas (von der Welt) immer *als* etwas (vor dem Hintergrund des eigenen Erfahrungshorizonts). Oder wie Luckner (2010: 71) es formuliert: „Ein Gedanke, der nichts bedeutet, ist eben keiner, ein Gefühl, das nicht Gefühl von etwas ist, ist keines, ein Bewusstsein von nichts ist eben gar kein Bewusstsein." Selbst und Welt werden in einer phänomenologischen Position über die ganzheitliche Kategorie des Leibes als unauflösbar miteinander verstrickt konzeptualisiert, d. h., Bewusstseinszustände und Gegenstände werden als stets aufeinander bezogen gedacht. Die Dinge, die uns umgeben, besitzen entsprechend auch Aufforderungscharakter, d. h., sie reizen uns, stoßen uns ab, drängen sich uns auf, kurzum: Sie werden *spürbar* – und verlangen nach Bezugnahme.

In die englischsprachige Geographie hielt die Phänomenologie in den 1970er- und 1980er-Jahren im Kontext der *humanistic geography* Einzug. Deren Vertreter*innen – u. a. Anne Buttimer, Yi-Fu Tuan und Edward Relph – bemühten sich um den Einbezug räumlicher Erfahrungen und Erfahrungsweisen über partizipative und literarische Zugänge in die geographische Forschung. So widmeten sich deren Arbeiten u. a. der Wahrnehmung von Natur und Landschaft oder auch der Beschreibung und konzeptionellen Klärung von Sinnschichten und individuellen Bedeutungszuweisungen spezifischer Orte über die Konzepte *space* und *place* (s. o.).

In der deutschsprachigen Geographie lassen sich Einflüsse dieser internationalen Strömung u. a. in Parallelen zwischen der Hinwendung zu partizipativen und qualitativ orientierten Zugängen und den Anliegen einer *humanistic geography* erkennen (Heineberg, 2007). In jüngerer Zeit werden phänomenologische Theorieangebote wieder vermehrt aufgegriffen und für die Geographie fruchtbar gemacht und entfalten dabei auf zwei Ebenen Relevanz: Als *epistemologische Perspektive* reflektieren sie Mensch-Umwelt-Beziehungen und die Frage, wie der Mensch etwas über die Welt in Erfahrung bringt; als *methodologische Perspektive* erlauben sie einen reflexiven Zugriff auf sinnliche Wahrnehmung und räumliches Erleben. Es sind insbesondere „performative, affektive und atmosphärische Ansätze" (Manz, 2015: 135), die beide Perspektiven für geographische Fragestellungen fruchtbar machen.

In der geographiedidaktischen Diskussion werden phänomenologische Ansätze häufig in wahrnehmungsgeographischer Tradition im Sinne des Raumkonzepts *Raum als Kategorie der Sinneswahrnehmung* verortet. Für das Unterrichtsfach *Geographie* bzw. *Geographie und Wirtschaftskunde* ermöglicht der Einbezug eines phänomenologischen Forschungsstils den Schüler*innen, sich *place* reflexiv vom eigenen Erleben her mit geschärftem Blick zu nähern. Als konkrete Methode für den Einsatz im Unterricht wird hier der phänomenologische Zugang der „Mikrologien" (Hasse, 2017) herangezogen und für die Schulpraxis fruchtbar gemacht.

Infobox 9.3: Methodenerläuterung Mikrologien
Mikrologische Studien fokussieren alltägliche Situationen mit dem Ziel, deren Reichhaltigkeit „in einem ordnenden und kategorisierenden Sinne der reflexiven Durcharbeitung zugänglich zu machen" (Hasse, 2017: 70). Zentral für die Methode ist das Verfahren der *Beobachtung*. Dieses dient hier – auch in Abgrenzung zur sozialwissenschaftlichen Auslegung – der Explikation von Situationen und erfolgt in einer Doppelbewegung, in der sowohl das Erscheinen von Dingen auf der Objektseite als auch das subjektive Erleben dieser Gegebenheiten auf der Subjektseite Gegenstand der Beobachtungen sind (ebd.: 64). Damit wird das Ziel verfolgt, „die subjektive Verwicklung eines ‚Beobachters' in sein Milieu nicht von dem abzuschneiden, was er beobachtet, sondern selbst zu einer Sache seiner Beobachtung zu machen" (ebd.: 65). Die Dokumentation der Beobachtung erfolgt in präzisen schriftlichen Kurzdarstellungen, d. h. dichten Beschreibungen der jeweiligen Situationen, in denen die Eigenheit und Komplexität einer jeweiligen Situation selbst zur Darstellung gelangen und von einer*einem Lesenden nachvollzogen werden können.

Für die konkrete Unterrichtspraxis ist es auch möglich, die schriftlichen Dokumentationspraktiken im Rahmen mikrologischer Untersuchungen um Skizzen, Zeichnungen, kartographische Darstellungen, Fotos und Videos zu erweitern. Hierüber ergeben sich auch Anschlussmöglichkeiten an weitere lebensweltbezogene Forschungsmethoden, die bereits für die Geographiedidaktik fruchtbar gemacht wurden, bspw. intermediale „Mapping-Verfahren" (Nöthen, 2016; Pettig, 2016, 2019) oder auch die „Reflexive Fotografie" (Eberth, 2019).

Weiterführende Leseempfehlung
Hasse, J. (2017). *Die Aura des Einfachen – Mikrologien räumlichen Erlebens*. München: Karl Alber.

Bezug zu weiteren fachdidaktischen Ansätzen
Forschendes/entdeckendes Lernen, Raumkonzepte, Critical Thinking

9.3   Unterrichtsbaustein: Spuren des Europäischen in unserem Alltag

Im Unterrichtsbaustein wird mit den phänomenologischen Mikrologien eine Möglichkeit aufgezeigt, sich der Bedeutung Europas im Alltag von Schüler*innen systematisch und reflexiv vom Alltagserleben her zu widmen und dieses somit zur Grundlage subjektzentrierter Erkenntnisgewinnung zu machen. Hierzu fokussiert der Baustein den europäischen Gedanken lokal in dessen atmosphärischer Räumlichkeit.

I Einstieg: Problemfokussierung und Entwicklung der Forschungsfrage
Zu Beginn der Unterrichtssequenz geht es darum, dass sich die Schüler*innen ihrer eigenen Vorstellung von Europa bzw. vom Konzept Europa kritisch-reflexiv widmen. Die kontroversen und teils heftigen medial vermittelten Diskussionen um die wiederholten Beitrittsgesuche der Türkei in die EU bieten hierfür einen lohnenden Ausgangspunkt.

Entlang mehrerer Zitate aus der Tagespresse[1] werden folgende Fragen diskutiert: Warum werden die Beitrittsgesuche zur EU so kontrovers diskutiert? Warum sollte die Türkei (nicht) dazugehören? Wie lässt sich entscheiden, wer dazugehört? Wo beginnt und wo endet Europa? Im Unterrichtsgespräch rücken auf diese Weise unterschiedliche Konzepte einer möglichen Abgrenzung in den Blick, welche von der Lehrkraft als Orientierungen in die Diskussion eingebracht und zur Reflexion bestimmter Haltungen genutzt werden können (vgl. fachwissenschaftliche Grundlage). Weiterführend lassen sich im Klassenverband die „Kopenhagener Kriterien" diskutieren; dies sind diejenigen Voraussetzungen, die ein beitrittswilliges Land erfüllen muss, um Mitglied der EU werden zu können: „stabile demokratische und rechtsstaatliche Ordnung, Wahrung der Menschenrechte und Minderheitenschutz (politisches Kriterium), funktionierende und wettbewerbsfähige Marktwirtschaft (wirtschaftliches Kriterium), Übernahme des gesamten EU-Rechts" (Zandonella, 2007: 66). Diese Unterrichtsphase dient dazu, als Kern der europäischen Idee einen geteilten Wertehorizont (vgl. fachwissenschaftliche Grundlage) festzuhalten. Das zentrale Ergebnis dieser Einstiegsphase ist die Formulierung einer Leit- bzw. Forschungsfrage als Ausgangspunkt für den weiteren Unterrichtsverlauf: Wie wird Europa bzw. der europäische Gedanke in meinem Alltag wahrnehmbar?

II Übergang: Vorbereitung der Feldarbeit mittels Recherche
Um dem europäischen Gedanken in seiner lebensweltlichen Verwirklichung nachspüren zu können, erfolgt im Unterricht ein Zwischenschritt, in dem unterschied-

---

[1] Alternativ bietet es sich auch an, einen passenden Zeitungsartikel in Gänze zu lesen und als Gesprächsanlass zu nutzen (z. B. https://www.zeit.de/2020/53/tuerkei-eu-sanktionen-recep-tayyip-erdogan-gasstreit-menschenrechte/komplettansicht).

liche Kristallisationspunkte des Gedankens expliziert werden.[2] Diese Punkte dienen
in der sich anschließenden Feldarbeit als Anker des Aufmerkens. Die Schüler*innen
recherchieren in dieser Phase arbeitsteilig zu den Themen „Würde des Menschen",
„Freiheit", „Demokratie", „Gleichstellung", „Rechtsstaatlichkeit" und „Menschenrechte", sodass anschließend im Gespräch zentrale Kriterien des jeweiligen
Aspekts gemeinsam festgehalten werden können. Auf dieser Grundlage können die
Schüler*innen die Feldarbeit zur Spurensuche entlang der erarbeiteten Themen nutzen
und deren Materialisierungen im Stadtraum mikrologisch nachgehen und diese analysieren.

III Erarbeitung: Mikrologische Untersuchungen zu Spuren des Europäischen im Feld
Den Kern des Unterrichtsbausteins stellt die fragengeleitete Feldarbeit in Form mikrologischer Untersuchungen zur europäischen Idee im Alltag der Schüler*innen dar.
In Kleingruppen von je drei bis vier Schüler*innen wird den zuvor erarbeiteten Kategorien des Europäischen im städtischen Umfeld entlang der Kategorien *space* und
place nachgespürt, d. h. zum einen Verortungen und zum anderen Materialisierungen
des europäischen Gedankens. Diese Kategorien kommen im vierten Teil der Unterrichtssequenz implizit in den Fragen zur Reflexion erneut zum Tragen. Urbane Räume
bieten sich für diese Feldphasen an, da sie sich durch eine Verdichtung unterschiedlicher Lebensstile auszeichnen. Die Feldarbeit kann über Protokolle strukturiert werden,
welche die beiden Ebenen der Mikrologien, die objektbezogene Beschreibung und die
subjektbezogene Reflexion, zum Gegenstand haben (vgl. Infobox 9.4).

Es bietet sich an, neben Papier und Stift auch ein Smartphone zur Dokumentation
unterschiedlicher Spuren des Europäischen einzusetzen. Auf diese Weise lassen sich
niedrigschwellig sowohl Audioaufzeichnungen als auch Fotos und Videos anfertigen, die
zur nachträglichen Erstellung der phänomenologischen Beschreibungen dienen, diese
ersetzen oder auch ergänzen können.

Infobox 9.4: Vorschlag für einen Protokollbogen
1. Bildet Gruppen von drei bis vier Schüler*innen.
2. Streift in euren Gruppen durch den im Plenum vereinbarten Bereich eurer Stadt.
3. Beobachtet eure Umgebung aufmerksam: An welchen Orten, in welchen
   Situation und Gegenständen begegnen euch Spuren des europäischen
   Gedankens? Habt dabei vor allem euren Beobachtungsaspekt („Würde des
   Menschen", „Freiheit" …) im Blick.

---

[2] Hier wird der geteilte Wertehorizont der Europäischen Union als europäischer Gedanke verstanden. Die offizielle Selbstdarstellung der EU liefert Kategorien und prägnante Erläuterungen
hierzu (https://europa.eu/european-union/about-eu/eu-in-brief_de).

4. Dokumentiert die beobachteten Spuren mit Medien eurer Wahl (Stift und Papier, Foto, Video, Audio …) und versucht dabei das aus eurer Perspektive Besondere hervorzuheben.

5. Betrachtet gemeinsam die von euch gesammelten Spuren:
   - Beschreibt euch gegenseitig eure Beobachtungen,
   - erläutert eure Gedanken im Moment des Erlebens,
   - sucht nach gemeinsamen und außerordentlichen Spuren.

6. Formuliert in Betrachtung eurer gesammelten und dokumentierten Spuren des von euch untersuchten Beobachtungsaspekts gemeinsam Antworten auf die eingangs formulierte Leitfrage: Wie wird Europa bzw. der europäische Gedanke in meinem Alltag wahrnehmbar?

IV Abschluss: Zusammenführung der Ergebnisse und Reflexion

Das multimediale Material wird in einer abschließenden Arbeitsphase zur Auswertung der mikrologischen Untersuchungen in den Kleingruppen genutzt. Die Schüler*innen ziehen ihren Materialfundus heran, um Darstellungsformen für das jeweils Wahrgenommene zu finden, sodass die ursprünglich formulierten Ideen einer europäischen Wertegemeinschaft zur Darstellung gelangen. In einer Posterpräsentation oder einem Gallery Walk werden die Ergebnisse der Projekte vorgestellt und unter Bezug auf die den mikrologischen Untersuchungen vorangestellte Forschungsfrage diskutiert (vgl. Infobox 9.5).

Infobox 9.5: Impulse zur (Meta-)Reflexion

Reflexion der Streifzüge:
- Wie seid ihr bei der Beobachtung vorgegangen?
- Wie ist es euch bei der Beobachtung ergangen?
- Was hat euch aufmerken lassen? Was hat euch irritiert?
- Wie hat sich im Verlauf der Beobachtungen euer Blick auf euer Untersuchungsgebiet verändert?

Reflexion der Dokumentationen:
- Wie ist es euch im Austausch mit der Gruppe ergangen? Worin wart ihr euch einig, worüber habt ihr diskutiert?
- Wie seid ihr bei der Erstellung eures Posters vorgegangen?
- Wie hat sich durch den Austausch in der Gruppe und den Auftrag zur Erstellung des Posters euer Blick auf eure Beobachtungen des Umraums verändert?

Reflexion der inhaltlichen Auseinandersetzung:

- Welche eurer Erfahrungen im Verlauf der Projektarbeit sind persönlicher Art, welche habt ihr in der Gruppe geteilt?
- Wie hat sich im Verlauf der Beobachtungen sowie durch den Austausch in der Gruppe und den Auftrag zur Erstellung des Posters eure Vorstellung von Europa verändert?
- Wie wird Europa bzw. der europäische Gedanke in *unserem* Alltag wahrnehmbar?

Beitrag zum fachlichen Lernen

Der europäische Gedanke, wie er kulturhistorisch rekonstruiert, programmatisch expliziert und gesellschaftlich verhandelt wird, ist auch alltagsweltlich spür- und erlebbar. Aus phänomenologischer Perspektive befähigt der Unterrichtsbaustein Schüler*innen durch eine reflexive Auseinandersetzung mit dem sie umgebenden urbanen Raum, diesen Gedanken als konstituierenden Bestandteil ihres Alltagserlebens zu erkennen. In der Bestimmung von Kristallisationspunkten werden zugleich die geographischen Konzepte *space* und *place* im Sinne Tuans (s. o.) als Kategorien der Betrachtung von Raum vermittelt.

Kompetenzorientierung

- **Räumliche Orientierung:** S15 „anhand von [subjektiven Kartographien] […] erläutern, dass Räume stets selektiv und subjektiv wahrgenommen werden" (DGfG 2020: 18)
- **Erkenntnisgewinnung/Methoden:** S5 „problem-, sach- und zielgemäß Informationen im Gelände […] gewinnen" (ebd.: 20)
- **Kommunikation:** S5 „im Rahmen geographischer Fragestellungen die […] argumentative Qualität eigener und fremder Mitteilungen kennzeichnen und angemessen reagieren" (ebd.: 22)

Der Unterrichtsbaustein adressiert einen Kompetenzerwerb in den drei Dimensionen „Räumliche Orientierung", „Erkenntnisgewinnung/Methoden" und „Kommunikation". Die jeweiligen Standards ergeben sich einerseits aus dem fachlichen Anliegen einer problemorientierten Auseinandersetzung mit Alltagsvorstellungen von Schüler*innen zu Europa als Ausdruck subjektiver Kartographien sowie andererseits aus dem fachdidaktischen Anliegen, Erfahrungen im Gelände zum Ausgangspunkt der diskursiven Aushandlung individueller Erkenntnisprozesse zu machen.

Klassenstufe und Differenzierung

Der Unterrichtsbaustein ist für die Klassenstufen 10–13 konzipiert. Darüber hinaus sind mehrere Möglichkeiten zur Differenzierung angelegt. Zum einen erlaubt es der erlebensorientierte Zugang zum Unterrichtsgegenstand Schüler*innen, sich „ *places of* *europe"* über das eigene Erleben entlang einer subjektorientierten Forschungsmethode zu nähern. Damit berücksichtigt der Feldzugang per se bereits individuelle Sichtweisen und Aufmerksamkeitsschwerpunkte der Schüler*innen und schätzt diese wert. Zugleich lassen sich sowohl eigene Vorerfahrungen von Schüler*innen als auch der Zeitbedarf vor Ort usw. individuell bei der Planung der Feldarbeit berücksichtigen. Zum anderen liegt in der Wahlmöglichkeit der Dokumentationspraktiken zur Artikulation des vor Ort Erlebten eine Möglichkeit der Differenzierung begründet, indem bspw. Methoden der und Medien zur Darstellung von den Schüler*innen selbst gewählt werden können. Neben der Verschriftlichung des sinnlich Erfahrenen bieten sich bspw. Kurzfilme, Kartographien, Zeichnungen oder Fotodokumentationen an.

Räumlicher Bezug
Urbaner Raum

Konzeptorientierung
Deutschland: Maßstabsebenen (lokal, regional, national, international, global), Raumkonzepte (Raum als Container, Beziehungsraum, wahrgenommener Raum, konstruierter Raum)
Österreich: Raumkonstruktion und Raumkonzepte, Regionalisierung und Zonierung, Diversität und Disparität, Maßstäblichkeit, Wahrnehmung und Darstellung, Kontingenz
Schweiz: Lebensweisen und Lebensräume charakterisieren (2.2a, 2.2b)

9.4 Transfer

Der aus der phänomenologischen Perspektive entwickelte methodische Ansatz der mikrologischen Untersuchung lässt sich bei entsprechender Modifikation auf alle fachwissenschaftlichen Inhaltsbereiche übertragen, die sich lebensweltlich materialisieren, wie z. B. Strukturwandel im urbanen und/oder ländlichen Raum, soziale Segregation oder Migration. Entscheidend für einen Erkenntnisgewinn unter Einbeziehung mikrologischer Untersuchungen ist, dass die Dokumentation und dichte Beschreibung von individuellen Beobachtungen und Erlebnissen Objektivierung erfahren. Hierfür ist (Meta-)Reflexion im dialogischen Austausch zum Verhältnis von Erlebtem, Empfundenem und dessen Einordnung unbedingt erforderlich.

Verweise auf andere Kapitel
- Dickel, M.: *Perspektivenwechsel. Sozialkatastrophe – Hurricans.* Band 1, Kap. 6.
- Frenzel, P. & Bruzzi, G.: *Entdeckendes und forschendes Lernen. Erdgeschichte – Geologie und Paläontologie.* Band 1, Kapitel 3.
- Jahnke, H. & Bohle, J.: *Raumkonzepte. Grenzen – Europas Grenzen.* Band 2, Kap. 12.
- Janßen, H. & Raschke, N.: *Außerschulische Lernorte. Ressourcen und Strukturwandel – Braunkohle.* Band 1, Kap. 24.

- Meurel, M., Lindau, A.-K. & Hemmer, M.: *Exkursionsdidaktik. Stadtentwicklung – Gentrifizierung*. Band 2, Kap. 1 08.
- Nöthen, E. & Klinger, T.: *Ästhetische Bildung. Mobilität – Freizeitgeographien*. Band 2, Kap. 16.
- Schreiber, V.: *Kritisches Kartieren. Stadtentwicklung – Ungleichheit in Städten*. Band 2, Kap. 06.

Literatur

Deutsche Gesellschaft für Geographie (DGFG) (2020). *Bildungstandards im Fach Geographie für den mittleren Schulabschluss*. Berlin: Deutsche Gesellschaft für Geographie.

Eberth, A. (2019). *Jugendliche in den Slums von Nairobi. Eine geographiedidaktische Studie zum kritisch-reflexiven Umgang mit Raumbildern*. Transcript.

Englert, L. (2017). *Pulse of Europe: Für Europa auf die Straße*. https://www.clickit-magazin.de/pulse-of-europe-fuer-europa-auf-die-strasse/. Zugegriffen: 28. Febr. 2021.

Gebhardt, H. (2013). Kapitel 4: Europa als territoriales Projekt – Raumbilder und räumliche Ordnungen. In H. Gebhardt, R. Glaser, & S. Lentz (Hrsg.), *Europa – Eine Geographie* (S. 187–246). Springer.

Hasse, J. (2017). *Die Aura des Einfachen. Mikrologien räumlichen Erlebens*. Karl Alber.

Heineberg, H. (2007). *Einführung in die Anthropogeographie/Humangeographie*. Schöningh.

Luckner, A. (2010). Phänomenologien der Erfahrung. *Philosophische Rundschau, 57*(1), 70–83.

Manz, K. (2015). Sichtbares und Unsichtbares. RaumBilder und Stadtplanung – Ein Perspektivenwechsel. In A. Schlottmann & J. Miggelbrink (Hrsg.), *Visuelle Geographien. Zur Produktion, Aneignung und Vermittlung von RaumBildern* (S. 133–145). Transcript.

Nöthen, E. (2016). Aesthetic Mapping – Reflexion ästhetischen Raumerlebens am Beispiel von Werken des Künstlers Franz Ackermann. In I. Gryl (Hrsg.), *Diercke – Reflexive Kartenarbeit. Methoden und Aufgaben* (S. 201–207). Westermann.

Pettig, F. (2016). Mapping – Möglichkeitsräume erfahren. An- und Aufsichten im Geographieunterricht am Beispiel Berlins. In I. Gryl (Hrsg.), *Diercke – Reflexive Kartenarbeit. Methoden und Aufgaben* (S. 194–198). Westermann.

Pettig, F. (2019). *Kartographische Streifzüge. Ein Baustein zur phänomenologischen Grundlegung der Geographiedidaktik*. Transcript.

Pulse of Europe e. V. (o. J.). *Über uns*. https://pulseofeurope.eu/ueber-uns/. Zugegriffen: 28. Febr. 2021.

Reuber, P. (2014). Territorien und Grenzen. In J. Lossau, T. Freytag, & R. Lippuner (Hrsg.), *Schlüsselbegriffe der Kultur- und Sozialgeographie* (S. 182–195). Ulmer.

Rovnyi, I., & Bachmann, V. (2012). Reflexive geographies of Europeanization. *Geography Compass, 6*(5), 260–274.

Scharr, K. (2013). Die lange Dauer von Raumbildern in der österreichischen (Schul-)Kartographie: Das Beispiel Südtirol. *GW-Unterricht, 36*(129), 29–38.

Schultz, H.-D. (2003). Welches Europa soll es denn sein? Anregungen für den Geographieunterricht. *Internationale Schulbuchforschung, 25*(3), 223–256.

Schultz, H.-D. (2013). Grenzen. In M. Rolfes & A. Uhlenwinkel (Hrsg.), *Metzler-Handbuch 2.0 Geographieunterricht. Ein Leitfaden für Praxis und Ausbildung* (S. 326–332). Westermann.

Teufel, N. (2015). Von den Wunden der Geschichte zu den Laboren für das neue Europa? *Praxis Geographie, 45*(11), 10–17.

Topçu, Ö. (2020). Bosporus-Punk. https://www.zeit.de/2020/53/tuerkei-eu-sanktionen-recep-tayyip-erdogan-gasstreit-menschenrechte. Zugegriffen: 28. Febr. 2021.

Tuan, Y.-F. (1997). Space and place: Humanistic perspective. In S. Gale & G. Olsson (Hrsg.), *Philosophy in geography* (S. 387–427). Reidel.

Uhlenwinkel, A. (2013a). Geographical concept: Place. In M. Rolfes & A. Uhlenwinkel (Hrsg.), *Metzler-Handbuch 2.0 Geographieunterricht. Ein Leitfaden für Praxis und Ausbildung* (S. 182–188). Braunschweig: Westermann.

Uhlenwinkel, A. (2013b). Geographical concept: Space. In M. Rolfes & A. Uhlenwinkel (Hrsg.), *Metzler-Handbuch 2.0 Geographieunterricht. Ein Leitfaden für Praxis und Ausbildung* (S. 189–195). Braunschweig: Westermann.

Waldenfels, B. (2002). *Bruchlinien der Erfahrung. Phänomenologie, Psychoanalyse, Phänomenotechnik* (2. Aufl.). Suhrkamp.

Zandonella, B. (2007). *Pocket Europa. EU-Begriffe und Länderdaten* (2. Aufl.). Bundeszentrale für politische Bildung.

Wie bekomme ich den Fall in den Griff?

10

Das didaktische Strukturgitter als Planungshilfe für raumordnungspolitische „Fälle" im Unterricht

Detlef Kanwischer und Melanie Lauffenburger

▶ **Teaser** Raumordnung ist ein Thema, das uns alle betrifft – Lehrkräfte und Schüler*innen gleichermaßen. Die Medien berichten täglich über Raumordnungsprobleme, wie z. B. Infrastruktur von Räumen (mit Folgen für Arbeitslosigkeit, Wohnungsbau, Wirtschaftsaktivität etc.), Landschaftszersiedlung oder Verkehrsprojekte. Der Geographieunterricht muss den Schüler*innen das Rüstzeug an die Hand geben, um an raumplanerischen Prozessen gestaltend mitwirken zu können. Es stellt sich jedoch die Frage, wie eine Umsetzung dieser Aufgabe im Unterricht möglich ist. Hierfür bietet sich das didaktische Strukturgitter an, das inhaltliche und didaktische Ebenen verknüpft.

10.1 Fachwissenschaftliche Grundlage: Raumplanung – Bürger*innenbeteiligung

Wie soll ein Raum genutzt werden? Das ist die Mutter aller raumplanerischer Fragen und raumordnungspolitischer Auseinandersetzungen. Hierbei legt in Deutschland das Raumordnungsgesetz (ROG) den rechtlichen Rahmen fest, in dem auch das Mehrebenensystem der Raumplanung festgeschrieben ist. Die Abb. 10.1 verdeutlicht die

D. Kanwischer (✉) · M. Lauffenburger
Institut für Humangeographie, Goethe-Universität Frankfurt, Frankfurt am Main, Deutschland
E-Mail: kanwischer@geo.uni-frankfurt.de

M. Lauffenburger
E-Mail: Lauffenburger@geo.uni-frankfurt.de

I. Gryl et al. (Hrsg.), *Geographiedidaktik*, https://doi.org/10.1007/978-3-662-65720-1_10

rechtlichen Grundlagen, Planungsinstrumente und materiellen Inhalte der unterschiedlichen Planungsebenen.

Auf der obersten Ebene werden im Raumordnungsgesetz (ROG) u. a. die Kern-
elemente der Raumordnung wie z. B. Gleichwertigkeit der Lebensverhältnisse und
Nachhaltigkeit formuliert. In der Ministerkonferenz für Raumordnung (MKRO) werden
die Leitbilder und Handlungsstrategien für die Raumentwicklung in Deutschland
abgestimmt. 2016 hat die MKRO (2016) folgende Leitbilder verabschiedet:

- Wettbewerbsfähigkeit stärken
- Daseinsvorsorge sichern
- Raumnutzungen steuern und nachhaltig entwickeln
- Klimawandel und Energiewende gestalten
- Digitalisierung (kam ergänzend 2017 dazu)

Die praktische Umsetzung der Leitbilder wird im Rahmen von konkreten Planungsvor-
haben auf den nachgeordneten Ebenen, wie z. B. Landes-, Regional- und Kommunal-
planung, auf ihre Umsetzbarkeit geprüft. Das Gegenstromprinzip verfolgt hierbei
das Ziel, die räumlichen Gegebenheiten und Erfordernisse von der Bundes- bis zur
Kommunalebene zu berücksichtigen. In diesem Kontext gewährleistet das Subsidiari-
tätsprinzip, dass Entscheidungskompetenzen auf der betroffenen Ebene liegen und übergeordnete Ebenen nur unterstützend eingeschaltet werden, wenn das Problem nicht
gelöst werden kann. Einfluss auf dieses System haben raumbedeutsame Fachplanungen
und -politiken, wie z. B. Verkehr und Energie. Die Europäische Union ist zwar nicht
direkt in das System eingebunden, wirkt aber durch Gesetze und Verordnungen, wie
z. B. die Richtlinie zur Umweltprüfung, auf die bundesdeutsche Raumplanung ein. Einen
konkreten Einfluss haben die Träger öffentlicher Belange (TÖB), wie z. B. Energie-
versorger, Umweltverbände und Sozialverbände, sowie die Bürger*innen im Zuge der
gesetzlich festgeschriebenen Beteiligung (Danielzyk & Münter, 2018; Diller, 2018).

Bezüglich der Beteiligung von TÖB und Bürger*innen an räumlichen Planungsprozessen wird zwischen formellen und informellen Verfahren differenziert. Steht die
Veränderung einer Flächennutzung zur Diskussion, z. B. aufgrund städtebaulicher
Erschließungen, so sind die TÖB und Bürger*innen laut § 3 Baugesetzbuch formell
möglichst frühzeitig einzubinden, um ihnen die Möglichkeit zu geben, Stellungnahmen
in den Planungsprozess einzubringen. Informell kann die Meinung der Bürger*innen
über Bürgerdialoge oder Workshops eingeholt werden. Heutzutage spielen digitale
Befragungen und Formate wie Bürger*innenbeteiligungsportale bei der Beteiligung der
Öffentlichkeit eine zunehmende Rolle.

Die skizzierten Strukturen und Prozesse der Raumplanung und -ordnung sind äußerst
komplex. In der Infobox sind einige Unterrichtsfragen aufgelistet, die Bezug nehmen zu
den vorgestellten Planungsebenen, Akteuren, Leitbildern, konkurrierenden Interessen
und Beteiligungsverfahren.

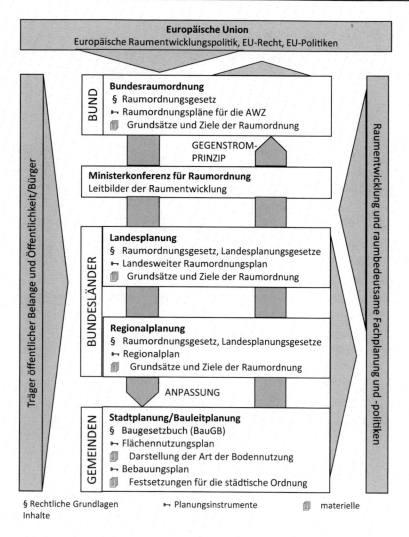

Abb. 10.1 Das Mehrebenensystem der räumlichen Gesamtplanung in Deutschland (Raumplanung im engeren Sinne). (Eigene Darstellung nach Danielzyk & Münter, 2018: 1935)

Infobox 10.1

Die Schemata der Planungsebenen und des Planungsprozesses können für den Unterricht anwendbar gemacht werden, indem daraus ein Fragenkatalog abgeleitet wird:

Vorbereitung des Verfahrens
- Welches raumordnungspolitische Problem soll gelöst werden?
- Handelt es sich um eine allgemeine Problemlage (z. B. Küstenschutz, Agrarstruktur oder Infrastruktur) oder um ein Einzelproblem (z. B. Bau einer Talsperre oder Autobahn)?
- Wer ist zuständig?
- Wer finanziert?
- Gibt es eine Übereinstimmung mit übergeordneten Leitbildern?
- Gibt es eine Konkurrenz zwischen Leitbildern (z. B. Wirtschaftsförderung kontra Landschaftsschutz)?
- Welche vorhersehbaren Probleme und Konflikte gibt es in der Planung und Durchführung?
- Wie werden die Bürger*innen formell und informell in das Verfahren eingebunden?
- Welche absehbaren und nicht beabsichtigten Nebenfolgen können auftreten?

Durchführung des Verfahrens
- Wer ist der*die Planungsträger*in?
- Welche Hierarchieebenen und Abstimmungsnotwendigkeiten müssen berücksichtigt werden?
- Wer sind die Träger*innen öffentlicher Belange und wie stehen sie zur Sache? (TöB-Beteiligung)
- Welche Verfahrensdauer ist angestrebt?
- Welche Verfahrenshindernisse (z. B. Bedenken, Klagen, konkurrierende Planungen) können auftreten?
- Gibt es Lösungsalternativen?
- Gibt es eine Abwägung zwischen Lösungsalternativen?
- Wie ist die methodische Vorgehensweise bei der Abwägung zwischen Lösungsalternativen?
- Wird das Verfahren von Planungsträger*innen formell korrekt durchgeführt?

Evaluation des Verfahrens
- Wurden die Ziele erreicht und das Problem gelöst?
- Welche unbeabsichtigten Nebenfolgen sind aufgetreten?
- Welche Folgen haben die unbeabsichtigten Nebenfolgen?
- Wurde der Finanzierungsplan eingehalten?

- Wie sieht es mit der Verhältnismäßigkeit zwischen Zeitdauer, Mitteleinsatz und Zielerreichung aus?
- Ist das Verfahren von Planungsträger*innen formell korrekt durchgeführt worden?
- Was ist schiefgelaufen (Pleiten, Pech und Pannen)?

(Quelle: verändert nach Kanwischer, 2004: 270)

Weiterführende Leseempfehlung
Diller, C. (2018). Raumordnung. In ARL – Akademie für Raumforschung und Landesplanung (Hrsg.), *Handwörterbuch der Stadt- und Raumentwicklung* (S. 1889–1900). Hannover: Verlag der ARL.

Problemorientierte Fragestellungen
- Welche Interessenkonflikte können bei konkreten Raumplanungsverfahren zwischen bestimmten Akteursgruppen und Planungsebenen entstehen?
- Wie werden die analogen und digitalen Möglichkeiten der formellen und informellen Beteiligung von Bürger*innen in konkreten Raumplanungsverfahren realisiert?

10.2   Fachdidaktischer Bezug: Strukturgitter

Der Ansatz des didaktischen Strukturgitters wurde Anfang der 1970er-Jahre im Zuge von Reformbestrebungen in die geographiedidaktische Diskussion eingebracht. Da der Ansatz schon über 50 Jahre alt ist, stellt sich die Frage: „Oldie but Goodie?" Die Antwort ist differenziert. Zudem kann an dieser Stelle die Debatte um didaktische Strukturgitter nur fragmentarisch skizziert werden.

Der Strukturgitter-Ansatz wurde im Zuge der damaligen bildungspolitischen Diskussionen entwickelt. Im Kern ging es darum, das Spannungsfeld „von theoretischer Auseinandersetzung um grundlegende didaktische Fragen einerseits (vgl. Blankertz, 1969) und der Lösung praktischer didaktischer Probleme im Kontext bildungspolitischer Reformmaßnahmen andererseits" (Kell, 1995: 585) im Hinblick auf eine Curriculumrevision zu diskutieren. Hierfür wurden Gitter im Sinne einer Tabelle bzw. Matrix entwickelt, welche die „relevanten fachwissenschaftlichen Strukturen sowie die an solche Strukturen heranzutragenden gesellschaftlichen und subjektiven […] Gesichtspunkte erfaßt" (Kell, 1995: 584). Es ist in den 1970er-Jahren eine Reihe von fachspezifischen Strukturgittern entstanden. Auch die Geographiedidaktik hat sich intensiv mit der Thematik auseinandergesetzt (Kroß, 1979), aber den Ansatz seit den 1980er-Jahren nicht mehr weiterverfolgt. Dies lag insbesondere an der problematischen praktischen Umsetzung des Ansatzes. Aus geographiedidaktischer Sicht fasst Daum (1980: 6 f.) die Kritik wie folgt zusammen: „Wer freilich von dem Ansatz eine unmittelbar unterrichtspraktische Auswirkung erwartet, befindet sich auf dem Holzweg. Zwischen der Konstruktion von Strukturgittern und der Planung von konkretem Unterricht klafft eine Lücke, die Welten voneinander trennt. […] Im Übrigen sind die geographiedidaktischen Strukturgitter durchweg auf einer hochabstrakten Ebene verblieben". Von der Kritik Daums (1980) explizit ausgenommen ist der Ansatz von Rhode-Jüchtern (1977), den wir im Folgenden vorstellen.

Wenn ein konkretes Thema oder raumordnungspolitischer Fall im Unterricht behandelt wird, dann ist es unmöglich, ihn in all seinen Facetten zu behandeln. Zweckmäßig für die Planung des Unterrichts ist es aber, sich einen Überblick über die möglichen Aspekte, die im Unterricht behandelt werden könnten, zu verschaffen. Einen Vorschlag zur Strukturierung von komplexen Fällen aller Art ist der Ansatz von Rhode-Jüchtern (1997: 340), der sein didaktisches Strukturgitter als „ein praktisches Instrument für Unterrichtsplanung und -legitimation" versteht (vgl. Abb. 10.2).

In der linken Spalte des Strukturgitters sind gesellschaftsrelevante Kriterien, die in Wechselwirkung stehen, aufgelistet. Diese Kriterien spiegeln Themen wider, die jeweils im Rahmen einer Unterrichtseinheit bzw. eines raumordnungspolitischen Falles exemplarisch im Unterricht behandelt werden können. Eine ausführliche Begründung der Auswahl der Kriterien kann bei Rhode-Jüchtern (1977) nachgelesen werden. Anhand dieser Checkliste wird eine fachwissenschaftliche Schwerpunktsetzung festgelegt. Wenn dies erfolgt ist, besteht durch die zweite Dimension des Strukturgitters die Möglichkeit zu bestimmen, mit welchem Anspruchsniveau die Schüler den fachwissenschaftlichen Schwerpunkt bearbeiten sollen: beschreibend, analytisch oder bewertend (entsprechend dem Dreischritt sehen, urteilen, handeln). „Diese vier Setzungen, die wohlgemerkt nicht logisch ableitbar, sondern nur begründbar sind, lassen sich als geographische Fragerichtungen umgangssprachlich übersetzen: ‚Was ist, wo und für wen ist es, warum entwickelt es sich so und nicht anders, wie sollte es sich entwickeln und was wäre dazu nötig?'" (Rhode-Jüchtern, 1977: 341). Im Rahmen der Unterrichtsplanung können ausgewählte Zellen der Matrix mit Zahlen z. B. von 1 bis 6 gekennzeichnet werden. Hierbei

Thema bzw. raumordnungspolitischer Fall		Didaktische Kriterien		
		beschreibend	analytisch	bewertend
Gesellschaftstheoretisch angeleitete fachwissenschaftliche Kriterien	*Wirtschaft und Produktion*			
	Arbeit			
	Technologie			
	Auseinandersetzung Mensch – Natur			
	Raumstruktur und Ressourcenverfügbarkeit			
	Soziale Struktur/ Disparitäten			
	Regionale Struktur/ Disparitäten			
	Konkurrenz verschiedener Leitbilder			
	Verfahren und Politik			
	System und Struktur			
	Politik machen			
	Konflikte			

Abb. 10.2 Didaktisches Strukturgitter (verändert nach Rhode-Jüchtern, 1977)

steht z. B. 1 für die Einführungsphase, 2 bis 5 für die Erarbeitungsphase und 6 für die abschließende Ergebnissicherung der Unterrichtseinheit. Damit wird festgelegt, welche Aspekte überhaupt bearbeitet werden, um ein Thema bzw. einen Fall zu ordnen, und wo Prioritäten gesetzt werden. Gleichwohl bleiben die „jeweils zurücktretenden möglichen Kriterien der Strukturierung eines Themenstichworts im Horizont der Fachdidaktik Geographie erhalten. Niemand kommt mehr in die Verlegenheit, ganze Dimensionen eines Themas zu „vergessen oder zu verdrängen" (Rhode-Jüchtern, 1977: 342). Im nachfolgenden Unterrichtsbaustein wird die praktische Anwendung des didaktischen Strukturgitters verdeutlicht.

Weiterführende Leseempfehlung
- Rhode-Jüchtern, T. (1977). Didaktisches Strukturgitter für die Geographie in der Sekundarstufe II. Ein praktisches Instrument für Unterrichtsplanung und -legitimation. *Geographische Rundschau* 10, S. 340–343.
- Rhode-Jüchtern, T. (2015). Kreative Geographie. Frankfurt/Main: Wochenschauverlag, S. 490–501.

Bezug zu weiteren fachdidaktischen Ansätzen
Forschendes/entdeckendes Lernen, Spatial Citizenship, Partizipation/Activist Citizenship

---

10.3 Unterrichtsbaustein: Der raumordnungspolitische Fall Frankfurt Nordwest – der neue Stadtteil der Quartiere?

Die Stadt Frankfurt am Main wächst, bezahlbarer Wohnraum ist knapp. Schätzungen zufolge fehlen bis 2030 rund 90.000 Wohnungen. Um dem Wohnraummangel entgegenzuwirken, reichen die Nachverdichtung der Innenstadt sowie die Umwidmung von Konversionsflächen in Wohnquartiere nicht aus. Daher lässt die Stadt seit 2017 prüfen, ob im Nordwesten Frankfurts nach § 165 Baugesetzbuch die Voraussetzungen für eine städtebauliche Entwicklungsmaßnahme gegeben sind. Die Idee: Auf einer bislang überwiegend landwirtschaftlich genutzten Fläche von insgesamt 550 Hektar sollen bis zu 12.000 Wohnungen für ca. 30.000 Personen, Parks und Plätze, Schulen und Kindertagesstätten, Geschäfte sowie ein breites Angebot für Sport- und Freizeitaktivitäten geschaffen werden. Größte Herausforderung dabei ist die Bundesautobahn A5, die das Gebiet mit insgesamt acht Fahrspuren in einen westlichen und einen östlichen Teil trennt. Neben rechtlichen, städtebaulichen und ökologischen Aspekten galt es in der Planung insbesondere die Visionen, Wünsche und Ideen der Frankfurter Bürger*innen zu berücksichtigen, die im Vorfeld in Workshops ermittelt worden waren. Die Entscheidung darüber, ob und wenn ja, was auf dem Untersuchungsgebiet tatsächlich passierte, hat die Stadtverordnetenversammlung Ende 2021 getroffen. Wenngleich die Entscheidung über eine städtebauliche Erschließung des Areals im Frankfurter Nordwesten politischen Entscheidungsträger*innen obliegt, betreffen solche raumordnungspolitischen Fälle Bürger*innen aller Altersklassen. Für Schüler*innen werden Herausforderungen

und Risiken sowie Auswirkungen und Chancen räumlicher Planungsprozesse greif-
bar, nachvollziehbar und „erlebbar". Gleichzeitig werden Möglichkeiten der formellen
und informellen Beteiligung deutlich. Fokussiert auf die Wechselbeziehungen
zwischen Natur und Gesellschaft bietet sich ein Einstieg über regionale Strukturen
und verfügbare Ressourcen an. Alternative „Aufhänger" stellen gesellschaftspolitische
Herausforderungen wie z. B. der Mangel an bezahlbarem Wohnraum oder Gentrifizierungsprozesse dar. Der nachfolgende Unterrichtsbaustein zeigt am Beispiel
von Frankfurt Nordwest exemplarisch, wie das didaktische Strukturgitter für die Planung
und Analyse von Unterricht eingesetzt werden kann, um komplexe raumordnungspolitische Fälle im Geographieunterricht „in den Griff zu bekommen" (Abb. 10.3).

Phase 1: Einstieg und Problematisierung
Um einen Überblick über das Untersuchungsgebiet zu erhalten, bietet sich ein karten-
basierter Einstieg an. Anhand von Luftbildern lassen sich die überwiegend landwirt-
schaftliche Nutzung in Bezug auf die Auseinandersetzung Mensch – Natur (1) sowie die
Zweiteilung der Fläche entlang der Bundesautobahn A5 deskriptiv erschließen (siehe
Abb. 10.4 und 10.5).

Mittels der interaktiven RegioMap des Regionalverbands FrankfurtRheinMain
(2021), die u. a. über den regionalen Flächennutzungsplan verfügt, lassen sich in einem
zweiten Schritt die regionale Raumstruktur und die Ressourcenverfügbarkeit beschreiben
(2) und analysieren (3) (siehe Abb. 10.6).

Phase 2: Erarbeitung
Die Erarbeitungsphase widmet sich der Frage, inwiefern sich das vorgesehene Gebiet im
Frankfurter Nordwesten zur Erschließung als neuer „Stadtteil der Quartiere" eignet. Im

Thema: **Frankfurt Nordwest – neuer Stadtteil der Quartiere?**		Didaktische Kriterien		
		beschreibend	analytisch	bewertend
Gesellschaftstheoretisch angeleitete fachwissenschaftliche Kriterien	*Wirtschaft und Produktion*			
	Arbeit			
	Technologie			
	Auseinandersetzung Mensch – Natur	1		
	Raumstruktur und Ressourcenverfügbarkeit			
	Soziale Struktur/ Disparitäten			
	Regionale Struktur/ Disparitäten	2	3	
	Konkurrenz verschiedener Leitbilder			
	Verfahren und Politik			
	System und Struktur		4	
	Politik machen		5	
	Konflikte			6

Abb. 10.3 Didaktisches Strukturgitter zum Fallbeispiel Frankfurt Nordwest (die Ziffern in den Zellen markieren die inhaltlichen und didaktischen Schwerpunkte der einzelnen Unterrichtsphasen)

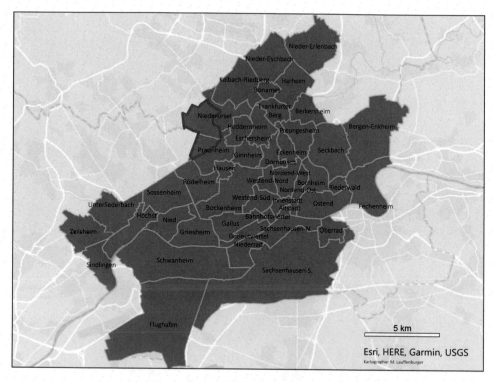

Abb. 10.4 Die Lage des Untersuchungsgebiets in Frankfurt am Main (Bildquelle: Earthstar Geographics, Frankfurt a. M., Bürgeramt Statistik und Wahlen, ESRI, HERE, Garmin)

Fokus steht hierbei die Auseinandersetzung mit dem formellen Verfahren als politische Aushandlungs- und Entscheidungsprozesse (4). Ausgehend von einem Exkurs zur Stadtentwicklung Frankfurts und dem akuten Mangel an bezahlbarem Wohnraum wird das formale Verfahren räumlicher Planungsprozesse über die Legitimation und die Partizipationsmöglichkeiten für Bürger*innen sowie die Auswirkungen auf Mensch und Umwelt im urbanen Raum beleuchtet und anhand des Fallbeispiels und der regionalen Gegebenheiten konkretisiert (5). Die Webseite des Stadtplanungsamts informiert umfassend über die Schritte des Planfeststellungsverfahrens und auf der Bürger*innen-beteiligungsplattform „Frankfurt fragt mich" können die Interessen der beteiligten Akteur*innen analysiert werden (Stadt Frankfurt am Main, 2021).

Phase 3: Ergebnisdiskussion und Reflexion
Vor dem Hintergrund der Analysen aus der Erarbeitungsphase werden abschließend Konflikte zwischen einzelnen Interessengruppen diskutiert, reflektiert und unterschied-liche Handlungsalternativen gegeneinander abgewogen (6).

Beitrag zum fachlichen Lernen
Täglich werden wir in unserer direkten Lebenswelt mit dem Thema Raumordnung konfrontiert: Der Bau einer neuen Straße oder die Ausweisung eines neuen Bau-

Abb. 10.5 Das Untersuchungsgebiet Frankfurt Nordwest (Bildquelle: Earthstar Geographics, Frankfurt a. M., Bürgeramt Statistik und Wahlen, ESRI, HERE, Garmin)

gebietes sind nur zwei Beispiele. Um die Entscheidungen und Interessenkonflikte der ausführenden Organe, sonstiger Entscheidungsträger und Betroffener zu verstehen, müssen die Hintergründe, Ziele und Instrumente der Raumordnung erkannt werden. Da die Schüler*innen die handelnden Akteure von morgen (in manchen Fällen auch von heute) sind, muss das entsprechende Bewusstsein für räumliche Zusammenhänge, deren Ordnung und Gestaltungsmöglichkeiten geschaffen sowie die Fähigkeiten zur Partizipation in Web 2.0-basierten, diskursiven Online-Umgebungen gefördert werden.

Kompetenzorientierung

- **Erkenntnisgewinnung/Methoden:** S4 „problem-, sach- und zielgemäß Informationen aus geographisch relevanten Informationsformen/-medien auswählen" (DGfG 2020: 20).
- **Kommunikation:** S6 „an ausgewählten Beispielen fachliche Aussagen und Bewertungen abwägen und in einer Diskussion zu einer eigenen begründeten Meinung und/oder zu einem Kompromiss kommen […]" (ebd.: 23)

Abb. 10.6 Das Untersuchungsgebiet Frankfurt Nordwest in der interaktiven RegioMap (Regional-verband FrankfurtRheinMain, 2021)

- **Beurteilung/Bewertung:** S2 „geographische Kenntnisse und die o. g. Kriterien anwenden, um ausgewählte geographisch relevante Sachverhalte, Ereignisse, Probleme und Risiken […] zu beurteilen" (ebd.: 24)
- **Handlung:** S8 „fachlich fundiert raumpolitische Entscheidungsprozesse nachzuvollziehen und daran zu partizipieren […]" (ebd.: 28)

Im Unterrichtsbaustein werden sowohl die Methoden- als auch die Kommunikations-, Bewertung- und Handlungskompetenz adressiert. Schwerpunktmäßig wird der Kompetenzbereich *Handlung* thematisiert. Durch die Auseinandersetzung mit einem konkreten raumordnungspolitischen Fall werden insbesondere die Fähigkeiten geschult, raumpolitische Entscheidungsprozesse zu analysieren sowie sich daran zu beteiligen.

Klassenstufe und Differenzierung

Aufgrund der Komplexität raumordnungspolitischer Fälle adressiert der Unterrichtsbaustein Schüler*innen zum Ende der Sekundarstufe I (Klasse 10). Aber auch für jüngere Klassenstufen ist die Auseinandersetzung mit (regionalen) räumlichen Planungsprozessen lohnenswert, sofern diese ausgehend von einer Lerngruppenanalyse didaktisch reduziert und altersgerecht aufgearbeitet werden. Im Zuge der Binnendifferenzierung eignet sich der Einsatz von Erklärvideos von der Webseite des Ministeriums des Innern und für Heimat, die die komplexen Prozesse anschaulich erläutern (BMI, 2021). Einen spielerischen Zugang zu räumlichen Planungsprozessen, der sich insbesondere für die Jahrgangsstufen 5 und 6 eignet, schaffen digitale Welten wie z. B. „Minecraft", in denen

Räume aus digitalen Legosteinen nach individuellen Vorstellungen gestaltet und bebaut werden können..

Räumlicher Bezug
Rhein-Main-Gebiet, lokal, regional

Konzeptorientierung
Deutschland: Mensch-Umwelt-System (menschliches (Teil-)System, natürliches (Teil-) System), Systemkomponenten (Struktur, Funktion, Prozess), Maßstabsebenen (lokal, regional)
Österreich: Nachhaltigkeit und Lebensqualität, Interessen, Konflikte und Macht, Mensch-Umwelt-Beziehungen
Schweiz: Lebensweisen und Lebensräume charakterisieren (2.3), Mensch-Umwelt-Beziehungen analysieren (3.3), sich in Räumen orientieren (4.2)

10.4 Transfer

Das didaktische Strukturgitter nach Rhode-Jüchtern (1977) kann als ein Metakonzept für die Unterrichtsplanung angesehen werden, das nahezu für jedes Themengebiet mit jeweils unterschiedlicher inhaltlicher Gewichtung angewendet werden kann. Unter den normalen Bedingungen des Schulalltags ist es für eine Lehrkraft unmöglich, alle Aspekte eines Themas zu behandeln – ganz zu schweigen von den Bergen an Material, die gesichtet, ausgewählt und aufbereitet werden müssten. Durch die Verknüpfung von gesellschaftstheoretisch angeleiteten fachwissenschaftlichen Kriterien (senkrecht) und didaktischen Kriterien (waagerecht) kann das Strukturgitter einen hilfreichen Dienst zur Strukturierung und Transparentmachung von Unterrichtsthemen leisten: Vor dem Hintergrund der möglichen Aspekte können im Sinne des exemplarischen Lernens die eigenen Schwerpunkte festgelegt (oftmals im Abgleich mit zur Verfügung stehenden Materialien) und eine Unterrichtseinheit entwickelt werden, an der geographische Fähigkeiten, Grundbegriffe und Regeln erarbeitet werden. Zudem spricht auch nichts dagegen, weitere theoretisch begründbare fachwissenschaftliche und didaktische Kriterien in die Matrix aufzunehmen.

Verweise auf andere Kapitel
- Borukhovich-Weis, S., Gryl, I. & Lehner, M.: *Innovativität. Öffentlicher Stadtraum – Recht auf Stadt.* Band 2, Kap. 7.
- Budke, A., Kuckuck, M. & Engelen, E.: *Argumentation. Raumnutzungskonflikte – Windkraft.* Band 2, Kap. 21.
- Fögele, J. & Mehren, R.: *Basiskonzepte. Stadtentwicklung – Transformation von Städten.* Band 2, Kap. 4.

- Meurel, M., Lindau, A.-K. & Hemmer, M.: *Exkursionsdidaktik. Stadtentwicklung – Gentrifizierung.* Band 2, Kap. 8.
- Mittrach, S. & Dorsch, C.: *Mündigkeitsorientierte Bildung. Kultur der Digitalität – Smart Cities.* Band 2, Kap. 28.
- Schreiber, V.: *Kritisches Kartieren. Stadtentwicklung – Ungleichheit in Städten.* Band 2, Kap. 6.

Danksagungen Das diesem Beitrag zugrunde liegende Vorhaben wurde mit Mitteln des Bundesministeriums für Bildung und Forschung unter dem Förderkennzeichen 16DHB3003 gefördert. Die Verantwortung für den Inhalt dieser Veröffentlichung liegt bei den Autoren.

Literatur

Blankertz, H. (1969). *Theorien und Modelle der Didaktik.* Juventa-Verlag.

Bundesministerium des Innern, für Bau und Heimat (BMI) (2021). Raumordnung und -entwicklung: Was ist das eigentlich? https://www.bmi.bund.de/DE/themen/heimat-integration/raumordnung-raumentwicklung/grundlagen/was-ist-das/was-ist-das-node.html. Zugegriffen: 27. Juli 2021.

Danielzyk, R., & Münter, A. (2018). Raumplanung. In ARL – Akademie für Raumforschung und Landesplanung (Hrsg.), *Handwörterbuch der Stadt- und Raumentwicklung* (S. 1931–1942). Verlag der ARL.

Daum, E. (1980). Didaktische Neuorientierung als Schicksal? Zur Diskussion um geographiedidaktische Strukturgitter. *Geographische Rundschau, 32,* 341–344.

DGfG (Deutsche Gesellschaft für Geographie) (Hrsg.) (2020). *Bildungsstandards im Fach Geographie für den Mittleren Schulabschluss.* Bonn: DGfG.

Diller, C. (2018). Raumordnung. In: ARL – Akademie für Raumforschung und Landesplanung (Hrsg.), *Handwörterbuch der Stadt- und Raumentwicklung* (S. 1889–1900). Verlag der ARL.

Stadt Frankfurt a. M. (2021). Frankfurt fragt mich. Mitmachen – Mitreden – Mitwirken – Mitgestalten. https://www.ffm.de/frankfurt/de/home. Zugegriffen: 27. Juli 2021.

Kanwischer, D. (2004). *Selbstgesteuertes Lernen, E-Learning und Geographiedidaktik. Grundlagen, Lehrerrolle und Praxis im empirischen Vergleich.* Mensch und Buch Verlag.

Kell, A. (1995). Didaktisches Strukturgitter. In H.-D. Haller & H. Meyer (Hrsg.), *Enzyklopädie der Erziehungswissenschaft* (Bd. 3, S. 584–593). Klett-Cotta.

Kroß, E. (Hrsg.). (1979). *Geographiedidaktische Strukturgitter, eine Bestandsaufnahme. Geographiedidaktische Forschungen* (Bd. 4). Westermann Verlag.

MKRO (Ministerkonferenz für Raumordnung) (2016). Leitbilder und Handlungsstrategien für die Raumentwicklung in Deutschland. https://www.bmi.bund.de/SharedDocs/downloads/DE/veroeffentlichungen/themen/heimat-integration/raumordnung/leitbilder-und-handlungsstrategien-2016.pdf?__blob=publicationFile&v=4. Zugegriffen: 27. Juli 2021.

Regionalverband FrankfurtRheinMain (2021). RegioMap. https://mapview.region-frankfurt.de/maps/resources/apps/RegioMap/index.html?lang=de. Zugegriffen: 27. Juli 2021.

Rhode-Jüchtern, T. (1977). Didaktisches Strukturgitter für die Geographie in der Sekundarstufe II. Ein praktisches Instrument für Unterrichtsplanung und -legitimation. *Geographische Rundschau, 10,* 340–343.

Bilingualer Geographieunterricht

11

Grenzübergreifende Zusammenarbeit in der Europäischen Union am Beispiel der EURES-TriRegio in Zeiten pandemiebedingter Grenzschließungen

Pola Serwene und Sonja Schwarze

▶ **Teaser** Am Beispiel der EURES-TriRegio im Länderdreieck (BRD – Polen – Tschechien) wird die grenzübergreifende Zusammenarbeit durch EU-geförderte Projekte mit Blick auf einen gemeinsamen europäischen Arbeitsmarkt behandelt. Die im Beitrag entwickelten Unterrichtsbausteine thematisieren die COVID-19-bedingte Grenzschließung zwischen den drei Ländern und deren Folgen für die dort lebenden und arbeitenden Menschen. Das didaktische Prinzip des funktionalen Sprachwechsels zur Förderung fachlichen Lernens ist ein tragendes Element der Unterrichtsbausteine für den bilingualen Geographieunterricht (Deutsch/Englisch).

Ergänzende Information Die elektronische Version dieses Kapitels enthält Zusatzmaterial, auf das über folgenden Link zugegriffen werden kann https://doi.org/10.1007/978-3-662-65720-1_11.

P. Serwene (✉)
Institut für Umweltwissenschaften und Geographie, Universität Potsdam, Potsdam, Deutschland
E-Mail: serwene@uni-potsdam.de

S. Schwarze
Institut für Didaktik der Geographie, Westfälische Wilhelms-Universität Münster, Münster, Deutschland
E-Mail: sonja.schwarze@wwu.de

11.1 Fachwissenschaftliche Grundlage: Europäische Union – Grenzübergreifende Zusammenarbeit

Der gemeinsame europäische Binnenmarkt mit den sogenannten „vier Freiheiten" ist die Basis für EU-geförderte Projekte zur grenzübergreifenden Zusammenarbeit an Europas Binnengrenzen (bpb, 2016) (s. Abb. 11.1).

Die Arbeitnehmer*innenfreizügigkeit als Teil der Personenverkehrsfreiheit ist ein Eckpfeiler der EU-Integration. Sie besagt, dass EU-Bürger*innen das Recht haben, in jedem Mitgliedsland zu leben und zu arbeiten, ohne aufgrund ihrer Staatsangehörigkeit Benachteiligung zu erfahren (Diskriminierungsverbot). Trotz der gesetzlich geregelten EU-Binnenmobilität sind mobile EU-Bürger*innen einer Reihe von praktischen Hürden bei der Suche nach einer geeigneten Beschäftigung ausgesetzt. Dazu zählen u. a. Anerkennung von Qualifikationen, Übertragbarkeit von Rentenansprüchen, Steuerregelungen und mangelnde Sprachkenntnisse (Makronom, 2019). Besonders deutlich werden diese Hürden an EU-Binnengrenzen (vgl. Band 2, Kap. 12), die knapp 2 Mio. Grenzgänger*innen beherbergen und an denen der Personennahverkehr schlecht entwickelt und so die grenzübergreifende berufliche Mobilität beeinträchtigt ist (Eures, 2020a). Hier greift die Finanzierung durch EURES-Programme. EURES steht für EURopean Employment Service und ist ein europaweites Netzwerk, das die innereuropäische Mobilität im Bereich des Arbeitsmarktes fördert und sich an öffentliche Arbeitsverwaltungen, Gewerkschaften und Arbeitgeberverbände richtet (ebd.). Es hilft Grenzgänger*innen bei der Überwindung der genannten Hindernisse, indem es grenzübergreifende Partnerschaften finanziell unterstützt (ebd.). EURES-Programme helfen europaweit Arbeitsuchenden bei der Suche nach einer Arbeitsstelle und Arbeitgebenden bei der Suche nach Mitarbeiter*innen, dies erfolgt durch unterschiedlichste Dienstleistungen über das EURES-Portal und über die Berater*innen in den EURES-Mitglieds- und Partner*innenorganisationen (Eures, 2020b) (s. Abb. 11.2).

Abb. 11.1 Die „vier Freiheiten" des gemeinsamen europäischen Binnenmarktes (verändert nach bpb, 2016)

EURES fördert aktuell acht grenzübergreifende Regionen (ebd.). Im Rahmen der EU-Osterweiterung traten zum 1. Mai 2004 mit Polen und Tschechien zwei Nachbarländer Deutschlands dem europäischen Wirtschaftsraum bei. Im selben Jahr wurde eine Grenzpartnerschaft der tschechischen, polnischen und deutschen Nachbarregionen vorbereitet und 2007 durch die Gründung der EURES-TriRegio umgesetzt (s. Abb. 11.3).

Im Mittelpunkt der EURES-TriRegio steht die Entwicklung eines gemeinsamen, für die dort lebende Bevölkerung transparenten Arbeitsmarktes unter Einhaltung der bestehenden Arbeits- und Sozialstandards des jeweiligen Landes (EURES-TriRegio, 2020). EURES-Berater*innen sind in der Region tätig, welche aktuelle, dreisprachige sowie zielgruppenspezifische Informations- und Beratungsangebote für Arbeitgeber*innen, Arbeitnehmer*innen, Selbstständige, Auszubildende und Studierende in der Grenzregion

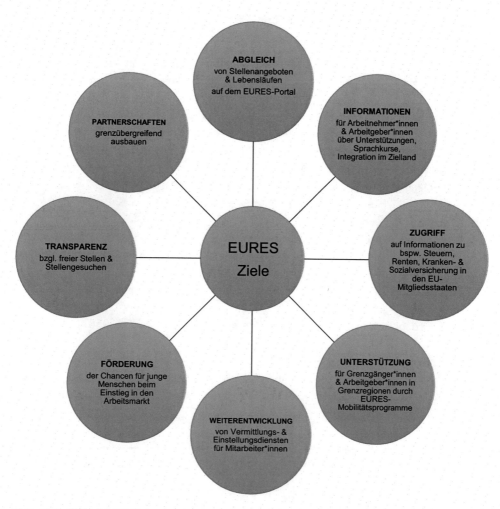

Abb. 11.2 Ziele der EURES-Programme. (Eigene Darstellung: Serwene & Schwarze)

Abb. 11.3 EURES-TriRegio.
(Eigene Darstellung: Dolezal)

bereitstellen (ebd.). EURES-Programme sind im Kern Serviceleistungen, die die europäische Binnenmobilität in Grenzregionen unterstützen. Sie werden von der Europäischen Kommission verwaltet und sind ein Unterprogramm von EaSI, dem EU-Finanzinstrument für Beschäftigung und soziale Innovation. Abb. 11.4 zeigt, dass die Europäische Kommission als eines der drei Organe neben dem Parlament und dem Rat der Europäischen Union am Gesetzgebungsprozess beteiligt ist (Tömmel, 2014, S. 87). Ihr kommt eine wichtige Exekutivfunktion zu, indem sie verschiedene Fonds und Finanzinstrumente (z. B. EaSI) verwaltet, Fördermittel zuweist sowie die Implementierung von Beschlüssen der anderen gesetzgebenden Organe in den Mitgliedsstaaten überwacht (ebd.).

Weiterführende Leseempfehlung
- Bußjäger, P., Happacher, E. & Obwexer, W. (2019). *Verwaltungskooperation in der Europaregion: Potenziale ohne Grenzen?* (1. Aufl.). Grenz-Räume: Band 2. Nomos. https://doi.org/10.5771/978384529694
- Wille, C. & Nienaber, B. (2020). Border experiences in Europe: *Everyday life – working life – communication – languages* (1. Aufl.). Border Studies. Cultures, Spaces, Orders: volume 1. Nomos. https://doi.org/10.5771/9783845295671

Problemorientierte Fragestellung
Eine Grenze zwischen Görlitz und Zgorzelec – inwiefern (zer-)stört COVID-19 die grenzübergreifende Zusammenarbeit? Eine Analyse der EURES-TriRegio in Zeiten nationaler Grenzschließungen

11.2   Fachdidaktischer Bezug: Bilingualer Geographieunterricht

Beim bilingualen Unterricht (im Weiteren mit BU abgekürzt) handelt es sich um Sachfachunterricht, der in zwei Sprachen (Ziel- und Verkehrssprache) durchgeführt wird. Die Ziele, die mit BU verbunden sind, variieren in Abhängigkeit vom Einsatz der Ziel- und

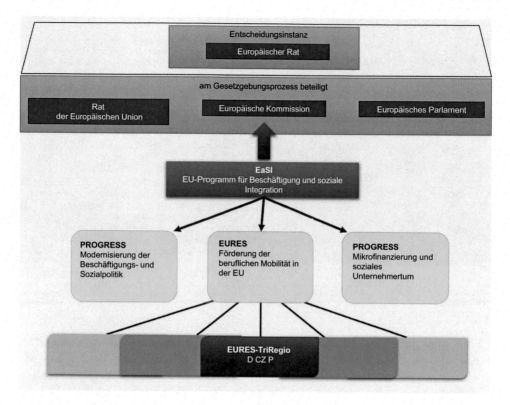

Abb. 11.4 Einordnung der EURES-Programme in den EU-Verwaltungsapparat. (eigene Darstellung: Serwene)

der Verkehrssprache im Unterricht. Abb. 11.5 visualisiert drei idealtypische Formen des Spracheinsatzes im BU (Diehr, 2012).

Dabei verfolgen Typ A und Typ B das vorrangige Ziel, eine gesteigerte fremdsprachliche Kompetenz auszubilden, um die weltweite Wettbewerbsfähigkeit der Lernenden zu erhöhen und sie auf die zunehmende Internationalisierung in Ausbildung und Berufsleben vorzubereiten (KMK, 2013). Eine Umsetzung des BU nach Typ C zielt darauf ab, eine doppelte Fachliteralität auszubilden (Diehr & Frisch, 2018: 247). Mit der bewussten, funktionalen Zweisprachigkeit und der erweiterten fachlichen Betrachtungsweise sollen Multiperspektivität und Perspektivwechsel durch Kontrastierung und Vergleich ermöglicht werden (Wildhage & Otten, 2008: 28).

Ausgangspunkt des bilingualen Geographieunterrichts ist und bleibt das Sachfach. Die Fremdsprache befindet sich in einer dienenden Funktion (Hoffmann, 2015: 5). Durch die Fokussierung auf geographische Sachverhalte und fachbezogene Kompetenzen kann das (fremd-)sprachliche Potenzial bewusster ausgeschöpft und können (fremd-)sprachliche Diskursfunktionen mit Blick auf den Sachverhalt differenziert werden. Ziel ist dabei der Übergang von fremdsprachlichen Alltagssprachkenntnissen zu einer doppelten Fachliteralität,

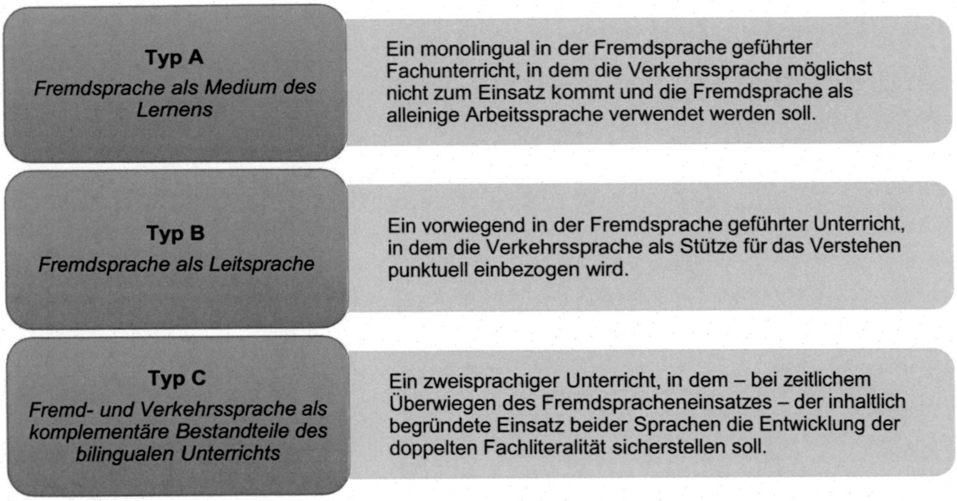

Typ A *Fremdsprache als Medium des Lernens*	Ein monolingual in der Fremdsprache geführter Fachunterricht, in dem die Verkehrssprache möglichst nicht zum Einsatz kommt und die Fremdsprache als alleinige Arbeitssprache verwendet werden soll.
Typ B *Fremdsprache als Leitsprache*	Ein vorwiegend in der Fremdsprache geführter Unterricht, in dem die Verkehrssprache als Stütze für das Verstehen punktuell einbezogen wird.
Typ C *Fremd- und Verkehrssprache als komplementäre Bestandteile des bilingualen Unterrichts*	Ein zweisprachiger Unterricht, in dem – bei zeitlichem Überwiegen des Fremdspracheneinsatzes – der inhaltlich begründete Einsatz beider Sprachen die Entwicklung der doppelten Fachliteralität sicherstellen soll.

Abb. 11.5 Typologie des Spracheinsatzes im Bilingualen Unterricht nach Diehr (2012). (Eigene Darstellung)

die Sprachbewusstsein in beiden eingesetzten Sprachen generieren soll. Aus diesem Grund nimmt die aufgeklärte, funktionale Zweisprachigkeit im bilingualen Geographieunterricht eine wesentliche Rolle ein (Hallet, 2013: 55). Gemeint ist dabei der didaktisch eingesetzte Sprachwechsel, um geographische Sachverhalte für die Lernenden zugänglich zu machen und Kompetenzen anzubahnen. Abb. 11.6 zeigt die von Frisch (2016) definierten fünf Funktionen von Sprachwechsel in bilingualen Lernumgebungen. Sprachwechsel, die zum Aufbau der doppelten Fachliteralität eingesetzt werden, sollten geplant erfolgen, systematisch und reflektiert zum Einsatz kommen und die Lernenden herausfordern (ebd.).

Um fachliche Lehr- und Lernprozesse in der Fremdsprache im BU zu ermöglichen, ist eine systematische Unterstützung der sprachlichen Komponenten unabdingbar (Wildhage & Otten, 2008: 28). Hier kommt u. a. das in Tab. 11.1 visualisierte Konzept des Scaffolding zum Tragen, welches darauf abzielt, fachliche Inhalte und Kompetenzen (fach-)sprachlich zu unterstützen. Das Scaffolding, vom englischen Wort *scaffold* (dt.: Baugerüst), stellt eine vorübergehende Hilfestellung dar, die entfernt wird, wenn die Lernenden in der Lage sind, die Handlung eigenständig durchzuführen. Zydatiß (2010) differenziert das Unterstützungssystem in Input- und Output-Scaffolds. Das erste dient der Vorentlastung von Materialien, um den Erschließungs- und Verstehensprozess der Lernenden zu unterstützen, während das zweite auf Techniken der mündlichen und schriftlichen Produktion abzielt, bei denen Fachwortschatz und fachkommunikative Redemittel bereitgestellt werden (ebd.) (siehe dazu Tab. 11.1). Eine metasprachliche Reflexion der eingesetzten Scaffolding-Maßnahmen im BU ist ratsam, damit sich die Lernenden der wiederkehrenden (Fach-)Sprachstrukturen bewusst werden und selbst einzuschätzen lernen, inwiefern die sprachliche Unterstützung bezüglich des eigenen Lernfortschritts (noch) notwendig ist.

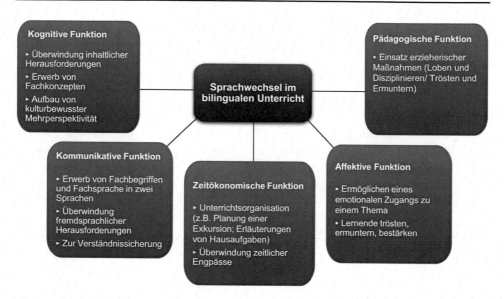

Abb. 11.6 Sprachwechsel im bilingualen Geographieunterricht nach Frisch (2016). (Eigene Darstellung)

Für die Erarbeitung des Lernarrangement des vorliegenden Beitrags spielen das Prinzip des Sprachwechsels und das Konzept der funktionalen Zweisprachigkeit eine wesentliche methodisch-didaktische Rolle, um die Lernenden im Aufbau eines Verständnisses für grenzüberschreitende, europäische Arbeitsmigration zu unterstützen.

Weiterführende Leseempfehlung
Hallet, W. & Königs F. G. (Hg.) (2013). *Handbuch bilingualer Unterricht: Content and language integrated learning* (1. Aufl.). Reihe Handbücher zur Fremdsprachendidaktik. Klett/Kallmeyer.

Bezug zu weiteren fachdidaktischen Ansätzen
Perspektivenwechsel, Aktualitätsprinzip, fächerübergreifender Unterricht

11.3   Unterrichtsbausteine: Diskussion um grenzüberschreitende Zusammenarbeit in der EURES-TriRegio während COVID-19-bedingter Grenzschließungen in der Jahrgangsstufe 9/10 mit sprachlichen Differenzierungen im bilingualen GU

Der erste Unterrichtbaustein thematisiert, welche Ziele die EURES-TriRegio im Dreiländerdreieck Polen/Tschechien/Deutschland verfolgt und welche Hürden im Rahmen der Arbeitsmobilität bereits abgebaut wurden. Die Erfolge der grenzübergreifenden Zusammenarbeit werden besonders durch die Störung der Kooperation zur Zeit der nationalen Grenzschließungen infolge der Eindämmung der COVID-19-Pandemie sichtbar. Anhand von drei persönlichen Schicksalen werden die unmittelbar spürbaren Herausforderungen, die die Grenzschließungen für die in der Grenzregion lebenden und arbeitenden Menschen bedeuten, nachgezeichnet (zur Aufarbeitung des Begriffs „Grenze" siehe Reuber, 2014 und Band 2, Kap. 12) (siehe digitaler Materialanhang). Die Erzählungen basieren auf einem Telefonat mit einem EURES-TriRegio-Koordinator. Die persönlichen Schicksale ermöglichen den Lernenden einen emotionalen Zugang zu einem ihnen noch lebensfernen Thema der Arbeitsmigration. Die Schilderungen zweier polnischer Bewohner*innen der Grenzregion sind in englischer Sprache, die Schilderung eines sächsischen Unternehmers in Deutsch verfasst (s. Abb. 11.7). Das gewählte Textformat gestattet einen sprachlich niederschwelligen Einstieg in die Thematik und integriert gleichzeitig erste fachspezifische Termini.

Die Verwendung zweisprachiger Unterrichtsmaterialien wird gewählt, um einerseits dem didaktischen Prinzip der Authentizität nachzukommen, andererseits für den Lerngegenstand relevante Begriffe und Phrasen im fachlichen Kontext in Deutsch und Englisch zu vermitteln. Der Sprachwechsel hat eine kognitive Funktion zur Überwindung fachlicher Herausforderungen und unterstützt das zweisprachige begriffliche Lernen.

Das zweite Unterrichtmaterial (siehe digitaler Materialanhang) ist ein als Interview verfasster Fachtext, der die grenzübergreifende Kooperation EURES-TriRegio im genannten Dreiländereck thematisiert. Didaktisch ist er zweisprachig konzipiert. Der Anteil an englischen Textteilen überwiegt. Die in Deutsch verfassten Interview-

Source: Pixabay.com

Jerzy Rosiek
I am Jerzy Rosiek and I have been a doctor at Klinikum Görlitz for several years. I live with my wife and my child in Zgorzelec/Poland, which is the Polish twin city of Görlitz. Since Poland closed its border to Germany on 15th of March 2020 to curb the COVID-19-pandemic, I was facing a big problem. I'm a cross-border commuter which means that I walk to work in the morning, and I return to my family in Poland in the evening. That isn't possible anymore. The new rule is that I need to quarantine for 14 days on my return to Poland. How should I do that when I need to go to work the next morning again? My wife and I decided that I rent a room in Görlitz for the time of border closure. It is crazy, my family lives on the eastern side of the Neiße river and I live now on the western side. We can see each other via the river, but we are not allowed to meet. It is a difficult time for me, and I hope it will end soon.

Date: May 2020

Source: Pixabay.com

Axel Müller
Ich führe das Logistik-Unternehmen „Logistic Tec" in Kodersdorf in der Nähe von Görlitz an der deutsch-polnischen Grenze. In meinem Unternehmen arbeiten 150 Personen, von denen 35 polnische Grenzgänger*innen sind. Die deutsch-polnische Grenzschließung zur Eindämmung der COVID-19-Pandemie am 15.3.2020 traf mich wie ein Schlag. Ich habe 60 Fahrzeuge und allein 15 Fahrer aus Polen. Die anderen 20 polnischen Mitarbeiter*innen arbeiten in der Verwaltung und im Lager. Ich wusste nicht, was ich machen sollte, wenn die Arbeiter*innen nicht kommen. Es gab keine Rechtsicherheit. Wer zahlt den Lohn in der Quarantäne? Wer zahlt den Arbeitsausfall, wenn meine Mitarbeiter*innen nicht zur Arbeit erscheinen, weil sie die Grenze nicht passieren können? An wen wird Kurzarbeitergeld ausgezahlt? Ich musste der Hälfte der polnischen Belegschaft kündigen. Das Risiko für mein Unternehmen war zu groß. Einige meiner Mitarbeiter*innen haben sich Unterkünfte in Deutschland gesucht, diese konnte ich dann weiterhin beschäftigen. Ich hoffe sehr auf die Unterstützung der Gewerkschaft.

April 2020

Source: pixabay.com

Agnieszka Nowak
I'm Agnieszka Nowak and I live in Zgorzelec/Poland, which is the twin city of Görlitz. I work as a waitress in a small restaurant in Görlitz to finance my pre-school teacher studies. As the Polish government decided to close the border to curb the COVID-19-pandemic on 15th of March 2020, I wasn't allowed to go to work anymore. The German lock-down forced my boss to close the restaurant. My boss said that we get short-time allowance for the time of restaurant closure. My colleagues who live in Germany got the money, but my request of short-time allowance was rejected. The reason of reject is that I am not able to go to work because of the border closure. Now the unions in Saxony and Poland are trying to put pressure on the Saxon state government. I hope it works. Due to COVID-19, I won't find a new job so quickly in Zgorzelec.

Mai 2020

Abb. 11.7 Reports of three cross-border commuters. (Eigene Darstellung)

Tab. 11.1 Ausgewählte Beispiele für Input- und Output-Scaffolding in Anlehnung an Zydatiß (2010) (Eigene Darstellung: Schwarze)

Input-Scaffolding	Output-Scaffolding
Annotationen	Bereitstellung von benötigtem Fachwortschatz und fachkommunikativen Redemitteln
Unterstreichung, Fettdruck, *keywords*	Wechsel der Darstellungsform
Vorstrukturierung von Texten (Layout)	Visualisierung und Kognitivierung von Diskursfunktionen (Operatoren)
Prinzip der Visualisierung	Bereitstellung von vorstrukturierten Tabellen, Schaubildern etc.
Vorwissenaktivierung	Maßnahmen der Schreibdidaktik (vorbereiten – schreiben – überarbeiten)
Vermittlung von Lesetechniken	Selbst- und Partner*inevaluation
Ermutigung zum Aufbau einer positiven Rezeptionshaltung durch Konzentration auf Verstandenes	Lernwegreflexion und Metakognition

teile weisen einen zusammenfassenden Charakter der in Englisch beschriebenen Fachinhalte auf und wiederholen verwendete Fachbegriffe. Durch den eingesetzten Sprachwechsel ist es möglich, die fachlichen Zusammenhänge weniger stark zu simplifizieren, um das fremdsprachliche Niveau der Lernenden zu treffen. Daher ist weniger Input-Scaffolding notwendig. Zweisprachige Arbeitsmaterialien sind eine Möglichkeit, im bilingualen Unterricht binnendifferenzierend zu arbeiten. Lernende, deren fremdsprachliche Kompetenzen noch nicht ausreichend aufgebaut sind, um Fachinhalte zu verstehen, haben die Möglichkeit, relevante Zusammenhänge der Thematik zweisprachig unter besonderer Berücksichtigung des Deutschen zu bearbeiten. Die Verarbeitung der gewonnenen Informationen erfolgt in einer schriftlichen Gegenüberstellung der Situation in der EURES-TriRegio vor und während der COVID-19-Pandemie. Die Gegenüberstellung erfolgt tabellarisch in Englisch (siehe digitaler Materialanhang). Dabei sollen sich die Lernenden auf folgende Aspekte beziehen: Arbeit und Leben, grenzübergreifende Kooperationen, Grenzgänger*innen, Unterstützungen und Einschränkungen. Der in den Unterrichtsmaterialien angelegte Sprachwechsel dient dem fachlichen Verständnis der Lernenden.

Der zweite Unterrichtsbaustein „Mit dem Rücken zur Wand" widmet sich thematisch der Grenzschließung zur Eindämmung von COVID-19 mit Blick auf räumliche Territorialität und die „Wiederentdeckung" nationaler Grenzziehungen mittels eines Podcast (Karkowsky, 2020).

Im Podcast erläutert ein junger deutscher Schriftsteller, wohnhaft in Görlitz, seine Erfahrungen und insbesondere seine Gefühlslage während der Grenzschließung. Laut dem Schriftsteller stellte die Grenze vor Ausbruch von COVID-19 eher eine imaginäre

Linie dar, die im Leben der grenzüberschreitenden Bevölkerung beider Länder eine marginale Rolle spielte. Das Leben fand beruflich und privat beidseitig der Neiße statt. Dabei war die Integration so weit fortgeschritten, dass raumbezogene nationale „Fremdheit" nicht mehr identifiziert wurde. Dies änderte sich schlagartig durch die Reetablierung des Grenzzaunes am 15. März 2020. Durch die nationalen Alleingänge und verschärften Vorschriften zur Grenzüberschreitung, wie bspw. die Quarantäne-verordnungen, wurden die Personenmobilität und die Berufsausübung eingeschränkt. Dadurch wurden teils nationale, raumbezogene territoriale Abgrenzungen wieder-errichtet. Hierdurch wird der Erfahrung des zusammenwachsenden Europas, das durch die Ziele und Maßnahmen der EURES-TriRegio unterstützt wird, ein Erleben des nationalen Separierens gegenübergestellt.

Anhand ausgewählter, ins Englische übersetzter Kernaussagen sollen die Lernenden den Inhalt des Podcasts rekonstruieren. Unter Bereitstellung von Fragen, die zur inhalt-lichen Reflexion anregen, sollen die Lernenden diskutieren, inwiefern durch COVID-19 die grenzübergreifende Zusammenarbeit der EU (zer-)stört bzw. aktuell behindert wird. Dabei spielen nicht allein ökonomische, sondern auch soziale, emotionale und private Überlegungen eine wesentliche Rolle. Das Verschriftlichen der fachlichen Zusammen-hänge in Englisch ist auf dem Arbeitsblatt vorgesehen und wird durch ein binnen-differenziertes Output-Scaffolding in Form von Redemitteln unterstützt (siehe digitaler Materialanhang).

Beitrag zum fachlichen Lernen

Die aufgeworfene Frage „A border between Görlitz and Zgorzelec – to what extent does COVID-19 destroy the cross-border cooperation EURES-TriRegio within the EU?" kann insofern beantwortet werden, als dass die nationalen Grenzschließungen die gewachsene, grenzübergreifende Kooperation zeitweilig ausgesetzt und die in der Region lebenden und arbeitenden Menschen vor große Herausforderungen gestellt haben. Die ein-geschränkte Freizügigkeit durch die Grenzschließungen macht die Erfolge der EURES-TriRegio bzgl. eines transparenten gemeinsamen Arbeitsmarktes sowie der gewachsenen Binnenmobilität erst sichtbar. Die Bewohner*innen der Grenzregion empfinden die nationalen Grenzen als Konstruktion, da sie soziale Integration sowie die ökonomische Verflechtung des Dreiländerecks nicht mehr widerspiegeln.

Kompetenzorientierung
- **Fachwissen:** S23 „zur Beantwortung dieser Fragestellungen Strukturen und Prozesse in den ausgewählten Räumen (z. B. Wirtschaftsstrukturen in der EU, Globalisierung der Industrie in Deutschland, Waldrodung in Amazonien, Sibirien) analysieren" (DGfG 2017: 16)
- **Kommunikation:** S1 Die Schüler*innen können die Ziele und Herausforderungen der grenzübergreifenden Kooperation EURES-TriRegio vor dem Hintergrund der COVID-19-Pandemie mithilfe des Sprachwechsels erklären.

Klassenstufe und Differenzierung

Die zwei Unterrichtbausteine sind für die Jahrgangsstufe 9/10 konzipiert. Durch die zweisprachig entwickelten Unterrichtsmaterialien bestehen unterschiedliche Möglichkeiten, der Binnendifferenzierung sowie dem Spannungsfeld zwischen den fremdsprachlichen Kompetenzen der Lernenden und der Komplexität der Thematik zu begegnen. Der erste Unterrichtsbaustein arbeitet vorrangig mit Texten als Informationsquelle, wohingegen der zweite Baustein auf einem Podcast aufbaut.

Räumlicher Bezug

Dreiländereck Polen/Tschechische Republik/Deutschland

Konzeptorientierung

Deutschland: Mensch-Umwelt-System (menschliches (Teil-)System), Systemkomponente (Funktion), Maßstabsebenen (regional, national), Raumkonzepte (wahrgenommener Raum, konstruierter Raum)

Österreich: Regionalisierung und Zonierung, Arbeit, Produktion und Konsum

Schweiz: Lebensweisen und Lebensräume charakterisieren (2.4), Mensch-Umwelt-Beziehungen analysieren (3.3)

11.4 Transfer

Ein räumlicher Transfer bspw. bezüglich der Grenze Deutschlands und Frankreichs ist möglich. So könnte statt des Raumbeispiels Görlitz/Zgorzelec die Region Strasbourg/ Kehl thematisiert und durch die Anpassung mit deutsch-französischen Materialien für den deutsch-französischen bilingualen Geographieunterricht eingesetzt werden. Ferner ist es wiederum möglich, durch eine offen gestellte Transferaufgabe die Lernenden gezielt aufzufordern, ähnliche Raumbeispiele an den EU-Binnengrenzen im Internet zu recherchieren und Aspekte rund um die COVID-19-bedingten Grenzschließungen zu sammeln. Dabei könnte u. a. gezielt auf die Lebenswelt von Schülerinnen und Schülern eingegangen werden, indem insbesondere Beispiele mit Blick auf Peers in Grenzregionen adressiert werden (z. B. Auswirkungen auf grenzübergreifende Freundschaften, Familie, Liebe, Sport, Schulleben u. v. m.), wodurch Europa im Alltag von Schüler*innen sichtbar wird (vgl. Band 2, Kap. 12).

Verweise auf andere Kapitel

- Jahnke, H. & Bohle, J.: *Raumkonzepte. Grenzen – Europas Grenzen.* Band 2, Kap. 12.
- Pettig, F. & Nöthen, E.: *Phänomenologie. Europa – Europa im Alltag.* Band 2, Kap. 9.

Literatur

bpb. (2016). Europäischer Binnenmarkt: Personenverkehrsfreiheit, Warenverkehrsfreiheit, Dienstleistungsfreiheit, Kapitalverkehrsfreiheit. *Duden Wirtschaft von A bis Z: Grundlagenwissen für Schule und Studium, Beruf und Alltag.* https://www.bpb.de/nachschlagen/lexika/lexikon-der-wirtschaft/19286/europaeischer-binnenmarkt.

DGfG. (2017). Bildungsstandards im Fach Geographie für den Mittleren Schulabschluss mit Aufgabenbeispielen. *Deutsche Gesellschaft für Geographie.* https://geographiedidaktik.org/wp-content/uploads/2017/10/Bildungsstandards_Geographie_9.Aufl_._2017.pdf.

Diehr, B. (2012). What's in a name? Terminologische, typologische und programmatische Überlegungen zum Verhältnis der Sprachen im Bilingualen Unterricht. In B. Diehr & L. Schmelter (Hrsg.), *Inquiries in language learning: Bd. 7. Bilingualen Unterricht weiterdenken: Programme, Positionen, Perspektiven* (S. 17–36). Lang.

Diehr, B., & Frisch, S. (2018). Das Zusammenspiel von zwei Sprachen im bilingualen Unterricht: Theoretische Überlegungen, empirische Erkenntnisse und praktische Implikationen. In C. Caruso, J. Hofmann, A. Rohde, & K. Schick (Hrsg.), *Sprache im Unterricht: Ansätze, Konzepte, Methoden* (S. 245–259). Wissenschaftlicher Verlag Tier.

Eures. (2020a). EURES – EURES in Cross-border Regions. Europäische Kommission. https://ec.europa.eu/eures/public/de/eures-in-cross-border-regions#/list.

Eures. (2020b). *EURES – What can EURES do for you?* Europäische Kommission. https://ec.europa.eu/eures/public/de/what-can-eures-do-for-you-?lang=de&app=0.18.1-build-0&pageCode=about_eures.

EURES-TriRegio. (2020). *Informationen für Grenzgänger – EURES-TriRegio.* https://www.eures-triregio.eu/startseite.html.

Frisch, S. (2016). Sprachwechsel als integraler Bestandteil bilingualen Unterrichts. In B. Diehr, A. Preisfeld, & L. Schmelter (Hrsg.), *Inquiries in language learning: Volume 18. Bilingualen Unterricht weiterentwickeln und erforschen: Bärbel Diehr, Angelika Preisfeld, Lars Schmelter* (S. 85–102). Lang.

Hallet, W. (2013). Schulentwicklung und Bilingualer Unterricht. In W. Hallet & Königs F. G. (Hrsg.), *Reihe Handbücher zur Fremdsprachendidaktik. Handbuch bilingualer Unterricht: Content and language integrated learning* (1. Aufl., S. 52–60). Klett/Kallmeyer.

Hallet, W., & Königs F. G. (Hrsg.). (2013). *Reihe Handbücher zur Fremdsprachendidaktik. Handbuch bilingualer Unterricht: Content and language integrated learning* (1. Aufl.). Klett/Kallmeyer.

Hoffmann, R. (2015). Bilingualer Geographieunterricht in Deutschland – Eine Bestandsaufnahme. *Geographie aktuell und Schule, 218*(37), 4–17.

Karkowsky, S. (2020). Mit dem Rücken zur Wand: Görlitz in der Coronakrise. *Lukas Rietzschel im Gespräch mit Stephan Karkowsky [Podcast].* https://www.deutschlandfunkkultur.de/goerlitz-in-der-coronakrise-mit-dem-ruecken-zur-wand.1008.de.html?dram:Article_id=476281.

KMK. (2013). Konzepte für den bilingualen Unterricht – Erfahrungsbericht und Vorschläge zur Weiterentwicklung. Beschluss der Kultusministerkonferenz vom 17.10.2013. https://www.kmk.org/fileadmin/Dateien/veroeffentlichungen_beschluesse/2013/201_10_17-Konzepte-bilingualer-Unterricht.pdf.

Makronom (3. Juli 2019). Welche Hindernisse für die Arbeitnehmerfreizügigkeit bleiben. *MAKRONOM.* https://makronom.de/eu-binnenmark-welche-hindernisse-fuer-die-arbeitnehmerfreizuegigkeit-bleiben-29923.

Tömmel, I. (2014). Das politische System der EU (4. Aufl.). Lehr- und Handbücher der Politikwissenschaft. *de Gruyter Oldenbourg.* https://www.degruyter.com/view/product/221313.

Wildhage, M., & Otten, E. (2008). Content and language integrated learning. In M. Wildhage & E.
Otten (Hrsg.), *Praxis des bilingualen Unterrichts* (S. 12–45). Cornelsen.

Zydatiß, W. (2010). Scaffolding im Bilingualen Unterricht: Inhaltliches, konzeptuelles und sprach-
liches Lernen stützen und integrieren. *Der Fremdsprachliche Unterricht: Englisch, 106*(44),
2–6.

Grenzen machen Räume

Europas Binnen- und Außengrenzen re- und dekonstruieren

Holger Jahnke und Johannes Bohle

► **Teaser** Wo liegen die Grenzen Europas? In Schulbüchern wird diese Frage häufig eindeutig beantwortet. Dabei lassen sich die Grenzen Europas nicht eindeutig bestimmen. Vielmehr sind sie das Ergebnis von politischen und gesellschaftlichen Aushandlungsprozessen. Auf der Grundlage der beiden geographischen Basiskonzepte *space* und *place* der angelsächsischen Geographie werden im vorliegenden Beitrag die europäischen Binnen- und Außengrenzen als abstrakte Konstruktion und gelebte Wirklichkeit am Beispiel der deutsch-dänischen Grenze betrachtet.

12.1 Fachwissenschaftliche Grundlage: Europas Grenzen

Grenzen definieren Räume, indem sie diesen eine äußere Form geben, sie voneinander trennen und gleichzeitig miteinander verbinden. Räume, insbesondere politische Territorien, werden durch Grenzziehungen hergestellt – sowohl in der materiellen Wirklichkeit als auch auf der Karte. Karten geben gleichermaßen Auskunft über den Verlauf von Grenzen wie auch über die Ausdehnung von Territorien. Die erkennbaren Grenzverläufe sind das Ergebnis teilweise umstrittener politisch-historischer Prozesse – sie können sich an sogenannten natürlichen Grenzen (Flüsse, Bergketten, Wasserscheiden)

H. Jahnke (✉) · J. Bohle
Abteilung Geographie, Europa-Universität Flensburg, Flensburg, Deutschland
E-Mail: holger.jahnke@uni-flensburg.de

J. Bohle
E-Mail: johannes.bohle@uni-flensburg.de

© Der/die Autor(en), exklusiv lizenziert an Springer-Verlag GmbH, DE, ein Teil von Springer Nature 2023
I. Gryl et al. (Hrsg.), *Geographiedidaktik*, https://doi.org/10.1007/978-3-662-65720-1_12

orientieren oder auf dem Reißbrett gezogen worden sein. Grenzen werden auch im gelebten Raum sinnlich erfahrbar – z. B. durch Schilder, Grenzsteine oder Grenzbäume – und wirken durch Grenzkontrollen als Mobilitätsbarrieren von Menschen, Waren und Dienstleistungen, wobei Grenzen sowohl für Waren als auch für Menschen unterschiedlich durchlässig sind – je nach Nationalität, Herkunft oder anderen Merkmalen.

Europas Grenzen lassen sich mit Blick auf eine einfache Atlaskarte vermeintlich eindeutig im Sinne eines „Container-Raums" bestimmen. Die Bestimmung der Kontinentalgrenzen auf einer Weltkarte stellt in vielen Schulen das Initiationsritual zur Einführung von Globus, Atlas und Kartenarbeit dar. Dabei wird selten problematisiert, nach welchen Kriterien die Grenzen der Kontinente eigentlich bestimmt werden. Während diese mehrheitlich als zusammenhängende, über den Meeresspiegel aufragende Landmassen durch Ozeane voneinander getrennt sind, stellt sich die eurasische Kontinentalmasse als geteilter Kontinent Europa und Asien dar. Der Grenzverlauf wird in Teilen durch Ural und Bosporus markiert, bleibt darüber hinaus aber undefiniert.

Bei genauem Hinsehen beginnt schon die Einführung der Kontinente mit Ungenauigkeiten, Widersprüchen und Ungereimtheiten. Wache (und ungehorsame) Schüler*innen müssten schon gleich die Fragen stellen, die weder Geograph*innen noch hochrangige politische Entscheidungsträger*innen beantworten können: Gehört die Türkei nun zu Europa oder zu Asien? Ist die innerzypriotische Grenze dann auch eine europäische Außengrenze? Und was ist eigentlich mit Russland, Belarus und der Ukraine?

„Räume sind nicht, Räume werden gemacht", hat Hans-Dietrich Schultz in einem Aufsatz über die sogenannten „natürlichen Grenzen" der Geographie im Jahr 1997 getitelt (Schultz, 1997). Mit diesem geographisch-konstruktivistischen Manifest bezieht er sich zum einen auf die historische Bedingtheit und die damit verbundene Arbitrarität von Grenzziehungen zur Schaffung nationalstaatlicher Territorien, zum anderen auf die semantischen Zuschreibungen, die anschließend daran geknüpft werden. In diesem Sinne „ist" auch Europa nicht einfach da, sondern „Europa wird gemacht" – und zwar im Sinne unterschiedlichster europäischer Projekte – angefangen vom europäischen Kolonialismus und Imperialismus bis hin zu den EU-Beitrittsverhandlungen mit der Türkei, der Positionierung im Ukraine-Konflikt oder dem Austritt des Vereinigten Königreichs aus der EU.

Europa – verstanden als politischer, wirtschaftlicher, sozialer oder kultureller Raum – ist gerade durch die Uneindeutigkeit seiner Außengrenzen gekennzeichnet: Der europäische Kontinent, die Europäische Union, die Euro-Zone oder der Schengen-Raum haben sehr verschiedene äußere und innere Grenzverläufe. Gleichzeitig werden wir gegenwärtig Zeugen von permanenten territorialen Veränderungen: Das Vereinigte Königreich verlässt durch den Brexit die EU und generiert dadurch neue EU-Außengrenzen.

Zudem gibt es weit jenseits des europäischen Kontinents eine Vielzahl von Exklaven europäischer Nationalstaaten, die politisch, wirtschaftlich und sprachlich-kulturell mindestens einem der genannten politischen Europa-Konstrukte zuzuordnen sind. Ihre globale geographische Streuung verweist auf die expansive europäische Kolonialgeschichte, die sich bis heute strukturell fortsetzt. Zudem erheben verschiedene europäische Staaten territoriale Ansprüche auf die Arktis, die aufgrund der vermuteten Rohstoffe und der schmelzenden Eismassen eine immer größere, ökonomisch motivierte Aufmerksamkeit auf sich zieht.

Mit der Konstruktion der verschiedenen europäischen Territorien und ihrer Begrenzungen nach außen geht gleichzeitig ein Rückbau und Abbau der – sichtbaren und unsichtbaren – europäischen Binnengrenzen einher. Die Konstruktion des Schengen-Raums seit Mitte der 1980er-Jahre war die Bedingung für die Abschaffung von Grenzkontrollen und den sukzessiven Rückbau von Grenzanlagen zwischen den Staaten. Die unkontrollierten Zuwanderungen nach Europa aus Nordafrika haben einige europäische Staaten dazu bewogen, ihre Grenzen temporär zu schließen und Grenzkontrollen wiederherzustellen. Auch die im Jahr 2020 aufgetretene Corona-Pandemie hat in einigen Mitgliedstaaten dazu geführt, nicht nur die grenzüberschreitende Mobilität von Menschen, sondern auch den freien Güterverkehr zu beschränken oder sogar kurzzeitig zu unterbinden. In beiden Kontexten wurde die Persistenz nationalstaatlicher innereuropäischer Grenzen wieder ins Bewusstsein gerufen und ihre Wirkmächtigkeit plötzlich (wieder) für viele Menschen lebensweltlich erfahrbar.

Der vorliegende Beitrag basiert auf der Annahme, dass Europas Grenzen zwar unbestimmt, aber dennoch wirkmächtig sind. Grenzen sind historisch und politisch bedingt sowie unterschiedlich durchlässig für (bestimmte) Waren und (bestimmte) Menschen. Verschiedene politische Europa-Räume (z. B. EU, Schengen, Euro) sind gekennzeichnet durch die Auflösung innerer nationalstaatlicher Grenzen bei gleichzeitiger Festigung der Außengrenzen („Festung Europa"). Zudem finden auch Prozesse der Externalisierung der Grenzen und Grenzpraktiken jenseits der territorialen Außengrenzen statt, ebenso wie die temporäre Wiederkehr nationaler oder sogar regionaler Grenzkontrollen etwa während der „Flüchtlingskrise" 2015 oder der Corona-Pandemie 2020. Grenzverläufe und Grenzpraktiken sind folglich durch Kontingenz und Arbitrarität gekennzeichnet.

Weiterführende Leseempfehlung
Schultz, H.-D. (2013): Grenzen. In M. Rolfes & A. Uhlenwinkel (Hrsg.): *Metzler Handbuch 2.0 Geographieunterricht. Ein Leitfaden für Praxis und Ausbildung.* Braunschweig: Westermann, S. 326–332.

Problemorientierte Fragestellungen
- Wo liegen die Grenzen Europas?
- Wie lassen sich die Binnen- und Außengrenzen Europas vor dem Hintergrund der vielfältigen und in einem kontinuierlichen Wandel befindlichen europäischen Territorialkonstrukte (für den Geographieunterricht) bestimmen?

12.2 Fachdidaktischer Bezug: Raumkonzepte

In diesem Beitrag werden geographische Grenzen aus der Perspektive zweier komplementärer räumlicher Perspektiven betrachtet: einerseits als abstrakte konzeptionelle Linien, wie sie Schüler*innen auf Karten, in Atlanten und Schulbüchern begegnen, andererseits als lebensweltliche Erfahrungsräume, an denen das Mobilitätsverhalten von bestimmten Menschen – z. B. Geflüchteten –, aber auch von Waren und Dienstleistungen ausgehandelt werden. Hierzu werden die Raumkonzepte *space* und *place* herangezogen und ihr theoretisches Verhältnis beleuchtet.

„Raum" steht als existenzielle Kategorie menschlichen Daseins im Zentrum geographischer Bildung (DGfG, 2020: 6). Die anregenden Sammlungen von theoretischen Raumkonzepten, die der sogenannte *spatial turn* in den Sozial-, Kultur- und Geisteswissenschaften seit den 1990er-Jahren hervorgebracht hat, verdeutlichten die Vielfalt und Unbegrenztheit möglicher raumkonzeptioneller Zugänge – sowohl in interdisziplinären Debatten (z. B. Dünne & Günzel, 2006) als auch innerhalb der Geographie (z. B. Miggelbrink, 2009). In der deutschsprachigen Geographiedidaktik hat Wardengas Vorschlag von vier Raumkonzepten Eingang in die Bildungsstandards für den Mittleren Schulabschluss gefunden (DGfG, 2020) (vgl. Infobox 12.1). Diese lassen sich für den Geographieunterricht auch auf Grenzen und Grenzziehungen übertragen (vgl. Seidel & Budke, 2017).

Infobox 12.1: Die vier Raumkonzepte im Geographieunterricht

Die Integration der Vielfalt raumkonzeptioneller Zugänge in den schulischen Geographieunterricht steht um die Jahrtausendwende im Zentrum einer intensiven Debatte zwischen Schulgeographie, Geographiedidaktik und Fachwissenschaft. Der Vorschlag der damaligen Arbeitsgruppe Curriculum 2000+, Raum aus vier Perspektiven zu betrachten und zu analysieren, wird sowohl in die „Grundsätze und Empfehlungen für die Lehrplanarbeit im Schulfach Geographie" (DGfG, 2002) als auch in den „Bildungsstandards im Fach Geographie für den Mittleren Schulabschluss" (DGfG, 2020) als analytische Zugänge zu *Raum* und *raumbezogener Handlungskompetenz* verankert. Von dort finden sie den Weg in die Bildungs- und Lehrpläne der einzelnen Bundesländer.

Als besonders bedeutsam für diese Entwicklung erweist sich die breite Rezeption des Textes „Alte und neue Raumkonzepte für den Geographieunterricht" von Ute Wardenga aus dem Jahr 2002. Sie stellt in dem Text die vier Perspektiven auf Raum der Arbeitsgruppe Curriculum 2000+ vor und skizziert die fachhistorische Entwicklung der verschiedenen Verständnisse von Raum in der deutschsprachigen Geographie. Die vier Raum-Begriffe (Container-Raum; Raum der Raumstrukturforschung; Raum der Wahrnehmungsgeographie; Raum als Element von Kommunikation und Handlung) repräsentieren dabei ausgewählte historische Phasen der deutschsprachigen Disziplingeschichte – von der Länderkunde über die Raumwissenschaft und die Wahrnehmungsgeographie bis zur handlungszentrierten Sozialgeographie – und deren spezifische geographische Perspektiven auf die Wirklichkeit. Durch ihre Anwendung in der schulischen Praxis lernen Schüler*innen (und Lehrer*innen) räumliche Strukturen, Funktionen und Prozesse aus verschiedenen Perspektiven zu analysieren. Der Text erzählt implizit die Entwicklung der Raumkonzepte in der deutschsprachigen Geographie und endet mit einem Plädoyer für eine stärkere Einbindung konstruktivistisch-relationaler Perspektiven auf Raum und Räumlichkeit in den Geographieunterricht (Wardenga, 2002, 2017).

Die vier Raumkonzepte stellen einen systematisch-analytischen Zugang zur Untersuchung räumlicher Strukturen, Funktionen und Prozesse dar. Jedes Raum-konzept als Perspektive bietet einen anderen Zugang und erfordert andere Fragen zu geographischen Gegenständen, Phänomenen und Problemen. Im Alltag lassen sich die verschiedenen Raumkonzepte nicht klar voneinander trennen, denn dieser „ist dadurch gekennzeichnet, dass sich unterschiedliche Raumvorstellungen über-lagern und miteinander verbinden" (Freytag, 2014: 13).

Dem vorliegenden Beitrag werden die beiden Raumbegriffe *space* und *place* zugrunde gelegt, die in der englischsprachigen Geographie bereits seit den 1980er-Jahren fest etabliert sind und inzwischen auch in der internationalen Geographiedidaktik ihren Platz haben (z. B. Lambert & Jones, 2018; Taylor, 2008). Mit der Debatte um *key concepts* (Basiskonzepte) haben sie auch Eingang in die geographiedidaktische Dis-kussion im deutschsprachigen Raum gefunden. *Space* und *place* stehen dabei für zwei grundlegend verschiedene Wirklichkeitszugänge: Während *space* die objektivierbaren Raumkategorien der *geography as spatial science* (raumwissenschaftliche Geographie) repräsentiert, ist der Begriff *place* den lebensweltlichen Erfahrungen menschlicher Individuen zuzuordnen, wie sie zunächst von der *humanistic geography* – einer humanistisch orientierten, geisteswissenschaftlich fundierten Geographie – entwickelt wurde. In der geographischen Bildung ermöglicht die dualistische Struktur *space/place*, lebens- oder alltagsweltliche Erfahrungen der Schüler*innen auf der einen Seite und abstrakte wissenschaftliche Raumkonstruktionen auf der anderen in ein dialogisches Ver-hältnis zu setzen. Im Sinne dieser Überlegungen skizziert der vorliegende Beitrag einen Zugang zu Europas Grenzen als kritisch-reflexives, dialogisches Vorgehen (vgl. ausführ-lich Infobox 12.2).

Die Abb. 12.1 veranschaulicht, inwiefern sich Europas Grenzen zum einen als gemachte politisch-territoriale Grenzziehungen *(space)* und als gelebte bzw. erlebte Grenzerfahrungen *(place)* konzeptualisieren lassen. In der *space*-Perspektive werden Grenzen durch Grenzziehungen politisch-administrativ hergestellt und kartographisch als abstrakte Linien repräsentiert, in der *place*-Perspektive werden sie in ihrer Wirksamkeit von Menschen sehr unterschiedlich erfahren. Der vorliegende Beitrag betont dabei einer-

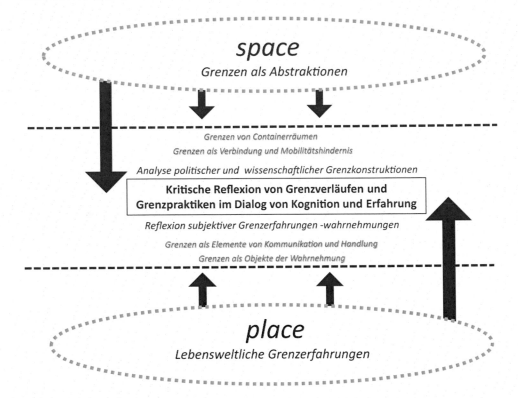

Abb. 12.1 Geographische Grenzen als Gegenstand kritischer Reflexion im Dialog zwischen *space* und *place* (Entwurf Jahnke & Bohle)

seits die historische Bedingtheit bestehender und vermeintlich unverrückbarer politisch-administrativer Grenzen – beispielsweise der verschiedenen Außengrenzen Europas –, verweist andererseits auf die subjektiv unterschiedliche Erfahrbarkeit von Grenzen, Grenzpraktiken und Grenzkontrollen.

Infobox 12.2: Die Konzepte *space* und *place* mit Blick auf die Grenzen Europas
Die Konzepte *space* und *place* repräsentieren zwei unterschiedliche Konzeptionen von Räumlichkeit: Der geographische Begriff *space* bezieht sich auf abstrakte Raumvorstellungen einer raumwissenschaftlichen Geographie *(spatial science)*, die als Ergebnis der Analyse von Container-Räumen und räumlichen Beziehungen zu verstehen sind. Schüler*innen begegnen diesen Raumrepräsentation in Atlanten, in Geographie-Schulbüchern, aber auch in den Medien. In Karten werden Grenzen als Linien eingezeichnet, die einerseits politische Territorien oder andere

Container-Räume begrenzen und verbinden, andererseits aber auch als Hindernisse für Interaktionen zwischen Räumen fungieren. Auf diese Weise lernen Schüler*innen Grenzverläufe zu erkennen und in ihren Veränderungen zu analysieren.

Der geographische (Fach-)Begriff place wurde als Gegenbegriff zu *space* von der phänomenologisch geprägten *humanistic geography* der 1970er-Jahre geprägt. Er bezieht sich auf die Dimension der Erfahrbarkeit von Orten in der Lebenswelt menschlicher Individuen. In dieser Vorstellung sind Grenzen als Orte sowohl in ihrer Materialität (z. B. als Grenzbefestigung) als auch in der mit ihnen verbundenen sozialen Interaktion (z. B. Grenzkontrollen, Grenzhandel) sinnlich erfahrbar. Aufgrund eigener oder fremder Grenzerfahrungen nehmen Menschen Grenzen sehr unterschiedlich wahr, sodass sie mit verschiedenen Bedeutungen verbunden sein können: So kann ein Grenzposten für Menschen mit ungeklärtem Aufenthaltsstatus zum angstbesetzten Ort werden, den sie weit umgehen müssen, wohingegen für Grenzhändler der offizielle Grenzübergang die Grundlage des eigenen Lebensunterhalts bildet. Durch die Reflexion eigener und fremder Grenzerfahrungen und -wahrnehmungen lernen Schüler*innen unterschiedliche Bedeutungen von Grenzen kennen.

In der Vermittlung der Grenzen Europas sollten sowohl die *spatial dimension* als auch die *placial dimension* im Unterricht thematisiert werden. Durch die Auseinandersetzung mit den äußeren und inneren Grenzen Europas auf der Grundlage eigener und fremder Grenzerfahrungen werden sowohl die Kontingenz aktueller Grenzverläufe als auch die unterschiedlichen Bedeutungen von Grenzen für unterschiedliche Menschen herausgearbeitet. Die heuristische Trennung von Grenzen als kognitivierten Abstraktionen und Grenzen als lebensweltliche Erfahrungsorte kann dann in einen konstruktiven Dialog gebracht werden. Auf diese Weise kann am Beispiel der Grenzen Europas bei den Schüler*innen eine grundlegende kritische Reflexionsfähigkeit von Grenzkonstruktionen und Grenzpraktiken gefördert werden.

Weiterführende Leseempfehlung

Lambert, D. (2013): Geographical concepts. In M. Rolfes & A. Uhlenwinkel (Hrsg.): *Metzler Handbuch Geographieunterricht 2.0*. Braunschweig: Westermann, S. 174–181.

Bezug zu weiteren fachdidaktischen Ansätzen

Konstruktivismus/Perspektivenwechsel, Dekonstruktion, Basiskonzepte

12.3   Unterrichtsbausteine: Europäische Grenzen re- und dekonstruieren

Die folgenden drei Unterrichtsbausteine bearbeiten das Thema der historischen Grenz-ziehungen und politischen Raumkonstruktionen Europas am Beispiel des Königreichs Dänemark (siehe Infobox 12.3). Ausgehend von einer kartographisch begründeten *space*-Perspektive wird dieser kognitiv-abstrakte Zugang durch regionale Fallbeispiele konkretisiert und darauf aufbauend der lebensweltliche Bezug (*place*-Perspektive) für die Schüler*innen und andere Menschen hergestellt. Auf diese Weise werden Schüler*innen angeregt, kritische Reflexionen über geographische Raumkonstruktionen im Allgemeinen und Europas Außen- und Binnengrenzen im Dialog von Kognition und Abstraktion einerseits sowie Erfahrung und Lebensweltbezug andererseits anzustellen.

Infobox 12.3: Die territorialen Grenzen des Königreichs Dänemark: Eine dänisch-deutsch-europäische Geschichte

Wie viele innereuropäische Grenzen hat sich auch der deutsch-dänische Grenz-verlauf im Laufe der Geschichte immer wieder verändert. Im Mittelalter und bis zu Beginn des 19. Jahrhunderts galt die Eider als Grenze zwischen dem – zum dänischen Königreich gehörenden – Herzogtum Schleswig und dem – zum Heiligen Römischen Reich gehörenden – Herzogtum Holstein. Neben dem Grenz-fluss wurden über die Jahrhunderte die Grenzanlagen „Danewerk" errichtet. Mit dem nationalstaatlichen Denken im 19. Jahrhundert wurden auch das Herzog-tum Schleswig sowie die heutige Grenzstadt Flensburg zum Spielball national geprägter Territorialkonflikte.

Der heutige Verlauf der deutsch-dänischen Grenze ist das Ergebnis der Volksabstimmung des Jahres 1920, in der die Bevölkerung in der historischen Region Schleswig selbst gemeindeweise über ihre Zugehörigkeit zu Deutsch-land oder Dänemark bestimmen konnte. In der Volksabstimmung entschieden sich die meisten Gemeinden Nordschleswigs für eine Zugehörigkeit zu Däne-mark, während im südlichen Schleswig für eine Zugehörigkeit zu Deutschland votiert wurde. Die Volksabstimmung markierte damit den Schlusspunkt mehrerer historischer Grenzverschiebungen, gleichzeitig schuf sie nationale Minderheiten nördlich und südlich der Grenze.

Die Bonn-Kopenhagener Erklärungen aus dem Jahr 1955 markieren den Anfangspunkt einer liberalen Minderheitenpolitik in dieser Region. Bis heute existieren beiderseits der Grenze dänische und deutsche, aber auch friesische Kultur- und Bildungseinrichtungen, viele Bewohner der Grenzregion pendeln regelmäßig zum Arbeiten, Erholen oder Einkaufen über die Grenze, die sich vor allem durch Schilder an Straßen materialisiert. Mit dem Beitritt Dänemarks zur Europäischen Gemeinschaft im Jahr 1973 und zum Schengen-Raum 2001 hatte die deutsch-dänische Grenze weitgehend ihre Funktion verloren und die Grenzanlagen wurden – wie an anderen Grenzen – abgebaut.

Erst mit der Ankunft von Geflüchteten im Jahr 2015 in Europa wurde die Grenze wieder sichtbar und sukzessive wurden wieder Grenzkontrollen eingeführt. Im September 2015 wurde der Zugverkehr zwischen Dänemark und Deutschland unterbrochen, um insbesondere die Weiterreise von Geflüchteten nach Schweden zu unterbinden. Ab Januar 2016 wurden strikte Grenzkontrollen an den dänischen Außengrenzen (die auch Binnengrenzen des Schengen-Raums sind) etabliert. Das Schengener Abkommen besagt, dass Grenzkontrollen für höchstens sechs Monate eingeführt und im Fall „außergewöhnlicher Lagen" bis maximal zwei Jahre aufrechterhalten werden dürfen. Auch während der „Corona-Krise" wurden innerhalb der EU wieder Grenzkontrollen eingeführt, zeitweilig kam es sogar zu Grenzschließungen oder zur Einführung der neuen Einreisebedingung eines nachweislichen negativen Corona-Testergebnisses.

Das EU-Mitgliedsland Dänemark ist aber auch aufgrund seiner kolonialen Vergangenheit bis heute geopolitisch ein Sonderfall. Als ehemalige Kolonialmacht gründete die dänische Handelskompanie Siedlungen in Afrika und in der Karibik, von wo aus Zucker und Rum auch in die damals dänische Handelsstadt Flensburg exportiert wurden. Im Jahr 1754 gingen die Inseln St. Thomas, St. Croix und St. John in den Besitz der dänischen Krone über, bis sie 1917 an die USA verkauft wurden. Eine weitere geopolitische Besonderheit des heutigen dänischen Territoriums sind die Insel Grönland und die Färöer-Inseln im nördlichen Atlantik, welche geographisch weit jenseits der Grenzen des europäischen Kontinents liegen. Beide Territorien sind Teil des Königreichs Dänemark, als autonome Nationen gehören sie jedoch weder zur Europäischen Union noch zum Schengen-Raum (BPB, 2020; Hauke, 2020; Stöber, 2021).

Baustein A | Grenzen sind nicht, Grenzen sind gemacht – Wo verlaufen die geographischen Grenzen in und um Europa und wie sind sie entstanden?
In vielen Schulbüchern werden Europas Kontinentalgrenzen im Süden, Westen und Norden als eindeutig dargestellt, ohne dass auf territoriale Gebiete jenseits des Kontinents eingegangen wird (vgl. Baustein B). In der gleichen Logik natürlicher Grenzen wird auch die europäisch-asiatische Grenze entlang des Ural und des Bosporus meist unreflektiert reproduziert. In einer ersten praktischen Übung ist es die Aufgabe der Schüler*innen in Partnerarbeit, auf einer stummen Karte unter Hinzunahme politischer und topographischer Atlaskarten die europäischen Außengrenzen nachzuzeichnen. Im nächsten Schritt fokussieren sie auf einen bestimmten Abschnitt des Grenzverlaufs (z. B. Ural, Bosporus oder Mittelmeer), um dabei die Verbindung zwischen Grenzziehung, Topographie und nationalstaatlichen Grenzen zu benennen. Auf diese Weise erarbeiten sich die Schüler*innen zum einen naturgeographische Begründungen für Grenz-

ziehungen (Küstenlinie, Flüsse, Wasserscheiden etc.) und zum anderen identifizieren sie Grenzabschnitte, an denen diese willkürlich oder irritierend erscheinen – bspw. die Trennung einer Stadt in einen „europäischen" und einen „asiatischen" Teil (Istanbul).

Die Arbitrarität von Grenzziehungen wird anschließend am Beispiel des historisch-politisch bedingten Grenzverlaufs der deutsch-dänischen Grenze sowie der Rolle dieser Grenze für heutige alltägliche Austauschbeziehungen thematisiert. Zunächst erläutert die Lehrkraft in einem Impulsvortrag die Umstände der Grenzziehung im Rahmen der Volksabstimmung von 1920 sowie die Bonn-Kopenhagener Erklärungen von 1955 (BPB, 2020), bevor die Schüler*innen folgender Frage nachgehen: „In welcher Weise prägt die Grenzziehung des Jahres 1920 bis heute das Leben beiderseits der deutsch-dänischen Grenze (vgl. Infobox 12.3)?" Die *space*-Perspektive dieser innereuropäischen Grenze liegt in der klaren Abgrenzung zweier nationalstaatlicher Container-Räume, deren wechselseitige Austauschbeziehungen zu verschiedenen Zeiten unterschiedlich organisiert waren und sind.

Die *place*-Perspektive der letzten Grenzziehung in der Region wird im heutigen Alltag der Menschen in der Grenzregion erfahrbar. Hierzu können zwei Ausschnitte (Min. 00:00–07:44; 14:50–17:48) aus der Dokumentation „Das unsichtbare Band: Grenzgeschichten von Dänen und Deutschen" (Hauke, 2020) gezeigt werden. Die Beobachtungsaufgabe für die Schüler*innen lautet: „Welche Rolle spielt die Grenze heute für (junge) Menschen in der Grenzregion?" Den Abschluss des Bausteins bilden ein Unterrichtsgespräch über die Dokumentation und daran anschließend die Frage, wann und wo die Schüler*innen selbst Grenzen in Europa erleben und wie sie diese Grenzen erfahren.

Baustein B | Europa jenseits der europäischen Grenzen – Warum gibt es europäische Territorien auf anderen Kontinenten?

Die Raumkonstruktion des europäischen Kontinents ist nur eine von vielen verschiedenen „Europas", die durch bestimmte Gemeinsamkeiten konstruiert werden. Unter der Frage „Welche europäischen Raumkonstruktionen kennst du?" recherchieren die Schüler*innen über Wikipedia aktuelle politische Europa-Karten, beispielsweise der Europäischen Union, des Schengen-Raums und der Euro-Zone, um deren unterschiedliche Ausdehnungen zu erkennen.

Im nächsten Schritt beschäftigen sich die Schüler*innen auf Grundlage einer Karte der europäischen überseeischen Länder und Hoheitsgebiete sowie der Gebiete in äußerster Randlage[1] mit den global verstreuten europäischen Territorien jenseits der kontinentalen Grenzen. Die Schüler*innen informieren sich exemplarisch über ausgewählte Territorien wie z. B. Grönland, Kanarische Inseln oder Martinique und recherchieren, seit wann und warum diese entlegenen Territorien Teil einzelner europäischer Nationalstaaten sind. Dabei finden sie auch heraus, ob das jeweilige

---

[1] https://upload.wikimedia.org/wikipedia/commons/e/ee/Map-Europe-Outermost-regions-de.png.

Territorium zur Europäischen Union, dem Schengen-Raum und/oder der Euro-Zone gehört, und recherchieren, wie sich die Zugehörigkeit zu Europa in dem jeweiligen Territorium auf die Lebenswelt der Menschen vor Ort auswirkt.

Als Lernprodukt dieses Bausteins zum Thema „Europa jenseits der europäischen Grenzen" erstellen die Schüler*innen in Gruppenarbeit beispielsweise ein Plakat von ihrem gewählten Territorium, auf dem sie die Kolonialgeschichte problematisieren und die Zugehörigkeit zu unterschiedlichen politischen Europa-Konstruktionen sowie deren Bedeutung für die Lebenswelt der Menschen vor Ort thematisieren.

Baustein C I Renaissance von Grenzen in Krisenzeiten – Warum gibt es wieder Grenz-kontrollen innerhalb Europas?

Grenzziehungen nach außen gehen in Europa mit einem Rückbau nationaler Grenz-anlagen im Inneren einher, sodass Schüler*innen heute mit Selbstverständlichkeit in offenen Grenzen aufwachsen. In den vergangenen Jahren sind jedoch immer wieder Situationen aufgetreten, in denen nationale Grenzen „geschlossen" oder zumindest verstärkt kontrolliert wurden. Anhand der Betrachtung der Rückkehr von Grenzkontrollen an der deutsch-dänischen Grenze lernen die Schüler*innen, dass die Konstruktion eines grenzen-losen Europa kontingent ist. Die Schüler*innen erarbeiten selektive und temporäre Grenz-ziehungen, die Ausdruck einer Rückkehr des Nationalstaats und neuer Regionalisierungen in Krisenzeiten sind: Während der „Flüchtlingskrise" (2015/16) und der „Corona-Krise" (2020/21) machten viele europäische Staaten, unter anderem Deutschland, mit Verweis auf einen Ausnahmezustand Gebrauch von der Möglichkeit der temporären Aussetzung der Freizügigkeit[2]. Gerade in Grenzregionen sind die innereuropäischen Grenzen immer wieder erfahrbar, was sich exemplarisch an der deutsch-dänischen Grenze beobachten lässt, die in beiden Phasen temporär – und teilweise einseitig – „geschlossen" wurde.

Als Einstieg werden die Schüler*innen aufgefordert darüber nachzudenken, wo und wann sie das letzte Mal eine Grenzerfahrung gemacht bzw. von Grenzkontrollen anderer Menschen, z. B. Geflüchteter, erfahren haben. Wer wurde wo, wann und warum kontrolliert? Zur Hinführung an das Beispiel der deutsch-dänischen Grenze zeigt die Lehrkraft einen kurzen Ausschnitt (Min. 52:10–53:20) aus der Dokumentation „Das unsichtbare Band: Grenzgeschichten von Dänen und Deutschen" (Hauke, 2020), in dem sowohl der Rückbau von Grenzanlagen als auch deren Rückkehr thematisiert werden. Durch eigene Fotografien von Grenzübergängen kann die Lehrkraft die gewandelte Materialität der deutsch-dänischen Grenze (Artefakte von Grenzanlagen, Infrastrukturen grenzüberschreitenden Einkaufs, grenzüberschreitende Pendler*innen, temporäre Grenz-kontrollen und vollständige Grenzschließung während der beiden Krisen) zusätzlich ver-anschaulichen.

---

[2] Für eine vollständige Dokumentation aller offiziellen temporären Wiedereinführungen von Grenzkontrollen in englischer Sprache siehe https://ec.europa.eu/home-affairs/sites/homeaffairs/files/what-we-do/policies/borders-and-visas/schengen/reintroduction-border-control/docs/ms_notifications_-_reintroduction_of_border_control.pdf.

Nach diesem Einstieg bietet sich eine fotografische Spurensuche an der deutsch-dänischen oder einer anderen Grenze an. Der Arbeitsauftrag zielt auf eine Bild-dokumentation von Grenzartefakten, die in Abhängigkeit von der Klassenstufe unterschiedlichen Komplexitätsgraden folgen kann (für die einzelnen Kompetenz-stufen vgl. Jahnke, 2012). Die einzelnen Gruppen beschäftigen sich dabei beispiels-weise mit der Grenze als Barriere, Einnahmequelle oder Kontrollposten, mit temporären Grenzanlagen und -praktiken etc. Zum Abschluss präsentieren die Schüler*innen ihre thematischen Fotodokumentationen in einer gemeinsamen Ausstellung.

Beitrag zum fachlichen Lernen
Durch die multiperspektivische Beschäftigung mit den europäischen Binnen- und Außengrenzen erarbeiten sich die Schüler*innen zum einen das Wissen zu den politischen Grenzen Europas, zum anderen reflektieren sie aber auch die Auswirkungen politischer Entscheidungen auf die eigene Lebenswelt und die Lebenswelten anderer Menschen. Abstrakte kartographische Darstellungen Europas (*space*-Perspektive) werden dabei schon in einer relativ frühen Phase des Geographieunterrichts mit lebens-weltlichen Erfahrungen (*place*-Perspektive) zusammengedacht. Gleichzeitig wissen die Schüler*innen um die historische Arbitrarität und Kontingenz von Grenzziehungen, Grenzöffnungen und Grenzkontrollen. Durch die exemplarische Beschäftigung mit dem kolonialen Erbe der außereuropäischen Territorien sowie ausgewählten Außen- und Binnengrenzen lernen die Schüler*innen vermeintlich natürliche Grenzen kritischen zu hinterfragen.

Kompetenzorientierung
- **Fachwissen:** S10 „vergangene und gegenwärtige humangeographische Strukturen in Räumen beschreiben und erklären […]" (DGfG, 2020: 14); S14 „die realen Folgen sozialer und politischer Raumkonstruktionen […] erläutern" (ebd.: 15)
- **Räumliche Orientierung:** S16 „anhand von Karten verschiedener Art erläutern, dass Raumdarstellungen stets konstruiert sind […]" (ebd.: 18)

Die Unterrichtsbausteine sind explorativ angelegt und regen die kritische Reflexion von Grenzziehungen und -praktiken im Dialog von Kognition und Erfahrung an. Die Schüler*innen setzen sich mit Europas Binnen- und Außengrenzen auseinander, indem sie die Materialität ausgewählter Phänomene und Prozesse an der Schnittstelle der eigenen lebensweltlichen Erfahrungen von Grenzen (*place*) und den historisch-politischen Grenzkonstruktionen (*space*) analysieren (siehe Abb. 12.1). Ausgehend von verschiedenen Atlaskarten werden sich die Schüler*innen der historisch-gesellschaft-lichen Bedingtheit von politischen Grenzziehungen bewusst und lernen, dass Räume und Grenzverläufe stets konstruiert sind (O5). Die Schüler*innen können vergangene und gegenwärtige humangeographische Strukturen in Räumen beschreiben, darüber hinaus die Folgen sozialer und politischer Raumkonstruktionen für unterschiedliche Menschen erläutern (F3) (DGfG, 2020: 14–15, 18).

Klassenstufe und Differenzierung

Die dialogische Anlage der Unterrichtsbausteine zwischen einer abstrakt-karto-
graphischen *space*-Perspektive und einer lebensweltbezogenen *place*-Perspektive ermöglicht eine kritisch-reflexive Vertiefung der Thematik europäischer Grenzziehungen in
unterschiedlichen Klassenstufen. Die Autoren sehen Einsatzmöglichkeiten sowohl in
der Unter- als auch in der Mittel- und Oberstufe – je nach Lerngruppe und Lehrkraft.
Dabei sind verschiedene Ansätze zur Differenzierung angelegt. Die drei Bausteine
können sowohl in der gegebenen Abfolge als auch eigenständig im Unterricht eingesetzt werden. Sollte nicht genügend Zeit für die Bearbeitung aller Bausteine zur Verfügung stehen, schafft die Schwerpunktsetzung auf einen der Bausteine Zeitfenster für
Differenzierung durch Variationen derselben Aufgabe innerhalb des Bausteins. Die Lernprodukte der Bausteine sind dergestalt angelegt, dass sie insbesondere in Kooperation
der Schüler*innen gestaltet werden können. Die Schüler*innen nehmen dadurch in verschiedenen Gruppenzusammensetzungen unterschiedliche Rollen (als Expert*innen,
Unterstützer*innen etc.) ein. Dabei gehen die Lernprodukte über reine Textproduktion
hinaus und bieten zum Beispiel auch audiovisuelle Zugänge. Ein zentrales Element der
Bausteine ist die Bearbeitung ausgehend von der eigenen Lebenswelt der Schüler*innen
durch den *place*-Zugang. Hierdurch wird den individuellen Voraussetzungen und
Erfahrungshorizonten der Schüler*innen wertschätzend Rechnung getragen. Dies gilt
auch und insbesondere für Erfahrungen von Schüler*innen mit Migrationserfahrung.

Räumlicher Bezug

Europa und europäische Grenzregionen, insbesondere das dänische Territorium und die
deutsch-dänische Grenzregion

Konzeptorientierung

Deutschland: Raumkonzept (konstruierter Raum)
Österreich: Raumkonstruktionen und Raumkonzepte
Schweiz: Lebensweisen und Lebensräume charakterisieren (2.2a), sich in Räumen
orientieren (4.2b)
Vereinigtes Königreich: *space*, *place*

12.4 Transfer

Die Schüler*innen setzen sich in den drei Bausteinen mittels lernprozessanregender
Aufgabenstellungen mit lebensweltlichen Erfahrungen von Grenzen, bestehenden Vorstellungen der Grenzen Europas sowie der Konstruktion von Grenzen und Räumen auseinander. Die Ausdifferenzierung anhand des gewählten exemplarischen regionalen
Schwerpunkts der deutsch-dänischen Grenzregion (vgl. Infobox 12.3) ermöglicht es, die
jeweiligen Unterrichtsvorschläge auch leicht auf andere Grenzregionen der europäischen

Binnen- oder Außengrenzen (z. B. deutsch-französische Grenze; Lampedusa an der europäischen Außengrenze) zu übertragen.

Verweise auf andere Kapitel

- Hintermann, C. & Pichler, H.: *Dekonstruktion. Flucht und Migration – Mediale Repräsentation.* Band 2, Kap. 14.
- Pettig, F. & Nöthen, E.: *Phänomenologie. Europa – Europa im Alltag.* Band 2, Kap. 9.
- Serwene, P. & Schwarze, S.: *Bilingualer Geographieunterricht. Europäische Union – Grenzübergreifende Zusammenarbeit.* Band 2, Kap. 11.

Literatur

Bundeszentrale für politische Bildung (2020). Die Bonn-Kopenhagener Erklärungen: Modell für den Umgang mit Minderheiten?. https://www.bpb.de/politik/hintergrund-aktuell/307069/bonn-kopenhagener-erklaerungen. Zugegriffen: 20. Mai 2021.

Deutsche Gesellschaft für Geographie (Hrsg.)(2002). *Grundsätze und Empfehlungen für die Lehrplanarbeit im Schulfach Geographie.* Selbstverlag Deutsche Gesellschaft für Geographie.

Deutsche Gesellschaft für Geographie (Hrsg.). (2020). *Bildungsstandards im Fach Geographie für den Mittleren Schulabschluss* (10. Aufl.). Selbstverlag Deutsche Gesellschaft für Geographie.

Dünne, J. & Günzel, S. (Hrsg.)(2006). *Raumtheorie – Grundlagentexte aus Philosophie und Kulturwissenschaften.* Suhrkamp.

Freytag, T. (2014). Raum und Gesellschaft. In J. Lossau, T. Freytag & R. Lippuner (Hrsg.), *Schlüsselbegriffe der Kultur- und Sozialgeographie.* Eugen Ulmer. 12–24.

Hauke, W. (2020). Das unsichtbare Band: Grenzgeschichten von Dänen und Deutschen. https://www.ndr.de/fernsehen/programm/epg/Das-unsichtbare-Band,sendung1011256.html. Zugegriffen: 20. Mai 2021.

Jahnke, H. (2012). Geographische Bildkompetenz? Über den Umgang mit Bildern im Geographieunterricht. *Geographie und Schule, 34*(195), 27–35.

Lambert, D. & Jones, M. (Hrsg.)(2018). *Debates in Geography Education* (2. Aufl.). Routledge.

Miggelbrink, J. (2009). *Der gezähmte Blick. Zum Wandel des Diskurses über „Raum" und „Region" in humangeographischen Forschungsansätzen des ausgehenden 20. Jahrhunderts* (Bd. 55). Institut für Länderkunde Leipzig, Beiträge zur Regionalen Geographie.

Schultz, H.-D. (1997). Räume sind nicht, Räume werden gemacht. Zur Genese „Mitteleuropas" in der deutschen Geographie. *Europa Regional 5*(1), 2–14.

Seidel, S. & Budke, A. (2017). Keine Räume ohne Grenzen – Typen von Raumgrenzen für den Geographieunterricht. *Zeitschrift für Didaktik der Gesellschaftswissenschaften, 8*(2), 41–59.

Stöber, B. (2021). *Dänemark.* Bundeszentrale für politische Bildung.

Taylor, L. (2008). Key concepts and medium term planning. *Teaching geography, 33*(2), 50–54.

Wardenga, U. (2002). Alte und neue Raumkonzepte für den Geographieunterricht. *Geographie heute, 200*, 8–11.

Wardenga, U. (2017). Revisited: Alte und neue Raumkonzepte für den Geographieunterricht. *Zeitschrift für Didaktik der Gesellschaftswissenschaften, 8*(2), 177–183.

Othering im Geographieunterricht reflektieren

13

Potenziale des Inklusionskonzepts für diskriminierungsfreies Lernen

Andreas Eberth und Sabine Lippert

▶ **Teaser** Im Beitrag werden das Problem des Othering erläutert und das bildungspolitische Leitprinzip der Inklusion als möglicher Lösungsansatz vorgestellt. Im Unterrichtsbaustein wird die Thematik sowohl auf einer fachlichen als auch auf einer persönlichen Ebene differenziert aufbereitet. Anhand einer kritischen Bildanalyse von Werbeplakaten wird dargelegt, wie die Thematik im Unterricht behandelt werden kann.

13.1 Fachwissenschaftliche Grundlage: Postkolonialismus – Othering

Mit dem Begriff Othering wird das Herstellen von Andersartigkeit im Sinne des „Veranderns" bezeichnet. Dies erfolgt über das Konstruieren einer Eigengruppe, mit der man sich identifiziert, und einer oder mehrerer Fremdgruppen, mit denen man sich

Ergänzende Information Die elektronische Version dieses Kapitels enthält Zusatzmaterial, auf das über folgenden Link zugegriffen werden kann https://doi.org/10.1007/978-3-662-65720-1_13.

A. Eberth (✉)
Institut für Didaktik der Naturwissenschaften, Didaktik der Geographie, Leibniz Universität Hannover, Hannover, Niedersachsen, Deutschland
E-Mail: eberth@idn.uni-hannover.de

S. Lippert
Geographie und ihre Didaktik, Universität Trier, Trier, Rheinland-Pfalz, Deutschland
E-Mail: lippert@uni-trier.de

nicht identifiziert (Pfister, 2020: 122). Dabei werden dichotome abgeschlossene Kategorien produziert, indem eine Abgrenzung nach außen und Homogenität nach innen hergestellt werden (Kersting, 2011: 7). Die in diesem Sinne erfolgende Klassifizierung von anderen als fremd und nicht zugehörig erfolgt entlang verschiedener Differenzkategorien, die auch intersektional verschränkt sein können. Häufig sind dies die auch der Europäischen Charta der Vielfalt zugrunde liegenden Merkmale, darunter Geschlecht, Herkunft, Nationalität, rassistische Zuschreibungen, Religion, Weltanschauung, Behinderungen, chronische Erkrankungen, Lebensalter, Sprache, sexuelle Orientierung und geschlechtliche Identitäten oder sozialer Status. „Die Kategorisierung und Einteilung von Menschen in Gruppen ist verbunden mit Bildern über die sozialen Gruppen. Diesen werden Eigenschaften und Wesensmerkmale zugeschrieben, die als gegeben vorgestellt werden" (Schröder, 2019: 54). In der Folge kommt es zu diskriminierenden Praktiken gegenüber den Mitgliedern der Fremdgruppe. Insbesondere seit der zweiten Hälfte des 20. Jahrhunderts findet dafür der Begriff Othering (siehe Infobox 13.1) Verbreitung im Zusammenhang mit wichtigen postkolonialen Impulsen von Edward Said („Orientalismus", 1978) und Gayatri Chakravorty Spivak („The Rani of Simur", 1985). In solider Analyse arbeiten sie das Herstellen eines Anderen durch die sog. westliche Welt bzw. koloniale Mächte heraus. Nach Mecheril und van der Haagen-Wulff (2016: 126) geht mit Othering auch zugleich ein „Selfing" einher – insofern bilden „Wir" und „Nicht-Wir" Teile der gleichen Konstruktionsprozesse. Hier kann es aus der Perspektive der Kritischen *Weiß*seinsforschung gelingen, entsprechende Prozesse des Selfing zu reflektieren. Diese Perspektive ermöglicht „eine genauere Analyse von Selbst- und Weltverständnissen *weißer* Menschen" (Schröder, 2019: 65; siehe Infobox 13.2) um eine *white supremacy* als rassistische Ideologie, die eine Überlegenheit *weißer* Menschen in allen Dingen behauptet, kritisch zu reflektieren (Hasters, 2020: 217).

Infobox 13.1: Othering

„Der Begriff ‚Othering' kann übersetzt werden mit ‚jemanden zum anderen machen'. Dahinter verbirgt sich ein relativ einfaches, aber sehr ‚wirksames' Prinzip:

1. Ich mache mich selbst zur Norm und werde dadurch zum Standard.
2. Ich mache alle anderen zu ‚die Anderen'.

Denn damit ich die Norm sein und bleiben kann, braucht es die anderen, die von dieser Norm abweichen. Rassismus hat so begonnen [...]. Othering geschieht immer dann, wenn es eine vermeintliche Norm, einen vermeintlichen Standard gibt und die Person of Color oder die Schwarze Person als Abweichung dargestellt wird. Das geschieht oft im Kleinen und kommt oft unmerklich daher. So werden Schwarze Menschen und People of Color trotz eines akzentfreien Deutsch [...] überproportional häufig nach ihrer Herkunft gefragt. Und dabei bleibt es nicht. Antwortet diese Person dann mit Köln oder Berlin, wird oft so lange nachgebohrt, bis die Herkunft auf einen Ort außerhalb Deutschlands verortet werden kann.

Das liegt vor allem daran, dass es in Deutschland eine Norm gibt, die besagt, wie Deutschsein auszusehen hat."

Ogette, T. (2017): *exit RACISM. Rassismuskritisch denken lernen.* Münster, S. 59 f.

Infobox 13.2: Aspekte kritischen Weißseins

„Im Rahmen der Critical Whiteness Studies (Weißseinsforschung) werden die Konstruktionsbedingungen von Weiß- und Schwarzsein beleuchtet […]. Dieses Forschungsfeld betont, dass die Unterscheidung der Menschen nach Hautfarben eine Folge des europäischen Rassismus ist und der Unterwerfung definierter *Anderer* dient. Daher legt die kritische Weißseinsforschung Strukturen offen, die Weißsein als Normalität und Schwarzsein als Abweichung von der Normalität durch Naturalisierung (körperliche Merkmale sind unüberwindbarer Teil von der Natur), Hierarchisierungs- (das *Andere* ist nicht eigenständig, sondern komplementär zum *Eigenen*), Ausgrenzungs- (nicht weiß, nicht von hier) und Markierungspraktiken (Wissen wird über *andere* erzeugt) konstruieren. Diese Praktiken der Ab- und Ausgrenzung werden heute zunehmend erkannt und als *Othering* bezeichnet."

Schlottmann, A. & Wintzer, J. (2019). *Weltbildwechsel. Ideengeschichte geographischen Denkens und Handelns.* Bern, S. 311.

Othering kann auf ganz unterschiedlichen Ebenen und in verschiedenen Kontexten stattfinden; im Kontext Schule etwa ganz konkret innerhalb der Klassengemeinschaft, wo es zu rassistischer Diskriminierung kommen kann. Wenn Mitschüler*innen aufgrund der o. g. Merkmale Diskriminierungserfahrungen machen, bedarf es entsprechender pädagogischer Interventionen und des gemeinsamen Herstellens von Zugehörigkeit (siehe dazu Mecheril & Melter, 2010; Schröder, 2019). Im Schulunterricht kommt Rassismuskritik daher eine besondere Bedeutung zu. Diese wird verstanden als „zum Thema machen, in welcher Weise, unter welchen Bedingungen und mit welchen Konsequenzen Selbstverständnisse und Handlungsweisen von Individuen, Gruppen, Institutionen und Strukturen durch Rassismus vermittelt sind und Rassismen stärken" (Mecheril & Melter, 2010: 172). Für pädagogisches Handeln ergeben sich daraus folgende Leitlinien (ebd.: 174): rassismuskritische Performanz, Wissen über Rassismus vermitteln, Handeln gegen Rassismus stärken, Zugehörigkeitserfahrungen thematisieren, rassistische Zuschreibungsmuster reflektieren, eindeutige Unterscheidungen dekonstruieren. Auch und gerade im Zusammenhang mit geographischen Themen kann es zu Othering kommen. So führt die Art des Sprechens über globale Ungleichheiten bisweilen nicht nur zum Herstellen von Andersartigkeit, sondern auch zum Abwerten anderer Länder bzw. Gesellschaften und Lebensstile bei gleichzeitiger Aufwertung der eigenen Perspektive. Eine kritische Reflexion der (Fach-)Sprache aus poststrukturalistischer Perspektive ist daher wichtig (vgl. Castro Varela & Khakpour, 2019). Auch visuelle Darstellungen in Schulbüchern und Unterrichtsmaterialien verstärken mitunter diesen Effekt (Eberth, 2019; Marmer & Sow, 2015).

Ziel des Geographieunterrichts sollte es sein, dazu beizutragen, in der Vielfalt von Perspektiven und ihrer Diversität den Kern einer Gesellschaft insofern zu erkennen, als ihre Bedeutung verortet wird in der „gleichzeitigen Anwesenheit zahlloser Aspekte und Perspektiven, in denen ein Gemeinsames sich präsentiert und für die es keinen gemeinsamen Maßstab und keinen Generalnenner je geben kann. […] Eine gemeinsame Welt verschwindet, wenn sie nur noch unter einem Aspekt gesehen wird; sie existiert überhaupt nur in der Vielfalt ihrer Perspektiven" (Arendt, 2002: 56 f.). Eine Reflexion des im Geographieunterricht zugrunde liegenden Kulturverständnisses ist eine Voraussetzung zur Überwindung von Othering (siehe Infobox 13.3).

Infobox 13.3: Bedeutung von Kulturverständnissen für den Geographieunterricht
Einer der Gründe für Othering liegt mitunter in entsprechenden Kulturverständnissen. Im Geographieunterricht sollten entsprechende Kulturverständnisse daher verglichen und reflektiert werden (Eberth & Röll, 2021). Insbesondere ein Verständnis von Kulturen im Sinne des auf Johann Gottfried Herder zurückgehenden Kugelmodells sollte kritisch reflektiert und dekonstruiert werden. Kultur wird darin als gleichsam in sich geschlossen und nach außen zu anderen Kollektiven abgrenzbar verstanden, es wird eine vermeintlich eindeutige Differenz konstruiert (Reckwitz, 2001: 185). Ein derart akzentuiertes Kulturverständnis hat über den Kulturerdteil-Ansatz Eingang in einige Lehrpläne gefunden, so z. B. nach wie vor ins Kerncurriculum Erdkunde an Gymnasien des Landes Niedersachsen. „Vom Klassenzimmer bis zum Kanzleramt wird ein Bild von Welt als einem kulturräumlichen Mosaik gezeichnet, in dem verschiedene Kulturen klar voneinander getrennt über die Erdoberfläche verteilt sind. So wenig voraussetzungsvoll dieses Mosaik aus einer Alltagsperspektive erscheinen mag, so vehement ist die damit verbundene Raumvorstellung aus postkolonialer Sicht kritisiert worden" (Lossau, 2012: 359). Hier gilt es, andere Kulturverständnisse aufzugreifen, die eine Konstruktion von Differenzen vermeiden. Neben anderen eignet sich in diesem Sinne die Kulturdefinition von Julia Reuter: „Kultur ist vielmehr ein Fluss, der sich aus vielfältig synchron und diachron verknüpften Bedeutungen und Praktiken speist. Bedeutungen, Identitäten und Praktiken liegen dann nicht entweder in der einen oder der anderen Kultur, sie gehen durch sie hindurch und beziehen sie aufeinander – die Formel hierfür lautet ,hybrid'. Die Welt gleicht dann weniger einem Mosaik, dessen Steinchen die einzelnen Kulturen sind. Sie gleicht vielmehr einer Kulturmelange im Sinne einer wechselseitigen kulturellen Durchdringung globaler

und lokaler Sinnbezüge, die in alltäglichen Praktiken mobilisiert und reproduziert wird" (2018: 270).

Die geographische Kulturdefinition von Knox und Marston lässt sich als relativ offen charakterisieren und verweist auf mögliche intersektionale Verschränkungen: „A simple definition of culture is that it is a particular way of life, such as a set of skilled activities, values, and meanings surrounding a particular type of practice. […] Broadly speaking, culture is a shared set of meanings that is lived through the material and symbolice practices of everyday life. […] The ‚shared set of meanings‘ can include values, beliefs, ideas, practices and ideas about family, childhood, race, gender, sexuality and other important identities or strong associations" (2016: 180).

Weiterführende Leseempfehlung
Riegel, C. (2016). *Bildung – Intersektionalität – Othering: Pädagogisches Handeln in widersprüchlichen Verhältnissen.* Bielefeld: transcript.

Problemorientierte Fragestellungen
* Wie kann eine Sensibilisierung für die Problematik von Othering erfolgen?
* Wie können Formen des Othering durch Inklusionserfahrungen überwunden werden?

13.2 Fachdidaktischer Bezug: Inklusion

Das Stichwort Vielfalt spielt im Konzept der Inklusion eine tragende Rolle. Entgegen der geläufigen Vorstellung, Inklusion beziehe sich primär auf Menschen mit Behinderung, soll Inklusion die Teilhabe *aller* Menschen unabhängig von ihrer Hautfarbe, Geschlecht, Sprache, Religion, politischer Anschauung, nationaler, ethnischer oder sozialer Herkunft an der Gesellschaft ermöglichen (vgl. Eichholz, 2017: 10). Die UNESCO hat 1994 Inklusion erstmals zum bildungspolitischen Leitprinzip erhoben und die internationale Gemeinschaft aufgefordert, dass „Schulen alle Kinder unabhängig von ihren physischen, intellektuellen, sozialen, emotionalen, sprachlichen und anderen Fähigkeiten aufnehmen" (zit. nach Muñoz, 2017: 4). Dies gelte vor allem für Schüler*innen, die von Marginalisierung, Diskriminierung und Lernversagen bedroht seien. Inklusion ist somit ein Menschenrecht, dessen Verweigerung kein Randproblem, sondern das Symptom einer ungerechten Gesellschaft sei (vgl. Eichholz, 2017: 11).

Statt die in der UN-Behindertenrechtskonvention geforderte Inklusion als Aufruf zu begreifen, das Verhältnis von Individualität und Gemeinschaft beim Lernen neu zu durchdenken (vgl. ebd.: 12), wird der Inklusionsbegriff in der deutschen Bildungspolitik häufig auf Menschen mit Behinderung reduziert. Die Integration von Lernenden mit Behinderung in die „Regelschulen" kann jedoch nicht gelingen, wenn Schulen nicht über die notwendigen strukturellen Voraussetzungen verfügen (vgl. ebd.: 13; vgl. Muñoz, 2017: 6). Schüler*innen mit Behinderung sowie Schüler*innen mit Migrationsgeschichte eint, dass im deutschen Bildungswesen der Fokus häufig auf die „Andersheit" dieser Gruppen gelegt wird (z. B. durch Konzepte wie Integration oder Interkulturelles Lernen), womit Prozesse des Othering und damit Exklusionsmechanismen begünstigt werden. Wenn „Andere" in eine „Wir"-Gruppe *integriert* werden sollen, erscheinen Werte, Normen, Lebensstile und kulturelle Praktiken der „Wir"-Gruppe als Maßstab und als Kontext, in den sich die Gruppe der „Anderen" einzufügen habe. In der postmigrantischen Gesellschaft, die Migration als gesellschaftliche Normalität anerkennt und gleichzeitig bestehende Ausschlüsse vom Zugang zu Rechten und Teilhabe thematisiert (Foroutan, 2018), werden daher Erfahrungen mit Othering zum Gegenstand von Reflexionsprozessen. Auch aus Inklusionsperspektive werden Klassifizierungen und Normen jeglicher Art abgelehnt und die Individualität, Wertigkeit und Zugehörigkeit des Einzelnen betont. Inklusion ebnet einer machtkritischen Analyse der sozialen Herstellung von Exklusion sowie der Dekonstruktion soziokultureller Zuschreibungen den Weg. Statt auf die Integrationsfähigkeit von Personen richtet sie sich auf die Transformationsfähigkeit bildungspolitischer Institutionen und Strukturen (vgl. Georgi, 2015: 26 f.).

Zur Transformation in ein inklusives Bildungssystem müsste vor allem der Lernerfolg der Schüler*innen vom sozioökonomischen Status der Eltern entkoppelt werden. Im Vergleich zu anderen Industrienationen ist diese Form der Bildungsungerechtigkeit in Deutschland besonders ausgeprägt, wie internationale Studien und nationale Bildungsberichte belegen (vgl. Schumann, 2019: 5; vgl. Muñoz, 2017: 12). Zudem müsste das selektive mehrgliedrige Schulsystem aufgelöst werden, das institutionell ebenjene Kinder aus unterprivilegierten Verhältnissen benachteiligt (vgl. Muñoz, 2017: 6 f.; vgl. Eichholz, 2017: 14 ff.). Statt Gymnasien oder Förderschulen gäbe es eine Schule für alle, wobei nicht alle Schüler*innen immer gemeinsam lernen sollten (vgl. ebd.). „Gelingender inklusiver Unterricht nimmt die Heterogenität von Lerngruppen gezielt in den Blick und fragt nach Möglichkeiten differenzierten und gemeinsamen Lernens" (Moser & Demmer-Dieckmann, 2012: 153). Nach der Devise „So viel Gemeinsamkeit wie möglich, so viel Differenzierung wie nötig" kann es kooperative und individuelle Lernphasen geben, wobei vor allem Projekt- und Wochenplanarbeit besonders geeignet für eine differenzierte Förderung erscheinen (vgl. Eichholz, 2017: 19). Inklusive Bildung stärkt dabei die Partizipation, Kommunikation, Kooperation sowie Reflexion von Lehrenden und Lernenden (vgl. Schmitz et al., 2020: 16). Sie zielt darauf ab, Lern- und Beteiligungsbarrieren abzubauen, fordert einen tiefgreifenden Wandel der Bildungssysteme und verkörpert eine radikale Erneuerung des Bildungsverständnisses sowie der pädagogischen Praxis (vgl. Muñoz, 2017: 18 f.).

Weiterführende Leseempfehlung
Geldner, J. (2020). *Inklusion, das Politische und die Gesellschaft. Zur Aktualisierung des demokratischen Versprechens in Pädagogik und Erziehungswissenschaft.* Bielefeld: transcript.

Bezug zu weiteren fachdidaktischen Ansätzen
Dekonstruktion, Mediendidaktik/Bilder, rassismuskritische Didaktik

13.3 Unterrichtsbaustein: Dekonstruktion von Othering durch Bildanalysen

Die Thematisierung im Unterricht kann auf einer fachlichen und auf einer persönlichen Ebene erfolgen. Fachlich kann u. a. an folgende Lehrplanschwerpunkte angeknüpft werden: globale Disparitäten/Ungleichheiten, Afrika, Entwicklungsländer, Entwicklungszusammenarbeit, Migration.

Reflexionsanlässe können z. B. über kritisch-reflexive Bildarbeit geschaffen werden. Damit kann es gelingen, Fotografien nicht als visuelle Repräsentation der Welt und in diesem Sinne als Abbild zu verstehen, sondern als Mittel zur Konstruktion sozialer Wirklichkeit. Sehgewohnheiten und mentale Bilder sind damit Gegenstand der Reflexion. Mittels kritisch-reflexiver Bildanalyse können intendierte und unterbewusste Ansätze des Othering erkannt und dekonstruiert werden. Eberth (2019) hat dazu entlang des Dreischritts Dekonstruktion, Rekonstruktion, Konstruktion forschungsbasiert eine Unterrichtssequenz am thematischen Beispiel *Alltag von Jugendlichen in den Slums von Nairobi, Kenia* entwickelt (siehe im digitalen Materialanhang M 1a – M 1c und die dazu gehörige Aufgaben).

> **Materialbaustein 1a: Mediale Darstellung – der Raum als *space***
> Imaginierte Geographien manifestieren einseitige Raumbilder, wenn sie nicht kritisch-reflexiv diskutiert und um zusätzliche Perspektiven erweitert werden. Am Raumbeispiel des Lebens von Jugendlichen in den Slums von Nairobi (Kenia) wurde dieses Phänomen forschungsbasiert verdeutlicht. So zeigt Eberth (2019), dass die Vorstellung der Schüler*innen in Deutschland insbesondere auf dicht gedrängte Wellblechhütten bezogen ist. Auch eine Bildersuche mittels entsprechender Schlagworte auf einschlägigen Online-Suchmaschinen unterstützt diese Raumbilder (M 1a).
>
> Raumstrukturelle Aspekte stehen hier also im Vordergrund, der Raum wird als *space* dargestellt. Darüber wird Differenz konstruiert, da Baustruktur und Aspekte der Infrastruktur von entsprechenden Standards in Deutschland abweichen. Es liegt nahe, dass sich die Schüler*innen gleichsam selbst erhöhen, da die Qualität der Gebäude und Infrastruktur in Deutschland offenbar „besser" ist (Abb. 13.1a).

Abb. 13.1a Typische
Vorstellung von Schüler*innen
zum Begriff „Slum". (Quelle:
Andreas Eberth)

Materialbaustein 1b: Perspektiven erweitern – der Raum als *place*
Werden allerdings Perspektiven von Jugendlichen, die selbst in Slumgebieten in
Nairobi wohnen, ergänzt, lässt sich diese Form der (Ab-)Wertung differenzieren.
So wird in der Studie von Eberth (2019) deutlich, dass die teilnehmenden Jugend-
lichen insbesondere sozialräumliche Aspekte als Motive auswählen, wie u. a. ein
Fußballspiel (M 1b). Hier wird der Raum als *place* visualisiert, als Ort mit persön-
licher Bedeutung. Diese Motive geben deutlich weniger Anlass zum Othering.
Mittels der von Eberth (2018) konzipierten Unterrichtssequenz kann es gelingen,
entsprechende Perspektiven zu differenzieren (Abb. 13.1b).

Abb. 13.1b Der Raum als place: Von Jugendlichen, die in einem Slum in Nairobi leben, aufgenommenes Motiv zur Visualisierung bedeutender Aspekte ihres Alltags. (Quelle: Andreas Eberth 2019: 110)

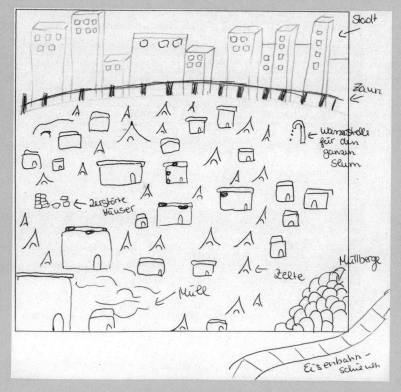

Abb. 13.1c Zeichnung einer Schülerin aus Deutschland zu ihrer Vorstellung zum Begriff „Slum". (Quelle: Koch 2015: 75)

Materialbaustein 1c: Vorstellung einer Schülerin aus Deutschland
Die einseitige Vorstellung deutscher Schüler*innen kommt auch in der Arbeit von
Koch (2015) zum Ausdruck. Über von Lernenden selbst erstellte Zeichnungen hat
er Schüler*innenvorstellungen zum Leben in Slums erhoben (M 1c). Folgende
Kategorien arbeitet er heraus (ebd.: 72 ff.): Bilderbuchafrika, räumliche Enge,
Illegalität, räumliche Trennung Slum – Stadt, Müll, Wiedergabe medialer Bilder,
Wellblechhütten, Lage an Ungunsträumen (Abb. 13.1c).

Auch die Analyse von (Spenden-)Plakaten im öffentlichen Raum kann ein zielführender
Zugang sein, wie im Film „White Charity – Schwarzsein und *Weiß*sein auf Spenden-
plakaten" anschaulich deutlich wird (www.whitecharity.de). Für die Arbeit im Geographieunterricht ist u. a. eine Werbekampagne der österreichischen Raiffeisenbanken in
Kooperation mit der Caritas geeignet. Auf den Plakaten sind eine junge, *weiße*, blonde
Frau und ein junger *weißer* Mann abgebildet. Beide halten jeweils eine Ziege. Der
Werbeslogan lautet: „Studentenkonto eröffnen. Ziege für Afrika spenden."[1] Diese Darstellung provoziert Fragen, die im Unterricht erörtert werden sollten. So wird mit den
weiß gelesenen österreichischen Studierenden eine „Wir"-Gruppe konstruiert, die inso-
fern als privilegiert erscheint, als sie offenbar studieren kann, also Zugang zu Bildungs-
angeboten hat, und zudem über so viel finanzielles Kapitel verfügt, dass es eines eigenen
Kontos bedarf. Die vermeintlich „gute Tat" der Spende einer Ziege für Menschen in
„Afrika" erweist sich als Erhöhung über die Gruppe der „Anderen", die offenbar keinen
Zugang zu Bildungsangeboten haben und deren Bestimmung in der Viehzucht gesehen
wird. Eine ausführliche Analyse der Darstellung ist nachzulesen in Castro-Varela und
Heinemann (2017).

Komplexer wird dieser Sachverhalt in Abb. 13.2 (siehe auch im digitalen Materialanhang). Hier wird Othering konkret deutlich, da das Werbeplakat eine Komposition aus
zwei nebeneinanderstehenden Fotos ist. Die Gestaltung des Plakats erscheint als Darstellung binärer Geographien. Visuell sind die beiden abgebildeten Frauen voneinander
getrennt, da es sich um zwei separate Fotos handelt, die beiden Frauen also nicht tatsächlich nebeneinanderstehen. Auch räumlich liegt eine Trennung vor, auch wenn diese
nicht explizit erwähnt wird: Die links abgebildete Frau könnte in Kenia – einem der
Hauptanbauländer von Rosen – leben, während die rechts abgebildete Frau in Deutschland oder, weiter gefasst, in Europa, im „Westen", also dem sog. Globalen Norden leben
könnte. Das die beiden Personen Verbindende sind laut Slogan offenbar Frauenrechte
und Rosen. Es wird impliziert, beide Frauen hätten Rechte. Ferner wird die Verbindung
so konstruiert, dass die deutsche Frau durch ihren Kauf von Fairtrade-Rosen die Rechte

---

[1] Die Darstellung ist einsehbar unter: https://goodnight.at/magazin/freizeit/1202-ziege-fuer-afrika-
und-kreditkarte-mit-50-euro-startbonus.

Abb. 13.2 Werbekampagne der Initiative Fairtrade im Jahr 2020. (Foto: Andreas Eberth)

der Kenianerin überhaupt erst ermögliche bzw. unterstützt. Dies – so lässt sich interpretieren – führt offenbar zur Zufriedenheit beider, werden sie doch beide lächelnd dargestellt.

Trotz des Versuchs, darüber eine Verbindung zwischen beiden Frauen herzustellen, wird eine Hierarchie konstruiert, da die Kenianerin gleichsam als passiv dargestellt wird, während der deutschen Frau die Fähigkeit zugesprochen wird, für die Rechte der kenianischen Frau zu sorgen. Hier liegt eine Trennung zwischen der Schwarzen Frau aus Kenia und der *weiß* gelesenen Frau vor, da letztere in der privilegierten Position ist, sich einen Strauß Rosen leisten zu können, der als Konsumgegenstand einen temporären und vor allem ästhetisch-symbolischen Gebrauchswert besitzt. Dabei wird der Kenianerin als Arbeiterin im Gewächshaus eine weniger machtvolle und mit weniger Handlungsfähigkeit versehene Rolle zugeschrieben, die sie gleichsam von jener privilegierten Welt der *weiß* gelesenen Frau ausschließt. Die klare Grenze zwischen beiden Fotos in Abb. 13.2 ist also nicht nur eine ungünstige grafische Darstellung. Vielmehr symbolisiert sie die tatsächlich zu analysierenden Grenzziehungen zwischen beiden Gruppen von Frauen, deren Rollenverteilung zudem Assoziationen an kolonialistische Denkmuster weckt: die Schwarze Frau als vor allem körperlich tätige Arbeitskraft, welche die über das Kapital verfügende *weiß* gelesene Frau mit Rohstoffen aus dem sog. Globalen Süden versorgt. Die Darstellung gibt Anlass zur kritischen Reflexion über die Raum- und Weltbilder, die durch diese mediale Repräsentation vermittelt werden.

Dieses Beispiel ist komplexer, da hier mit Fairtrade eine Initiative kritisiert werden kann, die eigentlich als Teil der „Lösung" gesehen wird. Auch die in den Bildungsstandards ausgewiesenen Handlungskompetenzen sind u. a. auf die Bereitschaft zum Kauf von Fairtrade-Produkten ausgerichtet. Ausführlich analysiert Eberth (2020) die damit einhergehenden Problematiken und Kontroversen. Er zeigt auf, wie im Sinne der doppelten Komplexität zusätzliche Aspekte bei einer Bewertung des Raum-/Fallbeispiels Berücksichtigung finden können.

Mit ausgewählten Fragestellungen und zusätzlichen Infotexten zu „Othering und Rassismus" und „Inklusion" (siehe digitaler Materialanhang) kann im Unterricht das Werbeplakat in Abb. 13.2 diskutiert werden. Zunächst setzen sich die Schüler*innen mit der möglichen Botschaft des Plakats auseinander und erläutern, ob und inwiefern sie Formen des Othering darin erkennen können. Mit Blick auf ihre eigene Lebensrealität erörtern sie im Anschluss, inwiefern Othering ihnen im Alltag begegnet und wie man damit umgehen kann. Als möglichen Ansatz zur Dekonstruktion wird das Leitbild „Inklusion" durch einen Infotext thematisiert. Die Schüler*innen diskutieren, inwiefern dieses gegen Prozesse des Othering wirken kann, und reflektieren darüber hinaus, welche sozialen Normen ihnen im Alltag begegnen, die Prozesse des Othering begünstigen.

Weitere Zugänge zum antirassistischen Lernen, die insbesondere das Thema Identität im Hinblick auf Othering und kulturelle Zuschreibungen erörtern, bieten beispielsweise Lippert und Mönter (2021), die Ansätze einer *identity education* diskutieren, sowie Stuppacher und Lehner (2019), die eine vierstufige Unterrichtsumgebung vorstellen, welche gleichsam eine Verbindung der persönlichen und fachlichen Ebene ermöglicht. Gelungene Anregungen für die Jahrgangsstufen 5/6 geben Schröder und Carstensen-Egwuom (2020), die anhand zweier verschiedener Schulbuchseiten herausarbeiten, wie unmittelbar Othering im Unterricht erfolgen kann. Sie unterbreiten Vorschläge, wie dies verhindert werden kann: durch das Vermeiden einseitiger Perspektiven und von Verallgemeinerungen, durch das Aufzeigen rassismusrelevanter Wissensbestände und das Hinterfragen hegemonialer Zugehörigkeitsordnungen. Denkwege zur Gestaltung von Lehr- und Lernräumen aus den Perspektiven feministischer Geographien diskutieren Schreiber und Carstensen-Egwuom (2021). Dabei weisen sie im Besonderen auf die Bedeutung wertschätzender Beziehungen und persönlicher Erfahrungen hin.

> **Infobox 13.4: Weitere Zugänge und Materialien für den Unterricht**
> **Basierend auf den Ergebnissen und Erkenntnissen eines aktuellen Forschungsprojekts werden in der Broschüre „Demokratie und Partizipation in der Migrationsgesellschaft" unterrichtspraktische Materialien und Methoden angeboten, anhand derer entlang folgender Oberthemen Aspekte von Othering**

und Inklusion thematisiert werden können: Integration und Solidarität, Fluchtregime und soziale Rechte, Rassismus in der postmigrantischen Gesellschaft, Schutz und Gewalt im Kontext von Flucht und Migration, Demokratie und Selbstorganisierung.

Bieling, H.-J., Bormann, D., Dinkelaker, S., Edling, P., Fixemer, T., Schwenken, H. & Tuider, E. (Hrsg.) (2021), *Demokratie und Partizipation in der Migrationsgesellschaft*. Unterrichtspraktische Methoden und Materialien für Bildungsreferent*innen und Lehrkräfte der gesellschaftlichen Fächer und Fächerverbünde. Kassel, Osnabrück, Tübingen: https://www.welcome-democracy.de/politische-bildungsarbeit

Der Verein glokal e. V. unterhält eine online einsehbare, umfangreiche Linkliste zu verschiedensten Visualisierungen und Unterrichtsmaterialien zum Themenfeld „Rassismus- und herrschaftskritisches Denken und Handeln" mit zahlreichen kostenlosen Downloads:
https://www.mangoes-and-bullets.org

Auf der persönlichen Ebene können im Unterricht Diskriminierungspraktiken und die Auswirkungen von Diskriminierung diskutiert werden. Entsprechende Methoden, die auch intersektionale Verschränkungen berücksichtigen, werden von der Rosa-Luxemburg-Stiftung angeboten und können kostenlos heruntergeladen werden:
Rosa-Luxemburg-Stiftung (2016). *Intersektionalität*. Bildungsmaterialien 4. Berlin: https://www.rosalux.de/fileadmin/rls_uploads/pdfs/Bildungsmaterialien/RLS-Bildungsmaterialien_Intersektionalitaet_12-2016.pdf

Eine anschauliche Übersicht zur Bedeutung von Othering in Bildungskontexten bietet die Plattform Soziale Inklusion:
https://sozialeinklusion.at/dossiers/politische-bildung/phaenomen-othering/

Beitrag zum fachlichen Lernen

Der Zugang über visuelle Darstellung ermöglicht es den Schüler*innen, Formen des Othering zu erkennen sowie kritisch zu reflektieren. Dadurch wird eine Diskussion möglich, wie Othering vermieden werden kann. Von der fachlichen Ebene können die Aspekte sodann auf eine persönliche Ebene übertragen werden. Mittels pädagogischer Methoden kann für die Bedeutung von Vielfalt und Diversität sensibilisiert werden. Dabei kann erkannt werden, warum Inklusion wichtig ist und unter welchen Bedingungen diese gelingen kann.

Kompetenzorientierung

- **Räumliche Orientierung:** O15 „anhand [ausgewählter Bilder und] Mental Maps [...] erläutern, dass Räume stets selektiv und subjektiv wahrgenommen werden [...]" (DGfG, 2020: 18)
- **Beurteilung/Bewertung:** S4 zu den bisweilen auch vorurteilsbeladenen Darstellungen unterschiedlicher Lebenswelten kritisch Stellung nehmen; S8 geographisch relevante Sachverhalte (wie Prozesse des Othering) unter Einbeziehung fachübergreifender Werte und Normen – wie jene der Inklusion – bewerten
- **Handlung:** S3 „kennen Möglichkeiten, Vorurteile [gegen „das Andere"] aufzudecken und zu beeinflussen" (ebd.: 27); S4 „interessieren sich für die Vielfalt von Natur und Kultur im Heimatraum und in anderen Lebenswelten" (ebd.)

Klassenstufe und Differenzierung

Der Unterrichtsbaustein kann ab Klassenstufe 9 eingesetzt werden. Eine Differenzierung ist durch die Arbeit mit dem Werbefoto (Abb. 13.2) möglich. Das Beispiel Fairtrade erweist sich als wesentlich komplexer, da hier eine Organisation problematisiert wird, die eigentlich als „Lösung" ungleicher Handelsbeziehungen und problematischer Arbeitsbedingungen gilt. Daher ist dieses Foto eher für die Sekundarstufe II geeignet.

Räumlicher Bezug

Deutschland, Kenia, Nord-Süd-Vergleiche

Konzeptorientierung

Deutschland: Raumkonzepte (wahrgenommener Raum, konstruierter Raum)
Österreich: Raumkonstruktion und Raumkonzepte, Diversität und Disparität, Wahrnehmung und Darstellung
Schweiz: Lebensweisen und Lebensräume charakterisieren (2.2)

13.4 Transfer

Inklusion als fachdidaktischer Ansatz eignet sich nicht nur zur Behandlung von Othering im Geographieunterricht, sondern kann aus intersektionaler Perspektive auch auf andere Diskriminierungspraktiken bzw. Prozesse der Marginalisierung angewendet werden. Insbesondere Inhalte der feministischen Geographien sowie die Thematisierung von Migration und Flucht im Unterricht werden durch die in der Inklusionsperspektive herrschende Ablehnung sozialer Etikettierungen bzw. die Auflösung von Normen pädagogisch sinnvoll aufbereitet. Inklusion kann bei der Behandlung von Othering auch durch Ansätze wie die Antiracist Education (ARE) gelungen ergänzt werden, welche ebenfalls die Transformationsfähigkeit bildungspolitischer Institutionen in den Blick nimmt. Während jedoch Inklusion als universalistisches bildungspolitisches Leitprinzip die Teilhabe aller Menschen an Gesellschaft und Bildung ermöglichen will, fokussiert sich die ARE auf von Rassismus betroffene Menschen und fragt nach den strukturellen Voraussetzungen rassistischer Diskriminierung.

Verweise auf andere Kapitel

- Eberth, A. & Hoffmann, K. W.: *Kritisches Denken. Globale Disparitäten – Länderklassifikationen.* Band 2, Kap. 18.
- Hintermann, C. & Pichler, H.: *Dekonstruktion. Flucht und Migration – Mediale Repräsentation.* Band 2, Kap. 14.
- Schröder, B. & Kübler, F.: *Machtsensible geographische Bildung. Politische Ökologie – Klimagerechtigkeit.* Band 1, Kap. 22.

Literatur

Arendt, H. (2002). *Vita activa oder vom tätigen Leben.* Pieper.

Castro Varela, M. M., & Heinemann, A. M. B. (2017). „Eine Ziege für Afrika!" Globales Lernen unter postkolonialer Perspektive. In O. Emde, U. Jakubczyk, B. Kappes, & B. Overwien (Hrsg.), *Mit Bildung die Welt verändern? Globales Lernen für eine nachhaltige Entwicklung* (S. 38–54). Budrich.

Castro Varela, M. M., & Khakpour, N. (2019). Sprache und Rassismus. In B. Hafeneger, K. Unkelbach, & B. Widmaier (Hrsg.), *Rassismuskritische politische Bildung. Theorien – Konzepte – Orientierungen* (S. 33–44). Wochenschau.

Deutsche Gesellschaft für Geographie (DGfG). (2020). *Bildungsstandards im Fach Geographie für den Mittleren Schulabschluss. Mit Aufgabenbeispielen* (10., aktualisierte und überarbeitete Aufl.). Bonn.

Eberth, A. (2018). Bilder vom Leben in den Slums von Nairobi reflektieren. *Praxis Geographie, 48*(3), 30–35.

Eberth, A. (2019). *Alltagskulturen in den Slums von Nairobi. Eine geographiedidaktische Studie zum kritisch-reflexiven Umgang mit Raumbildern: Bd. 30. Sozial- und Kulturgeographie.* transcript.

Eberth, A. (2020). Racist Roses? – Ein kritischer Kommentar aus postkolonialer Perspektive zur Rosenzucht in Kenia. *OpenSpaces – Zeitschrift für Didaktiken der Geographie, 02*(02), 42–50.

Eberth, A., & Röll, V. (2021). Eurozentrismus dekonstruieren. Zur Bedeutung postkolonialer Perspektiven auf schulische und außerschulische Bildungsangebote. *ZEP – Zeitschrift für internationale Bildungsforschung und Entwicklungspädagogik, 44*(2), 27–34.

Eichholz, R. (2017). *Blick nach vorn: Menschenrechte bleiben der Maßstab!.* Schriftenreihe Eine für alle – Die inklusive Schule für die Demokratie, Heft 2. o. O.

Foroutan, N. (2018). Die postmigrantische Perspektive: Aushandlungsprozesse in pluralen Gesellschaften. In M. Hill & E. Yildiz (Hrsg.), *Postmigrantische Visionen. Erfahrungen – Ideen – Reflexionen* (S. 15–27). transcript.

Georgi, V. B. (2015). Integration, Diversity, Inklusion. Anmerkungen zu aktuellen Debatten in der deutschen Migrationsgesellschaft. *DIE – Zeitschrift für Erwachsenenbildung 2,* 25–27. https://www.die-bonn.de/zeitschrift/22015/einwanderung-01.pdf.

Hasters, A. (2020). *Was weiße Menschen nicht über Rassismus hören wollen, aber wissen sollten.* Hanser.

Kersting, P. (2011). AfrikaSpiegelBilder und Wahrnehmungsfilter: Was erzählen europäische Afrikabilder über Europa? In P. Kersting & K. W. Hoffmann (Hrsg.), *AfrikaSpiegelBilder. Reflexionen europäischer Afrikabilder in Wissenschaft, Schule und Alltag: Bd. 12. Mainzer Kontaktstudium Geographie* (S. 3–10). Geographisches Institut.

Knox, P. L., & Marston, S. A. (2016). *Human geography: Places and regions in global context* (7. Aufl.). Pearson.

Koch, J. (2015). *Schülervorstellungen zu Slums. Ergebnisse einer Erhebung und Konsequenzen für den geographischen Unterricht.* Unveröffentlichte Masterarbeit an der Universität Trier.

Lippert, S., & Mönter, L. (2021). Building the nation or building society? Analyse zur Darstellung raumbezogener Identität in Schulbüchern gesellschaftswissenschaftlicher Integrationsfächer. *Zeitschrift für Didaktik der Gesellschaftswissenschaften 12(01)*, 55–78.

Lossau, J. (2012). Postkoloniale Geographie. Grenzziehungen, Verortungen, Verflechtungen. In J. Reuter & A. Karentzos (Hrsg.), *Schlüsselwerke der Postcolonial Studies* (S. 355–364). Springer VS.

Marmer, E., & Sow, P. (Hrsg.). (2015). Wie Rassismus aus Schulbüchern spricht. Kritische Auseinandersetzung mit „Afrika"-Bildern und Schwarz-Weiß-Konstruktionen in der Schule. *Ursachen, Auswirkungen und Handlungsansätze für die pädagogische Praxis.* Beltz Juventa.

Mecheril, P., & Melter, C. (2010). Gewöhnliche Unterscheidungen. Wege aus dem Rassismus. In P. Mecheril, M. M. Castro Varela, I. Dirim, A. Kalpaka, & C. Melter (Hrsg.), *Migrationspädagogik* (S. 150–178). Beltz.

Mecheril, P., & van der Haagen-Wulff, M. (2016). Bedroht, angstvoll, wütend. Affektlogik der Migrationsgesellschaft. In M. M. Carstro Varela & P. Mecheril (Hrsg.), *Die Dämonisierung der Anderen. Rassismuskritik der Gegenwart* (S. 119–141). transcript.

Moser, V., & Demmer-Dieckmann, I. (2012). Professionalisierung und Ausbildung von Lehrkräften für inklusive Schulen. In V. Moser (Hrsg.), *Die inklusive Schule* (S. 153–172). Kohlhammer.

Muñoz, V. (2017). *Deutschland auf dem Prüfstand des Menschenrechts auf Bildung.* Schriftenreihe Eine für alle – Die inklusive Schule für die Demokratie, Heft 1. o. O.

Pfister, J. (2020). *Kritisches Denken.* Reclam.

Reckwitz, A. (2001). Multikulturalismustheorien und der Kulturbegriff. Vom Homogenitätsmodell zum Modell kultureller Interferenzen. *Berliner Journal für Soziologie, 2,* 179–200.

Reuter, J. (2018). Globalisierung: Phänomen – Debatte – Rhetorik. In S. Moebius & A. Reckwitz (Hrsg.), *Poststrukturalistische Sozialwissenschaften* (S. 263–276). Suhrkamp.

Schmitz, L., Simon, T., & Pant, H. A. (2020). *Heterogene Lerngruppen und adaptive Lehrkompetenz. Skalenhandbuch zur Dokumentation des IHSA-Erhebungsinstruments.* Waxmann.

Schreiber, V., & Carstensen-Egwuom, I. (2021). Lehren und Lernen aus feministischer Perspektive. In Autor*innenkollektiv Geographie und Geschlecht (Hrsg.), *Handbuch Feministische Geographien. Arbeitsweisen und Konzepte* (S. 97–117). Budrich.

Schröder, B. (2019). *Zugehörigkeit und Rassismus. Orientierungen von Jugendlichen im Spiegel geographiedidaktischer Überlegungen* (Kultur und soziale Praxis). transcript.

Schröder, B., & Carstensen-Egwuom, I. (2020). „More than a single story": Analysen und Vorschläge zum Einstieg in den Geographieunterricht. In K. Fereidooni & N. Simon (Hrsg.), *Rassismuskritische Fachdidaktiken. Theoretische Reflexionen und fachdidaktische Entwürfe rassismuskritischer Unterrichtsplanung* (S. 349–375). SpringerVS.

Schumann, B. (2019). *Das verweigerte Recht auf inklusive Bildung.* Schriftenreihe Eine für alle – Die inklusive Schule für die Demokratie, Heft 5. o. O.

Stuppacher, K., & Lehner, M. (2019). Auf der Suche nach dem G-Punkt. Auslotungen queerinspirierter Zugänge in der Geographiedidaktik. *OpenSpaces. Zeitschrift für Didaktiken der Geographie, 01,* 25–36.

Migrations- und Fluchtmythen dekonstruieren

14

Zur kritischen Analyse der Darstellung von Flucht und Migration

Christiane Hintermann und Herbert Pichler

▶ **Teaser** Die Kontroverse um die menschenwürdige Unterbringung Geflüchteter auf der griechischen Insel Lesbos prägte neben COVID-19 das Jahr 2020. Das Hauptargument der Kanzlerpartei in Österreich, auf „Hilfe vor Ort" zu setzen, beruht auf der Annahme, dass eine weitere Aufnahme von Geflüchteten einen Pull-Effekt auf zukünftige Flüchtende ausüben würde. Vielen Narrativen zu Flucht und Migration gilt es im Unterricht kritisch nachzuspüren und sie teilweise als empirisch nicht haltbare Mythen zu enttarnen.

14.1 Fachwissenschaftliche Grundlage: Flucht und Migration – Mediale Repräsentation

Auf wissenschaftlicher Ebene beschäftigt sich die Migrationsforschung mit dem Lehrplanthema „Flucht und Migration", ein interdisziplinäres Forschungsfeld, zu dem neben der Geographie u. a. die Disziplinen Geschichte, Politikwissenschaft, Soziologie, Psychologie, Bildungs- und Medienwissenschaften beitragen. Die Bevölkerungs-

Ergänzende Information Die elektronische Version dieses Kapitels enthält Zusatzmaterial, auf das über folgenden Link zugegriffen werden kann https://doi.org/10.1007/978-3-662-65720-1_14.

C. Hintermann (✉) · H. Pichler
Institut für Geographie und Regionalforschung, Universität Wien, Wien, Österreich
E-Mail: christiane.hintermann@univie.ac.at

H. Pichler
E-Mail: herbert.pichler@univie.ac.at

geographie analysiert als Teildisziplin der Humangeographie Flucht und Migration u. a. als Einflussfaktoren auf die Zusammensetzung und Veränderung von Gesellschaften in räumlicher und zeitlicher Dimension. Moderne Lehrbücher inkludieren dabei die Erkenntnisse der geographischen Migrationsforschung, sie thematisieren vielfältige Aspekte zur Theorie und Empirie der Ursachen, Prozesse und Folgewirkungen komplexer Migrations- und Fluchtbewegungen (auf Herkunfts- und Zielgesellschaften) im Weltsystem auf unterschiedlichen Maßstabsebenen (vgl. Tab. 14.1) (de Lange et al., 2014; Hillmann, 2016).

Im Gegensatz dazu verbreiten sich in gesellschaftlichen und politischen Debatten sowie im medialen Austausch bestimmte Narrative – Erzählungen und Erklärungsmuster – zu Flucht und Migration, die unzureichend theoretisch abgesichert sind oder empirisch nicht belegt werden können (vgl. de Haas, 2017). Wenige stereotype Diskurse dominieren (z. B. Yildiz, 2006), Migration wird häufig undifferenziert als problembehaftet und krisenhaft dargestellt (z. B. Wengeler, 2006). Zu ähnlichen Ergebnissen kommen auch Schulbuchanalysen in Österreich (Hintermann, 2010) und Deutschland (Beauftragte für Migration, Flüchtlinge und Integration, 2015; Höhne et al., 2005).

Infobox 14.1: Beispiele für häufig medial repräsentierte Mythen zu Flucht und Migration
- Migrant*innen und Flüchtende wollen alle zu „uns".
- Geschlossene Grenzen verhindern Migration (vgl. „Mittelmeerrouten", „Balkanroute").
- Migrant*innen und Flüchtende kommen aus den ärmsten Ländern, Armut ist der wichtigste Grund für Migration.
- Entwicklungshilfe und -zusammenarbeit verhindern Migration.
- Migrant*innen nehmen uns die Arbeitsplätze weg.
- Migration löst die Probleme der Alterung in westlichen Industriestaaten.
- Wir leben in einem Zeitalter nie dagewesener „Massenmigration".

(Ergänzt und verändert nach: Hein de Haas: *Mythen der Migration*. Der Spiegel 9/2017: 61–63)

Im Schulunterricht muss nicht zuletzt aus Gründen der Zeitressourcen sowie der hohen Komplexität von Problemstellungen vereinfacht und didaktisch reduziert werden. Dabei läuft man jedoch Gefahr, die medial (auch in Schulbüchern) transportierten Narrative zu tradieren und damit im Unterricht Zerrbilder von Flucht und Migration zu konstruieren (vgl. Infobox 14.1), was sowohl aus fachlicher als auch aus Perspektive der politischen Bildung problematisch ist: etwa wenn zentrale Migrationstheorien, die jeweils bestimmte Aspekte von Migrationsentscheidungen und -prozessen beschreiben, erklären und analysieren helfen, wie der Weltsystemansatz (neue internationale Arbeitsteilung),

Tab. 14.1   Vergleich ausgewählter Migrationstheorien (vgl. de Lange, 2014)

Push-Pull-Modell(e)	Weltsystemansatz (neue internationale Arbeitsteilung)
Kernaussagen: • Abstoßende und anziehende Faktoren als Auslöser von Wanderungsentscheidungen • Einkommensunterschiede und Situation am Arbeitsmarkt als zentrale Variablen • Aggregierte Daten für Migrationsprognosen verwendet *Kritik:* • Grob vereinfachende Annahmen • Menschen als Homo oeconomicus verstanden (rein an ökonomischer Gewinnmaximierung orientiert) • Komplexe Entscheidungsfindungsprozesse von Menschen nicht berücksichtigt • Faktoren wie Migrationsbarrieren nicht beachtet • Erklärt nicht, warum Personen in gleicher Situation unterschiedlich handeln	*Kernaussagen:* • Ungleiche Tauschbeziehungen zwischen sog. Zentren, Semi-Peripherien und Peripherien • Internationale Arbeitsteilung erzeugt Migration • Globalisierung verringert Mobilitätsbarrieren *Kritik:* • Wirtschaftlicher Determinismus • Ebene der individuellen Entscheidungen vernachlässigt • Komplex **Netzwerkansätze** *Kernaussagen:* • Migrationsnetzwerke verbinden Herkunfts- und Zielgebiete • Sind zentral für die Aufrechterhaltung von Migrationssystemen • Transnationale Netzwerke entstehen • Diese können als soziales Kapital (Bordieu), als Ressource verstanden werden *Kritik:* • Weniger eine Theorie als eine Verknüpfung von Ansätzen und Aspekten **New Economics of Migration** *Kernaussagen:* • Migrationsentscheidungen sind Haushaltsentscheidungen • Große Einkommensunterschiede innerhalb der Gemeinschaft wichtiger als absolutes Einkommen (relative Verarmung) • Migration als Strategie zur Streuung und Minimierung des wirtschaftlichen Risikos *Kritik:* • Berücksichtigt ausschließlich Arbeitsmigration • Nichtökonomische Faktoren bleiben unterrepräsentiert

Netzwerkansätze oder New Economics of Migration (vgl. Tab. 14.1), völlig ausgeblendet bleiben. Gleichzeitig bekommen überholte Ansätze wie das Push-Pull-Modell eine unzulässige Dominanz, was wohl überwiegend der Einfachheit des Modells geschuldet ist.

Eng verflochten mit der (Re-)Produktion von Narrativen ist auch deren sprachliche Ausgestaltung (z. B. Hintermann & Pichler, 2017). Besonderes Augenmerk ist im Schulunterricht auf die Vermeidung diskriminierender oder generell problematischer Termini (z. B. „Asylanten", „Wirtschaftsflüchtlinge") und reißerischer Sprachbilder aus dem Bereich der Naturkatastrophen (z. B. „Fluchtwelle", „Flüchtlingsstrom") zu richten. Auf eine weitere, wissenschaftlich unerwünschte Nebenwirkung der Thematisierung von Migration im Unterricht macht u. a. die Migrationspädagogik aufmerksam: Mit sprachlichen und konzeptuellen Grenzziehungen zwischen „uns" und den „anderen", „Eigenem" und „Fremdem", „Einheimischen" und „Zugewanderten" etc. werden scheinbar homogene Gruppen konstruiert und sind häufig stereotype Zuschreibungen verbunden (Mecheril et al., 2010).

Fachwissenschaftliche Gründe genug, sich kritisch mit den Mythen der Migration und Flucht (vgl. Infobox 14.1) auseinanderzusetzen und anstelle der Reproduktion von ideologisch aufgeladenen Welt-Zerrbildern diese im aufklärenden kompetenzorientierten Fachunterricht zu dekonstruieren.

Weiterführende Leseempfehlung

Hillmann, F. (2016). *Migration – Eine Einführung aus sozialgeographischer Perspektive* (Sozialgeographie kompakt). Stuttgart, Franz Steiner Verlag.

Problemorientierte Fragestellung

Wie können (medial inszenierte) Mythen zu den Themen Migration und Flucht im Unterricht enttarnt und alternative Narrative entwickelt werden?

14.2 Fachdidaktischer Bezug: Dekonstruktion

Die Dekonstruktion als didaktisches Prinzip ist mit einem weiteren Ansatz, dem kritischen Denken (Critical Thinking), eng verwandt, verfolgt jedoch eine andere, darüber hinausgehende Zielrichtung. Gemeinsam ist beiden die Förderung kritischen Denkens, das darauf abzielt, Schüler*innen zu ermutigen, Sachverhalte und Darstellungen nicht als gegeben hinzunehmen, sondern *kritische* Fragen und eine entsprechende Fragehaltung zu entwickeln. Auf Basis dieser Fragen sollen sie bezüglich einer Problemstellung Aussagen prüfen und zu belegbaren Erkenntnissen und Einsichten kommen, die wiederum in begründbaren Urteilen, Entscheidungen und emanzipiertem Handeln münden sollen.

Das kritische Denken und Fragen – mit dem Ziel, rationale und belegbare Antworten zu finden – stößt dort an seine Grenzen, wo Begriffe, Bedeutungen, Konzepte, Welterklärungen laufend durch gesellschaftliche, mediale und/oder politische Aushandlung, also durch soziale Praxis konstruiert und verändert werden. Ziel der Dekonstruktion ist es nun eben, diese Gemachtheit, die Aushandlungsprozesse selbst, die Praktiken der Aushandlung aufzudecken und damit sichtbar zu machen. Ziel ist es weiterhin, den jeweiligen Motiven sowie Interessen hinter bestimmten Darstellungen und Interpretationen nachzuspüren, die Kontexte, den Ideologiegehalt oder die Werteorientierung ausgewählter Konstrukte zu enttarnen. Damit verbunden ist auch das Fragen nach der Deutungsmacht von Individuen und sozialen Gruppen, das Reflektieren der Partizipationsmöglichkeiten am Aushandlungsprozess sowie der Einflussmöglichkeiten von Medien.

Dies befähigt Schüler*innen, hinter die Kulissen gewohnter Begriffe, Konzepte, Zuschreibungen oder Welterklärungen zu blicken, die im Alltag häufig als gegeben hingenommen („taken for granted") und unhinterfragt übernommen werden. Kersten Reich charakterisiert diesen Prozess in seiner Konzeption einer konstruktivistischen Didaktik als Enttarnung unserer Wirklichkeit (2008: 141). Gemeinsam mit der *Rekonstruktion* – der Entdeckung unserer Wirklichkeit – und der *Konstruktion* – der Erfindung unserer Wirklichkeit – ist die Dekonstruktion zentraler Bestandteil konstruktivistisch orientierter Lernumgebungen. Wenn wir dekonstruieren, versehen wir das Gewohnte mit einem Fragezeichen, forschen nach den Auslassungen und Geschichten, die nicht erzählt werden, und nach möglichen anderen Blickwinkeln (vgl. ebda). Dekonstruktion wird damit zum Werkzeug, um Machtverhältnisse offenzulegen, normative, einschränkende Denkgewohnheiten zu erkennen und ein „Denken in Alternativen" (Reuber & Schlottmann, 2015: 195) zu fördern. Sie macht auch vor den eigenen blinden Flecken nicht halt und zwingt uns, den eigenen Beobachter*innenstandpunkt zu wechseln.

Einzelne Sequenzen des folgenden Unterrichtsbausteins trainieren vorwiegend das kritische Denken, etwa die methodische Umsetzung der Thesendiskussion (Klippert, 2019) und des Faktenchecks. Dabei werden öffentlich wirksame Konzepte und Thesen zu Flucht und Migration auf ihre Plausibilität hin zunächst diskutiert und schließlich recherche- und materialienbasiert überprüft. Bereits in diesen Bearbeitungsschritten werden jedoch Erkenntnisse erzielt, die der Dekonstruktion zugeordnet werden können (Interessen hinter Narrativen erkennen etc.). Den Kern des Dekonstruktionsprozesses bildet die kritische Medienanalyse, die Medienprodukte analysiert, um enthaltene Migrations- und Fluchtmythen zu enttarnen. Die Medienanalyse und deren Leitfragen orientieren sich an den Analysekategorien des *Circuit of Culture* (du Gay, 1997), die für den Unterricht vereinfacht und erprobt wurden (Hintermann et al., 2020). Als weiterer Bearbeitungsschritt wird eine eigene Konstruktionsleistung der Schüler*innen angeregt, wobei diese aufgefordert werden, aus den Erkenntnissen der kritischen Analyse Handlungsprodukte zu entwickeln und dabei alternative, ungehörte oder vergessene Migrations- und Fluchtgeschichten zu erzählen.

Weiterführende Leseempfehlung
Reich, K. (2008): *Konstruktivistische Didaktik. Lehr- und Studienbuch mit Methodenpool*. Beltz Verlag, Weinheim und Basel.

Bezug zu weiteren fachdidaktischen Ansätzen
Critical Thinking, Konstruktivismus/Perspektivenwechsel, mündigkeitsorientierte Bildung, Mediendidaktik, Wissenschaftsorientierung

14.3 Unterrichtsbaustein: Migrations- und Fluchtmythen dekonstruieren

Der vorgestellte Unterrichtsbaustein setzt sich aus dem Basismodul „Migrations- und Fluchtmythen dekonstruieren", in dem Schüler*innen exemplarisch Schritte der Dekonstruktion erarbeiten können, und dem Modul „Migration neu erzählen" zusammen (vgl. Abb. 14.1). Dabei sollten einige *Voraussetzungen* im Vorfeld erfüllt sein: Die Konzepte von Flucht und Migration sollten in Grundzügen schon erarbeitet worden sein, dies beinhaltet deren Unterscheidung (Migrations- versus Fluchtgründe, Migrations- versus Fluchtbewegungen etc.). Die im Nachfolgenden genannten Arbeitsblätter und Materialien sind dem digitalen Materialanhang zu diesem Beitrag zu entnehmen.

1. Thesendiskussion

Als *Einfädelung* in die kritische Analyse von Darstellungen der Themen Flucht und Migration kann eine mehrstufige Thesendiskussion (Klippert, 2019) dienen. Dabei diskutieren die Schüler*innen ausgewählte Narrative zu Flucht und Migration, die in öffentlichen Debatten und Medien häufig Verbreitung finden (de Haas, 2017). Gerne kann die Auswahl durch weitere Thesen und Annahmen ergänzt werden, die den Schüler*innen bekannt sind.

Die Schüler*innen arbeiten in Kleingruppen und orientieren sich an den Teilaufgaben des *Arbeitsblattes 1*. Von Beginn an werden alle involviert, sie aktivieren ihr unterschiedlich entwickeltes Vorwissen und ihre Einschätzungen. Das *Hauptziel* der Thesendiskussion liegt in der reflexiven Auseinandersetzung mit gängigen Einschätzungen zu Hintergründen und Abläufen von Migration und Flucht. Eigene Einschätzungen können dabei durch Argumente oder Positionierungen von Gruppenmitgliedern erweitert und eventuell kontrastiert werden. In der Folge wird reflektiert und bewertet, ob bereits ausreichend belastbare Argumente oder Belege bekannt sind oder ob die Thesen einstweilen als Behauptungen eingestuft werden müssen. Es soll dadurch erkannt werden, dass die Einschätzung der Plausibilität und Belegbarkeit (belegt/wahrscheinlich belegbar, Belege sind unsicher, keine Belege bekannt) in der Regel aus der Position eines nicht ausreichend abgesicherten Wissens erfolgt und weitere Prüfschritte notwendig sind. Die

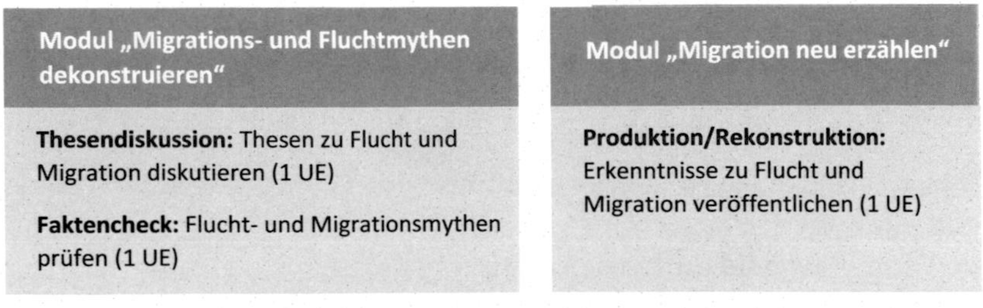

Modul „Migrations- und Fluchtmythen dekonstruieren"	Modul „Migration neu erzählen"
Thesendiskussion: Thesen zu Flucht und Migration diskutieren (1 UE)	**Produktion/Rekonstruktion:** Erkenntnisse zu Flucht und Migration veröffentlichen (1 UE)
Faktencheck: Flucht- und Migrationsmythen prüfen (1 UE)	

Abb. 14.1 Ablaufschema des Unterrichtsbausteins. (Eigene Darstellung)

Lehrpersonen kommentieren in ihren Rückmeldungen die Erfüllung der Teilaufgaben der Thesendiskussion, fassen wichtige Erkenntnisse zusammen und verstärken die Notwendigkeit einer weiteren Überprüfung im nachfolgenden Faktencheck *(Arbeitsblatt 2)*.

Infobox 14.2: Ablauf der Thesendiskussion
1. Bildung von Kleingruppen und Auswahl einer These pro Team
2. Einschätzung der These in Einzelarbeit (Arbeitsblatt 1)
3. Diskussion der Einschätzungen in der Gruppe (Arbeitsblatt 1)
4. Diskussion der Plausibilität und begründetes Einstufen der These (Arbeitsblatt 1)
5. Präsentation des Diskussionsprozesses der Gruppe sowie der Ergebnisse im Plenum

---

2. Faktencheck

In einem zweiten Schritt erfolgt in einer eigenen Unterrichtseinheit nun der Faktencheck, ob sich die Annahmen zu Flucht und Migration tatsächlich theoretisch oder empirisch belegen lassen. Dabei fühlen die Schüler*innen der Belegbarkeit jener These auf den Zahn, mit der sie sich bereits in der Thesendiskussion beschäftigt haben. Damit ist allgemein das *Hauptziel* der Etablierung einer Kultur der fakten- oder theoriebasierten kritischen Überprüfung von Aussagen zu gesellschaftlichen, politischen, ökonomischen oder ökologischen Fragestellungen (Critical Thinking) verbunden. Im thematischen Kontext soll dabei erschlossen werden, dass die komplexen Phänomene Flucht und Migration nicht durch grob vereinfachende Push-Pull-Modelle ausreichend erklärt werden können. Die Lernenden gewinnen einen Einblick in drei weitere Migrationstheorien, die jeweils Teilaspekte abdecken. Zudem werden gängige Vorstellungen zu Hauptursachen, Migrations- und Fluchtzielen, zu einzelnen Folgewirkungen, zur historischen Einmaligkeit der Prozesse und zu den Wirkungen geschlossener Grenzen einem Faktencheck unterzogen.

Das *Arbeitsblatt 2* vereint den Arbeitsauftrag mit den Materialverweisen, die zur Überprüfung der Thesen verwendet werden können. Die Schüler*innen arbeiten dabei mit online gut zugänglichem Datenmaterial (etwa des UNHCR) aber auch mit eigens schüler*innengerecht aufbereiteten Texten zur Migrationstheorie. Auf Basis der Auswertung der Hintergrundinformationen führen sie anschließend eine faktenbasierte und begründete Bewertung der These durch. Der abschließende Vergleich der Vorgangsweisen und der Ergebnisse der Thesendiskussion mit jenen des Faktenchecks eröffnet die Chance der Reflexion von Meinungsbildungsprozessen.

Rückmeldungen der Lehrkraft nach der Präsentation der Ergebnisse dieses Arbeitsschritts beziehen sich auf folgende Erkenntnisse: Für einen Faktencheck müssen mehrere seriöse Quellen herangezogen werden. Komplexe Phänomene wie Migration und Flucht sind nicht durch einfache Modelle erklärbar, gängige Migrationsmythen klingen plausibel, sind aber häufig nicht belegbar. Mögliche Motive und Interessen hinter bestimmten Darstellungen können durch den Faktencheck allein nicht identifiziert werden, diese werden durch eine anschließende kritische Medienanalyse erschlossen.

3. Kritische Medienanalyse (Dekonstruktion)

Über eine Etablierung des kritischen Denkens und Überprüfens hinaus geht der dritte Schritt des Bausteins. Nun wird am Beispiel eines selbst gewählten geeigneten Materials eine kritische Medienanalyse durchgeführt. Dafür wird den Schüler*innen ein vereinfachtes Analysewerkzeug zur Verfügung gestellt *(Arbeitsblatt 3)*. Anhand der Leitfragen dekonstruieren sie die in den Medienprodukten verbreiteten Narrative. Das heißt, sie spüren den Interessen hinter Medienprodukten nach, sie analysieren, mit welcher Absicht, mit welchen Mitteln welche möglichen Wirkungen bei welchen Zielgruppen erzielt werden sollen. Sie lernen dadurch, allgemein Aussagen in Medienprodukten zu hinterfragen. Konkret lernen sie, die darin zum Ausdruck kommenden Motive, Interessen und Annahmen (Narrative, Migrationsmythen) zu erkennen und als eine von mehreren möglichen Darstellungen zu dekonstruieren.

Zur Vorbereitung und Unterstützung der Arbeitsweise bei der kritischen Medienanalyse kann gemeinsam mit den Lernenden auch das digitale Zusatzmaterial zum Fallbeispiel Moria (Material 3 und 4) analysiert und besprochen werden. Die Bandbreite der für die Analyse infrage kommenden Medienprodukte ist denkbar groß: Neben Auszügen aus Zeitungsberichten, Interviews, sozialen Medien etc. erscheint auch die Prüfung der Darstellungen zum Thema „Flucht und Migration" in den verwendeten Schulbüchern (Geographie, Geschichte, Sozialkunde, Deutsch etc.) lohnenswert. Lehrpersonen können den Prozess der Suche und Auswahl eines zur Medienanalyse geeigneten Materials abkürzen und einen Pool an vorbereiteten Medienausschnitten vorbereiten. Die eigene Suche und Selektion durch die Schüler*innen ist als zusätzlicher Zeitfaktor in die Stundenplanung einzukalkulieren, entspricht dafür mehr ihrem alltäglichen Medienhandeln.

In der zusammenschauenden Reflexion der kritischen Medienanalyse sowie in den Feedbacks zu den verfassten Kommentaren (vgl. Arbeitsblatt 3) soll darauf hingewiesen werden, dass eine inhaltliche Überprüfung (Faktencheck) allein nicht ausreicht, um Medienprodukte einordnen und beurteilen zu können. Darüber hinaus müssen Aspekte wie die Interessengebundenheit oder Zielgruppenorientierung von medialen Darstellungen in den Blick genommen werden.

4. Modul „Migration neu erzählen"

Sehr lohnend erscheint über die bisherigen Schritte hinaus noch die Abrundung durch eine Unterrichtseinheit, in der die Schüler*innen die Möglichkeit bekommen, ihre Erkenntnisse und Ergebnisse aus dem Unterrichtsbaustein öffentlichkeitswirksam zu verarbeiten. Neben der begründeten Auswahl der als zentral erachteten Ergebnisse und Erkenntnisse gilt es auch ein zum Anliegen passendes Produkt und/oder Medium zu finden, das eine passende Öffentlichkeit gewährleistet. Beispiele für vielfältige Verarbeitungsprodukte und Präsentationsformen wären die Platzierung ausgewählter Ergebnisse in Form von Videobeiträgen oder Texten in sozialen Medien oder ein E-Mail an einen Schulbuchverlag, betreffend die kritische Analyse eines Schulbuchausschnittes. Als Variante dazu könnten Schüler*innen im fächerverbindenden Unterricht (etwa in Kombination mit Deutsch oder Geschichte/Sozialkunde/Politische Bildung) eine Sammlung von ausgewählten Migrationsmythen erstellen und mit Gegendarstellungen (siehe Faktencheck) kontrastieren.

Dadurch dokumentieren Schüler*innen ihren individuellen, methodischen und fachlichen Lernertrag: Auf der Basis von identifizierten blinden Flecken, verkürzten Darstellungen oder Erklärungen (Push-Pull-Modell etc.) betätigen sie sich als Konstrukteur*innen differenzierterer Darstellungen zum Themenfeld „Migration".

Beitrag zum fachlichen Lernen

Aus fachlicher Perspektive kann von einer Erweiterung des Konzeptwissens zu Flucht und Migration ausgegangen werden. Über vereinfachende Push-Pull-Modelle hinaus lernen Schüler*innen Migrationstheorien kennen, die Aspekte komplexer Migrationsprozesse besser beschreiben und erklären können. Die Durchführung der Thesendiskussion und der kritischen Medienanalyse erweitert zusätzlich die Methodenkompetenz der Schüler*innen. Diese fachlichen und methodischen Grundlagen sollten sie dazu befähigen, verzerrende oder interessengeleitete Narrative zu Flucht und Migration enttarnen zu können. Entsprechend dem gewählten gemäßigt konstruktivistischen Ansatz ist es durchaus erwünscht, dass die Lernenden dabei im Detail zu individuellen Lernergebnissen und Erkenntnissen kommen.

Kompetenzorientierung

- **Fachwissen:** S14 „die realen Folgen von sozialen und politischen Raumkonstruktionen [am Beispiel von Flucht und Migration] erläutern" (DGfG, 2020: 15)
- **Erkenntnisgewinnung/Methoden:** S10 mittels Thesendiskussion und Faktencheck „einfache Möglichkeiten der Überprüfung von Hypothesen beschreiben und anwenden" (ebd.: 21)
- **Kommunikation:** S6 „[...] fachliche Aussagen und Bewertungen abwägen [...] und [...] zu einer eigenen begründeten Meinung [...] kommen [...]" (ebd.: 23)
- **Beurteilung/Bewertung:** S8 „geographisch relevante Sachverhalte und Prozesse [...] in Hinblick auf [...] Normen und Werte bewerten" (ebd.: 25)
- **Handlung:** S3 mittels Dekonstruktion am Beispiel Flucht und Migration „[...] Vorurteile (z. B. gegenüber Angehörigen anderer Kulturen) auf[...]decken und [...] beeinflussen" (ebd.: 27)

Speziell erlernen sie Narrative und Mythen zu Flucht und Migration in medialen Darstellungen (auch in Schulbüchern) in Hinblick auf die dahinterliegenden Interessen zu beurteilen (vgl. B4). Im Bereich der Methodenkompetenz erarbeiten sich die Schüler*innen dafür einfache Methoden zur kritischen Analyse und Dekonstruktion geographisch relevanter Aussagen in Medienprodukten (vgl. M3).

Klassenstufe und Differenzierung

Der Unterrichtsbaustein ist für die Sekundarstufe II konzipiert. Er würde zu den kompetenzorientierten Lernzielen des österreichischen Lehrplans für die AHS der 7. Klasse passen, dies entspräche der 11. Schulstufe in Deutschland. Aufgrund der föderalen Lehrpläne in Deutschland kann dazu keine spezifischere Zuordnung getroffen werden. Eine Möglichkeit der Anpassung an die Sekundarstufe I ergibt sich in Teilen des Unterrichtsbausteins. Eine vereinfachte Thesendiskussion mit anschließendem Faktencheck würde das kritische Denken und Medienhandeln bereits in dieser Altersstufe unterstützen. Es empfiehlt sich, dafür die Thesen deutlich zu reduzieren und die Materialien noch einmal sprachlich und inhaltlich altersgemäß zu adaptieren.

Räumlicher Bezug

Migrations- und Fluchträume auf unterschiedlichen Maßstabsebenen (Deutschland, Österreich, Europa, globale Perspektive)

Konzeptorientierung

Deutschland: Systemkomponenten (Funktion, Prozess), Maßstabsebenen (international, global), Raumkonzepte (Beziehungsraum, wahrgenommener Raum, konstruierter Raum)
Österreich: Raumkonstruktion und Raumkonzepte, Diversität und Disparität, Wahrnehmung und Darstellung, Interessen, Konflikte und Macht, Kontingenz
Schweiz: Lebensweisen und Lebensräume charakterisieren (2.1), Demokratie und Menschenrechte verstehen und sich dafür engagieren (8.2)

14.4 Transfer

Freilich sind die Einsatzmöglichkeiten des fachdidaktischen Ansatzes der Dekonstruktion (wie jene der Thesendiskussion sowie der kritischen Medienanalyse als gewählte Methoden) nicht auf das Themenfeld „Flucht und Migration" beschränkt. Vor allem bei geographisch relevanten Themenfeldern, die in Gesellschaft und Politik kontrovers diskutiert werden, lohnt der kritisch dekonstruierende Blick hinter die Kulissen der vertretenen Positionen: Wie wird etwas dargestellt und welche Mittel werden eingesetzt, um spezielle Interessen durchzusetzen? Neben gesellschaftlichen Themenbereichen wie Konzepten der Integration, Inklusion oder des gesellschaftlichen Zusammenlebens generell beträfe dies etwa brisante ökologische Gegenwarts- und Zukunftsfragen, die sich aus dem Klimawandel ableiten, wie Klimapolitik, Ressourcennutzung, Energiegewinnung und deren Folgen etc. Aber auch für die Dekonstruktion von Debatten um ökonomische Fragestellungen, wie jene des (nicht) nachhaltigen Wirtschaftens oder des Postwachstums, sowie für Fragen im Zusammenhang mit Globalisierungsprozessen und globalem Wandel kann der gewählte Ansatz eingesetzt werden.

Verweise auf andere Kapitel

- Eberth, A. & Lippert, S.: *Inklusion. Postkolonialismus – Othering.* Band 2, Kap. 13.
- Jahnke, H. & Bohle, J.: *Raumkonzepte. Grenzen – Europas Grenzen.* Band 2, Kap. 12.
- Schröder, B. & Kübler, F.: *Machtsensible geographische Bildung. Politische Ökologie – Klimagerechtigkeit.* Band 1, Kap. 22.

Literatur

Beauftragte für Migration, Flüchtlinge und Integration. (2015). *Schulbuchstudie Migration und Integration.* Beauftragte für Migration, Flüchtlinge und Integration.

DGfG (2020). *Bildungsstandards im Fach Geographie für den Mittleren Schulabschluss, mit Aufgabenbeispielen* (10., aktualisierte und überarbeitete Aufl.) Juli 2020. https://geographie.de/wp-content/uploads/2020/09/Bildungsstandards_Geographie_2020_Web.pdf.

du Gay, P., et al. (1997). *Doing cultural studies. The story of the sony walkman.* Sage/The Open University.

de Haas, H. (2017). Mythen der Migration. *Der Spiegel, 9*(2017), 61–63.

Hillmann, F. (2016). *Migration – Eine Einführung aus sozialgeographischer Perspektive (Sozialgeographie kompakt).* Steiner.

Hintermann, C. (2010). Schulbücher als Erinnerungsorte der österreichischen Migrationsgeschichte. Eine Analyse der Konstruktion von Migrant/innen in GW-Schulbüchern. *GW-Unterricht, 119,* 3–18.

Hintermann, C., & Pichler, H. (2017). Sprache Macht Migration. Migration und Flucht im Geographieunterricht verhandeln. *geographie heute 335,* 10–13 (mit Zusatzmaterial).

Hintermann, C., et al. (2020). Critical geographic media literacy in geography education: Findings from the MiDENTITY project in Austria. *Journal of Geography, 119*(3), 115–126. https://doi.org/10.1080/00221341.2020.1761430.

Höhne, T., et al. (2005). *Bilder von Fremden. Was unsere Kinder aus Schulbüchern über Migranten lernen sollen.* Books on Demand GmbH.

Klippert, H. (2019). *Teamentwicklung im Klassenraum. Bausteine zur Förderung grundlegender Sozialkompetenzen.* Beltz.

de Lange, N., et al. (2014). *Bevölkerungsgeographie.* UTB Schöningh.

Mecheril, P., et al. (2010). *Migrationspädagogik.* Beltz.

Reich, K. (2008). *Konstruktivistische Didaktik. Lehr- und Studienbuch mit Methodenpool.* Beltz.

Reuber, P., & Schlottmann, A. (2015). Mediale Raumkonstruktionen und ihre Wirkungen. *Geographische Zeitschrift, 103*(4), 193–201.

Wengeler, M. (2006). Zur historischen Kontinuität von Argumentationsmustern im Migrationsdiskurs. In C. Butterwegge & Hentges, G. (Hrsg.), *Massenmedien, Migration und Integration: Herausforderungen für Journalismus und politische Bildung* (S. 13–36). VS Verlag für Sozialwissenschaften.

Yildiz, E. (2006). Stigmatisierende Mediendiskurse in der kosmopolitanen Einwanderungsgesellschaft. In C. Butterwegge & Hentges, G. (Hrsg.), *Massenmedien, Migration und Integration: Herausforderungen für Journalismus und politische Bildung* (S. 37–54). VS Verlag für Sozialwissenschaften.

Immanente Kritik im Geographieunterricht

15

Widersprüche und Schengen-Raum

Michael Lehner und Georg Gudat

▶ **Teaser** Das Schengener Abkommen und die damit verbundenen Freiheiten lassen sich heute als zentraler Meilenstein des europäischen Einigungsprozesses erachten. Mit dem Prozess der Öffnung nach innen lässt sich gleichzeitig eine Abschottung nach außen beobachten. Dies wurde im „langen Sommer der Migration" 2015 offenkundig, als durch eine partielle Öffnung der EU-Außengrenzen innereuropäische Freiheiten zeitweise ausgesetzt wurden. Ein immanent-kritisches Erschließen von Lerngegenständen bedeutet, solche widersprüchlichen Zusammenhänge in den Unterricht einzubinden.

Ergänzende Information Die elektronische Version dieses Kapitels enthält Zusatzmaterial, auf das über folgenden Link zugegriffen werden kann https://doi.org/10.1007/978-3-662-65720-1_15.

M. Lehner (✉)
Institut für Geographie, University of Duisburg-Essen, Essen, Nordrhein-Westfalen, Deutschland
E-Mail: michael.lehner@uni-due.de

G. Gudat
Institut für Geographie, Friedrich-Schiller-Universität, Jena, Thüringen, Deutschland
E-Mail: georg.gudat@uni-jena.de

15.1 Fachwissenschaftliche Grundlage: Arbeitsmigration – Schengen-Raum

Schengen-Raum: Zusammenwachsen und Abschotten

Dass wir heute in die EU-Nachbarländer ohne Visum einreisen können, geht auf die Unterzeichnung des Schengener Abkommens von 1985 zurück. Diese hat zur Folge, dass unter den derzeit 26 Mitgliedsstaaten des Schengen-Raums an den Binnengrenzen keine systematischen Personengrenzkontrollen mehr stattfinden (Europäische Kommission, 2015). Gleichzeit zu diesem als „innereuropäische Integration" bezeichneten Prozess („Europa ohne Grenzen") findet eine Vereinheitlichung und Verschärfung der Grenzpolitik nach außen statt („Festung Europa").

Die Gleichzeitigkeit von **Öffnung nach innen und Abgrenzung nach außen** offenbart am Beispiel des „langen Sommers der Migration"[1] 2015 eine Widersprüchlichkeit. Durch die partielle Öffnung der EU-Außengrenzen wurden wiederum innereuropäische Freiheiten zeitweise ausgesetzt. Würden wir also den Schengen-Raum ausschließlich anhand sozialer Errungenschaften wie der Reisefreiheit diskutieren, wäre dieses Thema gewissermaßen aus dem Zusammenhang gerissen und aus der Perspektive Kritischer Theorie wäre von einer „dysfunktionalen Vereinseitigung" (Jaeggi, 2014: 381) zu sprechen. „Dysfunktional" ist eine solche Vereinseitigung, da sie mit dem Gegenstand einhergehende Widersprüche ausklammert und tiefergehende Analysen unterbindet. Ein einseitiger Fokus auf die sozialen Errungenschaften des Schengener Abkommens würde nicht nur den widersprüchlichen Zusammenhang zwischen Öffnung (nach innen) und Abgrenzung (nach außen) ausblenden, sondern auch den Blick auf damit verbundene tieferliegende strukturelle Widersprüche versperren (vgl. Infoboxen 15.1 und 15.2).

Infobox 15.1: Migrationsbezogener Strukturwiderspruch zwischen Zwang und Eigensinn

Mit Harvey (2005, 2007) lässt sich auf einen strukturellen Zusammenhang zwischen Wirtschaftspolitik und Migration verweisen. Aus dieser Perspektive geraten beispielsweise Waffenexporte, subventionierte Agrargüter oder das neoimperialistische Land- und Ressourcen-Grabbing als (nicht nur) ökonomische Aspekte in den Fokus, die dazu beitragen, dass Lebensbedingungen unerträglich werden. Es lassen sich aus dieser Perspektive komplexe Zusammenhänge von Migrationsursachen aufzeigen. Solche Zusammenhänge können dazu beitragen, unterkomplexe Unterscheidungen, z. B. zwischen (guten) „Kriegsflüchtlingen" und

---

[1] Mit dem „langen Sommer der Migration" umschreiben wir eine Phase ab Frühjahr 2015, die oft als „Flüchtlingskrise" diskutiert wurde. Da der Interpretationsspielraum letzteren Begriffs diskriminierende Tendenzen aufweisen kann und eine Krisenhaftigkeit suggeriert, die einseitig durch Flucht hervorgerufen wäre, vermeiden wir dessen Gebrauch (vgl. Georgi, 2016: 189).

(schlechten) „Wirtschaftsmigrant*innen", aufzubrechen. Gleichzeitig läuft eine Analyse, die sich in einer Untersuchung von Fluchtursachen erschöpft, Gefahr, Migration als ein passives Treiben zwischen Push- und Pull-Faktoren darzustellen (vgl. vertiefend Band 2, Kap. 14). Erst durch den Blick auf den widersprüchlichen Zusammenhang von Zwang *und* Eigensinn lässt sich ein solcher Reduktionismus vermeiden und Migration in ihrer Komplexität als soziale Bewegung oder gar als **„sozialen (Klassen-)Kampf"** (Georgi, 2016: 193) verstehen. Migration erscheint somit als widerständige Antwort auf Entwicklungen, die in einem engen Zusammenhang mit dem Schengen-Raum stehen können (regionsabhängig) und sowohl innerhalb wie außerhalb des Schengen-Raums aufzufinden sind.

Infobox 15.2: Migrationsbezogener Strukturwiderspruch zwischen ökonomischer Notwendigkeit von Migration und strukturellem Chauvinismus
Die Diskussion aus Infobox 15.1 legt auf den ersten Blick nahe, dass eine Solidarisierung mit dem „sozialen (Klassen-)Kampf" von Migrant*innen konsequenterweise eine Politik der offenen Grenzen bedeuten müsste. Jedoch lässt sich auch argumentieren, dass der Versuch der Abschottung durch die EU-Außengrenze in einem Widerspruch zur Notwendigkeit von Migration für den kapitalistischen Produktionsprozess steht. So wird aus wirtschaftsliberaler Sicht eine Politik offener Grenzen u. a. deshalb unterstützt, damit in den zunehmend alternden Gesellschaften weiterhin genügend Arbeitskräfte zur Verfügung stehen. Darüber hinaus wird jedoch durch Migration gleichzeitig ein Druck auf den Arbeitsmarkt ausgeübt oder, wie es Georgi (2016: 198) formuliert: „Migrationspolitik ist […] auch Arbeitskraftpolitik."

Während sich einerseits starke ethisch-moralische Gründe für die Befürwortung von Migration und offenen Grenzen anführen lassen, ist andererseits darauf hinzuweisen, dass Migration soziale Konkurrenz verschärfen kann und damit potenziell auch **strukturellen Chauvinismus** im Einwanderungsland verschlimmert. Anders formuliert: „National-soziale Wohlfahrtsstaaten [sind …] grundlegend darauf angewiesen, die Bedingungen ihrer Existenz durch gewaltsame Ausgrenzung der Nicht-Zugehörigkeit zu sichern und den Zugang zu ihren Territorien und sozialen Rechten zu hierarchisieren." (Georgi, 2016: 200) Aus diesem Zusammenhang lässt sich schließen, dass die isolierte Forderung nach einer Politik offener Grenzen – trotz guter Gründe – nicht tiefreichend genug ist, um damit einhergehende Widersprüche zu überwinden.

Zusammenfassend lässt sich festhalten, dass sich entlang des Themenkomplexes „Schengen-Raum" vielschichtige Widersprüche erkennen lassen. In Anbetracht der errungenen Freiheiten lässt sich konstatieren, dass die **Öffnung des Schengen-Raums nach innen** unter den bestehenden global-gesellschaftlichen Verhältnissen nur durch eine **Abgrenzung nach außen** möglich zu sein scheint, wie es sich am Beispiel des „langen Sommers der Migration" 2015 zeigen lässt. Aufgrund dieses Zusammenhangs ist es daher sinnvoll, ein „Europa ohne Grenzen" nicht unabhängig von der „Festung Europa" zu diskutieren.

Aus dieser Perspektive lassen sich verschiedene Widersprüche in den Blick nehmen: Aus humanistischer Perspektive gibt es gute Gründe, die Politik der EU-Außengrenze zu überdenken (z. B. Recht auf ein menschenwürdiges Leben). Gleichermaßen läuft die moralische Forderung nach offenen Grenzen (vgl. Bauder, 2015; Diskussion um „open borders" und „no borders") Gefahr, eine „leere Provokation" (Georgi, 2015) zu bleiben, insofern sie die Konsequenzen einer Welt ohne Grenzen unter den derzeitigen *Bedingungen* einer neoliberal geprägten Gegenwart nicht reflektiert. Ein solches Eingeständnis bedeutet jedoch nicht, dass dem – um es in aller Deutlichkeit zu sagen – unerträglichen Leid und den Todesfällen an den EU-Außengrenzen mit Resignation bzw. einem moralischen Fatalismus zu begegnen ist. Ganz im Gegenteil: Ein solches Eingeständnis soll viel eher dazu ermuntern, entlang von widersprüchlichen Gegebenheiten durch immanente Kritik die **„Bedingungen der Möglichkeiten" einer besseren Welt** (Jaeggi, 2014: 10) ans Licht zu bringen.

Weiterführende Leseempfehlung
Georgi, F. (2016), Widersprüche im langen Sommer der Migration: Ansätze einer materialistischen Grenzregimeanalyse. *PROKLA. Zeitschrift für kritische Sozialwissenschaft* 46(183): 183–203. doi: https://doi.org/10.32387/prokla.v46i183.108.

Problemorientierte Fragestellungen
- In welchem Zusammenhang steht die „Öffnung nach innen" des Schengen-Raums zur „Abschottung nach außen"*?*
- *Wie lässt sich reflektiert mit dem Widerspruch zwischen Abschottung und der Ermöglichung von Freiheiten innerhalb des Schengen-Raums umgehen?*

(Eine konkrete problemorientierte Fragestellung wird im Unterricht gemeinsam mit den Schüler*innen hergeleitet – siehe Unterrichtsbaustein, 2. Schritt.)

15.2 Fachdidaktischer Bezug: Immanente Kritik

Aus gesellschaftstheoretischer Perspektive lässt sich davon ausgehen, dass sozialgeographische Lerngegenstände *kontingent* sind. Das heißt: Die Welt, wie sie ist, ist keine Notwendigkeit, sondern kann auch anders sein – sie ist wandelbar (vgl. Adorno, 2012:

229; Koivisto & Lahtinen, 2010). In diesem Sinne ist die Konstitution des Schengen-Raums in ihrer gegenwärtigen konkreten Gestaltung nicht zwingend notwendig, sondern ein Resultat von Aushandlungsprozessen und somit veränderbar.

Ein gesellschaftskritischer Zugang lässt sich als Voraussetzung für pädagogisch-didaktische Ansprüche ausweisen, die auf „Mündigkeit" (Adorno & Becker, 1971) oder auf die Förderung eines „politischen Subjekts" (Mitchell, 2018) zielen. Die Auseinandersetzung mit Lehr-Lern-Gegenständen sollte demnach über das bloße Beschreiben von gegebenen Verhältnissen hinausgehen – sie muss vielmehr die prinzipielle Gemachtheit unserer sozialen und damit auch geographischen (Werlen, 2010) Lebenswelt heraus-stellen, um (subjektive) Urteilsbildung zu ermöglichen und damit Mündigkeitspotenziale zu eröffnen. Gleichzeitig laufen Unterrichtsumgebungen, die den besprochenen kontingenten Charakter von Lerngegenständen betonen, Gefahr, den Eindruck von Beliebigkeit zu vermitteln – als ließen sich soziale Verhältnisse qualitativ nicht unter-scheiden. Mit diesem Beitrag möchten wir einen Zugang zu sozialgeographischen Themen darstellen, der Orientierung in diesem Spannungsfeld zwischen Kontingenz und Beliebigkeit bieten soll. Hierbei handelt es sich um immanente Kritik.

Als immanente Kritik bezeichnen wir im Kontext der Geographiedidaktik ein Ver-fahren bzw. eine Form der Auseinandersetzung mit Unterrichtsgegenständen, das bzw. die ein Erschließen der Gegenstände bei gleichzeitiger Kritik ermöglicht, indem nach eingeschriebenen Widersprüchen bzw. Konflikten gefragt wird (vgl. ausführ-licher Jaeggi, 2014). Für das konkrete unterrichtliche Geschehen folgt daraus eine Ver-schiebung der Zielsetzung. Ein solcher Unterricht erschöpft sich nicht in einer möglichst adäquaten Beschreibung des Gegebenen, sondern beschreibt das Gegebene, um aufzu-zeigen, an welchen Punkten es konflikthaft bzw. defizient und insofern veränderbar bzw. veränderungsbedürftig ist. Ein immanent-kritischer Zugang im Geographieunter-richt orientiert sich an sozialen Konflikten und ermöglicht Einblicke in das gesellschaft-lich Unabgeschlossene. So wird zur subjektiven Positionierung herausgefordert und die Bildung eines „politischen Subjekts" (Mitchell, 2018) gefördert.

Übertragen wir diese Zielsetzung auf den Lerngegenstand „Schengen-Raum", so sollte es im Unterricht nicht nur darum gehen, die damit einhergehenden Bestimmungen, Freiheiten oder Mitgliedstaaten zu benennen und zu beschreiben, d. h. die bloße Ver-mittlung von Sachwissen. Vielmehr geht es darum, diesen Gegenstand von seiner Widersprüchlichkeit her zu erschließen (vgl. fachwissenschaftliche Grundlagen). Das Erschließen des Lerngegenstandes aus dieser immanent-kritischen Perspektive (vom Widerspruch her denkend) ermöglicht nun auch Einblicke in politische Dimensionen des Lerngegenstandes, da sich damit einhergehende (Interessen-)Konflikte zeigen. *Sach-wissen*, das auch in immanent-kritischen Lernumgebungen nötig ist, wird zum *reflexiven Wissen* erweitert – ein Wissen, „das unserem Wissen über die Welt keine neuen Inhalte hinzufügt, sondern es *anders situiert*" (Jaeggi, 2014: 434, Hervorh. im Orig.).

Infobox 15.3: Unterschiede und Gemeinsamkeiten von Dekonstruktion und immanenter Kritik

Ein immanent-kritischer Zugang weist starke Ähnlichkeiten mit dekonstruktiven Zugängen auf (vgl. Band 2, Kap. 14). Die Bezeichnung *Dekonstruktion* verweist dabei auf ein fruchtbares Paradox, das sich aus *Destruktion* und *Konstruktion* zusammensetzt, was gleichzeitig auf ein Zerlegen wie Aufbauen verweist. Beim Dekonstruieren geht es letztlich um eine Suche nach Differenzen im Sinne von alternativen Sichtweisen, wobei das Zusammenspiel aus *Destruktion* und *Konstruktion* auf ein „Verschieben" (Feustel, 2015: 65) einer vorgefundenen Sichtweise durch ein immer weiterführendes Einbinden von Ausgeschlossenem zielt.

Trotz Gemeinsamkeiten entspringen beide Ansätze unterschiedlichen Theorietraditionen (Dekonstruktion als postmoderner Ansatz; immanente Kritik steht in der Tradition der Kritischen Theorie) und so lassen sich auch unterschiedliche Nuancierungen aufzeigen. Während etwa durch Dekonstruktion „gewaltsame Hierarchien" (Derrida, 1986: 88) von *Bedeutungen* immer wieder neu aufgebrochen und durch ein Einschließen von Ausgeschlossenem „verschoben" werden, zielt immanente Kritik auf *soziale Praktiken* und damit verbundene gesellschaftliche Widersprüche, die soziale Konflikte begünstigen (für eine ausführlichere Gegenüberstellung vgl. Zenklusen, 2002).

Weiterführende Leseempfehlung

Lehner, M., Gruber, D., & Gryl, I. (in Vorbereitung). *Vom Widerspruch zum Widersprechen. Ansätze einer immanent-kritischen sozialgeographischen Didaktik.* LIT Verlag.

Bezug zu weiteren fachdidaktischen Ansätzen

Mündigkeitsorientierte geographische Bildung, Basiskonzepte/Kontingenz, Perspektivenwechsel/Kontroversität

15.3 Unterrichtsbaustein: Widersprüche um das Thema Schengen-Raum

Um den Themenkomplex „Schengen-Raum" immanent-kritisch zu erschließen, schlagen wir folgende drei Teile für diesen Unterrichtsbaustein vor:

1. Teil: konflikthaften Charakter des Lerngegenstandes herausarbeiten
2. Teil: widersprüchliche Zusammenhänge herstellen; eine Fragestellung ableiten
3. Teil: Diskussion unterschiedlicher Lösungsansätze

1. Teil: Konflikthafter Charakter des Lerngegenstandes

Wie bereits angedeutet, gehen wir in Anlehnung an kritische Gesellschaftstheorien davon aus, dass soziale Errungenschaften, wie zum Beispiel der Schengen-Raum, an der Oberfläche durch Konflikte strukturiert sind (vgl. Jaeggi, 2014: 371). Im ersten Teil des Unterrichtsprozesses gilt es daher den konflikthaften Charakter des Lerngegenstandes herauszuarbeiten.

Infobox 15.4: Durchführungsvorschlag zu Teil 1 des Unterrichtsbausteins

Durchführungsvorschlag: Um angedeutete Konflikte aufzuzeigen, bietet es sich an, Zeitungsartikel zu diskutieren, welche die Wiedereinführung nationaler Grenzkontrollen im Schengen-Raum als Reaktion auf den „langen Sommer der Migration" 2015 thematisieren (Abdi-Herrle & Venohr, 2015[2]), oder – aktueller – Beiträge, die die Zustände des Flüchtlingslagers Moria und damit verbundene Proteste aufzeigen (Landschek, 2020[3]).

Potenzielle Ergebnisse einer solchen Diskussion: Im Zuge des „langen Sommers der Migration" 2015 zeigt sich ein Konflikt, der zwischen einer Gemeinschaft, die sich über den Schengen-Raum definiert, und Menschen, die dieser Gemeinschaft beitreten (möchten), verläuft: Der Druck, der durch die vorübergehend erfolgreiche soziale Bewegung der Migrant*innen im „langen Sommer" 2015 in der Schengen-Gemeinschaft hervorgerufen wurde, wurde von Teilen der Schengen-Gemeinschaft gar als so intensiv empfunden, dass die mit dem Schengen-Raum verbundenen Errungenschaften zeitweise zurückgestellt wurden. Mit Verweisen auf soziale Konkurrenz oder teilweise auf Basis chauvinistischer Ressentiments war ein Rückbezug auf nationale Territorialität zu beobachten, der in der Wiedereinführung nationaler Grenzkontrollen innerhalb des Schengen-Raums erkennbar ist (siehe dazu die konkreten Aufgabenstellungen im digitalen Materialanhang).

---

2. Teil: Entwickeln einer Fragestellung entlang eines immanenten Widerspruchs

Wie lässt sich mit einem solchen sozialen Konflikt nun weiter verfahren? Es könnte auf den ersten Blick naheliegend sein zu untersuchen, welche Seite der beteiligten Akteur*innen etwa zu favorisieren wäre. Dies würde in unserem Fall zu einer Debatte

---

[2] Link zum Artikel: https://tinyurl.com/hvanawxx.

[3] Link zum Podcast: https://tinyurl.com/yrebepv5.

führen, die sich in einer Gegenüberstellung von Argumenten *für* bzw. *gegen* eine Öffnung der Schengen-Grenze erschöpft. Eine solche Debatte stellt allerdings eine Vereinseitigung der Problematik dar.

Ziel dieses Schrittes ist es vielmehr, die Bedingungen, die diesen Konflikt überhaupt erst begünstigen, hinterfragbar zu machen. Auf die herausgearbeiteten Konfliktlinien aufbauend, wird in diesem zweiten Schritt also ein Perspektivwechsel vom vordergründigen Konflikt auf dahinterliegende **strukturelle Dynamiken** (vgl. Fraser & Jaeggi, 2020: 49) angestrebt. Es soll also darum gehen, Hintergrundbedingungen aufzuzeigen, die diese sozialen Konflikte begünstigen. Dies kann etwa durch ein Aufzeigen (immanenter) Widersprüche gelingen (vgl. Jaeggi, 2014: 370), was wir im folgenden Durchführungsvorschlag näher ausführen.

Wie angedeutet, liegt die zentrale Einsicht nicht in den Widersprüchen. Es geht vielmehr darum, auf Basis solcher Widersprüche Zusammenhänge zu entdecken, um weiterführende Fragen zu entwickeln, die auf genannte strukturelle Dynamiken verweisen.

Infobox 15.5: Durchführungsvorschlag zu Teil 2 des Unterrichtsbausteins
Eine immanent-kritische Fragestellung kann wie folgt entwickelt werden:

a) Die identifizierten sozialen Konflikte aus dem 1. Teil werden gesammelt und im Plenum auf einen immanenten Widerspruch verdichtet. Hilfreiche Leitfragen können dabei folgendermaßen lauten:
   – Was spricht für eine Öffnung des Schengen-Raums?
   – Was spricht dagegen?
   – Welche Widersprüche lassen sich in derartigen Pros und Kontras erkennen (z. B. Menschenrechte versus sozialer Druck, Kinderrechte versus Asylbestimmungen etc.)?

b) Darauf aufbauend können etwa in Kleingruppen Fragen gesammelt werden, die sich aus diesen Widersprüchen ergeben, und anschließend im Klassenverband zu einer zentralen Fragestellung verdichtet werden.
   Eine Fragestellung entlang solcher Widersprüche kann beispielsweise folgendermaßen lauten: Wie lassen sich einerseits die Freiheiten des Schengen-Raums bewahren, ohne andererseits dafür einer Abschottung nach außen zu bedürfen?

Siehe dazu die konkreten Aufgabenstellungen im digitalen Materialanhang.

Tab. 15.1 Unterschiedliche Lösungsansätze (Siehe auch Tab. M 1a im digitalen Materialanhang inkl. der Links zu den jeweiligen Artikeln)

Lösungsansatz	Diskussionsansätze	Link (Zeitungsartikel)
Merkel: „Wir schaffen das!" (partielle Öffnung der EU-Außengrenzen)	**Widerspruch wird einseitig aufgelöst,** aber humane Reaktion auf Fluchtdynamik.	**Zeit-Online** (Hildebrandt & Ulrich, 2015)
De Maizière: Wiedereinführung von Grenzkontrollen an D/AUT-Grenzabschnitten	**Widerspruch wird einseitig aufgelöst:** vorübergehende Aussetzung des Schengener Abkommens.	**BMI** (BMI, 2015)
Schließen der sog. Balkanroute	**Widerspruch wird einseitig aufgelöst:** Abschottungsversuch.	**Zeit Online** (Zeit.de, 2015)
Sog. EU-Türkei-Deal	**Kompensation/Widerspruch wird einseitig aufgelöst:** tendiert Richtung Abschottung.	Welt.de (Niewendick, 2019)
Forderungen nach Entwicklungszusammenarbeit, um „Fluchtursachen zu bekämpfen"	**Kompensation:** Es wird zwar humanitäre Hilfe angedacht, jedoch die Tendenz der „ungleichen Entwicklung" (Harvey, 2007) nicht hinterfragt.	**bpb.de** (Dick et al., 2018)
Kapitalismuskritische Migrationspolitik	**Strukturelle Widersprüche werden grundlegend hinterfragt,** aber keine Antwort auf unmittelbaren Druck.	**zeitschrift-luxemburg.de** (Georgi, 2016)

3. Teil: Diskussion unterschiedlicher Lösungsansätze

Die Fragestellung aus Teil 2 zielt auf eine Diskussion unterschiedlicher Lösungsansätze. Um eine solche Diskussion zu erleichtern, haben wir die öffentliche Debatte zum „langen Sommer der Migration" anhand von Zeitungsartikeln rekonstruiert. In Tab. 15.1 finden sich Lösungsansätze, die während der unterschiedlichen Phasen des „langen Sommers der Migration" (partiell offene Grenzen nach „außen", teilweise Einführung von nationalen Grenzkontrollen, Blockade von Fluchtrouten) öffentlich diskutiert wurden.

Wie in Teil 2 besprochen, soll dabei nicht nur über das Für und Wider einer Öffnung des Schengen-Raums diskutiert werden, sondern der Blick insbesondere auf strukturelle Dynamiken („Bedingungen der Möglichkeiten") gerichtet werden, die diese Frage überhaupt erst aufwerfen, wie beispielsweise:

	Lösungsansatz	Potenziale	Grenzen
Widerspruch wird einseitig aufgelöst			
strukturelle Widersprüche werden kompensiert			
strukturelle Widersprüche werden grundlegend hinterfragt			

Tiefe der Analyse (vertical axis label with downward arrow)

Abb. 15.1 Matrix der Lösungsqualitäten (Siehe auch Tab. M 2a im digitalen Materialanhang)

- kapitalistischer Akkumulationsprozess (z. B. Land- und Ressourcen-Grabbing), was Migrationsdruck, aber auch den „Eigensinn" (vgl. fachwissenschaftliche Grundlage) von Migrant*innen steigert;
- soziale Konkurrenz in einer globalisierten Gegenwart und damit verbundene
- strukturelle Rassismen in einer „Migrationsgesellschaft" (Mecheril et al., 2016).

Um dies zu ermöglichen, wurde bereits eine wichtige Vorarbeit in Teil 2 geleistet: Die Argumente für bzw. wider eine Öffnung des Schengen-Raums wurden durch die Erarbeitung von Widersprüchen (z. B. Menschenrechte versus sozialer Druck) in einen Zusammenhang gebracht. In diesem Teil des Unterrichtsbausteins gilt es nun zu analysieren, wie sich die öffentlich diskutierten Lösungsansätze (Tab. 15.1) zu diesen widersprüchlichen Zusammenhängen verhalten. Um dies zu erleichtern, bieten wir im Folgenden drei Kategorien an, die bei einer solchen Diskussion Orientierung bieten können (siehe Infobox 15.6). Dabei kann wie folgt vorgegangen werden:

1. Lösungsansätze kategorisieren: Den jeweiligen Lösungsansatz aus der öffentlichen Debatte im Kontext des „langen Sommers der Migration" (Tab. 15.1) sind einer der drei Kategorien (vgl. Infobox 15.6) zuzuordnen.
2. Lösungsansätze in Bezug setzen: Die teilweise divergierenden Lösungsansätze aus Tab. 15.1 gilt es in einem zweiten Schritt vertiefend zu diskutieren und einander gegenüberzustellen. Um einerseits unterschiedliche Qualitäten der Lösungsansätze herauszuarbeiten, andererseits aber auch die Vielfalt der Ansätze zu bewahren, schlagen wir eine Diskussion entlang einer „Matrix der Lösungsqualitäten" (Abb. 15.1) vor. Ausführungen zu dieser Matrix finden sich in Infobox 15.7.

Auch zu diesen beiden Schritten stellen wir im digitalen Materialanhang eine Druckvor-
lage mit konkreten Aufgabenstellungen für Schüler*innen (ab Punkt 8) bereit.

Infobox 15.6: Qualitäten von Lösungsansätzen

Wie lassen sich unterschiedliche Qualitäten von Lösungsansätzen erkennen?
Die Analyse der öffentlich diskutierten Lösungsansätze im Kontext des „langen
Sommers der Migration" lässt sich durch folgende drei Kategorien unterstützen:

1. Kategorie: Widerspruch wird einseitig aufgelöst

Hierbei handelt es sich um Lösungsansätze, die nur einen Pol der in Teil 2
erarbeiteten Widersprüche berücksichtigen. So zeigt sich etwa ein bloßes Auf-
rüsten von Frontex mit dem Ziel, die Außengrenzen des Schengen-Raums besser
zu sichern, als problematisch: Argumente, die für eine Öffnung der Schengen-
Grenze sprechen, werden in diesem Fall kaum berücksichtigt – was verehrende
Auswirkungen, wie vermehrte Todesfälle von Geflohenen im Mittelmeer, mit sich
bringen kann.

Ein solches „einseitiges Auflösen von Widersprüchen" (wie z. B. Menschenrechte versus sozialer Druck) kann auch auf eine moralische gut begründbare
Position zutreffen. So kann sich eine Forderung nach genereller Abschaffung
oder Öffnung von Grenzen als nur vordergründig haltbar erweisen (vgl. fachwissenschaftliche Grundlage), da dies beispielsweise zu einem Ansteigen sozialer
Konkurrenz im Kontext einer neoliberalen Gegenwart führen kann, was nicht
zuletzt auch Nährboden für Chauvinismus bietet.

2. Kategorie: Strukturelle Widersprüche werden kompensiert

Eine andere Qualität wird hingegen bei Lösungsansätzen erfahrbar, die beide
Pole des Widerspruchs berücksichtigen. Derartige Lösungsansätze setzen dann
auch tiefergehende Analysen voraus, die eben auch dahinterliegende strukturelle
Dynamiken berücksichtigen (z. B. sog. Entwicklungszusammenarbeit).

Allerdings lassen sich selbst bei Lösungsansätzen, die beide Pole der Fragestellung berücksichtigen, qualitative Unterschiede herausarbeiten. So kann etwa
Entwicklungszusammenarbeit dazu beitragen, dass einerseits die Freiheiten des
Schengen-Raums bewahrt werden können und andererseits die Notwendigkeit
einer Abschottung verringert wird. Erschöpfen sich die Ansätze der Entwicklungszusammenarbeit jedoch in humanitären Hilfen, so werden potenzielle Problemursachen (z. B. Exporte von Waffen, Land- und Ressourcen-Grabbing) dadurch
nicht berücksichtigt, sondern bloß kompensiert.

**3. Kategorie: Strukturelle Widersprüche („Bedingungen der Möglichkeiten")
werden grundlegend hinterfragt**

Wir möchten also zusätzlich qualitative Unterschiede von Lösungsansätzen herausstellen, die potenzielle Problemursachen nur *kompensieren* oder eben grundlegender hinterfragen. Erst bei Lösungsansätzen, welche *Bedingungen* hinterfragen, die entsprechende Widersprüche überhaupt erst hervorbringen – wie sie sich in der Pro- und Kontra-Debatte aus Teil 2 zeigen, in der sich etwa kohärente Argumente gegen soziale Konkurrenz bzw. für Kinderrechte oppositionell gegeneinander anführen lassen –, lässt sich von dieser 3. Kategorie sprechen. Als ein Beispiel hierfür lassen sich etwa Ansätze nennen, die Migrationspolitik mit Kapitalismuskritik verbinden (vgl. Tab. 15.1).

Infobox 15.7: Anwendung der „Matrix der Lösungsqualitäten"
Die Lösungsansätze aus Tab. 15.1 sind nun in einem ersten Schritt anhand der genannten Kategorien qualitativ unterschieden. Eine Ordnung von Lösungsansätzen nach diesen Kriterien begünstigt letztlich Ansätze, die versuchen, Problemursachen zu überwinden, und somit letztlich *begründet* über gegebene Verhältnisse hinausstreben. Allerdings läuft eine derartige Hierarchisierung der Lösungsansätze auch Gefahr, deren Vielfalt zu stark zu reduzieren und damit Ambivalenzen zu verlieren. So können beispielsweise von dieser Hierarchisierung begünstigte Lösungsansätze, die strukturelle Widersprüche zwar grundlegend hinterfragen, das unmittelbare Leid, dem Migrant*innen an der EU-Außengrenze ausgesetzt sind, nicht direkt mildern.

Es gilt also die Diskussion so zu strukturieren, dass einerseits die Tiefe der Analyse positiv hervorgehoben werden kann – was durch die vorgeschlagenen Kategorien gelingen soll –, andererseits Potenziale anderer Lösungsansätze nicht verloren gehen. Um eine solche Debatte zu fördern, stellen wir mit der in Abb. 15.1 dargestellten Matrix eine Strukturierungshilfe vor, die gleichzeitig eine qualitative Unterscheidung der Lösungsansätze fördern soll und dabei die vielfältigen Potenziale und Ambivalenzen nicht ausblendet.

Ziel der „Matrix der Lösungsqualitäten" (Abb. 15.1) ist es also, eine Diskussion zu fördern, die Lösungsansätze begünstigt, welche strukturelle Dynamiken hinterfragen, die jedoch auch offen genug bleibt, um sich ein eigenes Urteil bilden zu können.

Beitrag zum fachlichen Lernen
Durch eine solche Diskussion, wie wir sie in diesem Unterrichtsbaustein vorschlagen, sollte es möglich sein, den Themenkomplex „Schengen-Raum" immanent-kritisch zu erschließen – also das Thema in seiner Widersprüchlichkeit zu erfassen. Ein solches

Erschließen eines Lerngegenstandes bedarf einerseits der Förderung eines grundlegenden Verständnisses („Sachwissen") vom Schengen-Raum, lässt dieses so erarbeitete Wissen aber andererseits nicht im Sinne einer bloßen *Verdoppelung der Wirklichkeit* (vgl. Horkheimer & Adorno, 2013: 128 ff.) zu einem Selbstzweck werden bzw. auf der Ebenen von Prüfungswissen verbleiben. Die Vorschläge im Unterrichtsbaustein zielen viel eher darauf, die Einblicke in den Themenkomplex aus unterschiedlichen Perspektiven zu diskutieren und damit einhergehende Ambivalenzen nicht auszusparen, was letztlich zu einer begründeten Urteilsbildung im Sinne eines mündigen „politischen Subjekts" einladen soll.

Kompetenzorientierung

- **Fachwissen:** S23 „zur Beantwortung dieser Fragestellungen Strukturen und Prozesse in den ausgewählten Räumen (z. B. Wirtschaftsstrukturen in der EU, Globalisierung der Industrie in Deutschland, Waldrodung in Amazonien, Sibirien) analysieren" (DGfG 2017: 16)
- **Erkenntnisgewinnung/Methoden:** S4 „problem-, sach- und zielgemäß Informationen aus geographisch relevanten Informationsformen/-medien auswählen" (ebd.: 20); S6 „geographisch relevante Informationen aus analogen, digitalen und hybriden Informationsquellen sowie aus eigener Informationsgewinnung strukturieren und bedeutsame Einsichten herausarbeiten" (ebd.: 21)
- **Beurteilung/Bewertung:** S5 „zu den Auswirkungen ausgewählter geographischer Erkenntnisse in historischen und gesellschaftlichen Kontexten (z. B. Folgen von verschiedenen Weltbildern/Berichte von Entdeckungsreisen) kritisch Stellung nehmen" (ebd.: 25); S8 „geographisch relevante Sachverhalte und Prozesse (z. B. Flussregulierung, Tourismus, globale Ordnungen, Entwicklungshilfe/wirtschaftliche Zusammenarbeit, Ressourcennutzung) in Hinblick auf diese Normen und Werte bewerten" (ebd.)

Die problemorientierte Fragestellung (siehe Unterrichtsbaustein, 2. Schritt) zielt in immanent-kritischer Perspektive auf die „Bedingungen der Möglichkeiten". Somit richtet sich der Blick auf die Diskussion des Schengen-Raums im Zusammenhang mit dem „langen Sommer der Migration" 2015 insbesondere auf „Strukturen" und „Prozesse" (F5 S23), die politische Spielräume bedingen (z. B. soziale Konkurrenz und struktureller Chauvinismus im Kontext „national-sozialer Wohlfahrtsstaatlichkeit", vgl. Georgi, 2016: 200). Die angeleitete Diskussion (siehe Unterrichtsbaustein, 3. Schritt) eines solchen Spannungsfeldes sollte zum „kritisch Stellung Nehmen" (B3 S5) und „Bewerten" (B4 S8) anregen.

Klassenstufe und Differenzierung

Der vorliegende Unterrichtsbaustein ist für die Klassenstufen 11–13 angelegt. Da bei allen Teilen des Bausteins Schüler*innen immer wieder Raum geboten wird, sich subjektiv – etwa in Kleingruppenphasen oder bei Diskussionsbeiträgen – zu positionieren, werden individuelle Sichtweisen und Schwerpunkte wertgeschätzt und sind gar zentral für den Unterrichtsverlauf (Binnendifferenzierung). Weitere Differenzierungsmöglichkeiten bieten sich etwa hinsichtlich der Medienwahl an. So haben wir die öffentlich diskutierten Lösungsansätze im Kontext des „langen Sommers der Migration" in diesem Entwurf hauptsächlich mittels Zeitungsartikel rekonstruiert. Es wäre aber beispielsweise auch möglich, stärker audiovisuelle Medien wie Kurzfilme oder Podcasts einzubeziehen (Differenzierung in der Medienwahl). Darüber hinaus wäre auch eine stärkere Methodenvielfalt in Anlehnung an diesen Unterrichtsbaustein einfach realisierbar. So könnte etwa die Ergebnissicherung der Diskussion der unterschiedlichen Lösungsansätze (Teil 3) etwa in Form eines Gallery Walk umgesetzt werden (Methoden-differenzierung).

Räumlicher Bezug

Schengen-Raum, sog. Großraum Mittlerer Osten (Greater Middle East), global

Konzeptorientierung

Deutschland: Zeithorizonte (kurzfristig, langfristig), Maßstabsebenen (lokal, regional, national, global), Systemkomponenten (Struktur, Prozess)
Österreich: Interessen, Konflikte und Macht, Arbeit, Produktion und Konsum, Märkte, Regulierung und Deregulierung, Wachstum und Krise, Kontingenz
Schweiz: Lebensweisen und Lebensräume charakterisieren (2.1c)

15.4 Transfer

Ein immanent-kritisches Erschließen von Lerngegenständen ist auf alle geographischen Lerngegenstände übertragbar, sofern sich eine Konflikthaftigkeit und damit einhergehend eine Widersprüchlichkeit herausarbeiten lässt. So kann sich immanente Kritik – und damit auch die hier vorgestellten Bausteine – bei einer Vielzahl von sozialgeographischen Themen als gewinnbringend erweisen.

Grundlegend steht immanente Kritik mit Konzepten wie Critical Thinking, Dekonstruktion, Problemorientierung, Konfliktorientierung, Kontroversitätsprinzip, forschendem Lernen, aber auch dem Perspektivwechsel (vgl. Band 1, Kap. 6) in enger Verwandtschaft. So ließe sich allerdings auch der Lerngegenstand „Schengen-Raum" – stärker an diesen genannten Konzepten orientiert – als Unterrichtsgegenstand aufbereiten.

Verweise auf andere Kapitel
- Eberth, A. & Hoffmann, K. W.: *Kritisches Denken. Globale Disparitäten – Länderklassifikationen.* Band 2, Kap. 18.

- Hintermann, C. & Pichler, H.: *Dekonstruktion. Flucht und Migration – Mediale Repräsentation.* Band 2, Kap. 14.
- Lippert, S. & Eberth, A.: *Inklusion. Postkolonialismus – Othering.* Band 2, Kap. 13.
- Schröder, B. & Kübler, F.: *Machtsensible geographische Bildung. Politische Ökologie – Klimagerechtigkeit.* Band 1, Kap. 22.

Literatur

Adorno, T. W. (2012). *Noten zur Literatur* (4. Aufl.). Suhrkamp.

Adorno, T. W., & Becker, H. (1971). *Erziehung zur Mündigkeit. Vorträge und Gespräche mit Hellmut Becker 1959–1969* (25.). Suhrkamp.

Bauder, H. (2015). Perspectives of open borders and no border: Perspectives of open borders. *Geography Compass, 9*(7), 395–405.

BMI. (2015). Vorübergehende Wiedereinführung von Grenzkontrollen. Bundesministerium des Innern, für Bau undHeimat. http://www.bmi.bund.de/SharedDocs/kurzmeldungen/DE/2015/09/grenzkontrollen-an-der-grenze-zuoesterreich-wiedereingef%C3%BChrt.html;jsessionid=6F86E1E775CE4A81802EA2E6FF0C705C.2_cid287?nn=10001204.

Derrida, J. (1986). *Positionen: Gespräche mit Henri Ronse, Julia Kristeva, Jean-Louis Houdebine, Guy Scarpetta.* Böhlau.

DGfG. (2017). *Bildungsstandards im Fach Geographie für den Mittleren Schulabschluss.*

Dick, B., Schraven, J., & Leininger, E. (2018). *Entwicklungszusammenarbeit gegen Fluchtursachen in Afrika –Kann das gelingen?* | APuZ. bpb.de. https://www.bpb.de/apuz/277724/entwicklungszusammenarbeit-gegenfluchtursachen-in-afrika-kann-das-gelingen.

Europäische Kommission. (2015). Der Schengen-Raum. Europa ohne Grenzen, Europäische Kommission. http://publications.europa.eu/de/publication-detail/-/publication/09fcf41f-ffc4-472a-a573-b46f0b34119e.

Feustel, R. (2015). *Die Kunst des Verschiebens: Dekonstruktion für Einsteiger.* Wilhelm Fink Verlag.

Fraser, N., & Jaeggi, R. (2020). *Kapitalismus – Ein Gespräch über kritische Theorie.* Suhrkamp.

Georgi, F. (2015). Offene Grenzen als Utopie und Realpolitik. *Luxemburg, 3*, 16–22.

Georgi, F. (2016). Widersprüche im langen Sommer der Migration. *PROKLA. Zeitschrift für kritische Sozialwissenschaft, 46*(183), 183–203.

Harvey, D. (2005). *Der neue Imperialismus.* VSA-Verl.

Harvey, D. (2007). *Räume der Neoliberalisierung: Zur Theorie der ungleichen Entwicklung.* VSA-Verl.

Hildebrandt, T., & Ulrich, B. (2015, September 17). *Angela Merkel: Die Mutter aller Krisen.* Die Zeit.https://www.zeit.de/2015/38/angela-merkel-fluechtlinge-krisenkanzlerin.

Horkheimer, M., & Adorno, T. W. (2013). *Dialektik der Aufklärung. Philosophische Fragmente* (21. Aufl.). Fischer.

Jaeggi, R. (2014). *Kritik von Lebensformen.* Suhrkamp.

Koivisto, J., & Lahtinen, M. (2010). „Kontingenz". S. 1688–98 in *Historisch-kritisches Wörterbuch des Marxismus.* Argument.

Lehner, M., Gruber, D., & Gryl, I. (in Vorbereitung). *Vom Widerspruch zum Widersprechen. Ansätze einer immanent-kritischen sozialgeographischen Didaktik*. LIT Verlag.

Mecheril, P., Kourabas, V., & Rangger, M. (Hrsg.). (2016). *Handbuch Migrationspädagogik*. Beltz.

Mitchell, K. (2018). *Making workers: Radical geographies of education*. Pluto Press.

Werlen, B. (2010). *Konstruktion geographischer Wirklichkeiten. Gesellschaftliche Räumlichkeit 2*. Steiner.

Zenklusen, S. (2002). *Adornos Nichtidentisches und Derridas différance: Für eine Resurrektion negativer Dialektik*. WVB, Wissenschaftlicher Verlag.

Zeit.de. (2015). Balkan: Nur noch Syrer, Iraker und Afghanen dürfen durch. Die Zeit.https://www.zeit.de/politik/2015-11/fluechtlinge-balkanroute-balkanstaaten-einreise-syrien-afghanistan-irak.

Nachhaltig mobil in der Freizeit?

Zugänge der ästhetischen Bildung zu aktuellen Fragen geographischer Mobilitätsforschung

16

Eva Nöthen und Thomas Klinger

▶ **Teaser** Ästhetische Erfahrungen können sich in unterschiedlichen, durch Raum und Zeit bestimmten Situationen ereignen: beim Beobachten eines Sonnenuntergangs am Meer oder beim Durchradeln eines Waldstücks ebenso wie beim Fahren mit der U-Bahn durch eine städtische Agglomeration oder beim Skaten auf einem öffentlichen Platz. Der im Beitrag entwickelte Unterrichtsbaustein eröffnet aus Perspektive der Ästhetischen Bildung und durch die Einbindung von „mobile methods", eine Auseinandersetzung mit der Bedeutung individuellen (ästhetischen) Mobilitätserlebens für die Wahl eines nachhaltigen Mobilitätsstils.

16.1 Fachwissenschaftliche Grundlage: Tourismus – Mobilität

Die sozialwissenschaftliche Mobilitätsforschung geht von dem Grundprinzip aus, dass Mobilität mehr ist als die Fortbewegung von A nach B (vgl. Busch-Geertsema et al., 2020: 1017). Die Überwindung räumlicher Distanzen ist immer auch verbunden mit

Ergänzende Information Die elektronische Version dieses Kapitels enthält Zusatzmaterial, auf das über folgenden Link zugegriffen werden kann https://doi.org/10.1007/978-3-662-65720-1_16.

E. Nöthen (✉)
Institut für Humangeographie, Goethe-Universität Frankfurt, Frankfurt am Main, HE, Deutschland
E-Mail: noethen@geo.uni-frankfurt.de

T. Klinger
Forschungsgruppe Mobilität und Raum, ILS Dortmund, Dortmund, NRW, Deutschland
E-Mail: Thomas.Klinger@ils-forschung.de

individuellen Bedeutungszuweisungen. Eine Reise, der Schulweg oder eine Radtour kann als beschwerlich, angenehm oder entspannend empfunden werden. Insbesondere wenn Menschen in ihrer Freizeit unterwegs sind, ist dies oft nicht nur Mittel zum Zweck, sondern auch ein Ausdruck ihrer Persönlichkeit. Dies trifft nicht nur auf die Urlaubsreise auf die Malediven zu, die in sozialen Medien stolz präsentiert wird, sondern auch für die alltägliche Freizeitgestaltung wie etwa die Fahrt durch die Stadt mit Cabrio oder E-Scooter. Gerade für Jugendliche und junge Erwachsene kann Freizeitmobilität auch für die Zugehörigkeit zu bestimmten Subkulturen stehen und Teil der eigenen Identitätsfindung sein (Bauer, 2010). Freizeitbezogene Wege machen dabei in ihrer Gesamtheit mit ca. 30 % einen nicht unerheblichen und häufig unterschätzten Anteil an der Verkehrsleistung aus (Götz & Stein, 2018: 330 f.). Wie und mit welchen Verkehrsmitteln wir in unserer Freizeit unterwegs sind, ist also durchaus auch unter Nachhaltigkeitsgesichtspunkten relevant. Mobile Freizeitaktivitäten können klimaschonend sein, vergleicht man z. B. die Joggingrunde im Park mit dem Shopping-Wochenende in Mailand samt Kurzstreckenflug.

Aus geographischer Perspektive ist von besonderem Interesse, wie sich Mobilitätsverhalten insgesamt und Freizeitmobilität im Speziellen in der Aneignung von Räumen widerspiegeln. Ein und derselbe Raumausschnitt kann demnach auf sehr unterschiedliche Weise wahrgenommen, interpretiert und erschlossen werden. Eine Gruppe jugendlicher Skater*innen bewegt sich auf der Treppe vor einer städtischen Kathedrale anders als die sonntäglichen Kirchgänger*innen. Es werden differenzierte Mobilitätsstile offenbar (Lanzendorf, 2002), die sich auf vielfache Weise klassifizieren und unterscheiden lassen, etwa im Hinblick auf riskante und sicherheitsorientierte sowie hedonistische oder pragmatische Verhaltensweisen. Häufig spielen bei der Ausprägung solcher Mobilitätsstile die Auswahl, die Art und die Ästhetik des jeweiligen Verkehrsmittels eine wichtige Rolle, sodass sich spezifische Identitäten als Fahrer*in (Dant, 2004), Passagier*in (Adey et al., 2012) oder Radfahrer*in (Spinney, 2009) herausbilden können. Zudem wurde das Konzept der Mobilitätsstile in Deutschland insbesondere im Kontext der Nachhaltigkeitsforschung ausgearbeitet (Götz, 2007; Lanzendorf, 2002), denn um wirksame Maßnahmen zur Förderung umweltfreundlicher Mobilität zu entwickeln, ist es wichtig zu wissen, ob man es beispielsweise mit einer pragmatischen oder emotionalen Beziehung zum Automobil zu tun hat.

Nimmt man derartige Bedeutungszuweisungen, Mobilitätsstile und mobilitätsbezogene Identitäten als gegeben an, liegt es nahe, auch den methodischen Zugriff so anzupassen, dass man dem *sinnvollen* Bewegungsvorgang so nahe wie möglich kommt. Dieses Prinzip liegt dem Kanon der „mobile methods" (Büscher et al., 2010) zugrunde. Folgerichtig setzt man sich mit den Befragten gemeinsam in Bewegung, etwa in Form von Walk- oder Ride-alongs. Dem Grundsatz ethnographischer Forschung „mittendrin statt nur dabei" (Müller, 2013) folgend, nehmen Forschende so eine Perspektive ein, die es ihnen ermöglicht, Praktiken und Situationen zu erfassen, die etwa im Rahmen einer nachträglichen Befragung nicht erschlossen werden könnten.

Weiterführende Leseempfehlung
- Busch-Geertsema, A., Klinger, T. & M. Lanzendorf (2020). Geographien der Mobilität. In H. Gebhardt, R. Glaser, U. Radtke, P. Reuber & A. Vött (Hrsg.), *Geographie – Physische Geographie und Humangeographie* (3. Aufl., S. 1015–1032). Wiesbaden: Spektrum.
- Kwan, M. P., & Schwanen, T. (2016). Geographies of Mobility. *Annals of the American Association of Geographers* 106 (2), S. 243–256.

Problemorientierte Fragestellung
Inwiefern spielt individuelles (ästhetisches) Mobilitätserleben eine Rolle für eine nachhaltige (Freizeit-)Mobilität?

16.2   Fachdidaktischer Bezug: Ästhetische Bildung

Der Begriff Ästhetik, abgeleitet von dem griechischen Wort aísthēsis (= Wahrnehmung, Empfindung, Gefühl), wurde Mitte des 18. Jahrhunderts von dem deutschen Philosophen Gottlieb Alexander Baumgarten in den wissenschaftstheoretischen Diskurs eingeführt (vgl. Hasse, 2001: 3). Er plädiert für die Notwendigkeit der Verbindung von ästhetischer Wahrnehmung bzw. Erfahrung und verstandesgemäßem Denken bei der Suche nach Erkenntnis. Immanuel Kant wendet sich gegen Baumgartens Verständnis des ästhetischen Urteilens als einer niederen Stufe des Erkennens (vgl. Herbold, 2016: 17). Für ihn verbleibt die Aussagekraft des ästhetisch begründeten Urteils auf der Ebene einer subjektiven Allgemeinheit. Friedrich Schiller wiederum distanziert sich sowohl von der scheinbaren Willkürlichkeit sinnlicher Wahrnehmung, wie er sie von Baumgarten vertreten sieht, als auch von dem aufklärerischen Diktat der Vernunft im Sinne Kants (vgl. Schiller, 2013 [1793/95]). Für Schiller offenbart sich im Schönen die sinnlich-geistige Harmonie, deren Betrachtung er Auswirkung auf eine Kultivierung der Sinne und damit einen erzieherischen Wert an sich zugesteht. Zu Beginn des 20. Jahrhundert wird die Idee Schillers zum Ausgangspunkt für die Einbindung ästhetischer Erfahrung in allgemeine pädagogische Konzepte zur Bildung des Menschen (vgl. z. B. Dewey, 2016 [1934]). In dieser Tradition werden in kunstpädagogischen Debatten, in denen ästhetische Bildungsansätze lange Zeit schwerpunktmäßig verankert waren, ästhetische Erfahrungen als Erfahrungen von Diskontinuität und/oder von Differenz zu bisher Erlebtem verstanden (vgl. z. B. Peez, 2003). So geht es aus kunstpädagogischer Perspektive in ästhetischen Bildungsprozessen darum, ausgehend von zweckbefreiter sinnlicher Wahrnehmung des (Nicht-)Dinglichen und der durch diese vermittelten Gefühle die Fähigkeit zur Reflexion individueller Wahrnehmungen und Empfindungen zu fördern. Damit integriert ästhetisches Lernen affektive und kognitive Zugänge zur Welt, sofern sinnliche Erfahrungen reflektiert werden. Entsprechend vollziehen sich ästhetische Lern-/Bildungsprozesse idealtypisch in drei Schritten:

- Wahrnehmen des (Nicht-)Dinglichen
- Bewusstwerden des Empfundenen
- Reflektieren der Beziehung von Wahrgenommenem, Empfundenem und (Nicht-) Dinglichem

Eine an den Kriterien der ästhetischen Bildung ausgerichtete Lehr-Lern-Prozessgestaltung im Geographieunterricht erzielt eine Erweiterung der kognitiven Dimension, indem Dimensionen des Motivationalen, Emotionalen und der Selbsttätigkeit eingebunden werden. Dies bedeutet konkret, dass Lehr-Lern-Prozesse im besten Fall von einem Moment des sinnlich-leiblichen ästhetischen Erlebens her entwickelt werden, der in einem Bereich des alltagsweltlichen Erlebens liegt und so unmittelbare Anschlüsse an Vorerfahrungen herstellt und zugleich Differenzerfahrungen gewahr werden lässt. Über die reflektierende Auseinandersetzung werden die Fragen nach dem Was und Warum des Erlebens des Einzelnen zunächst durch eine verbalsprachliche Artikulation kognitiviert und miteinander verknüpft. Die Reflexion des Erlebten und die Bestimmung der eigenen Involviertheit ermöglichen es schließlich, Wahrgenommenes zu etwas Erfahrenem zu transformieren.

Die vorherrschende geographiedidaktische Debatte ist – nicht zuletzt durch den Einfluss eines seit den 1970er-Jahren vorherrschenden wissenschaftsorientierten Bildungsverständnisses – darauf ausgerichtet, Lernende dazu zu befähigen, das Mensch-Umwelt-System mithilfe objektbezogener Theorien zu erklären. Deshalb hat die Ästhetische Bildung als Bildungsansatz bis in die 1990er-Jahre hinein eine vergleichsweise geringe Wertschätzung erfahren. Erst mit einer breiteren Akzeptanz philosophisch-postmodernen Denkens und einer zunehmenden Wertschätzung phänomenologischer Ansätze öffnen sich die geographiedidaktischen Debatten hin zu erlebensorientierten Ansätzen. So finden sich in den letzten Jahren zunehmend sowohl theoretische Überlegungen zur notwendigen Integration ästhetischer Zugänge zu geographischen Gegenständen (vgl. z. B. Hasse, 2001; Dickel, 2011) in unterrichtliche Vermittlung als auch konkrete Vorschläge zu deren Umsetzung (vgl. Jahnke, 2012; Pettig, 2019; Segbers et al., 2014).

Wie in den fachwissenschaftlichen Ausführungen bereits dargelegt wurde, können unter anderem Art und Ästhetik einer Fortbewegungsform ausschlaggebend für eine konkrete Mobilitätsentscheidung oder gar für einen Mobilitätsstil sein. So können durch die verknüpfende Reflexion des ästhetischen Erlebens von Bewegung (→ leibliche Empfindung des Subjekts) und Umwelt (→ Situiertheit des Subjekts) Fortbewegungsformen in ihrer (nachhaltigen) Raumwirksamkeit zum Gegenstand der Erfahrungsbildung werden. Entsprechend stellt sich der Unterrichtsbaustein der Herausforderung, Schüler*innen ausgehend von ihrem ästhetischen Erleben der eigenen Mobilität eine subjektzentrierte Reflexionsfläche für eigene mobilitätsbezogene Entscheidungen anzubieten und damit Bewusstsein für deren Reichweite zu schaffen.

Weiterführende Leseempfehlung
Dietrich, C., Krinninger, D. und V. Schubert (2012): *Einführung in die Ästhetische Bildung*. Weinheim: Beltz Juventa.

Bezug zu weiteren fachdidaktischen Ansätzen
Forschendes/entdeckendes Lernen, Phänomenologie, Bildung für nachhaltige Entwicklung (BNE)

16.3 Unterrichtsbaustein: Von Parkour bis Streetracing – Mobilität erleben und als nachhaltige Praxis reflektieren

Durch eine ästhetische Annäherung an Formen der Freizeitmobilität widmet sich der vorgestellte Unterrichtbaustein in einer Kombination von erarbeitendem und entdeckendem Unterricht der Frage, inwiefern individuelles (ästhetisches) Mobilitätserleben eine Rolle für eine nachhaltige Freizeitmobilität oder, weiter gefasst, für einen nachhaltigen Mobilitätsstil spielt. So wird im Folgenden – im Zuge der didaktischen Reduktion beispielhaft bezugnehmend auf zwei Akteur*innen aus Dortmund – eine Unterrichtssequenz vorgestellt, die ausgehend von den zwei extremen Formen von Freizeitmobilität *Parkour* und *Streetracing* Schüler*innen einlädt, der Breite möglicher ästhetischer Erfahrungen im Moment des Sich-Fortbewegens nachzuspüren. Gemäß den drei Schritten des ästhetischen Lernens folgt auch die Unterrichtsidee einem Dreischritt, gerahmt von einer einführenden problemorientierenden sowie einer abschließenden transferorientierten Phase.

Schritt 0: Problematisierung
Zur Einführung der Erlebnisdimensionen von Mobilität werden den Schüler*innen zwei sich paradigmatisch gegenüberstehende Schilderungen individuellen Mobilitätserlebens vorgestellt: Die eine bezieht sich auf die Bewegungsform *Parkour* (vgl. Fallbeispiel 1), die andere auf das mehr als sportliche Fahren von getunten Autos in der Form des *Streetracings* (vgl. Fallbeispiel 2).

Durch Fragen nach der Motivation, der Selbst-, Raum- und Fremdwahrnehmung von Jan und Volker wird der Blick der Schüler*innen für das Spektrum möglicher Perspektiven geweitet (ausführlichere Materialien in Arbeitsauftrag 1 im digitalen Materialanhang). Ziel ist es, dass die Schüler*innen die folgenden Aspekte ästhetischen Raum- und Mobilitätserlebens identifizieren:

- körperliche Wahrnehmungen, Praktiken und Reaktionen, z. B. das Angeschnallt-Sein und der konzentrierte Blick nach vorn beim Autofahren oder das Schwitzen oder Außer-Atem-Sein bei aktiven Bewegungsformen;
- emotionale Empfindungen, z. B. das „Runner's High" beim Joggen oder Panik in bedrohlichen Situationen, etwa Unfällen oder Kollisionen;

- Erleben von Mensch-Technik-Interaktionen, z. B. das Autonavigationssystem oder die einzulaufenden Wanderstiefel;
- Erleben von Stillstand, Bewegung, Geschwindigkeit, etwa beim Stehen im Stau, bei der Downhill-Fahrt mit dem Mountainbike oder bei der Ad-hoc-Beschleunigung von E-Fahrzeugen;
- Erleben von natürlicher und gebauter Umwelt, z. B. die Allee als „Tunnel" oder der Mauervorsprung als Absprungfläche.

Infobox 16.1: Jan, Fallbeispiel 1 – Parkourläufer

Parkour bezeichnet eine Art der Fortbewegung unter alleinigem Einsatz des eigenen Körpers. Parkourläufer*innen geht es darum, bei größtmöglicher Bewegungskontrolle möglichst effizient von A nach B zu kommen. Praktiziert wird diese Form der Mobilität im urbanen wie im naturnahen Raum.

Für Jan ist Parkour die ursprünglichste und individuellste Form des Menschen, sich zu bewegen. Seit er 13 Jahre alt ist, trainiert er das Laufen, Springen und Hängen an Orten, die auf den ersten Blick nicht dafür geeignet oder gar gemacht zu sein scheinen: Bäume, Treppengeländer, Mauervorsprünge. Im Moment des Sprungs finden für Jan Körper und Kopf zusammen.

→ Surf-Tipp: https://www.youtube.com/watch?v=ak0aYOUvNH4

Jan bei einem Sprung von einer Mauer (Foto: Jan Bahr)

Infobox 16.2: Volker, Fallbeispiel 2 – (ehemaliger) Streetracer

Streetracing ist eine Form des Hochgeschwindigkeitsfahrens mit privaten Pkws im öffentlichen Straßenverkehr, bei der es in der Form des *Speedracing* darum geht, in kürzester Zeit von Ampel zu Ampel zu gelangen. Zumeist werden hierfür getunte Autos verwendet. Derartige Rennen sind verboten und eine Teilnahme daran wird bestraft.

Obwohl oder auch gerade weil Streetracing verboten und so gefährlich ist, war es lange Zeit Volkers ganz großes Hobby, allabendlich entlang des Dortmunder Wallrings zu rasen. Er liebte besonders das Gefühl der motorisierten Beschleunigung und den Nervenkitzel im Moment des Regelübertritts.

→ Surf-Tipp: https://www.youtube.com/watch?v=4y2po5Tv8VU

Blick aus dem Auto auf den nächtlichen Wallring in Dortmund (Foto: Thomas Klinger)

Schritt 1: Wahrnehmen des (Nicht-)Dinglichen

In Kleingruppen von zwei bis vier Personen erhalten die Schüler*innen einen Arbeitsauftrag (ausführlichere Materialien in Arbeitsauftrag 2 im digitalen Materialanhang), der dazu dient, die vorangegangene Fremdbeobachtung anhand der Beispiele von Jan und Volker in eine Selbstbeobachtung zu überführen, indem sie selbst besondere oder alltägliche Mobilitätsformen erleben und reflektieren.

Infobox 16.3: Anleitung zur Selbstbeobachtung

Wählt zwei Standorte innerhalb des bebauten Gebiets eures Wohnorts aus, die Luftlinie mindestens einen und höchstens zwei Kilometer voneinander entfernt liegen. Die Luftlinienverbindung sollte mindestens eine Grünfläche durchschneiden. Einigt euch anschließend auf eine Mobilitätsform (z. B. die Nutzung eines Verkehrsmittels oder eine bestimmte Art, euch zu bewegen), mit der ihr euch von dem einen zum anderen Standort bewegen wollt. Legt den Weg unabhängig voneinander zurück und dokumentiert dabei, was ihr erlebt, mit folgenden Methoden:

- Aufzeichnen der gewählten Route, z. B. mit einer Tracking-App oder per Hand auf einem Stadtplan
- Aufschreiben der Erlebnisse unmittelbar nach Ankunft am Zielort
- Festhalten von Eindrücken mit Fotos und/oder Videos

Führt anschließend die verschiedenen Dokumentationsformen in einer Fotostory zusammen, d. h., wählt die kartographische Darstellung des Routenverlaufs sowie 5–10 Fotos und schildert mit einem kurzen Text zu jedem Foto eure Erlebnisse, Eindrücke und Empfindungen. Ihr könnt die Fotostory digital erstellen (z. B. als Instagram Story) oder in gedruckter Form.

Schritt 2: Bewusstwerden des Empfundenen
Die Schüler*innen stellen sich in den Kleingruppen ihre „Fotostorys" gegenseitig vor, vergleichen dabei ihre körperlichen, emotionalen und umweltbezogenen Erlebnisse und Empfindungen, die sie auf dem Weg vom Start- zum Zielpunkt gemacht haben, und identifizieren diesbezüglich Gemeinsamkeiten und Unterschiede.

Schritt 3: Reflektieren der Beziehung von Wahrgenommenem, Empfundenem und (Nicht-)Dinglichem
In einem dritten Schritt sind die Schüler*innen schließlich gefordert, die von ihnen erprobte und dokumentierte Mobilitätsform auf andere Anwendungsfälle und Mobilitätsanlässe zu übertragen. Dabei sollen sie begründen und festhalten, in welchen Fällen die jeweilige Fortbewegungsart ihrer Ansicht nach geeignet, sinn- und wertvoll ist und in welchen Fällen eher nicht. In der Diskussion der Ergebnisse wird deutlich, dass es einen strukturellen Zusammenhang zwischen verschiedenen Mobilitätsformen und den unterschiedlichen Formen des ästhetischen Mobilitäts-, Raum- und Umwelterlebens gibt. Gleichzeitig kann herausgearbeitet werden, dass diese strukturellen Zusammenhänge dennoch auch immer subjektiv unterschiedlich erlebt werden.

Schritt 0′
Um abschließend die Ableitung von der Selbstbeobachtung des eigenen Erlebens auf die Fremdbeobachtung konkret anhand eines Beispiels durchzuspielen und dabei die wirtschaftliche soziale und ökologische Relevanz unterschiedlicher Mobilitätsformen zu erfassen und zu reflektieren, kann ein Rollenspiel in Form einer Bürger*innenversammlung zur Entwicklung eines Stadtquartiers durchgeführt werden (ausführlichere Materialien in Arbeitsauftrag 3 im digitalen Materialanhang). Aus der Perspektive von Jan,

Volker oder aus Sicht anderer, sich fortbewegender Bewohner*innen des Quartiers entwickeln die Schüler*innen Vorstellungen eines sinnvollen Verkehrskonzeptes für das Quartier. Die jeweiligen Positionen sollen dabei nicht allein auf Basis der bevorzugten Mobilitätsform hergeleitet werden, sondern auch Einstellungen, Lebensstile und Persönlichkeitsmerkmale einbeziehen. Helfen können folgende Fragen: Welche Fortbewegungsarten werden bevorrechtigt, welche nicht? Welche Verkehrsmittel bekommen wie viel Platz eingeräumt? Wie schnell darf man sich im Quartier fortbewegen? Etc.

Infobox 16.4: Rollenspiel „Bürger*innenversammlung"

Jan und Volker sind Nachbarn und leben im selben Dortmunder Stadtteil. Sie treffen sich auf einer Bürger*innenversammlung, in deren Rahmen die Bewohner*innen des Stadtteils gemeinsam eine Vision für ein nachhaltiges Verkehrskonzept in ihrem Stadtteil entwickeln sollen. An der Bürger*innenversammlung nehmen weitere Personen teil, die ebenfalls bestimmte Verkehrsmittel und Fortbewegungsarten bevorzugen (repräsentiert durch die Kleingruppen, die sich in Schritt 1 bereits unterschiedlichen Mobilitätsformen gewidmet haben).

Ziel des Rollenspiels ist es, die Schüler*innen dazu anzuregen, Mobilität in der Stadt multiperspektivisch und divers zu denken und dabei verschiedene Rollen, Positionen und Argumentationen vertreten zu können.

Beitrag zum fachlichen Lernen

Im Vollzug des Dreischritts vom Erproben einer selbst gewählten Form der (Freizeit-)Mobilität bei gleichzeitiger (Selbst-)Beobachtung, dem Bewusstwerden des in der Performanz Empfundenen und dem Reflektieren der Beziehung von beobachteter Wahrnehmung und dabei Empfundenem werden die Schüler*innen an die Reflexion individueller Mobilitätsentscheidungen herangeführt. Das persönliche Erleben von (Freizeit-)Mobilität wird dabei ins Verhältnis zu den Dimensionen von Nachhaltigkeit gesetzt.

Kompetenzorientierung

- **Erkenntnisgewinnung/Methoden:** S9 „selbstständig einfache geographische Fragen stellen […]" (DGfG, 2020: 21) und diese in Auseinandersetzung mit ihrem persönlichen Raumerleben reflektieren
- **Kommunikation:** S6 „an ausgewählten Beispielen fachliche Aussagen und Bewertungen abwägen und in einer Diskussion zu einer eigenen begründeten Meinung und/oder zu einem Kompromiss kommen (z. B. Rollenspiele, Szenarien)" (ebd.: 23)
- **Handlung:** S1 „umwelt- und sozialverträgliche Lebens- und Wirtschaftsweisen, Produkte sowie Lösungsansätze (z. B. Benutzung von ÖPNV, ökologischer Landbau, regenerative Energien) [kennen]" (ebd.: 27) und damit verbundene Perspektiven auf (Stadt-)Raum zu ihrem eigenen Handeln in Beziehung setzen

Klassenstufe und Differenzierung

Der Unterrichtsbaustein ist in der hier vorgestellten Form für die gymnasiale Oberstufe konzipiert: Die Schüler*innen sollten so alt sein, dass sie sich in ihrer Freizeit ohne Aufsichtsperson in ihrem Wohnumfeld respektive im urbanen Raum bewegen dürfen und dass sie unterschiedliche Formen der (ggf. motorisierten) Freizeitmobilität selbstständig praktizieren.

Für Schüler*innen der Unter- und Mittelstufe könnten evtl. weniger extreme Eingangsbeispiele wie z. B. die Sonntagsspaziergängerin und der E-Biker gewählt werden.

Im Hinblick auf die zunehmende Heterogenität schulischer Lerngruppen und die Herausforderung der Inklusion von Schüler*innen mit Handicap könnte als Eingangsbeispiel z. B. auch eine blinde Läuferin mit Begleitung oder ein Rollstuhlfahrer gewählt werden. Hier ließen sich dann nochmal ganz andere Aspekte des ästhetischen Erlebens wie z. B. Sicherheitsempfinden und körperliche Nähe reflektieren.

Räumlicher Bezug

Dortmund (exemplarisch für urbanen Raum)

Konzeptorientierung
- **Deutschland:** Mensch-Umwelt-System (menschliches (Teil-)System, natürliches (Teil-)System), Maßstabsebene (lokal), Raumkonzepte (wahrgenommener Raum, konstruierter Raum)
- **Österreich:** Raumkonstruktion und Raumkonzepte, Wahrnehmung und Darstellung, Nachhaltigkeit und Lebensqualität, Mensch-Umwelt-Beziehungen, Kontingenz
- **Schweiz:** Lebensweisen und Lebensräume charakterisieren (2.4)

16.4 Transfer

Ästhetische Zugänge eignen sich in Abhängigkeit der zur Reflexion gewählten Dimensionen in besonderer Weise für eine geographieunterrichtliche Auseinandersetzung mit Themen, die eine Reflexion der individuellen Positionalität und/oder eine persönliche Positionierung erfordern. Dies gilt z. B. für gesellschaftliche Problemfelder im Überschneidungsbereich Mensch/Umwelt wie das Leben mit Naturereignissen, für Fragen der menschengerechten Stadt- und Raumplanung sowie für Formen der sozialen Aneignung physischer Räume in urbanen und/oder ruralen Kontexten.

Verweise auf andere Kapitel
- Dickel, M.: *Perspektivenwechsel. Sozialkatastrophe – Hurricans.* Band 1, Kap. 6.
- Hiller, J. & Schuler, S.: *Mental Maps/Subjektive Karten. Nachhaltige Stadtentwicklung – Stadtgrün.* Band 1, Kap. 25.
- Keil, A. & Kuckuck, M.: *Handlungstheoretische Sozialgeographie. Energieträger – Energiewende.* Band 1, Kap. 23.

- Meyer, C. & Mittrach, S.: *Bildung für nachhaltige Entwicklung. Welthandel – Textilindustrie.* Band 2, Kap. 20.
- Pettig, F. & Nöthen, E.: *Phänomenologie. Europa – Europa im Alltag.* Band 2, Kap. 9.

Literatur

Adey, P., Bissell, D., McCormack, D., & Merriman, P. (2012). Profiling the passenger. Mobilities, identities, embodiments. *Cultural Geographies, 19*(2), 169–193.

Bauer, K. (2010). *Jugendkulturelle Szenen als Trendphänomene: Geocaching, Crossgolf, Parkour und Flashmobs in der entgrenzten Gesellschaft* (Nr. 544). Waxmann.

Büscher, M., Urry, J., & Witchger, K. (Hrsg.). (2010). *Mobile methods.* Routledge.

Busch-Geertsema, A., Klinger, T., & Lanzendorf, M. (2020). Geographien der Mobilität. In H. Gebhardt, R. Glaser, U. Radtke, P. Reuber, & A. Vött (Hrsg.), *Geographie – Physische Geographie und Humangeographie* (3. Aufl., S. 1015–1032). Spektrum.

Dant, T. (2004). The driver-car. *Theory, Culture & Society, 21*(4–5), 61–79.

Deutsche Gesellschaft für Geographie (Hrsg.). (2020). *Bildungsstandards im Fach Geographie für den Mittleren Schulabschluss* (10. Aufl.). Selbstverlag Deutsche Gesellschaft für Geographie.

Dewey, J. (⁸2016 [1934]). *Kunst als Erfahrung.* Suhrkamp.

Dickel, M. (2011). Nach Humboldt. Ästhetische Bildung und Geographie. *GW-Unterricht, 34*(122), 38–47.

Götz, K. (2007). Mobilitätsstile. In O. Schöller, W. Canzler, & A. Knie (Hrsg.), *Handbuch Verkehrspolitik* (S. 759–784). VS.

Götz, K., & Stein, M. (2018). Freizeitmobilität und -verkehr. In O. Schwedes (Hrsg.), *Verkehrspolitik – Eine interdisziplinäre Einführung* (2. Aufl., S. 323–346). Springer VS.

Hasse, J. (2001). *Ästhetische Bildung. Plädoyer für eine Verschränkung von Wahrnehmungs- und Denkvermögen im Lernen.* http://www.fb16.tu-dortmund.de/kulturwissenschaft/symposion/hasse.pdf. Zugegriffen: 21. Febr. 2021.

Herbold, K. (2016). Ästhetische Erfahrung. In M. Blohm (Hrsg.), *Kunstpädagogische Stichworte* (S. 15–18). fabrico.

Jahnke, H. (2012). Mit Bildern bilden. Eine Bestandsaufnahme aus Sicht der Geographie. *Geographie und Schule, 34*(199), 4–11.

Lanzendorf, M. (2002). Mobility styles and travel behavior: Application of a livestyle approach to leisure travel. *Transportation Research Record, 1807*(1), 163–173.

Müller, M. (2013). Mittendrin statt nur dabei: Ethnographie als Methodologie in der Humangeographie. *Geographica Helvetica, 67*(4), 179–184.

Peez, G. (2003). Ästhetische Erfahrung – Strukturelemente und Forschungsaufgaben im erwachsenenpädagogischen Kontext. In D. Nittel & W. Seitter (Hrsg.), *Die Bildung des Erwachsenen. Erziehungs- und sozialwissenschaftliche Zugänge* (S. 249–260). WBV.

Pettig, F. (2019). *Kartographische Streifzüge. Ein Baustein zur phänomenologischen Grundlegung der Geographiedidaktik.* transcript.

Schiller, F. (2013 [1793/95]). *Über die ästhetische Erziehung des Menschen.* Stuttgart: Reclam.

Segbers, T., Kuchenbecker, J., Müller, O., & Kanwischer, D. (2014). Das Eigene im Zerrspiegel des Fremden – Ästhetische Erfahrung als Bildungsanlass auf Exkursionen. *GW-Unterricht, 37*(135), 19–32.

Spinney, J. (2009). Cycling the city: Movement, meaning and method. *Geography Compass, 3*(2), 817–835.

Förderung geographischer Modellkompetenz durch Testung und Änderung des Modells der langen Wellen

Reflexive Erschließung des langfristigen wirtschaftsräumlichen Wandels durch Innovation am Beispiel der USA

Julian Bette

▶ **Teaser** „Boom and Bust – Wandel des Manufacturing Belt in den USA" – der Wandel wirtschaftlicher Kernräume ist ein Klassiker des Geographieunterrichts. Die Schüler*innen analysieren dabei tiefgehend die wirtschaftsräumlichen Veränderungen – übertragbare Ergebnisse werden jedoch oft nicht erzielt. Hier kann der Einsatz von Modellen helfen, übertragbare Ergebnisse zu gewinnen und auf andere Räume kritisch-reflexiv anzuwenden. Eine Testung und Änderung fördert zudem das Wissenschaftsverständnis.

17.1 Fachwissenschaftliche Grundlage: Wirtschaftsräumlicher Wandel – Innovation

Das Modell der langen Wellen hilft, ein allgemeines Verständnis für langfristiges Wachstum und Niedergang von Wirtschaftsregionen zu erlangen. Dabei steht das permanente Entstehen von Innovationen, die neben institutionellem Wandel den zentralen Erklärungsansatz zum Verstehen des langfristigen, regional ungleichen

---

Ergänzende Information Die elektronische Version dieses Kapitels enthält Zusatzmaterial, auf das über folgenden Link zugegriffen werden kann https://doi.org/10.1007/978-3-662-65720-1_17.

J. Bette (✉)
St.-Ursula-Gymnasium Arnsberg-Neheim, Arnsberg, NRW, Deutschland
E-Mail: bette@sug-neheim.de

Wachstums bilden, im Mittelpunkt. Die 40 bis 60 Jahre andauernden Schwankungen wirtschaftlicher Aktivität werden als lange Wellen bzw. Kondratieff-Zyklen bezeichnet. Als Innovation werden die wirtschaftliche Nutzung und kommerzielle Verbreitung von Erfindungen (Invention) verstanden. In großen Zeitabständen treten gehäuft sog. Basisinnovationen auf, die Wachstumsschübe und wirtschaftliche Umstrukturierungen (Aufkommen sog. „neuer Kombinationen") auslösen und sich räumlich widerspiegeln (Glückler, 2020: 798 ff.; Kulke, 2017: 110 ff.; Palme & Musil, 2012: 286 f.). „Die zyklischen Schwankungen einer langen Welle ergeben sich aus der Entwicklung (Aufschwung) und der Diffusion der neuen Kombination und letztlich aus dem Niedergang als Folge sinkender Konsumnachfrage bei steigender Konkurrenz. Schließlich kommt es zu einer Wirtschaftskrise (Depression), in der alte und neue Kombinationen um Ressourcen und Produktionsfaktoren wiederum in Konkurrenz zueinander stehen und letztere sich in einem Prozess der ‚schöpferischen Zerstörung' durchsetzen" (Palme & Musil, 2012: 286).

Es werden vier Wellen unterschieden und in einem Ablaufmodell (Abb. 17.2) dargestellt. Gegenwärtig wird diskutiert, ob wir uns in einer fünften Welle befinden mit den Basisinnovationen Biotechnologie, Mikroelektronik oder Umwelttechnologien. Ihr berühmtestes Zentrum ist das Silicon Valley. Die Existenz dieser langfristigen Zyklen steht außer Frage. Allerdings wird u. a. kritisiert, dass die Erklärung zu monokausal und technisch-deterministisch sei. Die empirische Überprüfung und Abgrenzung der Wellen stellen sich als schwierig dar (Kulke, 2017: 112–115; Palme & Musil, 2012: 287–288).

Mit jeder Welle kommt es zu Schwerpunktverlagerungen. Allgemeine Gründe dafür sind (Palme & Musil, 2012: 288 f.):

1. Jede neue Branche hat neue Standortansprüche. So benötigten die ersten Wellen v. a. Rohstoffe, die letzten Wellen die Nähe zu Universitäten und Forschungseinrichtungen. Alle Wellen haben eine Tendenz zur Nutzung von Agglomerationsvorteilen, wenngleich die Anforderungen, die eine Konzentration fördern, andere sind.
2. Die alten Zentren weisen nicht das Milieu auf, dass notwendig ist, neue radikale Innovationen zu fördern. Etablierte Institutionen leisten Widerstand gegen die Entstehung neuer Branchen und Technologien.
3. Aufgrund des Technologiewandels im Lauf einer Welle, v. a. im Bereich Transport und Kommunikation, können Vorteile des alten Standortes obsolet werden.
4. In einer Welle kommt es zu räumlichen Schwerpunktverlagerungen, da sich Standortansprüche ändern, z. B. Verlagerung standardisierter Produktion in die Peripherie; durch nachlassende Innovationskraft kommt es zu Schrumpfungen in den alten Zentren und zu Verlagerung.

Weiterführende Leseempfehlung
Palme, G., & Musil, R. (2012). *Wirtschaftsgeographie*. Braunschweig: Westermann.

Problemorientierte Fragestellung

Mit einem Kondratieff-Zyklus gehen folglich Wachstum und Schrumpfung von Regionen einher. Daraus ergibt sich auch die im Unterrichtsbaustein leitende Fragestellung: *Boom and Bust – Wie lassen sich das Wachstum und der Niedergang von Wirtschaftsräumen unter Berücksichtigung von Innovationen modellhaft erschließen?*

17.2 Fachdidaktischer Bezug: Modellkompetenz

Bei im Geographieunterricht eingesetzten Modellen handelt es sich um durch einen Modellierer zweckbezogen entwickelte und damit reduzierte, idealisierte sowie zumeist verkleinerte Rekonstruktionen geographischer Wirklichkeit (d. h. realer Objekte; sog. konkrete Raummodelle) bzw. Repräsentationen gedanklicher Konstrukte über diese (Theorien, Gesetze, Hypothesen etc.; sog. theoretische Raummodelle). Sie werden mit der Absicht erstellt, diese in bestimmten Kontexten anzuwenden, z. B. zur Erklärung oder Kommunikation raumbezogener Sachverhalte (Bette et al., 2019; u. a. nach Birkenhauer, 1997; Giere, 2010). Hier wird das theoretische Modell der langen Wellen genutzt, um den wirtschaftsräumlichen Wandel der USA zu erschließen, es zu testen und die enthaltene Regelhaftigkeit weiterzuentwickeln. Modelle sind damit ein Schlüssel zum Weltverstehen. Sie werden einerseits in Hinblick auf die Erkenntnisgewinnung oder zur Lösung eines Problems gebildet bzw. genutzt (Modell als Methode). Andererseits dienen sie zur Veranschaulichung und damit v. a. zur Beschreibung und Erklärung von Raumsachverhalten (Modell als Medium). Eine umfängliche Modellkompetenz wird in drei zusammenhängenden Grunddimensionen gegliedert (Abb. 17.3).

Zur Erschließung von Modellen aus medialer Perspektive hat sich der sog. Vierschritt der Modellauswertung bewährt (Tab. 17.1). Die Modellbildung wird anhand des sog. Modellierungszyklus (Abb. 17.4) idealtypisch illustriert.

Modellkompetenz wird in der Geographiedidaktik (u. a. Wiktorin, 2013) unter Rückgriff auf Upmeier zu Belzen und Krüger (2010) definiert. Sie umfasst die „[…] Fähigkeiten, mit Modellen zweckbezogen Erkenntnisse [über raumbezogene Phänomene, d. A.] gewinnen zu können und über Modelle mit Bezug auf ihren Zweck urteilen zu können, die Fähigkeiten, über den Prozess der Erkenntnisgewinnung durch Modelle und Modellierungen [in der Geographie, d. A.] zu reflektieren, sowie die Bereitschaft, diese Fähigkeiten in problemhaltigen Situationen anzuwenden". Ein Fokus liegt hier auf der methodischen Perspektive. Modellkompetenz lässt sich anhand dreier unterschiedlich komplexer Stufen graduieren (Upmeier zu Belzen & Krüger, 2010):

1. *Niedrige Komplexität:* Der Fokus der Schüler*innen liegt vollständig auf dem Modellobjekt, also z. B. der Grafik, die das gedankliche Konstrukt repräsentiert.
2. *Mittlere Komplexität:* Die Schüler*innen widmen sich der Herstellung des Modells (Modell von etwas) und damit seiner Repräsentationsfunktion sowie dem Ausgangsphänomen. Kritik und Änderung des Modells erfolgen ebenfalls im Hinblick auf das Original respektive die Herstellung.

3. *Hohe Komplexität:* Die Schüler*innen gewinnen mit dem Modell und durch seine Anwendung neue Erkenntnisse über das jeweilige geographische Phänomen (Modell für etwas). Dies kann bspw. geschehen, indem im Unterricht ein Modell als Hypothese auf Basis der Analyse von Daten etc. eines Raumbeispiels entwickelt, anschließend als Ganzes oder in Teilen an der Realität bzw. einem weiteren Raumbeispiel überprüft und ggf. weiterentwickelt wird (Abb. 17.4). Modelle können aber auch zur Prognose und zum Transfer genutzt werden.

Unter letzterer Perspektive werden Modelle zur Erkenntnisgewinnung genutzt und nicht nur Erkenntnisse aus ihnen herausgearbeitet. In diesem Prozess entwickeln die Schüler*innen gleichzeitig ein v. a. für die Oberstufe notwendiges elaborierteres Wissenschaftsverständnis (Krell et al., 2016). Um Modellkompetenz adäquat und effektiv zu fördern, wurden die in Tab. 17.2 aufgeführten didaktisch-methodischen Ansätze formuliert (Bette, 2021: 277 ff.; Bette et al., 2019: 8 f.).

Tab. 17.1 Vierschritt der Modellauswertung (Bette et al., 2019: 5)

1. Orientierung – Was ist das Thema des Modells? – Wer ist der Autor? – Um welchen Modelltyp (z. B. Kurvendiagramm, Wirkungsgefüge) handelt es sich? – Mit welchem Ziel wurde das Modell entwickelt? – Von welchen Voraussetzungen ging der Autor aus? – Für welche Räume und welche Zeit gilt das Modell?
2. Modellbeschreibung – Welche Elemente werden wie dargestellt? – Welche Regelhaftigkeiten und Zusammenhänge sind dargestellt? – Wie lauten die Kernaussagen?
3. Modellerklärung – Wie sind die dargestellten Regelhaftigkeiten bzw. Kernaussagen zu erklären? – Welche modellinternen Informationen bzw. Zusammenhänge und modellexternen Informationen (Hintergrundwissen, Zusatzmaterial) können dabei genutzt werden?
4. Modellbeurteilung – Entsprechen die Hauptmerkmale des Modells den relevanten Eigenschaften des Originals und sind sie ihm ähnlich? – Ist das Modell angemessen vereinfacht und anschaulich dargestellt? – Ist das Modell so exakt, dass es gemäß seinem Zweck z. B. Beschreibungen, Erklärungen und Vorhersagen in Bezug auf das Original ermöglicht und neue Denkanstöße gibt? – Wo hat das Modell Grenzen (z. B. Übertragbarkeit auf andere Räume und Zeiten, Grad der Verallgemeinerung)? – Muss das Modell ggf. überarbeitet oder gar verworfen werden?

Tab. 17.2 Didaktisch-methodische Ansätze zur Förderung der Modellkompetenz im Unterricht (Bette et al., 2019: 8 f.; Bette, 2021: 277 ff.)

I. Modelle als Lerngegenstand nutzen: Beim Einsatz von Modellen sollte genug Zeit zur Förderung der Modellkompetenz vorhanden und der geographische Inhalt v. a. bei Modellbildungsprozessen leicht zugänglich sein.

VI. Ändern von Modellen: Dem Testen und Ändern von Modellen (Modellierungszyklus) kommt eine zentrale Bedeutung für die Entwicklung eines elaborierten Modellverständnisses zu, da dabei auch weitere Aspekte berücksichtigt werden müssen, z. B. der Modellzweck oder alternative Modelle.

II. Eigenständige Modellbildung: Den wissenschaftlichen Erkenntnisprozess der Modellbildung (Abb. 17.5) sollten Schüler*innen unmittelbar erfahren, um so auch ein adäquates Wissenschafts- bzw. Geographieverständnis zu entwickeln.

VII. Nachvollziehen historischer Entwicklungen von Modellen: Die Arbeit mit historischen Modellen und ihrer Modifikation im Laufe der Zeit erlaubt den Aufbau eines adäquaten Modell- und damit Wissenschaftsverständnisses (z. B. Modelle der Chicagoer Schule).

III. Kognitive Aktivierung bei der Modellbildung: Zu enge Vorgaben bei der Modellbildung sind nicht dazu geeignet, Modellkompetenz zu entwickeln. Die Schüler*innen sollen den Erkenntnisweg oder zumindest zentrale Teile gedanklich aktiv mitgestalten, z. B. Planung, Testung, Reflexion.

VIII. Alternative Modelle: Durch einen Vergleich alternativer und unter Umständen kontroverser oder konträrer Modelle zu ähnlichen Gegenständen ist eine Erschließung unterschiedlicher wissenschaftlicher Positionen respektive Zwecken von Modellen möglich.

IV. Fokussierung auf Teilkompetenzen und kumulative Kompetenzentwicklung: Nicht immer muss der Modellbildungsprozess in Gänze durchlaufen oder alle Aspekte der Modellkompetenz abgedeckt werden. Die Fokussierung auf einzelne Teilkompetenzen vor dem Hintergrund einer kumulativen Kompetenzentwicklung ist aufgrund der Komplexität der Modellkompetenz zielführender.

IX. Kontextualisierung: Da Modelle in der Regel recht abstrakt und daher herausfordernd v. a. für jüngere Schüler*innen sind, ist es hilfreich, wenn Modelle mit konkreten Raumbeispielen oder Lebenswelten etc. kontextualisiert werden (z. B. lebendiges Diagramm).

(Fortsetzung)

Tab. 17.2 (Fortsetzung)

	V. Modellbeurteilung und -testung (Modellkritik): Modelle sollten stets einer Prüfung unterzogen und nicht unhinterfragt positivistisch gelehrt werden. Aspekte: (1.) Entsprechung: Entspricht das Modell in seinen wesentlichen Eigenschaften dem Original? (2.) Einfachheit: Ist das Modell angemessen vereinfacht und anschaulich? (3.) Fruchtbarkeit: Ist das Modell so exakt, dass es gemäß seinem Zweck Beschreibungen, Erklärungen und Vorhersagen in Bezug auf das Original ermöglicht und Denkanstöße gibt?		*X. Metareflexion über Modelle:* Neben impliziten Strategien ist es zu empfehlen, über das Wesen von geographischen Modellen explizit zu reflektieren. Über die mediale Perspektive (z. B. Voraussetzungen, Konstruktcharakter, Vereinfachung und Idealisierung, Verhältnis von Theorie und Modell, Repräsentation von Regelhaftigkeiten) hinaus sollte der Fokus auf dem instrumentellen Charakter liegen (z. B. Modellbildungsprozess, Transfercharakter, Prognose etc.).

Weiterführende Leseempfehlung

Bette, J., Mehren, M., & Mehren, R. (2019). Modellkompetenz im Geographieunterricht: Modelle als Schlüssel zum Weltverstehen. *Praxis Geographie, 49*(3), S. 4–9.

Bezug zu weiteren fachdidaktischen Ansätzen

Metakognitives Lernen, Modellkompetenz (physisch)/geographische Modellierkompetenz, sozioökonomische Bildung

---

17.3 Unterrichtsbaustein: Auf- und Abschwung von Wirtschaftsräumen aufgrund von Innovation

Befunde zur Modellkompetenz von Schüler*innen ($N = 1177$, Biologie) der Klassen 7 bis 10 (Grünkorn et al., 2014) zeigen, dass sie Defizite im Verständnis von Modellen als Werkzeuge der Erkenntnisgewinnung, v. a. bezüglich des Testens und Änderns haben. Dies korrespondiert mit Ergebnissen einer Lehrerbefragung ($N = 200$) zum Modelleinsatz im Geographieunterricht der Oberstufe, die aufzeigen, dass Modelle nur selten induktiv entwickelt werden, der Modellierungskreislauf nur in Teilschritten durchlaufen wird und dass die kognitive Aktivierung keine herausragende Stellung hat. Defizite betreffen insbesondere das inhaltliche Ändern von Modellen aufgrund von neuen Erkenntnissen (Bette, 2021: 175 ff.)

Die Befunde stehen im Kontrast zur zentralen Bedeutung, die dem Testen und Ändern für die Entwicklung eines elaborierten Modell- und Wissenschaftsverständnisses zukommt. So wird argumentiert, dass beim Testen und Ändern (sowie der Reflexion hierüber) auch weitere Modellaspekte berücksichtigt werden müssen, zum Beispiel der Modellzweck oder alternative Modelle (Krell et al., 2016: 94 f.).

Um dieses ungenutzte Potenzial fruchtbar zu machen, wird hier Modellkompetenz im Bereich des Testens und Änderns gefördert (Abb. 17.4, Strategie VI). Das Modell der langen Wellen wird dabei genutzt, um den wirtschaftsräumlichen Wandel in den USA zu erfassen und auf Basis des Fallbeispiels seine Grenzen zu erarbeiten, wobei es getestet und geändert wird. Die Einheit ist damit in der Oberstufe verortet und umfasst zwei bis drei Unterrichtsstunden. Vorwissen im Bereich des wirtschaftsräumlichen Wandels (Strukturwandel) und der Bedeutung von Innovationen sowie im grundlegenden Umgang mit Modellen ist hilfreich. Das zugehörige Unterrichtsmaterial (M1 – M6 inkl. Aufgaben) ist im digitalen Materialanhang hinterlegt.

Einstieg Der Einstieg kann in einfacher Form anhand der Fotos aus Abb. 17.1 im Rahmen eines Unterrichtsgesprächs zum Aufstieg und Fall der Schwerindustrie im Manufacturing Belt sowie zum Boom des Silicon Valley erfolgen. Dabei sollten die Schüler*innen erstens erfassen, dass einzelne Wirtschaftsräume eine Auf- und eine Abschwungphase (*Boom and Bust*) erleben. Zweitens stellt sich die Frage nach der Zukunft aktueller Wachstumsregionen. Drittens erfassen sie, dass die spezifischen Gründe für den Boom und den Abstieg nicht direkt übertragbar sind, wobei ihnen die Grenzen eines idiographischen, auf den Einzelfall ausgerichteten Erklärungsansatzes deutlich werden. Die Notwendigkeit zur Abstraktion in Form eines Modells kann anschließend hergleitet und die Leitfrage festgehalten werden: *Wie lassen sich das Wachstum und der Niedergang von Wirtschaftsräumen unter Berücksichtigung von Innovationen modellhaft erklären?*

Um diese Phase schülerorientierter zu gestalten, können typische Produkte, die an diesen Standorten produziert und entwickelt wurden, thematisiert werden (z. B. Eisenbahn, Dampfschiffe bzw. Smartphones, Software etc.).

Abb. 17.1 Aufgegebenes Stahlwerk im Manufacturing Belt – Apple-Hauptquartiers im Silicon Valley. (Quellen: links: bethlehem-steel-blast-furnace-1 I I took way too many pictur... I Flickr CC BY 2.0, by Dan DeLuca; rechts: https://unsplash.com/photos/FouyeA9HH5U by Carles Rabada)

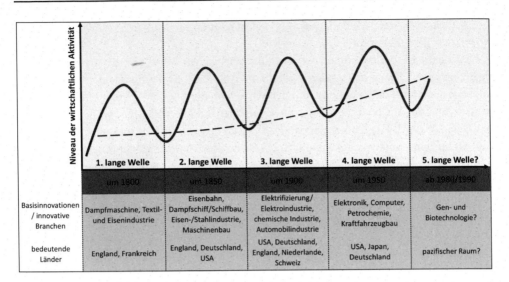

Abb. 17.2 Modell der langen Wellen. (Eigene Darstellung nach Palme & Musil, 2012: 288)

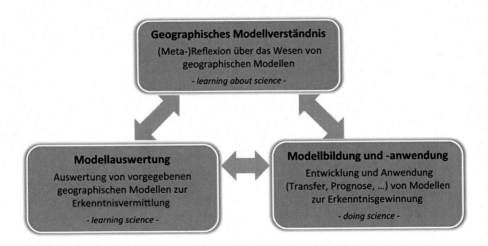

Abb. 17.3 Grunddimensionen der Modellkompetenz (Bette, 2021: 41)

Phase 1 Das Modell der langen Wellen (Abb. 17.2) wird mit einer Abbildung und Text (digitaler Materialanhang M1) deduktiv eingeführt. Die Lernenden erläutern das Modell unter Rückgriff auf die Entwicklung in den USA (Aufgabe 1, M2, M3, Atlas). Online-Lernvideos können als Verständnishilfe dienen. Die USA sind als Raumbeispiel besonders geeignet, da sie an den meisten Phasen partizipierten und auch derzeit wirtschaftlicher Zukunftsraum (Silicon Valley) sind (Palme & Musil, 2012: 286 ff.).

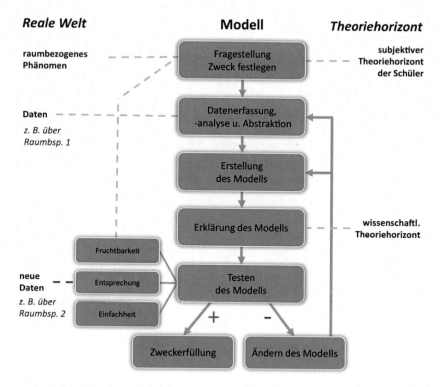

Abb. 17.4 Idealtypischer Ablauf der Modellbildung (Modellierungszyklus) (Bette, 2021: 279, leicht geändert)

Eine Einschränkung auf ein Land ist zudem sinnvoll, um die Unterrichtseinheit inhaltlich nicht zu überfrachten (Strategie I). Durch die Konfrontation mit vorhandenen Abweichungen zum Modell werden die Schüler*innen kognitiv aktiviert (Strategie III). Die Lösungen werden durch die Schüler*innen vorgestellt und diskutiert. Dabei werden Abweichungen zwischen Modell und Original angesprochen sowie die unzureichende räumliche Ausrichtung und Aktualität des Modells.

Phase 2 Anschließend entwickeln die Schüler*innen das Modell anhand einer Vorlage weiter (Abb. 17.5, Aufgaben 2 und 3, M4). Dies betrifft die räumliche Perspektive in Hinblick auf die in jeder Welle relevanten US-Wirtschaftsregionen und die Ergänzung um notwendige Ressourcen in den einzelnen Phasen sowie eine Erweiterung des Modells um eine fünfte Welle, die durch Biotechnologie und Halbleiterindustrie vorangetrieben wird. In der Präsentation werden die Modelle vorgestellt und verglichen (Strategie VIII) sowie wieder mit dem Fallbeispiel in Bezug gesetzt. Unterschiede können als Ansatzpunkt für eine Modellreflexion in Hinblick auf alternative Modelle genutzt werden.

Beitrag zum fachlichen Lernen

Durch das Vorgehen kann der fachliche Gegenstand des wirtschaftsräumlichen Wandels durch Innovation losgelöst vom Fallbeispiel erschlossen werden, was Hand in Hand mit der Förderung der Modellkompetenz geht. Dabei wird deutlich, dass dieser Wandel durch allgemeine Regelhaftigkeiten beschreibbar und auch übertragbar ist, jedoch bei jedem Transfer die Individualität des Raumes zu berücksichtigen ist. Zudem wird deutlich, dass wissenschaftliche Regelhaftigkeiten auf Basis empirischer Erkenntnisse und theoretischer Überlegungen modifizier- und erweiterbar sind, wodurch ein Beitrag zum allgemeinen Wissenschaftsverständnis geleistet wird.

Kompetenzorientierung

- **Erkenntnisgewinnung/Methoden:** S6 „geographisch relevante Informationen aus analogen, digitalen und hybriden Informationsquellen sowie aus eigener Informationsgewinnung strukturieren und bedeutsame Einsichten herausarbeiten" (DGfG 2020: 21); S9 „selbstständig einfache geographische Fragen stellen und dazu Hypothesen formulieren" (ebd.); S10 „einfache Möglichkeiten der Überprüfung von Hypothesen beschreiben und anwenden" (ebd.); S11 „den Weg der Erkenntnisgewinnung in einfacher Form beschreiben" (ebd.)

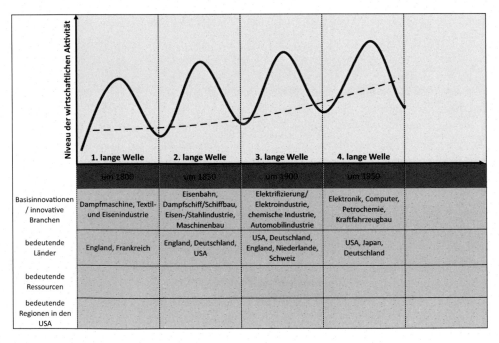

Abb. 17.5 Vorlage des zu überarbeitenden Modells der langen Wellen. (Eigene Darstellung nach Palme & Musil, 2012: 288, ergänzt)

- **Beurteilung/Bewertung:** S3 „aus klassischen und modernen Informationsquellen […] sowie aus eigener Geländearbeit gewonnene Informationen hinsichtlich ihres generellen Erklärungswertes und ihrer Bedeutung für die Fragestellung beurteilen" (ebd.: 24)

Modellkompetenz ist in fast allen Lehrplänen enthalten (Schwerpunkt: Sekundarstufe II). Dabei wird oft auf die mediale Perspektive (*learning science*; DGfG 2020: Erkenntnisgewinnung/Methoden M3, S6) fokussiert. Einen hohen Stellenwert erfährt indes ein allgemeiner kritisch-reflexiver Umgang mit Modellen (*learning about science*; DGfG 2020: Beurteilung/Bewertung, B2, S3; Bette, 2021: 41 ff.). Im Kernlehrplan für die Oberstufe in NRW (MSW NRW, 2014) wird bspw. festgehalten, dass die Schüler*innen „[…] komplexen Modellen allgemein-geographische Kernaussagen [entnehmen] und […] diese anhand konkreter Raumbeispiele [überprüfen]". Zudem wird verlangt, dass die Schüler*innen „[…] die Aussagekraft […] von Modellen zur Beantwortung von Fragen [bewerten] und ihre Relevanz für die Erschließung der räumlichen Strukturen und Prozesse [prüfen]". Die modellbasierte Analyse des Wandels von Wirtschaftsräumen bildet in allen Lehrplänen einen Schwerpunkt geographischer Arbeit. Für die Entwicklung einer adäquaten Modellkompetenz ist jedoch vor allem die Erkenntnisgewinnung mit Modellen (*doing science*) von immanenter Bedeutung.

Im Unterrichtsbaustein wird dieser Gedanke aufgegriffen: Im Anschluss an die Nationalen Bildungsstandards (DGfG 2020, Standard M4) gewinnen die Schüler*innen mit den methodischen Schritten der Modellierung (*doing science*) reflektiert neue Erkenntnisse, indem sie selbstständig geographische Fragen formulieren, ein Modell als Hypothese anwenden und dies überarbeiten, wobei sie über den Weg der geographischen Erkenntnisgewinnung durch das Modellieren reflektieren.

Klassenstufe und Differenzierung

Das Unterrichtsvorhaben wird in der Oberstufe durchgeführt. Da die Wissenschaftspropädeutik dort eine Leitlinie ist, erscheinen entsprechende Differenzierungsangebote in diesem Kontext sinnvoll.

So kann eine ergänzende Aufgabe zur Recherche über einen 5. bzw. 6. Zyklus eine inhaltliche Vertiefung zu Phase 2 darstellen. Als empfohlenes Differenzierungsangebot werden die Eigenschaften von Modellen (M5) und das Modell der langen Wellen in Beziehung gesetzt (Strategie X). Mögliche Kritikpunkte können die Ausblendung politischer und gesellschaftlicher Faktoren bzw. der starke technologische Determinismus, die empirische Fundierung, die Identifikation entsprechender Regionen, die Problematik der Prognose sowie die zu starke Idealisierung der Zyklen sein. Diese Phase kann erweitert werden, indem mediale und instrumentelle Eigenschaften theoretischer Raummodelle (M6) mit Zahlen mit dem Modell in Bezug gesetzt werden, wodurch sich Gesprächsanlässe ergeben. Alternativ kann das Raumbeispiel Silicon Valley in den Blick genommen werden, das sich – im Gegensatz zu vielen Regionen – durch fortwährende

Innovationen und damit einhergehendes Wachstum sowie starke staatliche Förderung sowie Risikokapital auszeichnet. Dadurch werden Nutzen, aber auch Grenzen erkannt.

Räumlicher Bezug
Silicon Valley, Kalifornien, USA

Konzeptorientierung
Deutschland: Systemkomponente (Prozess), Maßstabsebenen (lokal, regional, national, international, global), Zeithorizonte (kurzfristig, mittelfristig, langfristig)
Österreich: Regionalisierung und Zonierung, Diversität und Disparität, Maßstäblichkeit, Arbeit, Produktion und Konsum
Schweiz: Mensch-Umwelt-Beziehungen analysieren (3.2)

17.4   Transfer

Ein Transfer des Unterrichtsvorhabens auf andere bedeutende Wirtschaftsräume (z. B. Deutschland) ist möglich, wenn die US-spezifischen Ausführungen entsprechend ausgetauscht werden. Das Unterrichtsvorhaben an sich basiert in seiner Grundstruktur auf einem Unterrichtsmodell von Mehren und Mehren (2019) zum Modell des Produktlebenszyklus und zeigt damit deutlich die Übertragbarkeit der Ideen auf andere wirtschaftsgeographische Verlaufsmodelle und Themen auf.

Der übergeordnete Modellansatz ist auf fast alle geographischen Themenfelder (u. a. Klima-, Stadtgeographie, Geographische Entwicklungsforschung) übertragbar. Entsprechende unterrichtspraktische Zeitschriften zeigen die Bandbreite der Einsatzfelder auf (z. B. *Praxis Geographie* 4/2019 und 12/2013). Die Idee, übertragbare allgemeingeographische Erkenntnisse zu gewinnen und zu testen – ob nun auf Basis eines induktiven Vorgehens der Modellbildung oder des deduktiven Auswertens vorgegebener Modelle –, ist dabei zentral. Beim Transfer ist jedoch die Individualität des jeweiligen Raumes zu berücksichtigen. Die aufgeführten Strategien (Tab. 17.2) bilden eine operationalisierte und transferfähige Umsetzung des Modellansatzes.

Verweise auf andere Kapitel
- Fögele, J. & Mehren, R.: *Basiskonzepte. Stadtentwicklung – Transformation von Städten.* Band 2, Kap. 4.
- Fridrich, C.: *Sozioökonomische Bildung. Standortansprüche – Nachhaltiges Wirtschaften.* Band 2, Kap. 22.
- Kanwischer, D.: *Reflexion. Informationssektor – Geographien der Information.* Band 2, Kap. 26.
- Pettig, F.: *Digitalisierung. Dienstleistungssektor – Plattformökonomie.* Band 2, Kap. 25.

Literatur

Bette, J. (2021). *Modelle im Geographieunterricht der gymnasialen Oberstufe. Eine quantitative Befragung von Lehrkräften zum Einsatz theoretischer Raummodelle.* BoD.

Bette, J., Mehren, M., & Mehren, R. (2019). Modellkompetenz im Geographieunterricht: Modelle als Schlüssel zum Weltverstehen. *Praxis Geographie, 49*(3), 4–9.

Birkenhauer, J. (1997). Modelle im Geographieunterricht. *Praxis Geographie, 27*(1), 4–8.

Giere, R. N. (2010). An agent-based conception of models and scientific representation. *Synthese, 172*(2), 269–281. https://doi.org/10.1007/s11229-009-9506-z.

Glückler, J. (2020). Wirtschaftsgeographie. In H. Gebhard, R. Glaser, U. Radtke, P. Reuber, & A. Vött (Hrsg.), *Geographie. Physische Geographie und Humangeographie* (3. Aufl., S. 779–818). Springer.

Grünkorn, J., zu Belzen, A. U., & Krüger, D. (2014). Assessing students' understandings of biological models and their use in science to evaluate a theoretical framework. *International Journal of Science Education, 36*(10), 1651–1684. https://doi.org/10.1080/09500693.2013.873155.

Krell, M., Upmeier zu Belzen, A., & Krüger, D. (2016). Modellkompetenz im Biologieunterricht. In A. Sandmann & P. Schmiemann (Hrsg.), *Biologiedidaktische Forschung* (S. 83–102). Logos.

Kulke, E. (2017). *Wirtschaftsgeographie* (6. Aufl.). Schöningh.

Mehren, M., & Mehren, R. (2019). Das Modell des Produktlebenszyklus kritisch hinterfragen: Testen und Ändern von Modellen. *Praxis Geographie, 49*(3), 38–42.

Ministerium für Schule und Weiterbildung [MSW NRW] (Hrsg.) (2014). *Kernlehrplan für die Sekundarstufe II Gymnasium/Gesamtschule in Nordrhein–Westfalen. Geographie.* Ritterbach.

Palme, G., & Musil, R. (2012). *Wirtschaftsgeographie.* Westermann.

Upmeier zu Belzen, A., & Krüger, D. (2010). Modellkompetenz im Biologieunterricht. *Zeitschrift für Didaktik der Naturwissenschaften, 16*, 41–57.

Wiktorin, D. (2013). Graphische Modelle im Geographieunterricht. Handlungsorientierter Einsatz von und kritischer Umgang mit Modellen. *Praxis Geographie, 43*(12), 4–7.

Kritisches Denken

18

Reflexion von Länderklassifikationen

Andreas Eberth und Karl Walter Hoffmann

▶ **Teaser** Nach einem Überblick über verschiedene Länderklassifikationen werden Grundlagen kritischen Denkens vorgestellt. Dabei werden Aspekte der Länderklassifikationen aufgegriffen und kritisch befragt. Darauf Bezug nehmend wird ein siebenphasiger Unterrichtsbaustein vorgeschlagen. In einem kreativen Prozess erarbeiten die Schüler*innen mögliche Alternativen zur sprachsensiblen Kommunikation über globale Disparitäten. Statements von Menschen aus Afrika, Asien und Südamerika tragen sodann zu einem Perspektivwechsel bei und ermöglichen einen Transfer.

18.1 Fachwissenschaftliche Grundlage: Globale Disparitäten – Länderklassifikationen

Länderklassifikationen gelten als etabliertes Analyseverfahren im Geographieunterricht. Die begründete Einteilung der Staaten der Erde in Entwicklungs-, Schwellen- oder Industrieländer anhand sozioökonomischer Indikatoren wie dem seit 1990 jährlich vom

Ergänzende Information Die elektronische Version dieses Kapitels enthält Zusatzmaterial, auf das über folgenden Link zugegriffen werden kann https://doi.org/10.1007/978-3-662-65720-1_18.

A. Eberth (✉)
Institut für Didaktik der Naturwissenschaften, Didaktik der Geographie, Leibniz Universität Hannover, Hannover, Deutschland
E-Mail: eberth@idn.uni-hannover.de

K. W. Hoffmann
Staatl. Studienseminar für das Lehramt an Gymnasien, Speyer, Deutschland
E-Mail: Karl.Hoffmann@gym-sp.semrlp.de

United Nations Development Programme (UNDP) berechneten Human Development Index (HDI) ist eine häufig gewählte Aufgabenstellung in Klassen- und Abschlussarbeiten und wird bisweilen auch durch die Anwendung einfacher geographischer Informationssysteme geübt. So arbeiten auch Mönter und Lippert (2016: 97) heraus, dass der Begriff „Entwicklungsland" nach wie vor auch in geographischen Unterrichtsmaterialien dominiert. Die derartige Analyse des Entwicklungsstands und entsprechende Einordnung der Länder der Erde bleibt aber „aufgrund der begrenzten Zahl eingesetzter Indikatoren nur eine Hilfsgröße für die tatsächliche Lebenssituation der Bevölkerung" (Kulke 2017: 215; siehe Tab. 18.1).

Neben der Problematik der Aussagekraft des Index sind weitere Schwierigkeiten zu benennen. Auf Ansätze des Post-Development (vgl. Neuburger & Schmitt, 2012) und einer Kritik an eurozentrischen Epistemologien (Mignolo, 2012) und Perspektiven (Dhawan, 2016) reagierend, wird der Entwicklungsbegriff inzwischen, wenn überhaupt, nur noch in Anführungszeichen gesetzt und die Klassifikation anderer Staaten als „Entwicklungsländer" als hegemoniale Praxis westlicher Industrieländer im Sinne einer Erhöhung der eigenen Perspektive und Abwertung der anderen als vermeintlich „unterentwickelt" kritisiert (Korf & Rothfuß, 2016: 164 f.). So werden Differenzlinien konstruiert zwischen einem sich entsprechend überhöhenden dominierenden „Westen" (oder „Globalen Norden") und dem zurückliegenden „Globalen Süden". Nicht zuletzt durch die Sustainable Development Goals wird dies fragwürdig, da im Verständnis dieser und unter Berücksichtigung ökologischer Aspekte gerade die Industrieländer als „Entwicklungsländer" verstanden werden können. Aus postkolonialen Perspektiven bedarf es daher gleichsam einer Dekolonisierung des Geographieunterrichts, sodass auch andere Vorstellungen eines „guten Lebens" oder einer „guten Gesellschaft" jenseits des teleologischen Verständnisses des klassischen Entwicklungsparadigmas diskutiert werden können, insbesondere unter Berücksichtigung von Perspektiven aus dem sog. Globalen Süden (Eberth & Röll, 2021). So gilt es zu verstehen, „dass in einigen indigenen Wissenswelten keine analogen Vorstellungen zum westlichen ‚modernen' Konzept der Entwicklung existiert. Dann gibt es keine Wahrnehmung von einem linearen Lebensprozess, in dem ein vorheriger und ein späterer Zustand – die ‚Unterentwicklung' und später dann die ‚Entwicklung' – bestimmt werden. Die durch Akkumulation von und Mangel an materiellen Gütern bestimmten Konzepte des Reichtums und der Armut gibt es ebenfalls nicht" (Acosta, 2017: 70 f.). Es kommt hinzu, dass auch der Begriff „Industrieländer" im 21. Jahrhundert nicht mehr für die als solche bezeichneten Staaten – vom tertiären und quartären Sektor geprägte Wissensgesellschaften – zutreffend ist (Reckwitz, 2020: 135). Stärker in den Blick genommen werden müssen daher die in den letzten Jahrzehnten zu beobachtende Pluralisierung von Entwicklungspfaden sowie eine macht- und herrschaftskritische Analyse der Gründe für die Persistenz und teilweise Zunahme globaler Ungleichheiten.

Tab. 18.1 Verschiedene Varianten von Länderklassifikationen zur Einteilung von Typen von Ländern nach sozioökonomischen Merkmalen (eigene Darstellung)

Ländergliederung in Zeiten des sog. Kalten Krieges

basierend auf politisch-ökonomischen Ordnungen

Erste Welt = westliche marktwirtschaftliche Industrieländer

Zweite Welt = östliche sozialistische Staatshandelsländer

Dritte Welt = übrige blockfreie Länder, überwiegend Entwicklungsländer

Ländergliederung der Weltbank

basierend auf jährlich aktualisierten Werten des Pro-Kopf-Einkommens

Low Income Countries = Länder mit niedrigem Einkommen

Middle Income Countries = Länder mit mittlerem Einkommen

High Income Countries = Länder mit hohem Einkommen

Ländergliederung der Vereinten Nationen (UNDP)

basierend auf jährlichen aktualisierten Daten des Human Development Index (HDI)

Länder mit niedrigem Entwicklungsstand = HDI unter 0,550

Länder mit mittlerem Entwicklungsstand = HDI zwischen 0,550 und 0,699

Länder mit hohem Entwicklungsstand = HDI zwischen 0,700 und 0,799

Länder mit sehr hohem Entwicklungsstand = HDI ab 0,800

Länder mit besonderen Merkmalen

LDC: Less Developed Countries = Entwicklungsländer

LLDC: Least Developed Countries = geringstentwickelte Länder

Vier Einkommensniveaus nach Rosling (2018)

Stufe 1 = Pro-Kopf-Einkommen < 2,00 USD pro Tag

Stufe 2 = Pro-Kopf-Einkommen > 2,00 USD und < 8,00 USD pro Tag

Stufe 3 = Pro-Kopf-Einkommen > 8,00 USD und < 32,00 USD pro Tag

Stufe 4 = Pro-Kopf-Einkommen > 32,00 USD pro Tag

Ländergliederung nach der Theorie der fragmentierenden Entwicklung

Globaler Norden = „eine mit Vorteilen bedachte, privilegierte Position" (glokal 2012: 4)

Globaler Süden = Länder, „die gemeinhin mit Unterentwicklung assoziiert werden" (Scholz 2017: 11)

Zusammengestellt nach:
- Kulke, E. (2017). *Wirtschaftsgeographie.* (Grundriss Allgemeine Geographie). Paderborn: Schöningh, S. 215
- glokal e. V. (Hrsg.) (2012). *Mit kolonialen Grüßen … Berichte und Erzählungen von Auslands- aufenthalten, rassismuskritisch betrachtet.* Berlin
- Rosling, H. (2018). *Factfulness. Wie wir lernen, die Welt so zu sehen, wie sie wirklich ist.* Berlin: Ullstein
- Scholz, F. (2017). *Länder des Südens. Fragmentierende Entwicklung und Globalisierung.* (Diercke Spezial). Braunschweig: Westermann

Weiterführende Leseempfehlung

Korf, B. & Rothfuß, E. (2016). Nach der Entwicklungsgeographie. In T. Freytag, H. Gebhardt, U. Gerhard & D. Wastl-Walter (Hrsg.), *Humangeographie kompakt* (S. 163–183). Heidelberg: Springer Spektrum.

Problemorientierte Fragestellung

Welche Länderklassifikationen gibt es, inwiefern erweisen sich diese als problematisch und welche alternativen Verfahren zur Kommunikation über globale Disparitäten sind möglich?

18.2 Fachdidaktischer Bezug: Kritisches Denken

Kritisches Denken als didaktisches Prinzip geht auf Ansätze des *critical thinking* im angelsächsischen Bildungssystem zurück und meint „ein sorgfältiges und zielgerichtetes Überlegen. Man könnte es auch ein reflektierendes, rationales und aufgeklärtes Denken nennen" (Pfister, 2020: 7). Die Bedeutung kritischen Denkens liegt darin, dass es „ein zentraler Aspekt von einer selbstständigen und selbstbestimmten Persönlichkeit" (ebd.) ist und eine wichtige Grundlage dafür bildet, „dass wir unsere Bürgerrechte wahrnehmen und unsere Bürgerpflicht in einer Demokratie erfüllen können" (ebd.). Es geht damit die Fähigkeit einher, nach bestimmten Maßstäben, also prüfend und überlegend, urteilen zu können (vgl. ebd.: 13). Die in der Geographiedidaktik etablierten methodischen Verfahren zur Schulung der Argumentationskompetenz und des ethischen Urteilens können daher auch zur Förderung kritischen Denkens angewendet werden. Dabei geht es im Unterricht auch um das Aufspüren verinnerlichter vermeintlicher Selbstverständlichkeiten, also das Aufspüren von Bereichen, „wo wir die Lüge möglicherweise nicht mehr erkennen, weil sie so stark in die Konventionen und Denksysteme eingeschrieben ist" (van Dyk, 2017: 365). Unterricht muss daher reflektiert den denk- und handlungsleitenden Rahmen kontextualisieren und ggf. dekonstruieren – in der Absicht, zu Tatsachen hinzuführen (vgl. ebd.; Gudat, 2020: 34).

> **Infobox 18.1: Statement der Literaturwissenschaftlerin bell hooks zu Critical Thinking**
> „The heartbeat of critical thinking is the longing to know – to understand how life works. Children are organically predisposed to be critical thinkers. […] Sadly, childrens's passion for thinking often ends when they encounter a world that seeks to educate them for conformity and obedience only. Most children are taught early on that thinking is dangerous. Sadly, these children stop enjoying the process of thinking and start fearing the thinking mind. […] Students do not become critical thinkers overnight. First, they must learn to embrace the joy and power of thinking itself. Engaged pedagogy is a teaching strategy that aims to restore students' will to think, and their will to be fully sely-actualized. The central focus of engaged

pedagogy is to enable students to think critically. [...] critical thinking involves first discovering the who, what, when, where, and how of things – finding the answers to those eternal questions of the inquisite child – and then utilizing that knowledge in a manner that enables you to determine what manners most. [...] The most exciting aspect of critical thinking in the classroom is that calls for initiative from everyone, actively inviting all students to think passionately and to share ideas in a passionate, open manner."
Quelle: bell hooks (2010). *Teaching Critical Thinking*. New York: Routledge, S. 7–11.

Konkret in Bezug auf das hier aufgegriffene fachliche Thema bedarf es in diesem Sinne des Etablierens von Impulsen, um *anders* – im Sinne einer weniger abwertenden Semantik – über Länder und Gesellschaften dieser Welt zu kommunizieren. Das Dekolonisieren etablierter Fachtermini und Wissensbestände ist dazu erforderlich. „Der ‚Dekolonialismus' versteht sich als Intervention, als eingreifende Praxis: So wie Länder von Kolonialherren befreit wurden, gilt es Wissenschaften, Denken und Alltagspraxen von Kolonialität zu befreien" (Kastner & Waibel, 2012: 23). Es bedarf daher Bildungsangebote, die dekoloniales Denken als infrage stellendes, zweifelndes, kritisches Denken verstehen (ebd.: 30). Damit verfolgt dekoloniales Denken als Ziel eine Form des Lernens, mit der das koloniale Wissen bzw. Kolonialitäten in Wissensbeständen gleichsam verlernt werden können und „anderes" Wissen zur Veränderung der Welt nicht nur zur Kenntnis genommen, sondern auch anerkannt wird (ebd.: 41). „Verlernen" kann so als aktive kritisch-kollektive Intervention verstanden werden mit dem Ziel, hegemoniale Wissensproduktionen zu hinterfragen und Demokratisierung zu fördern (Castro Varela & Heinemann, 2016). Dabei muss Bildung „Subjekten ermöglichen, Unordentlichkeit und Irritation zu ertragen" (ebd.). Es sollte nicht nur abprüfbares Wissen gelehrt und reproduziert werden. Vielmehr müssen wir neu darüber reflektieren, was (geographische) Bildung tatsächlich bedeutet. Wenn wir z. B. Länderklassifikationen als „fragwürdigen – d. h. der Fragen würdigen" (Dickel, 2011: 20) fachlichen Inhalt bzw. Ansatz verstehen, kann es gelingen, Unterricht „konsequent an Fremdheitserfahrungen des lernenden Subjekts auszurichten" (ebd.). Die Intention gelingenden Unterrichts liegt sodann darin, „das Individuum immer wieder zur Überschreitung seiner räumlichen und zeitlichen Fixierung, seiner bisherigen Gewissheiten in der Einfädelung zum Inhalt, zum Gegenstand [...] zu ermutigen" (ebd.). Zwar ist viel gewonnen, wenn Länderklassifikationen dementsprechend im Geographieunterricht dekonstruiert werden. Allerdings wäre es generell wünschenswert, stereotype Merkmale erst gar nicht zu nennen. Vielmehr wäre die Etablierung eines antikategorialen Ansatzes zur Diskussion über globale Ungleichheiten erforderlich. Damit kann die Analyse bestehender Macht- und Herrschaftsverhältnisse in dekonstruktivistischer Absicht zum methodologischen Ausgangspunkt genommen werden. Binäre Codierungen verwerfend, würde im Rahmen eines solchen Ansatzes „Differenz als Konstrukt gesehen, das es zu analysieren und re-interpretieren gilt" (Krüger-Potratz & Lutz, 2002: 87). Die verschiedenen Ansätze zur Klassifikation von Ländern sind Ausdruck von Herrschaftsverhältnissen, „in denen sich in besonderer Weise die Differenzlinien ‚verschränken' und die aktuell zunehmend stärker hinter der sogenannten Logik des Marktes versteckt sind" (ebd.: 91). Es geht also auch darum, „den Blick auf die Welt zu verändern, die vorherrschenden Wahrnehmungsmuster zu verändern" (Eribon, 2018: 65).

Weiterführende Leseempfehlung
Pfister, J. (2020). *Kritisches Denken*. Stuttgart: Reclam.

Bezug zu weiteren fachdidaktischen Ansätzen
Globales Lernen, postkoloniale Perspektiven, Dekonstruktion, Othering, Argumentation

18.3 Unterrichtsbaustein: Wer teilt wie und warum die Welt ein und sollte dies kritisiert werden?

Wie Burkhard (2020: 73) erläutert, zeigen Metastudien, dass kritisches Denken dann am erfolgreichsten geschult werden kann, wenn es sowohl explizit unterrichtet als auch an konkreten fachlichen Inhalten angewendet wird. Kritisch denken lernen schließt demnach (inhaltsbasierte) kognitive Fähigkeiten und eine (sich aufbauende) kritische Grundhaltung mit ein. Aufseiten der Lernenden geht es vor allem darum, konturiert zu denken, komplexe Fragen zu stellen und dann selbstreflexiv zu bearbeiten, um eigene unbewusste Vorannahmen zu erkennen und diese in die Auseinandersetzung mit dem komplexen Gegenstand „Länderklassifikationen mittels kritischen Denkens reflektieren" miteinbeziehen zu können. Es geht um die „Kunst der Beurteilung, das Auseinanderhalten von Annahmen und Tatsachen oder das Infragestellen von Argumenten und Interpretationen von Sachverhalten" (Jahn, 2013: 2).

Die Konzeption der hier vorgestellten Unterrichtsbausteine ist daran orientiert. Zugrunde gelegt wird ein möglicher Unterrichtsablauf, der einer siebenphasigen Lernlinie folgt. Entlang dieser mehrphasigen Lernaufgabe soll ein Aneignungsprozess aufseiten der Lernenden zur Anbahnung und Förderung kritischen Denkens angeboten und illustriert werden. Mehrphasige Lernaufgaben stehen für Unterrichtsreihen und sind für die geplanten Lernprozesse zentral, da sie diese fachlich und persönlich steuern. Fachliches und persönliches Lernen bilden immer eine Einheit. Tab. 18.2 zeigt die siebenphasige Lerneinheit im Überblick und verbindet die jeweiligen Funktionen der Phasen mit dem Unterrichtsgeschehen, dem Lehr-Lern-Prozess, den Aufgaben bzw. den Arbeitsaufträgen. Die im Folgenden genannten Materialien sind im digitalen Materialanhang als Kopiervorlagen zu finden.

Phase 1: Lebensweltbezug
Der Beginn der Unterrichtssequenz adressiert die Lernenden unmittelbar, indem sie zunächst ohne Materialbezug Kriterien nennen sollen, mittels derer der Entwicklungs-

Tab. 18.2 Die sieben Phasen der Lernaufgabe im Überblick (angepasst nach Hoffmann, 2021: 8)

Phase	Funktion	Lehr-Lernprozess/Aufgaben
1 Lebensweltbezug	Ankommen im Lernkontext, Entdecken einer lohnenden Fragestellung	*Im Fokus:* *Lernprozessanregung, Kontextorientierung* *Beispiele:* *„Kenya donates aid to third world Germany."* *„Ich bin unterentwickelt worden, als ich 13 Jahre alt war [...]. Wir waren es nicht."*
2 Problemfindung	Problem geographisch befragen und Entwicklung von Vorstellungen und Strategien	*Im Fokus:* *Basiskonzepte, Strategien* *Beispiele:* *Fragen, die den vier Raumkonzepten, den Zeithorizonten und Maßstabsebenen entspringen*
3 Erarbeitung	Reaktivierung des Vorwissens, Auswertung neuer Wissenseinheiten, schrittweise Gestaltung des Lernproduktes	*Im Fokus:* *Analyse, Gestaltung, ...* *Beispiele:* *Fachliche Grundlagen zu Länderklassifikationen, Indikatoren, HDI, „Entwicklungsland", ...*
4 Lernprodukt	Präsentation, Auswertung und Diskussion der Lernprodukte	*Im Fokus:* *Diskursivität, Vergleich, ...* *Beispiele:* *„Gestaltung einer kritischen Stellungnahme in vier Schritten"*
5 Lernzuwachs	Bewusstmachung des fachlich Neuen, Darstellung des Lernzugewinns	*Im Fokus:* *Visualisierung, Rückmeldung, ...* *Beispiele:* *Rückgriff auf Fragen aus Phase 2 und Visualisierung des individuellen Lernfortschritts*
6 Metareflexion	Selbstüberprüfung und Verankerung im Wissensnetz	*Im Fokus:* *Metareflexion („Rückspiegel"), Lernstrategien, ...* *Beispiele:* *„Mit einem Reflexionswerkzeug das eigene Lernen auswerten"*
7 Transfer	Anwendung auf andere Problemfragen, Nutzen für das eigene Leben	*Im Fokus:* *Selbstreflexion („Außenspiegel"), Zukunftsorientierung, ...* *Beispiele:* *„Integration weiterführender Perspektiven aus dem sog. Globalen Süden und kritisches Befragen eigener Denk- und Sprechweisen"*

stand eines Landes beschrieben werden könnte. Ausgehend von zwei Zitaten (Arbeitsblatt 1, siehe digitaler Materialanhang) erfolgt eine aufgabengeleitete kritischere
Reflexion des Verständnisses von „Entwicklung". Abschließend formulieren die
Lernenden selbst eine Problemfrage als übergeordnete Orientierung der Unterrichtssequenz.

Phase 2: Problemfindung

In dieser Phase stehen eher das fachliche Lernen und das Fragenstellen im Zentrum. So
können Schüler*innen die in Phase 1 entdeckten Problemlagen geographisch bspw. mithilfe der vier Raumkonzepte befragen (vgl. Hoffmann, 2021: 11).

- Realraum (Container): Lage? Welche sozioökonomische Situation kennzeichnet
  Kenia und Deutschland? …
- Beziehungsraum (System): Welche Zentralität besitzen die Länder? Welche
  regionalen und globalen Zusammenhänge sind bedeutsam? …
- Wahrgenommener Raum: Wie wird der Raum (das Ereignis) von Gustava Esteva
  wahrgenommen? Welche Menschen kommen zu Wort? …
- Konstruierter Raum: Wer verfasst oder gestaltet Dokumente über diesen Raum bzw.
  dieses Ereignis? Wie wird darüber kommuniziert? …

Ergänzend zum erweiterten Raumverständnis kann der folgende Impuls für
Schüler*innen ebenfalls hilfreich sein: *Achtet auch auf die Zeithorizonte und die
Maßstabsebenen!*
Zeit: kurzfristig, mittelfristig, langfristig (Was war früher? Was wird/soll in zehn Jahren
sein?)
Maßstab: lokal, regional, national, international, global

Phase 3: Erarbeitung

In dieser Phase geht es primär um die Reaktivierung des Vorwissens, Auswertung neuer
Wissenseinheiten und die schrittweise Gestaltung verschiedener Lernprodukte. Mithilfe
des Arbeitsblattes 2 (siehe digitaler Materialanhang) können die fachlich-sachlichen
Grundlagen erarbeitet werden. Dabei werden insbesondere das Entwicklungsverständnis und eine Unterteilung von Ländern bzw. Gesellschaften in „entwickelt" und „unterentwickelt" kritisch reflektiert (siehe Infobox 18.2). Sodann nehmen die Lernenden
mithilfe eines Orientierungsdiagramms (M 2d im digitalen Materialanhang) Stellung
zur Aussage „Deutschland ist ein Entwicklungsland". Eine Hilfestellung kann dabei
eine Orientierung an den Sustainable Development Goals (SDGs) bieten. Im Grund-
gedanken dieser Nachhaltigkeitsziele wird deutlich, dass durch die Bezugnahme auf
andere Kriterien als rein ökonomische das Entwicklungsverständnis der Staaten des
sog. Globalen Nordens hinterfragt werden muss. Werden also Aspekte wie die Emission
von Treibhausgasen in den Blick genommen, kann Deutschland nicht als vorbildlich
entwickeltes Land gelten, sondern es wird ein Entwicklungsbedarf im Sinne der Notwendigkeit einer sozialökologischen Transformation deutlich, z. B. bezüglich des sog.

klimaneutralen Umbaus der Industrie oder suffizienzorientierter Alltagspraktiken. Mittels des Arbeitsblatts 3 (siehe digitaler Materialanhang) können die Aspekte in Phase 3 weiter vertieft werden. Eine entsprechende Steigerung der Komplexität ist insbesondere in Sekundarstufe II zu empfehlen.

Infobox 18.2: Erläuterung der Begriffe „Entwicklung" und „Entwicklungsländer"
„[Die] Begriffe ‚Entwicklung' und ‚Entwicklungsländer' werden meist nur noch in Anführungszeichen gesetzt […]. Damit wird zum Ausdruck gebracht, dass diese Begriffe […] eine problematische Geschichte besitzen – sie sind Teil eines mittlerweile kritisch hinterfragten Denkmusters geworden. Es ist politisch unkorrekt, von ‚Entwicklungsländern' zu sprechen, denn damit wird eine Art Hierarchisierung zwischen schon entwickelten und noch zu entwickelnden Ländern und Gesellschaften hergestellt. […] Es ist […] problematisch, mit dem Begriff ‚Entwicklungsländer' eine Art Sammelbegriff für so unterschiedliche Gesellschaften oder Länder wie etwa Somalia, Brasilien und Indien zu verwenden. Diese Gesellschaften durchlaufen eine Vielzahl unterschiedlicher Entwicklungspfade. […] Außerdem ist es fragwürdig, […] den Westen als Maßstab für die Beurteilung und Einteilung in fortgeschrittene und rückständige Gesellschaften [anzusehen]. […] Damit wird das Entwicklungsmodell des Westens jedoch unhinterfragt akzeptiert."
Quelle: Korf, B./Rothfuß, E. (2016): Nach der Entwicklungsgeographie. In: Freytag, T. et al. (Hrsg.): Humangeographie kompakt. Heidelberg, S. 163–183 (S. 164 f.)

Phase 4: Lernprodukt
In dieser Phase geht es (allgemeindidaktisch gesprochen) um die Präsentation, Auswertung und Diskussion der Ergebnisse der Schüler*innen; d. h., sie stellen ihre Ergebnisse und Erkenntnisse aus Phase 3 vor. Lernprodukte haben eine doppelte Funktion. Zum einen bringen sie die Schüler*innen in einen reflektierten (sprach-)handelnden Umgang mit altem und neuem Wissen und Werten, zum anderen sind sie diskursiv verhandelbar. Wichtig ist, dass die Schüler*innen nachvollziehbare Kriterien zur Gestaltung ihrer Lernprodukte erhalten.

Phase 5: Lernzuwachs
Der Erkenntnis- und Lernzuwachs, der Verstehenshorizont und der Kompetenzerwerb sind oft noch in der Schwebe. Von zentraler Bedeutung ist die Bewusstmachung des fachlich Neuen. Es geht darum, den Lernzuwachs zu versprachlichen und gegebenenfalls zu visualisieren. Mögliche unterrichtliche Umsetzungen stellen das Aufgreifen und Beantworten der gesammelten
Fragen vor allem aus den Phasen 1 und 2 im Plenum dar. Die Reflexion und Festhalten des individuellen Lernfortschritts sollten in Einzelarbeit geschehen.

Phase 6: Metareflexion

Die Förderung von kritischem Denken ist oft eng mit der Entwicklung von reflexiven und metakognitiven Kompetenzen verbunden, da sich beide gegenseitig ergänzen und beleben können. In dieser Phase schauen die Schüler*innen daher in den „Rückspiegel" des Unterrichts und reflektieren dabei ihr eigenes Denken und bisheriges Handeln. Das eigene Lernen wird zum Thema gemacht. Nach der inhaltlichen Besprechung sollen sich die Lernenden bewusst machen, wie sie beim Lösen einer Aufgabe vorgegangen sind, welche Denkstrategien sie eingesetzt haben und wie eine optimale Lösungsstrategie aussehen könnte. Metakognitives Wissen ist dabei Voraussetzung, denn es umfasst Wissen um die Nutzung von Lernstrategien. Das eigene Lernen kann entlang von Lösungs- und Vertiefungsstrategien, Problemlösungsstrategien, Argumentationsstrategien und Konfliktlösungsstrategien aufrechterhalten werden (vgl. dazu das Reflexionswerkzeug zur Auswertung verschiedener Strategien in Hoffmann, 2021: 12). In dieser Phase wird nicht nur das „Was" (Ergebnisse), sondern auch das „Wie" (Vorgehensweisen) besprochen. Dabei werden verschiedene Lösungswege verglichen, um gemeinsam gute Denkstrategien oder fachmethodische Strategien zu entwickeln und ein Bewusstsein für das metakognitive Denken-Lernen anzubahnen und zu fördern. Im Rahmen der metakognitiven Reflexion können sich die Schüler*innen darüber bewusst werden, welche geographischen Fragen, Denkstrategien und Basiskonzepte sie eingesetzt haben.

Phase 7: Transfer

Die Förderung von kritischem Denken ist oft auch eng mit der Entwicklung von kommunikativen und ethisch urteilenden Kompetenzen verbunden, da sich beide gegenseitig befördern und verstärken können. Die Hauptherausforderung ist der erfolgreiche Transfer der Fähigkeiten zum kritischen Denken auf Kontexte jenseits dessen, in dem sie gelernt wurden. In Phase 7 blicken die Schüler*innen in den „Außenspiegel". Entlang folgender Fragen lassen sich Transferleistungen anbahnen und der Nutzen für das eigene Leben verdeutlichen: Wie können wir die neu gewonnenen Erkenntnisse und Gesetzmäßigkeiten auf konkrete weitere Fallbeispiele anwenden? Können wir ähnliche Phänomene in anderen Regionen erwarten? Wo kann man diese Kenntnisse und Fähigkeiten im eigenen Alltag gebrauchen? Diese Fragen lenken den Blick auf die sog. Weltbildstruktur (Hattie 2009) und auf die großen Bildungsziele des Faches Geographie. Nach einer Lerneinheit kann sich der Blick der Schüler*innen auf ihr eigenes und zukünftiges Alltagshandeln und ihre Beziehung zur Welt verändert haben.

Und vor allem: Wie lässt sich konstruktiv-kritisch über globale Disparitäten und Länderklassifikationen kommunizieren? Worin besteht der Mehrwert einer solchen Haltung für mich (und die Gesellschaft)?

Die Transferphase verdeutlicht neben der Übertragbarkeit geographischer Gesetzmäßigkeiten und Denkweisen auch den Gehalt und Nutzen geographischer Bildung und Themen im Kontext einer künftigen globalen Entwicklungszusammenarbeit. Eine mögliche unterrichtliche Umsetzung lässt sich mit einer Perspektivenerweiterung erreichen, indem Sichtweisen von Menschen aus dem sog. Globalen Süden integriert werden (siehe Arbeitsblatt 4 im digitalen Materialanhang).

Eine weitere unterrichtliche Umsetzung lässt sich mithilfe eines kritisch-konstruktiven Kommunizierens erreichen, indem ganz bewusst Aspekte wie Sprach-sensibilität, Kriterien, Stereotype und Modellvorstellungen lernwirksam berücksichtigt werden (siehe Arbeitsblatt 5 im digitalen Materialanhang).

Beitrag zum fachlichen Lernen
Der Unterrichtsbaustein setzt an der Praxis des Klassifizierens von Ländern nach bestimmten Kriterien an. Dabei werden die in Tab. 18.1 im Überblick dargestellten verschiedenen Länderklassifikationen nicht dezidiert als Teil der Erarbeitung auf-gegriffen, sondern ihre Kenntnis wird vorausgesetzt. Der Fokus liegt vielmehr auf der kritischen Reflexion der inhaltlichen sowie sprachlichen Problematik, die mit Länder-klassifikationen einhergeht. In sieben Schritten werden Impulse und Arbeitsanregungen vorgeschlagen, die dazu beitragen sollen, dass eine kritische Haltung seitens der Lernenden aufgebaut wird und Alternativen erarbeitet werden für eine wertschätzendere Kommunikation über globale Disparitäten.

Kompetenzorientierung
- **Erkenntnisgewinnung/Methoden:** S6 können Informationsträger unterschiedlicher Darstellungsform zielgerichtet zur Beantwortung geographischer Fragen analysieren, interpretieren und in ihrer Aussagekraft reflektieren
- **Kommunikation:** S3 verfügen über eine ausgeprägte Diskursfähigkeit, können andere Perspektiven argumentativ und kritisch-reflexiv einnehmen und partizipieren an kommunikativen Aushandlungsprozessen; S5 diskutieren fachlich fundiert kontroverse Standpunkte unter Berücksichtigung der Mehrperspektivität ver-schiedener Argumentationsebenen; S6 reflektieren Kommunikation und Kooperation ausgehend von Selbst- und Fremdwahrnehmung
- **Beurteilung/Bewertung:** S5 reflektieren ihre eigene Haltung (Fühlen, Denken, Handeln) und daraus resultierende Handlungsoptionen in komplexen Zusammen-hängen; S5 reflektieren in komplexen Fragestellungen ihren eigenen Standpunkt (emotional, rational, handelnd) und entwickeln eine eigene Haltung angesichts der Zumutungen einer komplexen, oft widersprüchlichen Wirklichkeit mit Blick auf eine kreativ zu gestaltende Zukunft; S6 „zu ausgewählten geographischen Aussagen hin-sichtlich ihrer gesellschaftlichen Bedeutung [...] kritisch Stellung nehmen" (DGfG 2020: 25)
- **Handlung:** S7 „sind bereit, andere Personen fachlich fundiert über relevante Hand-lungsfelder zu informieren [...]" (ebd.: 27 f.); S10, S11 wägen Handlungsalternativen nach ethischen Maßstäben und möglichen Konsequenzen ab, treffen eine (neu) begründete Entscheidung und sind bereit, gesellschaftlich verantwortlich zu handeln

Klassenstufe und Differenzierung

Der Unterrichtsbaustein kann ab Klassenstufe 9 eingesetzt werden. In vielen Lehrplänen und Kerncurricula sind in den Klassenstufen 9 und 10 Themen wie globale Disparitäten, „Entwicklungsländer", „Afrika" usw. vorgesehen. In diese Zusammenhänge kann der Unterrichtsbaustein kontextualisiert werden. Auch im Unterricht der Sekundarstufe II kann der Unterrichtsbaustein sinnstiftend eingesetzt werden. Dann sollten unbedingt die vertiefenden Arbeitsblätter 6 und 8 bearbeitet werden. Zudem sollte der Phase Metareflexion eine noch stärkere Beachtung gewidmet werden als in Sekundarstufe I.

Räumlicher Bezug

Nationale und globale Perspektiven, Kenia, „Entwicklungsländer"

Konzeptorientierung

Deutschland: Maßstabsebenen (lokal, regional, national, international, global), Raumkonzepte (Raum als Container, Beziehungsraum, wahrgenommener Raum, konstruierter Raum)

Österreich: Raumkonstruktion und Raumkonzepte, Regionalisierung und Zonierung, Diversität und Disparität, Wahrnehmung und Darstellung, Interessen, Konflikte und Macht

Schweiz: Lebensweisen und Lebensräume charakterisieren (2.2c, 2.2d)

18.4 Transfer

Kritisches Denken als fachdidaktischer Ansatz kann im Rahmen zahlreicher geographischer Themenfelder angewendet werden, wie z. B. Konsumverhalten, Aspekte nachhaltiger Entwicklung, Produktions-/Arbeitsbedingungen, Wertschöpfungsketten, Globalisierung, Gentrifizierung, Recht auf Stadt. Dabei ist es wichtig, kritisches Denken nicht nur einmal anzuwenden, sondern regelmäßig zu schulen. Dabei kann der Grad der Komplexität und Kontroversität der ausgewählten Themen stets zunehmen.

Das Themenfeld „Länderklassifikationen" sollte ferner in den Zusammenhang postkolonialer politischer Bildung gestellt und aus macht- und rassismuskritischen Perspektiven reflektiert werden.

Verweise auf andere Kapitel

- Eberth, A. & Lippert, S.: *Inklusion. Postkolonialismus – Othering.* Band 2, Kap. 13.
- Reuschenbach, M.: *Zukunftsorientierung. Globalisierung – Globale Warenketten.* Band 2, Kap. 19.
- Schrüfer, G. & Eberth, A.: *Globales Lernen. Verstädterung – Megacities.* Band 2, Kap. 5.

Literatur

Acosta, A. (2017). Buen Vivir: Die Welt aus der Perspektive des Buen Vivir überdenken. In Konzeptwerk Neue Ökonomie & DFG-Kolleg Postwachstumsgesellschaften (Hrsg.), *Degrowth in Bewegung(en). 32 alternative Wege zur sozial-ökologischen Transformation* (S. 70–83). Oekom.

Burkhard, A. (2020). Durch philosophische Bildung die Welt verbessern? In G. Brun & C. Beisbart (Hrsg.), *Mit Philosophie die Welt verändern* (S. 59–100). Schwabe.

Castro Varela, M., & Heinemann, A.M.B. (2016). Ambivalente Erbschaften. Verlernen erlernen! *Zwischenräume #10, 12.*

Dhawan, N. (2016). Doch wieder! Die Selbst-Barbarisierung Europas. In M. Castro Varela & P. Mecheril (Hrsg.), *Die Dämonisierung der Anderen, Rassismuskritik der Gegenwart* (S. 73–83). Transcript.

Dickel, M. (2011). Geographieunterricht unter dem Diktat der Standardisierung. Kritik der Bildungsreform aus hermeneutisch-phänomenologischer Sicht. *GW-Unterricht, 123,* 3–23.

Eberth, A. (2016). Entwicklungszusammenarbeit im Perspektivwechsel – Zur Dekonstruktion stereotyper Afrikabilder. In C. Meyer (Hrsg.), *Diercke – Geographie und Musik. Zugänge zu Mensch, Kultur und Raum* (S. 149–156). Westermann.

Eberth, A., & Röll, V. (2021). Eurozentrismus dekonstruieren. Zur Bedeutung postkolonialer Perspektiven auf schulische und außerschulische Bildungsangebote. *ZEP – Zeitschrift für internationale Bildungsforschung und Entwicklungspädagogik, 44*(2), 27–34.

Eribon, D. (2018). *Grundlagen eines kritischen Denkens.* Turia + Kant.

Gudat, G. (2020). Eine Frage der Redlichkeit. Zur Reflexion kritischen Geographieunterrichts im „postfaktischen Zeitalter". *OpenSpaces. Zeitschrift für Didaktiken der Geographie, 01,* 24–35.

Hoffmann, K. W. (2021). Reflektierte Aufgabenpraxis – eine Einleitung und Gebrauchsanregung zu diesem Band. In K. W. Hoffmann (Hrsg.), *Diercke Lernaufgaben im Geographieunterricht. Sieben Phasen zur Schüleraktivierung* (S. 4–15). Westermann.

Jahn, D. (2013). Was es heißt, kritisches Denken zu fördern. Ein pragmatischer Beitrag zur Theorie und Didaktik kritischen Nachdenkens. *Mediamanual, 28,* 1–17. www.mediamanual.at am 12.09.2013. https://www.google.com/url?sa=t&rct=j&q=&esrc=s&source=web&cd=&ved=2ahUKEwjozsWnoOnuAhVBY8AKHRixClQQFjACegQIBhAC&url=http%3A%2F%2Fwww2.mediamanual.at%2Fthemen%2Fkompetenz%2Fmmt_1328_kritischesdenken_OK.pdf&usg=AOvVaw0qMX43ZrgFBLiM4wzcMdPc.

Kastner, J., & Waibel, T. (2012). Einleitung: Dekoloniale Optionen. In W. Mignolo (Hrsg.), *Epistemischer Ungehorsam. Rhetorik der Moderne, Logik der Kolonialität und Grammatik der Dekolonialität* (S. 7–42). Turia + Kant.

Korf, B., & Rothfuß, E. (2016). Nach der Entwicklungsgeographie. In T. Freytag, H. Gebhardt, U. Gerhard, & D. Wastl-Walter (Hrsg.), *Humangeographie kompakt* (S. 163–183). Springer Spektrum.

Krüger-Potratz, M., & Lutz, H. (2002). Sitting at a crossroads – rekonstruktive und systematische Überlegungen zum wissenschaftlichen Umgang mit Differenzen. *Tertium comparationis, 8*(2), 81–92.

Mignolo, W. (2012). *Epistemischer Ungehorsam. Rhetorik der Moderne, Logik der Kolonialität und Grammatik der Dekolonialität.* Truia + Kant.

Mönter, L., & Lippert, S. (2016). Entpolitisierte Entwicklungsländer? Gedanken zur Behandlung von Armutsursachen im Geographieunterricht. In A. Budke & M. Kuckuck (Hrsg.), *Politische Bildung im Geographieunterricht* (S. 97–105). Steiner.

Neuburger, M., & Schmitt, T. (2012). Theorie der Entwicklung – Entwicklung der Theorie Post-Development und Postkoloniale Theorien als Herausforderung für eine Geographische Entwicklungsforschung. *Geographica Helvetica, 67,* 121–124.

Pfister, J. (2020). *Kritisches Denken.* Reclam.

Reckwitz, A. (2020). *Das Ende der Illusionen. Politik, Ökonomie und Kultur in der Spätmoderne.* Suhrkamp.

van Dyk, S. (2017). Krise der Faktizität? Über Wahrheit und Lüge in der Politik und die Aufgabe der Kritik. *PROKLA. Zeitschrift für kritische Sozialwissenschaft, 47*(188), 347–368.

Globalisierung und globale Disparitäten

19

Wie können wir eine nachhaltige Zukunft mitgestalten?

Monika Reuschenbach

▶ **Teaser** Globalisierung erleben wir als Teil der Welt hautnah – wir sind aber oft unsicher, was Globalisierung bedeutet und wie sie sich in anderen Teilen der Welt gestaltet. Durch das Eintauchen in Lebenswelten anderer Menschen wird Globalisierung erfahrbar, sodass im Sinne einer Zukunftsorientierung deren Folgen für die Umwelt, aber auch für andere Menschen abgeleitet werden können. Das ist Voraussetzung dafür, sich als Teil der globalen Entwicklung zu begreifen, Möglichkeiten zur Verringerung globaler Herausforderungen zu entwickeln und an einer nachhaltigen Zukunft zu partizipieren.

19.1 Fachwissenschaftliche Grundlage: Globalisierung – Globale Warenketten

Die Globalisierung ist ein wichtiges Thema des Geographieunterrichts. Um die als Bildungsziel geforderte Handlungskompetenz zu erlangen, müssen ihre Entwicklung, Merkmale und Auswirkungen thematisiert werden.

Über **Globalisierung** wird erst seit knapp 40 Jahren gesprochen (Kessler, 2017:19). Dennoch fehlt eine einheitliche Definition, sie wird „vielschichtig, facettenreich und

Ergänzende Information Die elektronische Version dieses Kapitels enthält Zusatzmaterial, auf das über folgenden Link zugegriffen werden kann https://doi.org/10.1007/978-3-662-65720-1_19.

M. Reuschenbach (✉)
Geografie und Geografiedidaktik, Pädagogische Hochschule Zürich, Zürich, Schweiz
E-Mail: monika.reuschenbach@phzh.ch

politisch kontrovers diskutiert" (Oßenbrügge, 2020: 6). Globalisierung steht „für den Anstieg des weltweiten Austausches von Waren und der Containerisierung des Transports, für den schnellen Austausch von Informationen, die nahezu alle Standorte der Welt in Echtzeit miteinander verbinden, oder für die Diffusion von Moden, Esskulturen, Freizeitaktivitäten und Krankheiten. Sie betrifft aber auch den problembeladenen Wandel der Ökosysteme, des Klimas und der Biodiversität" (Oßenbrügge, 2020: 4) sowie die sich verstärkenden Ungleichheiten zwischen Ländern und Regionen dieser Welt.

Der Beginn der Globalisierung wird unterschiedlich beschrieben, er reicht von der Entdeckung Amerikas über die Erfindung der Containerschifffahrt (vgl. Abb. 19.1) bis hin zu Entwicklungen der Telekommunikation. Einen Schub erhielt sie in den 1980er-Jahren, als die „grenzüberschreitenden wirtschaftlichen Aktivitäten […] im Verhältnis zu nationalen Entwicklungen stark zunahmen" (Koch, 2017: 7).

Globalisierung suggeriert, dass die ganze Welt davon betroffen ist. Diese Annahme zeigt sich im Bild des „Global Village" (Kessler & Steiner, 2009: 19): Unterschiede zwischen Staaten werden aufgelöst und die Globalisierung bewirkt keine räumliche Differenzierung. Koch (2017: 10) besagt, dass Globalisierung keine globale Veranstaltung ist, da sich die grenzüberschreitende wirtschaftliche Aktivität auf wenige

Abb. 19.1 Die standardisierte Containerschifffahrt hat die Transportkosten gesenkt und den Frachtverkehr gesteigert. Der Container gilt als Wegbereiter für die Globalisierung. (Quelle: M. Reuschenbach)

Industrieländer und eine kleine Gruppe von Schwellenländern konzentriert (vgl. Abb. 19.2 und Tab. 19.1). Die restlichen Staaten sind nur mit geringen Beiträgen in die Weltwirtschaft eingebunden. Er spricht von einer partiellen Globalisierung (ebd.: 11), die auf Unterschiede und Ungleichheiten trifft und diese verstärkt bzw. vervielfältigt (Oßenbrügge, 2020: 5).

Infobox 19.1: Globalisierung

Globalisierung ist ein dynamischer Prozess, der die wirtschaftliche Vernetzung der Welt durch den zunehmenden Austausch von Gütern, Dienstleistungen, Kapital und Arbeitskräften vorantreibt, die wirtschaftliche Bedeutung nationaler Grenzen ständig verringert und den internationalen Wettbewerb intensiviert, sodass durch das Zusammenwirken aller wichtiger Teilmärkte die Möglichkeiten internationaler Arbeitsteilung immer intensiver genutzt werden, sich der weltweite Einsatz der Ressourcen laufend (wirtschaftlich) verbessert, ständig vielfältige neue Chancen und Risiken entstehen und die nationalen und internationalen politischen Akteure gezwungen sind, neue Rollen bei der Gestaltung der Globalisierung zu übernehmen, die eine Zunahme interkultureller Interaktionen und Herausforderungen mit sich bringen.
(Quelle: nach Koch, 2017: 10)

Infobox 19.2: Ungleichheiten bzw. Disparitäten

Disparitäten bezeichnen im Kontext der Raumordnungspolitik **Ungleichheiten** des Entwicklungsstandes oder der Entwicklungschancen eines Raumes, die in der Folge zu einer ungleichwertigen Teilhabe am gesellschaftlichen, wirtschaftlichen und kulturellen Leben führen. Disparitäten ergeben sich durch eine unterschiedliche naturräumliche Ausstattung von Räumen, verschiedene Inwertsetzungen, Standortbewertungen und Segregationsprozesse. Unterschieden werden

- räumliche Disparitäten: ungleiche Ausstattung eines Raumes mit Arbeitsplätzen, Dienstleistungen und Infrastruktur (Indikatoren = Bodennutzung, Mobilität, Wirtschaftsstruktur, Versorgung, Erwerbsleben, Arbeitslosigkeit, Forschung, Verfügbarkeit von Rohstoffen, …);
- soziale Disparitäten: Ungleichheiten in Bezug auf sozioökonomische und demographische Merkmale (Indikatoren = soziale Schicht, Steuern, Einkommen, Bildung, Sicherheit, Wohnen, …).

Quelle: nach Lexikon der Geographie, Spektrum Akademischer Verlag, sowie Bundesamt für Statistik Schweiz.

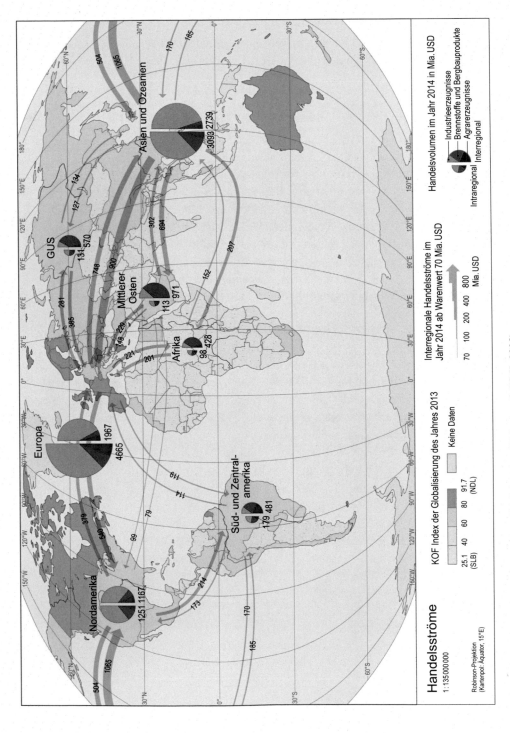

Abb. 19.2 Globale Welthandelsströme (Quelle: Schweizer Weltatlas. © EDK, 2020)

Tab. 19.1 Die fünf wirtschaftlich wichtigsten Länder im Rahmen der Globalisierung (Quelle WTO, Statistical Report 2021)

Nr.	Güterexporte	Güterimporte	Dienstleistungsexporte	Dienstleistungsimporte
1	China	USA	USA	USA
2	USA	China	Großbritannien	China
3	Deutschland	Deutschland	Deutschland	Deutschland
4	Niederlande	Japan	Frankreich	Irland
5	Japan	Großbritannien	China	Großbritannien

Oft wird Globalisierung mit weltweiter wirtschaftlicher Entwicklung gleichgesetzt. Sicher sind ökonomische Aspekte treibende Kraft, dennoch weist die Globalisierung auch politische, ökologische, kulturelle und soziale Dimensionen auf (Kessler & Steiner, 2009: 19). Abb. 19.3 zeigt die wichtigsten Prozesse und Zusammenhänge (nach Oßenbrügge, 2020: 6 ff.; Koch, 2017: 17 ff.).

Die Globalisierung bringt neue Chancen, aber auch neue Risiken mit Vor- und Nachteilen für Beteiligte und Nichtbeteiligte auf allen Ebenen mit sich (vgl. Tab. 19.2, nach Koch, 2017: 129 f.).

Trotz einzelner Stimmen, die der Globalisierung weitere große Entwicklungsschübe zuschreiben, wächst die Kritik an der Globalisierung zunehmend und es wird diskutiert, ob deren Ende erreicht ist. Es ist unübersehbar, dass zunehmend mehr Menschen unzureichend an der Globalisierung partizipieren, verstärkt wird heute aber deren Teilhabe gefordert. Die ökologischen Herausforderungen überschreiten nationale Grenzen – entsprechend müssen sie global gelöst werden. Sowohl die sozialen als auch die ökologischen Themen weisen einen zukunftsrelevanten Bezug zu Diskussionen über nachhaltige Entwicklungen im globalen Kontext auf. Deren Instrument sind die Sustainable Development Goals (SDGs), womit die drängendsten Probleme der Welt reduziert und die Disparitäten verringert werden sollen. Die Globalisierung wird uns noch eine ganze Weile beschäftigen, besonders angesichts der zukünftigen Herausforderungen. Es ist daher notwendig, sie im Hinblick auf die Gestaltung der Zukunft und die Reduktion der Probleme ansatzweise zu verstehen.

Weiterführende Leseempfehlung
Koch, Eckart (2017). *Globalisierung: Wirtschaft und Politik. Chancen-Risiken-Antworten.* Springer Gabler.

Problemorientierte Fragestellung
Wie können wir uns als Teil dieser Welt begreifen und damit zur zukünftigen Verringerung von problematischen globalen Entwicklungen beitragen?

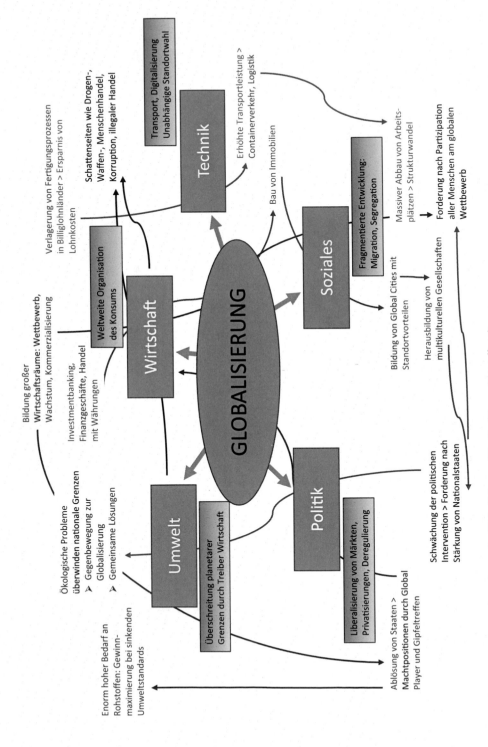

Abb. 19.3 Prozesse und Dimensionen der Globalisierung (Quelle: Eigene Darstellung)

Tab. 19.2 Positive und negative Aspekte der Globalisierung (Quelle: Eigene Darstellung in Anlehnung an Koch, 2017: 129 f.)

	Positive Aspekte der Globalisierung	Negative Aspekte der Globalisierung
Wirtschaft	– Internationale Arbeitsteilung – Effizienter und effektiver Einsatz von Produktionsmitteln – Nutzung der global günstigsten und leistungsfähigsten Ressourcen – Wachsende grenzüberschreitende Beschäftigungs- und Einkommensmöglichkeiten – Rimessen > verbesserte Lebenschancen	– Intensivierung des Wettbewerbs – Zunehmender Erfolgsdruck – Zwang zum Wachstum und zunehmendem Kapitalbedarf – Machtmissbrauch, Korruption, Drogenhandel, Sextourismus – Unübersichtlichkeit von Märkten
Technik	– Globaler Wissens- und Technologietransfer – Erhöhung der Innovationsgeschwindigkeit	– Illegaler Waffen- und Rohstoffhandel – Produktrisiken durch Billigprodukte, unkontrollierte Inhaltsstoffe
Soziales	– Bessere Befriedigung von Bedürfnissen – Neue Arbeitsplätze – Neue Qualifikations-, Einkommens- und Bildungsmöglichkeiten – Größeres Angebot an Arbeitskräften – Reduktion von Knappheiten – Größere Produktauswahl – Interkulturelle Erfahrungen	– Lokale Beschäftigungsverluste – Arbeitsplatzverluste durch Strukturänderungen – Steigende Anforderungen an Fähigkeiten – Steigendes Jobrisiko bei sinkender Loyalität – Menschenhandel – Flüchtlingsströme – Schlechtere Arbeitsbedingungen: Lohn, Sicherheit – Zunehmende Disparitäten und Ungleichverteilungen – Zunehmende Armut verringert Konsumkraft
Politik	– Zugang zu neuen Märkten – Privatisierte Staatsunternehmen bieten bessere Leistung an – Bei Wettbewerbsfähigkeit: Standortvorteile	– Sich aus Nachteilen entwickelnde Krisen – Bedeutungsverlust nationaler Grenzen > politische Sicherheitsprobleme – Höhere Unterstützungsleistungen bei sinkenden Einnahmen
Umwelt		– Überbelastung der Umwelt: Klima, Meer/Wasser, Luftqualität, Lärmbelastungen, Bodendegradation, Abholzung, Energiegewinnung – Sinkende Umweltstandards und entsprechende Kontrolle

Abb. 19.4 Sustainable Development Goals der UN (Quelle: gemeinfrei)

19.2 Fachdidaktischer Bezug: Zukunftsorientierung

Der diesem Beitrag zugrunde liegende fachdidaktische Ansatz ist die Zukunfts-orientierung. Dies ist insofern bedeutsam, als sich der gesamte Geographieunterricht heute danach ausrichtet, eine „reflektierte, ethisch begründete und verantwortungs-bewusste raumbezogene Handlungsfähigkeit" (DGfG, 2020: 8) im Hinblick auf gegen-wärtige und vor allem auch zukünftige Herausforderungen zu erlangen (vgl. auch Abb. 19.5).

Die Anfänge: Prominente Bedeutung hat die Zukunftsorientierung bereits durch Klafki erlangt. Schon in den 1970er-Jahren forderte er dazu auf, die Zukunftsbedeutung eines Inhalts für die Lernenden zu klären. Es sollte untersucht werden, ob das Thema eine lebendige Stellung im Leben der Schüler*innen habe bzw. in der Welt, in die sie hineinwachsen würden (Klafki, 1958, 1995). Zudem setzte er die Wahl der Unterrichts-themen inhaltlich in den größeren Zusammenhang mit den globalen gesellschaftlichen Schlüsselthemen. Brucker et al. (2022: 48) definierten diese als „Sachverhalte von einer zeitlich-räumlichen Dimension, die die Lebensperspektive gegenwärtiger und künftiger Generationen beeinflussen und demzufolge bereits in der Schule zum Unterrichts-inhalt gehören müssen". Darunter sind heute Umweltgefährdung, Völkerverständigung und Friedenssicherung, globale Disparitäten, Minderheitenkonflikte, das Geschlechter- und Generationenverhältnis, aber auch Globalisierung, Klimawandel, Naturrisiken, Migration, Ressourcenkonflikte u. a. zu verstehen.

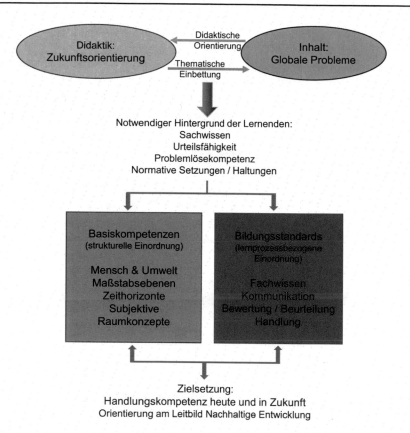

Abb. 19.5 Einbettung der Zukunftsorientierung in aktuelle geographiedidaktische Bezugsreferenzen. (Eigene Darstellung)

Weltweite Einigkeit geographischer Bildung: Im Kontext der weltweiten Verständigung über geographische Bildung gilt bezogen auf die Zukunftsorientierung auch die Internationale Charta der Geographischen Erziehung (1992) als Referenzgrundlage. Dort ist zu lesen, „dass das Fach Geographie zur Bildung verantwortungsvoller und aktiver Bürger in der gegenwärtigen und zukünftigen Welt unersetzliche Grundlagen bildet" (1992: 2). Weiter wird gefordert, dass „das Engagement geographischer Erziehung darin liegt, allen Menschen die Hoffnung, das Vertrauen und die Fähigkeit, für eine bessere Welt zu arbeiten, zu vermitteln [...]" (ebd., 2020: 3).

Nachhaltigkeit und Zukunftsorientierung: Diese in die Zukunft gerichteten Zielsetzungen zeigen sich auch im gesellschaftlich-politischen Kontext, so z. B. in ihren Anfängen im Brundtland-Bericht von 1987, danach in den Millenniumszielen (2000) und heute in den Sustainable Development Goals (SDGs, seit 2016; siehe Abb. 19.4). Insofern macht es Sinn, heute auch von „globalen Herausforderungen" zu sprechen. Dies verdeutlicht zum einen den Zusammenhang mit der Globalisierung besser, da die Herausforderungen sowohl aus der Globalisierung resultieren als auch nur global verbessert bzw. gelöst werden können. Zum anderen zeigen die SDGs explizit auf, dass es um eine wertbesetzte, nämlich nachhaltige Gestaltung und Entwicklung der Zukunft geht, womit auch der Bezug zur Zukunftsorientierung gegeben ist.

Bildung für nachhaltige Entwicklung: Im Bereich der Bildung für nachhaltige Entwicklung (BNE) finden sich weitere Ansätze, die sich mit der Zukunftsorientierung befassen. De Haan (2008a: 2) weist diese bei Sach-, Methoden- und Sozialkompetenzen aus, explizit in der Kompetenz 7.1.: „SuS beschreiben Solidarität und Zukunftsvorsorge für Mensch und Natur als gemeinschaftliche und gesellschaftliche Aufgabe" (ebd.: 4). Deutlich wird die Zukunftsorientierung auch als didaktisches Prinzip für die Umsetzung von BNE im Unterricht: „Von einer optimistischen Haltung ausgehend wird Raum für innovative Zukunftsentwürfe und Lösungswege geschaffen. Diese werden hinsichtlich Nachhaltigkeit, Umsetzbarkeit und Akzeptanz geprüft" (PHZH, 2018).

Weiterführende Leseempfehlung

- De Haan, Gerhard (2008a). Gestaltungskompetenz als Kompetenzkonzept für Bildung für nachhaltige Entwicklung. In: Bormann, Inka, de Haan, Gerhard (Hrsg.). *Kompetenzen der Bildung für nachhaltige Entwicklung*, Wiesbaden 2008, S. 23–44.
- Hoffmann, T. (2018). *Globale Herausforderungen 1. Die Zukunft, die wir wollen.* Klett.
- Lanz, D. (2016). *Anleitung und Anwendungsbeispiele – Impulse für den BNE-Unterricht. BNE-Kit II. éducation 21, Bern.* https://www.education21.ch/sites/default/files/uploads/pdf-d/bne-kit/Anleitung_DE.pdf.

Bezug zu weiteren fachdidaktischen Ansätzen

Bildung für nachhaltige Entwicklung, Werte-Bildung, globales Lernen, Innovativität

19.3 Unterrichtsbaustein: Durch Personenporträts globale Herausforderungen erkennen

Der Unterrichtsbaustein will Schüler*innen bewusst machen, dass sie Teil der globalisierten Welt sind und somit heute und in Zukunft an Lösungen partizipieren können, die zur Verringerung der globalen Herausforderungen beitragen. Dabei werden verschiedene, für BNE relevante Prinzipien umgesetzt:

- Vernetzendes Lernen: Die Schüler*innen betrachten Globalisierung aus verschiedenen Perspektiven und analysieren Situationen in Bezug auf politische, ökonomische, ökologische, sozialkulturelle und technische Aspekte. Sie beziehen lokale und globale Aspekte ein.

- Zukunftsorientierung: Die Schüler*innen entwickeln eine Vorstellung von ihren Wünschen zur Zukunft der Welt. Sie setzen sich mit Möglichkeiten zukünftiger Handlungsoptionen auseinander und reflektieren diese hinsichtlich ihrer Umsetzbarkeit.
- Partizipation: Die Schüler*innen erkennen, dass sie Einfluss auf Entscheidungen nehmen können und so die Zukunft mitgestalten können.

Die Arbeitsphase der Schüler*innen gliedert sich (nach dem Einstieg) in drei Teile: Die erste Phase soll Bezüge zwischen der eigenen Lebenswelt und derjenigen von anderen Menschen der Welt herstellen. In der zweiten Phase werden Merkmale und Folgen der Globalisierung kriteriengestützt analysiert sowie problematische Entwicklungen identifiziert. In der dritten Phase werden mithilfe von Entwicklungszielen und Lösungsansätzen Ideen entwickelt, wie und wodurch Schüler*innen selbst zu Akteuren bei der Verringerung von Disparitäten werden. Eine Reflexionsphase schließt die Auseinandersetzung mit der Thematik ab.

Die im Folgenden genannten Arbeitsblätter (AB) sind alle im digitalen Materialanhang zu finden.

Der *Einstieg* geschieht mit einem Bilderbuffet, das Aspekte der Globalisierung, aber auch sich daraus ergebende problematische Entwicklungen mit Bezug zum eigenen Leben zeigt (vgl. AB Einstieg). Die Schüler*innen wählen anhand der gestellten Leitfrage ein Bild aus, das ihr Interesse am meisten weckt. Danach stellen sie sich gegenseitig ihre Gründe für die Bildwahl bzw. ihre Assoziationen zum Thema vor. Durch den Einstieg findet ein erster Zugang zum Thema statt, das Vorwissen der Lernenden wird aktiviert.

In der *ersten Arbeitsphase* arbeiten die Lernenden mit Personenporträts von Kindern oder Jugendlichen, die an anderen Orten der Welt leben und arbeiten (vgl. AB 1). Bei den Texten handelt es sich um problematische Entwicklungen, die die Globalisierung hervorgebracht hat. Sie sind fingiert, basieren aber auf verfügbaren Sachinformationen aus Zeitungen oder von Organisationen, die die Verringerung globaler Disparitäten thematisieren. Die Themen wurden bewusst mit Bezug zur Lebenswelt der Schüler*innen gewählt. Die Lernenden können auch nur ein oder zwei Beispiele bearbeiten.

In der *zweiten Arbeitsphase* analysieren die Schüler*innen mithilfe von Kriterien, erklärenden Beschreibungen und den Personenporträts Aspekte der Globalisierung und identifizieren die daraus entstehenden Problemfelder (vgl. AB 2). Weitere Quellen (Internet, Schulbuch usw.) können beigezogen werden. Ziel ist es, Globalisierung beschreiben, Akteure benennen, Entwicklungen und Herausforderungen charakterisieren zu können. Als Ergebnissicherung bietet sich ein (digitales) Wirkungsgefüge an, so werden Zusammenhänge besser verdeutlicht (vgl. auch Abb. 19.3). An digitalen Varianten kann auch kollaborativ gearbeitet werden.

In der *dritten Arbeitsphase* setzen sich die Schüler*innen mit den Sustainable Development Goals und weiteren Initiativen auseinander, die eine Verringerung globaler Ungleichheiten anstreben (vgl. AB 3). Es wird analysiert, welche Bereiche diese tangieren und was sie bewirken – aber auch, was sie von uns erfordern. Das ist die Überleitung dazu, sich Gedanken zu eigenen Handlungsmöglichkeiten zu machen und

Vorschläge zur Verbesserung von Lebenssituationen anderswo auf der Welt bzw. zur Verringerung von Ungleichheiten auszuarbeiten. Dabei geht es nicht darum, die Handlungsweisen mit dem Drohfinger konkret im Alltag einzufordern, sondern den Schüler*innen aufzuzeigen, dass sie Handlungsmöglichkeiten haben und welche es sind.

In der *Abschlussphase* werden die Erkenntnisse reflektiert. Dies geschieht mit einer Präsentation der in Phase 3 erarbeiteten Handlungsoptionen. Zu jeder Idee wird geklärt, was deren Vor- und Nachteile sind, welche Gründe uns an der Umsetzung im Alltag hindern und wie diese minimiert werden könnten (vgl. AB 4). Auch soll Thema sein, was uns – aber auch die Weltgemeinschaft – davon abhält, konsequent nachhaltig zu leben und zu handeln. Die Gründe dafür sollen offen formuliert werden dürfen, ohne dass damit eine negative Bewertung einhergeht. Ergänzend dazu kann der Aspekt des „Greenwashing" eingebracht und diskutiert werden. Als „Greenwashing" wird eine bewusste Verbrauchertäuschung beschrieben, wonach sich Firmen ein nachhaltiges Image zuschreiben, für das es keine Sachgrundlage gibt. Der Unterrichtsbaustein endet mit der expliziten Beantwortung der Leitfrage, zu der die Schüler*innen ein persönliches Fazit formulieren.

Beitrag zum fachlichen Lernen

Der Unterrichtsbeitrag fokussiert vorwiegend die problembehafteten Auswirkungen der Globalisierung auf die Gesellschaft und entsprechende Möglichkeiten, diese zu verringern. Genau dies wird in der Leitfrage angesprochen. Mit empathischen Zugängen und Bezügen von anderen Menschen auf dieser Welt zum eigenen Alltag wird die Beantwortung des ersten Teils der Leitfrage möglich. In der darauffolgenden fachlichen Analyse des Themas Globalisierung entwickeln die Lernenden ein Verständnis für die Entstehung der beschriebenen Herausforderungen bzw. Probleme. So wird es möglich, Verbesserungsmöglichkeiten bzw. Handlungsoptionen auch aus unserer Perspektive zu formulieren und deren Wirkung zu beurteilen. So kann eine raumbezogene Handlungskompetenz erworben werden.

Kompetenzorientierung
- **Fachwissen:** S19 „an ausgewählten einzelnen Beispielen die Auswirkungen der Nutzung und Gestaltung von Räumen […] systemisch erklären" (DGfG 2020: 15)
- **Beurteilung/Bewertung:** S2 „geographische Kenntnisse und […] Kriterien anwenden, um ausgewählte […] Sachverhalte […] zu beurteilen" (ebd.: 24); S8 „geographisch relevante Sachverhalte und Prozesse im Hinblick auf diese Normen und Werte bewerten" (ebd.: 25)
- **Handlung:** S1 „kennen umwelt- und sozialverträgliche Lebens- und Wirtschaftsweisen, Produkte sowie Lösungsansätze […]" (ebd.: 27); S5 „interessieren sich für geographisch relevante Probleme auf lokaler, regionaler, nationaler und globaler Maßstabsebene […]" (ebd.)

Der Schwerpunkt des Unterrichtsbausteins liegt auf den Kompetenzen *Bewerten/ Beurteilen* und *Handeln*. Angesichts der globalen Herausforderungen, die die Globalisierung hervorgebracht hat, müssen Situationen analysiert und beurteilt werden können. Daraus abgeleitet werden Handlungsoptionen – im Hinblick auf die zukünftige Gestaltung dieser Welt. So werden Lernende befähigt, Handlungsmöglichkeiten im Alltag zu integrieren, möglicherweise sogar konkret umzusetzen. Voraussetzung dafür ist eine fachliche Auseinandersetzung, die mit dem Unterrichtsbaustein ebenfalls erworben wird.

Klassenstufe und Differenzierung

Der Unterrichtsbaustein ist für die 8./9. Klasse (Sekundarstufe I) konzipiert. Differenzierungsmöglichkeiten ergeben sich wie folgt:

- Verwendung weiterer (eigener) Alltagsbeispiele
- Variation in der Methodik, analoge oder digitale Ergebnissicherungen
- Videofilme (oder Ausschnitte davon) als Alternative oder Ergänzung zu den Texten:
  - Mica: https://www.zdf.de/nachrichten/wirtschaft/kosmetik-schminke-kinderarbeit-indien-mica-100.html
  - Kleider: https://netzfrauen.org/2017/02/06/myanmar/
  - Kobalt: https://www.dw.com/de/die-gier-nach-rohstoffen-im-kongo/av-18669865
  - Tuvalu: https://www.arte.tv/de/videos/085691-000-A/klimawandel-tuvalu-versinkt-im-meer/
  - Bolivien: https://www.dw.com/de/kinderarbeit-in-bolivien/av-17706693
  - Schokolade: https://www.youtube.com/watch?v=b-Y5NXgQ1FI
  - Ergänzung der Handlungsoptionen mit weiteren Projekten, in denen Lösungen aufgezeigt werden
  - Ergänzung mit Internetrecherche zur Nachhaltigkeit auf Firmenporträts und deren Beurteilung

Räumlicher Bezug

Indien, Burma, Bolivien, Kongo, Elfenbeinküste, Tuvalu

Konzeptorientierung

Deutschland: Mensch-Umwelt-System (menschliches (Teil-)System), Nachhaltigkeitsviereck (Ökonomie, Ökologie, Politik, Soziales), Maßstabsebenen (lokal, regional, national, international, global), Zeithorizont (langfristig), Raumkonzept (wahrgenommener Raum)
Österreich: Diversität und Disparität, Nachhaltigkeit und Lebensqualität, Interessen, Konflikte und Macht, Arbeit, Produktion und Konsum
Schweiz: Lebensweisen und Lebensräume charakterisieren (2.2), Mensch-Umwelt-Beziehungen analysieren (3.2)

19.4 Transfer

Transfermöglichkeiten ergeben sich thematisch durch die globalen Herausforderungen wie z. B. Klimawandel, Migration, Produktion, Landnutzung usw. Dabei können weitere Kompetenzen in den Bereichen Sachwissen, Orientierung, Methoden und Kommunikation gefördert werden, insbesondere durch die Analyse der Sachverhalte und durch die Diskussion von Zusammenhängen und Lösungsansätzen. Zu beachten ist, dass die Themen einerseits sehr komplex sind, was methodisch und inhaltlich anspruchsvoll ist. Eine schrittweise Erarbeitung und geeignete Darstellungen können hierfür hilfreich sein (Stichwort Systemkompetenz). Zum anderen können die hier beschriebenen Situationen als bedrohlich oder entmutigend empfunden werden, was vermieden werden sollte. Dies gelingt durch die Fokussierung auf Lösungsansätze und häufige Perspektivwechsel sowie durch die Berücksichtigung weiterer fachdidaktischer Prinzipien wie Alltagsorientierung, Aktualitätsprinzip, globales Lernen und die mündigkeitsorientierte Bildung.

Verweise auf andere Kapitel

- Eberth, A. & Hoffmann, K. W.: *Kritisches Denken. Globale Disparitäten – Länderklassifikationen.* Band 2, Kap. 18.
- Meyer, C.: *Wertebildung. Landwirtschaft – Tierwohl.* Band 1, Kap. 15.
- Meyer, C. & Mittrach, S.: *Bildung für nachhaltige Entwicklung. Welthandel – Textilindustrie.* Band 2, Kap. 20.
- Schreiber, V.: *Kritisches Kartieren. Stadtentwicklung – Ungleichheit in Städten.* Band 2, Kap. 6.
- Schrüfer, G. & Eberth, A.: *Globales Lernen. Verstädterung – Megacities.* Band 2, Kap. 5.
- Tanner, R. P.: *Fächerübergreifender Unterricht. Regionale Disparitäten – Periphere ländliche Räume.* Band 2, Kap. 23.

Literatur

Brucker et al. (2022). *Geographiedidaktik in Übersichten.* Aulis-Verlag.
Deutsche Gesellschaft für Geographie (Hrsg.). (2020). *Bildungsstandards im Fach Geographie für den Mittleren Schulabschluss* (10., aktualisierte und überarbeitete Aufl.). Juli 2020.
International Geographical Union. (1992). *Internationale Charta der Geographischen Erziehung.*
Kessler, J. (2017). *Theorie und Empirie der Globalisierung. Grundlagen eines konsistenten Globalisierungsmodells.* Springer VS.
Kessler, J., & Steiner, C. (Hrsg.). (2009). *Facetten der Globalisierung.* Springer.
Klafki, W. (1958). Didaktische Analyse als Kern der Unterrichtsvorbereitung. In *Die Deutsche Schule*, 50. Jg.

Klafki, W. (1995). *Schlüsselprobleme im Unterricht* (S. 9–14). Juventa.

Koch, E. (2017). *Globalisierung: Wirtschaft und Politik. Chancen – Risiken – Antworten.* Springer Gabler.

Oßenbrügge, J. (2020). Globalisierung. Zum Stand der Debatte vor Covid-19. In *Praxis Geographie*, Nr. 6/2020 (S. 4–11). Westermann Verlag

Pädagogische Hochschule Zürich. (2018). Faltblatt Bildung für Nachhaltige Entwicklung (BNE). https://schulnetz21-vszh.ch/globalassets/schulnetz21-zh.ch/downloads/faltblatt-bne_chronologisch.pdf.

Bildung für nachhaltige Entwicklung

20

Globale Verflechtungen am Beispiel der Textil- und Bekleidungsindustrie

Christiane Meyer und Stephanie Mittrach

▶ **Teaser** Die globalen ökonomischen Verflechtungen im Kontext des Welthandels und die damit einhergehenden globalen Handelswege von Produkten sind ein klassisches Thema im Geographieunterricht. Am Beispiel des lebensweltnahen Themas „Woher kommt unsere Kleidung?" wird veranschaulicht, welcher Beitrag durch die Thematisierung von Waren- bzw. Lieferketten und den Hintergründen von Konsum und Produktion zum übergeordneten Bildungsziel einer Bildung für nachhaltige Entwicklung (BNE) geleistet werden kann.

20.1 Fachwissenschaftliche Grundlage: Welthandel – Textilindustrie

Kettenansätze, bei denen der Weg eines Produktes und seiner Bestandteile „schrittweise entlang eines arbeitsteiligen Wertschöpfungsprozesses von der Rohstoffextraktion über verschiedene Stufen der Produktion bis hin zur Auslieferung an den Konsumenten [nachvollzogen wird]" (Braun & Schulz, 2012: 207 f.), haben „in der wirtschaftsgeographischen Forschung in den letzten Jahren stark an Bedeutung gewonnen"

C. Meyer (✉)
Institut für Didaktik der Naturwissenschaften, Didaktik der Geographie,
Leibniz Universität Hannover, Hannover, Deutschland
E-Mail: meyer@idn.uni-hannover.de

S. Mittrach
Green Office, Leibniz Universität Hannover, Hannover, Deutschland
E-Mail: stephanie.mittrach@zuv.uni-hannover.de

I. Gryl et al. (Hrsg.), *Geographiedidaktik*, https://doi.org/10.1007/978-3-662-65720-1_20

(ebd.: 207). Die Wertschöpfungskette von Kleidung (siehe Abb. 20.1) ist z. B. dadurch charakterisiert, dass sie sich aufgrund von Globalisierungsprozessen über Tausende von Kilometern erstreckt. Gleichzeitig ist Kleidung bzw. Fashion ein Thema, das an die Lebenswelt von Jugendlichen anknüpft und somit unmittelbar mit ihrem Alltag verbunden ist.

Die Produktionsstufen und Transportwege einer Jeans können zur Illustration der globalen Warenkette exemplarisch herangezogen werden (Westermann, 2015). Zudem ist die Textil- und Bekleidungsindustrie mit knapp 80 Mrd. produzierten Kleidungsstücken pro Jahr ein wesentlicher Treiber des globalen Welthandels. Die Textilbranche hat somit vom weltweiten Handel und der internationalen Arbeitsteilung stark profitiert (Schmidpeter in Heinrich, 2018). Allerdings ist die Externalisierung ökologischer und sozialer Kosten entlang der Produktionsstufen sowie der Konsum mit zahlreichen Problemen verbunden (CIR, 2022; siehe Abb. 20.2).

Um die Probleme zu minimieren, haben sich einige Unternehmen auf den Weg gemacht, nachhaltiger zu produzieren. Ihre Produkte sind durch aussagekräftige Label (z. B. Fairtrade Cotton) zertifiziert und Subunternehmen werden mittels Audits geprüft (z. B. Mitgliedschaft in Fair Wear Foundation) (siehe Abb. 20.2). Textilsiegel sind jedoch wenig bekannt (Franken, 2018: 149). Siegel bzw. Label sind zudem nur eine Facette einer umfassenden CSR (Corporate Social Responsibility) von Unternehmen im Sinne

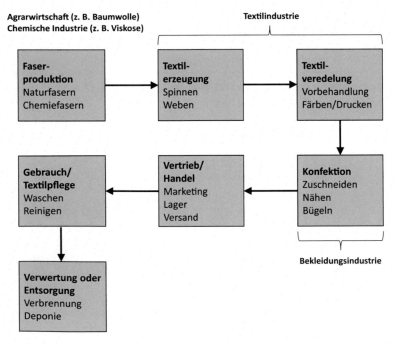

Abb. 20.1 Produktionsstufen entlang der textilen Lieferkette. (In Anlehnung an UM Baden-Württemberg 2017: 2, Entwurf: S. Mittrach)

eines nachhaltigeren Wirtschaftens (Heinrich, 2018). Namhafte Unternehmen im Bereich Fashion integrieren mittlerweile CSR und Nachhaltigkeit in ihr Geschäftsmodell, „aber hinsichtlich Aufklärung und Kommunikation ist noch viel zu tun" (Heinrich, 2018: VII). Lösungsansätze sind daher in (schulischen) Bildungskontexten zu vermitteln.

Im Zusammenhang mit der Entwicklung im Modegeschäft wird mittlerweile von einer Fast Fashion gesprochen (Schulze & Banz, 2015). Diesem Geschäftsmodell steht das Konzept einer Slow Fashion gegenüber, die nicht einfach nur das Gegenteil von Fast Fashion ist, sondern mit einem Bewusstseinswandel einhergeht (Schulze & Banz, 2015; siehe Abb. 20.3).

Slow Fashion ist ein Beitrag zu einer „Großen Transformation" (WBGU, 2011), da mit ihrer Realisierung „veränderte Narrative, Leitbilder oder Metaerzählungen, die die Zukunft von Wirtschaft und Gesellschaft neu beschreiben" (WBGU, 2011: 91), einhergehen. Diese betreffen die Rolle und Verantwortung von Unternehmen genauso wie von Konsumierenden, wie das Zukunftsnarrativ einer „Internalisierungsgesellschaft" (Welzer, 2019) verdeutlicht. Eine solche Gesellschaft zeichnet sich dadurch aus, dass für alle Zwischen- und Endprodukte entlang der Lieferkette sowie alle Prozesse und Produktionsverfahren die ökologischen und sozialen Effekte determiniert werden und sich entsprechend in den Herstellungskosten sowie dem Preis niederschlagen. Auch die

	Rohstoff-gewinnung (z. B. Baumwolle	Produktion/ Verarbeitung (z. B. Nähfabriken)	Logistik/Handel (Transport und Verkauf)	Konsum (Kauf, Nutzung, Entsorgung)
Soziale und ökonomische Probleme	fehlender Arbeitsschutz, intransparente Lohnzahlungen, Kinderarbeit	Verbot von Gewerkschaften und Kollektivverhand-lungen, geringe Löhne, Arbeitsdruck, Diskriminierung, Belästigungen	schlechte Arbeits-bedingungen auf Containerschiffen, unfaire Handels-praktiken, unverant-wortliche Preispolitik des Handels	gesundheitsge-fährdende Inhalts-stoffe, unsachge-mäße Entsorgung, Greenwashing, Schnäppchenjagd
Ökologische Probleme	Einsatz von gen-manipuliertem Saat-gut (z. B. Bt-Baum-wolle) und Agrar-chemikalien, Verschmutzung von Grundwasser	Einsatz von Chemi-kalien (z. B. Färbe- und Bleichmittel), massiver Energie-verbrauch und Emissionen	Energieverbrauch und Emissionen durch lange Transportwege	Verpackungsmüll, Wegwerfen von Kleidungsstücken, Export von Müll in andere Länder
Nachhaltigkeit (Beispiele für aussagekräftige Label/Siegel, Alternativen, Eigenmarken)	GOTS (Global Organic Textile Standard), Fairtrade Cotton	FWF: Fair Wear Foundation, Fairtrade Textil	z. B. gesamte Ferti-gung in einem Land, um die Transport-wege zu minimieren	Cradle to Cradle Certified ™ Product Standard
Eigenmarken: Continental Clothing Company/Earth Positive, hessnatur				

Abb. 20.2 Beispiele für soziale, ökonomische und ökologische Probleme entlang der textilen Liefer-kette und aussagekräftige Textillabel. (In Anlehnung an CIR, 2022; Entwurf: C. Meyer)

	Fast Fashion	Slow Fashion
Produktion	Massenware, d.h. es werden viele Kleidungsstücke auf den Markt gebracht lange Produktionskette durch Auslagerung der Produktionsschritte in Billiglohnländer überwiegend in Asien, wodurch die Transparenz erschwert wird	qualitativ hochwertige und individuelle Kleidungsstücke; faire und ökologisch vertretbare kurze Produktionskette (regional, Fertigung nur in einem Land des Globalen Südens), transparente Rückverfolgung der Produktionsschritte
	Beschleunigung der Prozessabläufe: innerhalb von 14 Tagen kommen neue Kollektionen der Moderiesen auf den Markt	Entschleunigung der Prozessabläufe: Design von zeitloserer, nach Kund*innenwunsch gestalteter oder auch multifunktionaler Mode
	niedriges Preissegment mit immensen Folgen für Mensch und Umwelt (nicht im Preis einkalkuliert)	mittleres bis hohes Preissegment: „wahre Preise" für einen respekt- und verantwortungsvollen Umgang mit Mensch, Tier und Umwelt
Konsum	„schnell Konsumierende" in einer Wegwerfgesellschaft: mehr kaufen als brauchen, kurze Lebensdauer eines Kleidungsstücks, viel Kleidungsmüll	„langsam Konsumierende" in einer verantwortungsvollen Gesellschaft: weniger und bewusster kaufen, länger tragen
		Reduce, Reuse (Kleidertausch, Secondhand), Recycling, Upcycling, Do-it-yourself, Zero Waste, Cradle to Cradle...

Abb. 20.3 Merkmale von Fast Fashion und Slow Fashion (Meyer & Höbermann, 2020: 3; Schulze & Banz, 2015; Entwurf: C. Meyer)

Politik steht hierfür in der Verantwortung. Im Jahr 2019 wurde beispielsweise mit dem „Grünen Knopf" ein Textilsiegel von staatlicher Seite eingeführt. Die Initiative Lieferkettengesetz ist zudem eine Forderung verschiedener Organisationen an die Politik, Topdown eine nachhaltigere Produktion umzusetzen.

Weiterführende Leseempfehlung
Heinrich, P. (Hrsg.) (2018). *CSR und Fashion. Nachhaltiges Management in der Bekleidungs- und Textilbranche.* Berlin: Springer Gabler. https://doi.org/10.1007/978-3-662-57697-7

Problemorientierte Fragestellungen
- Welche sozialen und ökologischen Probleme gehen mit den globalen Verflechtungen am Beispiel von Kleidung einher?
- Welche Lösungsansätze gibt es für eine nachhaltigere Produktion und einen nachhaltigeren Konsum?

20.2 Fachdidaktischer Bezug: Bildung für nachhaltige Entwicklung

Bildung für nachhaltige Entwicklung (BNE) soll dazu beitragen, Menschen zu zukunftsfähigem Denken und Handeln zu befähigen (BMBF, 2020). 2015 haben die Vereinten Nationen die Agenda 2030 mit ihren 17 Nachhaltigkeitszielen (Sustainable Development Goals, kurz SDGs) verabschiedet und damit zu einer „Transformation unserer Welt" aufgerufen (UN, 2015). Nach der UN-Dekade BNE (2005–2014) und dem sich anschließenden UNESCO-Weltaktionsprogramm (WAP) für BNE (2015–2019) ist 2020 mit dem UNESCO-Programm „BNE 2030" (BMBF, o. J.) eine neue BNE-Dekade gestartet. Die 17 SDGs sind in diesem Jahrzehnt die zentrale Orientierung für BNE (UNESCO & DUK, 2021).

Im Zusammenhang mit BNE werden bestimmte Dimensionen ausgewiesen. Im klassischen Nachhaltigkeitsdreieck sind es *Ökologie*, *Ökonomie* und *Soziales*. Diese wurden in verschiedenen Publikationen entweder um die Dimension *Kultur* erweitert oder um die Dimension *Politik*. Fünf Dimensionen werden in Abb. 20.4 berücksichtigt, wobei zudem der Mensch mit seinen Möglichkeiten, Bottom-up etwas zu verändern, aufgenommen wurde. Er steht der Dimension Politik gegenüber, die für Gemeinschaften auf unterschiedlichen Maßstabsebenen Top-down wirkt (ausführlichere Erläuterung in Meyer, 2018).

Abb. 20.4 Dimensionen und Ziele nachhaltiger Entwicklung (Entwurf: C. Meyer)

Um die Ziele einer nachhaltigen Entwicklung zu erreichen, werden kognitive, sozioemotionale bzw. affektive und verhaltensbezogene Lerndimensionen sowie acht Schlüsselkompetenzen (UNESCO, 2017, UNESCO & DUK, 2021) ausgewiesen, die u. a. an die Gestaltungskompetenz (de Haan, 2008) anknüpfen. Dabei sind Kernkompetenzen wie kritisches und systemisches Denken, Problemlösekompetenz sowie das Entwickeln von Lösungsoptionen, kollaborative Entscheidungsfindung und die Übernahme von Verantwortung für aktuelle und zukünftige Generationen, aber auch Selbstreflexion bzw. Reflexivität auszubilden (DUK, 2014; UNESCO, 2017). Diese Kompetenzen sind auch von Lehrkräften als „Change Agents" (DUK, 2014: 20) zu entwickeln.

Die UNESCO hat in der Roadmap zum WAP als BNE-Lerninhalte dafür beispielsweise nachhaltige Konsum- und Produktionsmuster herausgestellt. Im Kontext einer gesellschaftlichen Transformation wird u. a. der „Übergang zu nachhaltigeren Wirtschaftssystemen und Gesellschaften" betont, einhergehend mit „einem nachhaltigeren Lebensstil" (DUK, 2014: 12). Das dafür notwendige System-, Ziel- und Transformationswissen wird im Zusammenhang mit einer Transformative Literacy bzw. einer transformativen Bildung für BNE vertreten (Singer-Brodowski & Schneidewind, 2014; Meyer, 2020; siehe Abb. 20.5). Damit ist die Fähigkeit gemeint, Transformationsprozesse zu verstehen und sich selbst aktiv in diese einzubringen. Da verinnerlichte Werte den Wandel gestalten und das Handeln leiten, wurden sie in Abb. 20.5 ins Zentrum gesetzt.

Anhand dieser Ausführungen wird deutlich, dass BNE sowohl als normatives Konzept als auch als durchgängiges Unterrichtsprinzip zu verstehen ist, an das daher nicht nur in

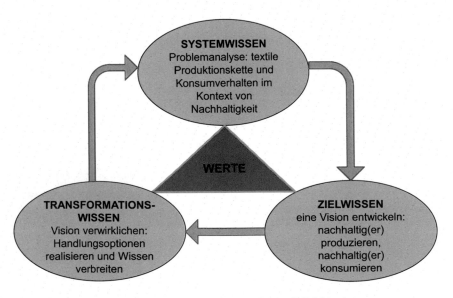

Abb. 20.5 Wissensformen einer Transformative Literacy (Entwurf: C. Meyer)

einzelnen Unterrichtsstunden angeknüpft, sondern das kontinuierlich auf- und ausgebaut werden sollte. Durch die Integration in die Bildungsstandards (DGfG, 2020) sowie Kerncurricula der Länder gibt es dafür (verbindliche) Vorgaben. Dabei ist zu berücksichtigen, dass keine instrumentelle BNE angestrebt wird, sondern der Fokus auf einer kritisch-emanzipatorischen BNE liegen sollte, die zur eigenen begründeten Entscheidungsfindung befähigt (vgl. u. a. Getzin & Singer-Brodowski, 2016).

Globale Verflechtungen und Wertschöpfungsketten sind ein klassisches Thema des Geographieunterrichts, vor allem im Zusammenhang mit der Globalisierung als „fortwährender Prozess der Internationalisierung wirtschaftlicher Aktivitäten inklusive ihres institutionellen und gesellschaftlichen Umfeldes" (Braun & Schulz, 2012: 168). Die Thematisierung dieser am Beispiel der textilen Kette kann im Kontext von BNE vor allem einen Beitrag zur Umsetzung des SDG 8 (Menschenwürdige Arbeit) und des SDG 12 (Nachhaltige/r Konsum und Produktion) leisten (Meyer & Höbermann, 2020). Das im Rahmen dieses Beitrags gewählte Beispiel der Textil- und Bekleidungsindustrie knüpft an alle Dimensionen von Nachhaltigkeit an (Abb. 20.4), eignet sich zur Vermittlung von Transformative Literacy (Abb. 20.5) und entspricht den Zielen der UNESCO-Programme.

Weiterführende Leseempfehlung
UNESCO & DUK (Hrsg.) (2021). *Bildung für nachhaltige Entwicklung. Eine Roadmap.* UNESCO, DUK. https://www.unesco.de/bildung/bildung-fuer-nachhaltige-entwicklung

Bezug zu weiteren fachdidaktischen Ansätzen
Globales Lernen, transformative Bildung, Werte-Bildung

20.3 Unterrichtsbaustein: Nachhaltige Produktion und nachhaltiger Konsum von Kleidung im Geographieunterricht

Im Rahmen des Unterrichtsbausteins wird mit einem Vernetzungsspiel zum Thema „Textil- und Bekleidungsindustrie" eingestiegen, um an das Vorwissen der Lernenden anzuknüpfen und die globalen Verflechtungen sichtbar zu machen (Meyer & Höbermann, 2020). Bei dieser Methode werden, wie in Abb. 20.6 erkennbar ist, Verbindungen zwischen ausgewählten Bildern zur Produktion und zum Konsum von Kleidung begründet hergestellt. Diese werden z. B. mit einem Bindfaden dargestellt, sodass ein Netz entsteht, das die globalen Verflechtungen veranschaulicht. Bilder und Fotos können die einzelnen Stufen der textilen Kette, inklusive Konsum, und die sozialen und ökologischen Probleme veranschaulichen.

Anschließend wird die globale Warenkette am Beispiel von Jeans veranschaulicht. Dazu gibt es verschiedene Materialien, die herangezogen werden können (z. B. Wester-

Abb. 20.6 Ergebnis des Vernetzungsspiels (Meyer & Höbermann, 2020: 8; Foto: C. Meyer)

mann, 2015). Auf dieser Basis werden zur Problematisierung drei Sequenzen aus dem Dokumentarfilm „The True Cost – Der Preis der Mode" von Andrew Morgan gezeigt (Mittrach & Höbermann, 2018), wobei hier der Fokus v. a. auf den ersten beiden Stufen der Lieferkette „Rohstoffgewinnung" und „Produktion/Verarbeitung" liegt (s. Abb. 20.2). Zur Problematisierung bieten sich folgende Sequenzen an: Baumwollproduktion in Indien (Min. 26:12–31:13), Einsturz der Textilfabrik Rana Plaza in Bangladesch (Min. 8:15–9:48) und die Situation der Textilfabrikarbeiterin Shima Akhter (Min. 55:11–59:43). Zudem können auch ökologische Herausforderungen beispielsweise in Bezug auf die Verschmutzung von Flüssen aufgegriffen werden (Mittrach, 2018). Auch dazu liefert der Film Anregungen. Bei Dokumentarfilmen ist allerdings zu beachten, dass diese nicht neutral und daher in ihrer Wirkung auch kritisch zu reflektieren sind. Anhand der gezeigten Sequenzen können in Gruppenarbeit aus den aufgezeigten Problemen Kriterien für eine nachhaltigere Produktion abgeleitet werden (Meyer & Höbermann, 2020).

Um die Rolle von Unternehmen zu verdeutlichen, wird exemplarisch mit den Video-clips und Materialien unter https://fashionforfuture-education.net/de/videos.html

gearbeitet. Anhand von vier ausgewählten Unternehmen, die schon Wege für eine nachhaltigere Produktion eingeschlagen haben, wird auf Basis der Materialien sowie einer Internetrecherche kriterienbasiert geprüft, wie nachhaltig diese aus Sicht der Jugendlichen sind (Meyer & Höbermann, 2020).

Im Kontext der Rolle von Konsumierenden kann im Fachunterricht die Methode des Storytelling genutzt werden (Meyer, 2020), um die Lernenden für (potenzielle) Lösungsansätze zu sensibilisieren. Dabei kann auf die Ansätze aus Abb. 20.7 zurückgegriffen werden. Gleichzeitig sollten diese jedoch auch im Sinne einer kritisch-emanzipatorischen BNE mit Lernenden diskutiert und reflektiert werden, da ethisches Konsumverhalten auch Grenzen hat (siehe Anhang in Meyer & Höbermann, 2020). Hier könnte zudem, z. B. mit Bezug auf die Initiative Lieferkettengesetz, vertiefend diskutiert werden, welche Rolle und Wirksamkeit der Politik zukommt, um eine nachhaltigere Produktion zu realisieren. Wenn mehr Zeit zur Verfügung steht, wie zum Beispiel bei Projekten, könnten Aktionen geplant und durchgeführt werden, die zu einem nachhaltigeren Konsum anregen (Kleidertauschparty, Informationskampagne, Upcycling usw.) (Meyer & Höbermann, 2020).

Ansätze für einen nachhaltigeren Umgang mit Kleidung		
nachhaltiger produzierte Kleidung kaufen	**weniger Neukauf von Kleidung**	**aktiv werden**
• Fair-Fashion-Geschäfte (z. B. glore.de) • Fair-Fashion-Modelabel (z. B. ARMEDANGELS) • Kleidung aus alternativen Fasern (z. B. Lyocell) • Kleidung nach dem Cradle-to-Cradle-Konzept (z. B. TRIGEMA Change) • Produktsiegel beachten (z. B. GOTS) • Recycling (z. B. Recycled Kollektion von Vaude) • ...	• Leihen von Kleidung (z. B. von Freund*innen) • Modetauschbörsen und Second Hand (z. B. Kleidertauschpartys, vinted.de) • Upcycling: „aus alt mach neu" (z. B. Veränderung einer alten Jeans) • „weniger ist mehr" (z. B. mengenmäßige Einschränkung, Verlangsamung des Konsums) • ...	• Aktionen planen (z. B. in der Schule: Abschluss-Shirts) • Engagement in einer Organisation (z. B. Kampagne für Saubere Kleidung, Greenpeace) • Informationen über Produktion im Handel oder bei Marken einholen • Kleidung selber machen (z. B. Schal stricken) • Textilpflege (z. B. reparieren, schonendes Waschen) • ...

Abb. 20.7 Ansätze für eine nachhaltigere Produktion und einen nachhaltigeren Konsum von Kleidung (Entwurf: S. Mittrach)

Beitrag zum fachlichen Lernen

Durch den Unterrichtsbaustein erarbeiten die Lernenden globale Verflechtungen im Kontext des Welthandels sowie globale Handelswege der Produktionsstufen der textilen Lieferkette. Dabei werden die sozialen und ökologischen Probleme, die mit der globalisierten Produktion von Kleidung einhergehen, im Sinne von Systemwissen exemplarisch aufgezeigt. Im Kontext von Bildung für nachhaltige Entwicklung wird anschließend ein Fokus auf SDG 8 (menschenwürdige Arbeit) und SDG 12 (nachhaltige/r Produktion und Konsum) gelegt, um zu Ziel- und Transformationswissen mit Bezug auf Unternehmen sowie Konsumierende beizutragen.

Kompetenzorientierung

- **Fachwissen:** S12 „den Ablauf von humangeographischen Prozessen in Räumen […] beschreiben und erklären" (DGfG, 2020: 14)
- **Beurteilung/Bewertung:** S7 „geographisch relevante Werte und Normen (z. B. Menschenrechte, Naturschutz, Nachhaltigkeit) nennen" (ebd.: 25); S8 „geographisch relevante Sachverhalte und Prozesse […] in Hinblick auf diese Normen und Werte bewerten" (ebd.)
- **Handlung:** S10 „einzelne potentielle oder tatsächliche Handlungen in geographischen Zusammenhängen begründen" (ebd.: 28); S11 „natur- und sozialräumliche Auswirkungen einzelner ausgewählter Handlungen abschätzen und in Alternativen denken" (ebd.)

Klassenstufe und Differenzierung

Der Unterrichtsbaustein kann ab Klassenstufe 9 eingesetzt werden. Voraussetzung ist, dass der Lerngruppe das Konzept und die Dimensionen von Nachhaltigkeit sowie Grundzüge der Globalisierung bekannt sind. Über die Auswahl der Arbeitsmaterialien (z. B. Fotos für das Vernetzungsspiel, Filmszenen) kann der Baustein zeitlich flexibel und an die Bedürfnisse der Lerngruppe angepasst werden. Dabei sollte jedoch die Thematisierung von Lösungsansätzen nicht zu kurz geraten, sodass ca. vier Doppelstunden zu veranschlagen sind. Durch die Möglichkeit der Initiierung einer Kleidertauschparty oder von Informationskampagnen bietet es sich auch an, das Thema im Rahmen einer Projektwoche oder einer Arbeitsgemeinschaft zu vertiefen.

Räumlicher Bezug

Global (Produktion von Kleidung, z. B. in Bangladesch, Indien, China), lokal (Konsum von Kleidung, z. B. in Deutschland)

Konzeptorientierung

Deutschland: Nachhaltigkeitsviereck (Ökonomie, Ökologie, Politik, Soziales)
Österreich: Nachhaltigkeit und Lebensqualität, Arbeit, Produktion und Konsum, Mensch-Umwelt-Beziehungen
Schweiz: Mensch-Umwelt-Beziehungen analysieren (3.2)

20.4 Transfer

In diesem Beitrag wurden globale Verflechtungen am Beispiel von Kleidung exemplarisch thematisiert. Denkbar ist in diesem Zusammenhang auch die Betrachtung der Lieferkette von Smartphones, da dieses globalisierte Produkt ebenfalls einen Lebensweltbezug zu den Lernenden bietet. Lösungsansätze sind jedoch in diesem Fall kaum vorhanden (u. a. Fairphone). Die Betrachtung von Warenketten und der Externalisierung von Kosten verdeutlicht, dass Komplexität und Werte-Bildung als fachdidaktische Ansätze eine zentrale Rolle für eine transformative Bildung spielen und Übertragungen zu diesen Prinzipien möglich sind.

Vor dem Hintergrund des fachdidaktischen Ansatzes der Bildung für nachhaltige Entwicklung lassen sich auch weitere Themen des Geographieunterrichts behandeln. Mit Bezug auf das Umsetzen der SDGs im Kontext der neuen BNE-Dekade kann der Geographieunterricht an alle SDGs anknüpfen, z. B. SDG 11 (Nachhaltige Städte und Gemeinden) oder SDG 13 (Maßnahmen zum Klimaschutz). Es ist jedoch unabdingbar, dass für die Befähigung zu zukunftsfähigem Denken und Handeln Lösungsansätze bzw. -optionen mehr Zeit und Raum im Geographieunterricht erhalten.

Verweise auf andere Kapitel

- Fridrich, C.: *Sozioökonomische Bildung. Standortansprüche – Nachhaltiges Wirtschaften.* Band 2, Kap. 22.
- Hanke, M., Ohl, U. & Sprenger, S.: *Faktische Komplexität. Globale Zirkulation – Golfstromzirkulation.* Band 1, Kap. 8.
- Meyer, C.: *Wertebildung. Landwirtschaft – Tierwohl.* Band 1, Kap. 15.
- Oberrauch, A. & Andre, M.: *Statistik und Visual Analytics. Planetare Belastungsgrenzen – Nachhaltigkeit.* Band 1, Kap. 16.
- Pettig, F. & Raschke, N.: *Transformative Bildung. Zukunftsforschung und Megatrends – Ernährung.* Band 2, Kap. 24.
- Reuschenbach, M.: *Zukunftsorientierung. Globalisierung – Globale Warenketten.* Band 2, Kap. 19.
- Schrüfer, G. & Eberth, A.: *Globales Lernen. Verstädterung – Megacities.* Band 2, Kap. 5.

Literatur

BMBF: Bundesministerium für Bildung und Forschung. (2020). *Bildung für nachhaltige Entwicklung.* https://www.bmbf.de/de/bildung-fuer-nachhaltige-entwicklung-535.html. Zugegriffen: 27. Apr. 2021.

BMBF: Bundesministerium für Bildung und Forschung. (o. J.). *Education for Sustainable Development: Learn for our planet. Act for sustainability.* https://www.bne-portal.de/de/education-for-sustainable-development-towards-achieving-the-sdgs-1729.html. Zugegriffen: 27. Apr. 2021.

Braun, B., & Schulz, C. (2012). *Wirtschaftsgeographie*. Eugen Ulmer.

CIR: Christliche Initiative Romero. (Hrsg.) (2022). *Ein Wegweiser durch das Label-Labyrinth* (komplett überarb. Neuaufl.). CIR.

DGfG: Deutsche Gesellschaft für Geographie. (Hrsg.) (2020). *Bildungsstandards im Fach Geographie für den Mittleren Schulabschluss – mit Aufgabenbeispielen* (10. Aufl.). Selbstverlag.

de Haan, G. (2008). Gestaltungskompetenz als Kompetenzkonzept der Bildung für nachhaltige Entwicklung. In I. Bormann & G. de Haan (Hrsg.), *Kompetenzen der Bildung für nachhaltige Entwicklung* (S. 23–43). Springer VS.

DUK. (2014). *UNESCO Roadmap zur Umsetzung des Weltaktionsprogramms „Bildung für nachhaltige Entwicklung".* DUK.

Franken, N. (2018). CSR in der Kleidungsindustrie aus Verbrauchersicht. In P. Heinrich (Hrsg.), *CSR und Fashion. Nachhaltiges Management in der Bekleidungs- und Textilbranche* (S. 133–154). Springer Gabler. https://doi.org/10.1007/978-3-662-57697-7.

Getzin, S., & Singer-Brodowski, M. (2016). Transformatives Lernen in einer Degrowth-Gesellschaft. *Journal of Science-Society Interfaces, 1*(1), 33–46. https://doi.org/10.5167/uzh-135963.

Heinrich, P. (Hrsg.) (2018). *CSR und Fashion. Nachhaltiges Management in der Bekleidungs- und Textilbranche.* Springer Gabler. https://doi.org/10.1007/978-3-662-57697-7

Meyer, C. (2018). Den Klimawandel bewusst machen – zur geographiedidaktischen Bedeutung von Tiefenökologie und Integraler Theorie im Kontext einer transformativen Bildung. In C. Meyer, A. Eberth, & B. Warner (Hrsg.), *Diercke Klimawandel im Unterricht. Bewusstseinsbildung für eine nachhaltige Entwicklung* (S. 16–30). Westermann.

Meyer, C. (2020). Von Fast Fashion zu Slow Fashion. *Transformative Bildung im Geographieunterricht. Praxis Geographie, 50*(6), 17–23.

Meyer, C., & Höbermann, C. L. M. (2020). B*ewusstseinsbildung für eine „Fashion for Future": Didaktische Konzepte und Materialien für den Unterricht.* (Hannoversche Materialien zur Didaktik der Geographie, Bd. 7). Selbstverlag. https://doi.org/10.15488/10302

Mittrach, S. (2018). Textilien und Flüsse. Der Einfluss der Textilveredelung auf den Lebens- und Wirtschaftsraum Fluss. *Praxis Geographie, 48*(4), 36–40.

Mittrach, S., & Höbermann, C. (2018). „The True Cost – Who Pays the Price for our Clothing?": Eine kritische Analyse der Fast-Fashion-Industrie im Kontext von Nachhaltigkeitsbewertung und -bewusstsein. In C. Meyer & A. Eberth (Hrsg.), *Filme für die Erde – Unterrichtsanregungen zum Lernbereich „Globale Entwicklung" im Kontext einer Bildung für nachhaltige Entwicklung* (Hannoversche Materialien zur Didaktik der Geographie, Bd. 1) (S. 81–101). Selbstverlag. https://doi.org/10.15488/3686.

Schulze, S., & Banz, C. (Hrsg.) (2015). *Fast Fashion – Die Schattenseiten der Mode.* Museum für Kunst und Gewerbe Hamburg.

Singer-Brodowski, M., & Schneidewind, U. (2014). Transformative Literacy. Gesellschaftliche Veränderungsprozesse verstehen und gestalten. In FORUM Umweltbildung im Umweltdachverband (Hrsg.), *Krisen- und Transformationsszenarios: Frühkindpädagogik, Resilienz & Weltaktionsprogramm* (Bildung für nachhaltige Entwicklung: Jahrbuch 2014) (S. 131–140). Selbstverlag.

UM: Ministerium für Umwelt, Klima und Energiewirtschaft Baden-Württemberg. (2017). *Mode und Textil.* https://um.baden-wuerttemberg.de/fileadmin/redaktion/m-um/intern/Dateien/Dokumente/2_Presse_und_Service/Publikationen/Umwelt/Nachhaltigkeit/Themenheft_Textil.pdf. Zugegriffen: 21. Dez. 2020.

UN: United Nations. (2015). *Transforming our World: The 2030 Agenda for Sustainable Development.* https://sustainabledevelopment.un.org/post2015/transformingourworld/publication. Zugegriffen: 13. Dez. 2020.

UNESCO. (2017). *Education for Sustainable Development Goals. Learning Objectives*. UNESCO.

UNESCO & DUK. (Hrsg.) (2021). *Bildung für nachhaltige Entwicklung. Eine Roadmap*. UNESCO, DUK.

WBGU: Wissenschaftlicher Beirat der Bundesregierung Globale Umweltveränderungen. (2011). *Hauptgutachten. Welt im Wandel. Gesellschaftsvertrag für eine Große Transformation*. WBGU.

Welzer, H. (2019). *Alles könnte anders sein. Eine Gesellschaftsutopie für freie Menschen*. S. Fischer.

Westermann. (Hrsg.) (2015). Globale Warenketten (am Beispiel Jeans). https://diercke.westermann.de/content/globale-warenketten-am-beispiel-jeans-978-3-14-100800-5-271-4-1. Zugegriffen: 13. Dez. 2020.

Kommunikation und Argumentation im Geographieunterricht

21

Am Beispiel von Ressourcenkonflikten im Bereich Energie

Alexandra Budke, Miriam Kuckuck und Eva Engelen

▶ **Teaser** Ressourcenkonflikte im Bereich Energie sind für den Geographie-unterricht ein wichtiges Thema. Dieser Themenbereich ist durchdrungen von raumbezogenen Konflikten und der Beteiligung verschiedener Akteur*innen. Die Konflikte können besonders gut durch die Analyse der akteursbezogenen Argumentationen erfasst und beurteilt werden. Im Beitrag wird vorgestellt, wie Schüler*innen bei der Recherche nach Argumenten im Internet und bei der eigenen Formulierung von Argumentationen zum Thema Windkraft-ausbau unterstützt werden können.

Ergänzende Information Die elektronische Version dieses Kapitels enthält Zusatzmaterial, auf das über folgenden Link zugegriffen werden kann https://doi.org/10.1007/978-3-662-65720-1_21.

A. Budke (✉) · E. Engelen
Institut für Geographiedidaktik, Universität zu Köln, Köln, Deutschland
E-Mail: alexandra.budke@uni-koeln.de

E. Engelen
E-Mail: evamarie.engelen@gmail.com

M. Kuckuck
Institut für Geographie und Sachunterricht, Wuppertal, Deutschland
E-Mail: kuckuck@uni-wuppertal.de

21.1   Fachwissenschaftliche Grundlage: Raumnutzungskonflikte – Windkraft

Auseinandersetzungen um Ressourcen sind weltweit gesehen eine der häufigsten Konfliktursachen, die nicht selten gewalttätig ausgeübt werden (Richter, 2018). Auch in Deutschland werden Konflikte um Ressourcen ausgehandelt, hier im Rahmen demokratischer Prozesse. Knapper werdende Ressourcen stellen die Menschheit neben dem Klimawandel bzw. der globalen Erwärmung sowie Prozessen der Globalisierung vor enorme Herausforderungen (Gebhardt, 2013). Unter Ressourcen fallen z. B. Gesteine, Salze, Wasser, fossile Brennstoffe sowie Wind- und Sonnenenergie (Mildner et al., 2011). Die Ressourcen können auch als Georessourcen beschrieben werden, die alle Ressourcen beinhalten, die einer modernen Menschheit als Lebensgrundlage dienen und mit einem Eingriff des Menschen in das System Erde einhergehen (Gebhardt & Glaser, 2011; Haas & Schlesinger, 2007). Dazu zählen vor allem Rohstoffe (wie z. B. Energierohstoffe). Ressourcenkonflikte um Energie werden weltweit ausgetragen, ob es dabei um den Ausbau von Pipelines geht (z. B. Nord Stream 2), um den Ölpreis der OPEC-Länder, um Ressourcen auf dem Meeresgrund, den Braunkohletagebau oder die Errichtung von Windkrafträdern – all diese Konflikte beruhen auf unterschiedlichen Vorstellungen gesellschaftlicher Gruppen bezüglich der Verteilung und Verwendung von Ressourcen und können zu Raumnutzungskonflikten führen.

In Deutschland liegt derweil ein Energiemix aus nicht erneuerbaren (fossilen) und erneuerbaren Energieträgern vor. Nicht erst seit dem „Erneuerbare-Energien-Gesetz" (EEG) aus dem Jahr 2000 wird eine Reduzierung der CO_2-Emissionen vorangebracht. Ziel des EEG ist es unter anderem, die Energiewende und damit den Ausbau erneuerbarer Energien zu erhöhen (WBGU, 2003).

Jedoch bringt auch der Ausbau erneuerbarer Energien Konflikte mit sich. Jede Rauminanspruchnahme ist mit Auseinandersetzungen zwischen unterschiedlichen beteiligten Akteur*innen, von administrativer bis privater Ebene, gekennzeichnet (Ossenbrügge, 1983). „Demnach liegt ein Konflikt vor, wenn ein Prozess zwei oder mehrere unvereinbare Zielvorstellungen von Akteuren vereinigt, also etwas Unvereinbares auftritt" (Kuckuck, 2014: 15). Bezogen auf Ressourcenkonflikte um Windenergie bedeutet dies, dass bei der Planung, beim Bau, bei der Herstellung der Einzelteile, beim Abbau und Recycling sowie beim Ersatz (Repowering), also innerhalb der Wertschöpfungskette, Konflikte zwischen mindestens zwei Akteur*innen/Akteursgruppen entstehen können und diese raumwirksam werden. Die beteiligten Akteur*innen kommunizieren dabei unterschiedlich über den Ressourcenkonflikt sowie in und mit unterschiedlichen Medien (z. B. Tageszeitung, Twitter). Den Argumentationen liegen dabei fachliche, wissenschaftsorientierte (faktische) Informationen sowie persönliche und kontextgebundene (normative) Begründungen zugrunde. Ihre Möglichkeiten, die Interessen zu verfolgen und zu verbreiten, sind dabei sehr unterschiedlich (vgl. auch Beitrag von Keil & Kuckuck in Band 1, Kapitel 23). Akteur*innen können in diesem Prozess

Regierungsvertreter*innen, Hersteller*innen, Anwohner*innen, Umweltschützer*innen, Energiekonzerne usw. sein, die oftmals in einem jahrelangen Prozess für bzw. gegen die Errichtung von Windkraftanlagen Argumente vorbringen und somit ihre Interessen verfolgen (Weiss, 2006). Dabei sind die Argumentationslinien der verschiedenen Akteur*innen komplex und nicht nur für oder gegen den Bau/Ausbau einer Windkraftanlage zu verstehen. Anwohner*innen zum Beispiel können sowohl für als auch gegen den Bau sein. Auch Umweltschützer*innen befürworten auf der einen Seite den Ausbau regenerativer Energiequellen, weisen aber auch daraufhin, dass Windkrafträder einen negativen Einfluss auf die Tierwelt haben können. Der Ressourcenkonflikt um Energie/ Ausbau einer Windkraftanlage ist demnach vielperspektivisch und komplex.

Weiterführende Leseempfehlung
Belling, D. (2020). Räumliche Konflikte. Standort-, Ressourcen-, Grenz- und Tourismuskonflikte. In *geographie heute*, 347, S. 2–7.

Problemorientierte Fragestellungen
- Welche Argumente führen die Akteur*innen im Ressourcenkonflikt um den Bau von Windenergieanlagen an?
- Wie ist der Windkraftausbau in Deutschland zu bewerten?

21.2 Fachdidaktischer Bezug: Argumentation

Ressourcenkonflikte entstehen durch unterschiedliche (Raum-)Wahrnehmungen und konträre Interessen von gesellschaftlichen Akteur*innen bezüglich der Ressourcennutzung. Die unterschiedlichen Ansichten werden durch Argumente begründet und auf unterschiedlichen Kanälen (medial und im persönlichen Kontakt) ausgetauscht. Damit die Schüler*innen im Geographieunterricht Ressourcenkonflikte verstehen und bewerten können, sollten sie lernen, die relevanten Akteur*innen zu identifizieren und ihre Argumente zu analysieren. Dies sollte die Grundlage für die Formulierung eigener Beurteilungen und Bewertungen durch die Schüler*innen sein. Der Geographieunterricht kann demnach zur Meinungsbildung im Sinne der politischen Bildung beitragen.

Es besteht allgemeiner Konsens, Argumentationen als ein Problemlöseverfahren zu definieren, bei dem eine strittige Behauptung durch Begründungen widerlegt oder bestätigt werden soll (u. a. Kienpointner, 1983). Das Ziel der Argumentation ist es demnach, durch logische Begründung bei den jeweiligen Adressat*innen Verständnis für die eingenommene Position zu erreichen und diese ggf. zu überzeugen.

Überlegungen, durch welche Kriterien die Qualität geographischer Argumentationen bestimmt werden kann, sind von besonderer didaktischer Bedeutung, da diese zur Beurteilung von Schüler*innenargumentationen sowie zur Diagnose ihrer Argumentationskompetenzen dienen können. Es lassen sich dabei fachübergreifende von fachspezifischen Kriterien unterscheiden.

Ein wichtiger theoretischer Ansatz zur Bestimmung der fachübergreifenden inhaltlichen Qualität von Argumenten wurde von Kopperschmidt (2016: 62 ff.) vorgelegt. Das erste Kriterium, die Gültigkeit, bezieht sich auf die Qualität der Belege und lässt sich nutzen, um zu untersuchen, ob in einem Argument Belege verwendet werden, die nach dem Forschungsstand in der jeweiligen Disziplin als aktuell richtig angesehen werden. Das zweite Kriterium, die Eignung, gibt an, ob die Geltungsbeziehung sinnvoll zwischen Belegen und Schlussfolgerungen hergestellt wurde. Letztlich muss die vorgebrachte Schlussfolgerung zu dem gestellten Problemkontext passen, was durch das Kriterium der Relevanz untersucht werden kann.

Neben fachübergreifenden Kriterien können fachspezifische Kriterien definiert werden, da die unterschiedlichen Fachdisziplinen unterschiedliche Ansprüche an Argumentationen haben (ausführlicher in Budke et al. 2015: 276). Im Geographieunterricht werden häufig gesellschaftlich kontrovers diskutierte Fragestellungen wie Ressourcenkonflikte aufgegriffen. Diese Mensch-Umwelt-Thematik kann erst durch den Blick auf die Akteur*innen und deren alltägliches „Geographiemachen" (Werlen, 1995) sowie deren unterschiedliche Interessen und Perspektiven (Rhode-Jüchtern, 1995), die sie im Rahmen gesellschaftlicher Diskurse durch Argumentationen ausdrücken (Kuckuck, 2014), analysiert und verstanden werden. Demnach ist ein Qualitätskriterium geographischer Argumentationen die Multiperspektivität. Mit Hinblick auf die Fachidentität ist ferner von großer Bedeutung, dass mit räumlicher Perspektive auf das jeweilige Problem geblickt wird. Dabei finden die unterschiedlichen Raumkonzepte ihre Anwendung (u. a. Wardenga, 2006). Zudem werden besonders komplexe Argumentationen, die u. a. Bedingungen bzw. Ausnahmebedingungen beinhalten und auch Gegenargumente berücksichtigen, als besonders qualitätsvoll angesehen. Es lassen sich neben den fachübergreifenden Kriterien demnach die fachspezifischen Kriterien Multiperspektivität, Raumbezug und Komplexität für geographische Argumentationen bestimmen.

Weiterführende Leseempfehlung

- Budke, Alexandra (2012). „Ich argumentiere, also verstehe ich." Über die Bedeutung von Kommunikation und Argumentation im Geographieunterricht. In Budke, Alexandra (Hrsg.), *Diercke – Kommunikation und Argumentation* (S. 5–18). Braunschweig.   https://www.researchgate.net/publication/337544229_Einleitung_Kommunikation_und_Argumentation_Budke
- Budke, Alexandra; Meyer, Michael (2015). Fachlich argumentieren lernen – Die Bedeutung der Argumentation in den unterschiedlichen Schulfächern. In Budke, Alexandra; Kuckuck, Miriam; Meyer, Michael; Schäbitz, Frank; Schlüter, Kirsten; Weiss, Günther (Hrsg.), *Fachlich argumentieren lernen. Didaktische Forschungen zur Argumentation in den Unterrichtsfächern* (S. 9–28). Waxmann: Münster. https://www.waxmann.com/index.php?eID=download&buchnr=3191

Bezug zu weiteren fachdidaktischen Ansätzen

Problemorientierung, Multiperspektivität, Aktualität, Konfliktorientierung, Bewertung von Argumenten aus Informationsquellen

21.3 Unterrichtsbaustein: Internetrecherchen als Grundlage für Argumentationen zum Thema Windkraftausbau

Zur Behandlung von Ressourcenkonflikten sowie für die Grundlage eigener Argumentation zum jeweiligen Ressourcenkonflikt (hier Windkraftausbau) sollen die Schüler*innen eigenständig recherchieren. Dafür wird die Nutzung des Internets vorgeschlagen. Da die Internetrecherche vor der Vorbereitung der Formulierung von eigenen Argumentationen aber viele Schüler*innen vor Probleme stellt (Engelen & Budke, 2020), werden sie durch Material auf einer digitalen Lernplattform unterstützt.

Internetquellen als Materialgrundlage

Besonders das Internet bietet sich als Quelle für den Unterricht zu Ressourcenkonflikten zum Thema Windenergie an, da hier im Gegensatz zu Schulbüchern aktuelle Argumentationen vieler am Konflikt beteiligter Akteur*innen zu finden sind. Zudem kann durch die Verwendung des Internets für Informationsrecherchen ein hoher Lebensweltbezug bei den Schüler*innen erreicht werden, da sie laut Selbsteinschätzung rund 200 Minuten täglich online verbringen (Feierabend et al., 2020: 24). Da Dokumente im Internet in der Regel über längere Zeit zugreifbar sind, lassen sich im Netz sowohl aktuelle Informationen finden, die den neuesten Stand des Konflikts beschreiben, als auch ältere Informationen, die Entwicklungen aufzeigen können. Darüber hinaus gibt es eine Vielzahl an Möglichkeiten, um den Raum des Konflikts digital zu analysieren, wie Online-Kartendienste (z. B. Google Maps), Geoinformationssysteme (z. B. GEOportal) oder Bilder und Videos.

Allerdings ist zu beachten, dass, anders als allgemein von den heutigen *digital natives* erwartet, viele Schüler*innen große Probleme beim Abrufen und Auswerten von Online-Informationen haben (Eickelmann et al., 2019: 125). Sie hinterfragen Informationen auf Webseiten kaum und stellen ihre Glaubwürdigkeit häufig nicht infrage. Dabei schreiben sie den Autor*innen meist eine altruistische Motivation zu (Metzger et al., 2015). Daher ist es von besonderer Bedeutung, dass die Schüler*innen so didaktisch angeleitet werden, dass sie die Argumentationen verschiedenster Akteur*innen zum jeweiligen Ressourcenkonflikt finden, die vertretenen Positionen und Argumente erkennen, in Beziehung setzen und kritisch bewerten lernen.

Lernplattform zur Argumentationsanalyse auf der Grundlage von Internetrecherchen

Um die genannten didaktischen Ziele erreichen zu können, wurde eine Open Educational Ressource (OER) erstellt, die kostenlos genutzt werden kann und deutschlandweit im

Geographieunterricht einsetzbar ist. Diese wurde theoriebasiert auf der Grundlage von erhobenen Problemen der Schüler*innen bei der Internetrecherche zu Raumnutzungskonflikten erstellt (Engelen & Budke, 2020).

Die Lerneinheit „Internetrecherchen als Grundlage für Argumentationen" ist unter folgendem Link erreichbar: https://www.ilias.uni-koeln.de/ilias/goto_uk_lm_4510018. html. Sie ist in fünf Kapiteln aufgebaut, die als Selbstlerneinheiten gedacht sind, welche die Schüler*innen als Vorbereitung auf den Unterricht zu Hause selbstständig durchführen können. Je nach Kenntnisstand der Schüler*innen können aber auch nur einzelne Module von der Lehrkraft ausgewählt und von den Schüler*innen bearbeitet werden. Um die Auswahl zu erleichtern, sollen die einzelnen Kapitel der Lerneinheit hier kurz vorgestellt werden:

Nach einer kurzen Einleitung (Kap. 1), in der die Ziele der Lerneinheit dargelegt werden, folgt ein Einstieg in die Thematik der Internetrecherche, bei der die Schüler*innen ihre eigene Recherchepraxis in einem Selbsttest reflektieren können (Kap. 2). Das Kernstück der Lerneinheit ist das Kap. 3 in dem die Schüler*innen zunächst wichtige Strategien bei der Internetrecherche kennenlernen (Abschn. 3.1), insbesondere das Finden raumbezogener, multidimensionaler und zeitlich relevanter Informationen, was sich bei einer empirischen Untersuchung als besonders große Herausforderung für Oberstufenschüler*innen in Deutschland herausgestellt hat (Engelen & Budke, 2020). In Abschn. 3.2. werden Strategien zur Meinungsbildung vorgestellt und eingeübt. Da diese auf konfliktrelevanten Fakten beruhen sollte, wird hier eine Tabelle eingesetzt, in der die Rechercheergebnisse differenziert nach Webseiten, Datum der Veröffentlichung, Akteur*innen, Meinungen der Akteur*innen und Informationen zum Konflikt aufgeschrieben werden können. In Abschn. 3.3 lernen die Schüler*innen anschließend Strategien beim Verfassen einer Argumentation zu einem geographischen Konflikt kennen. Wesentliche inhaltliche Aspekte, die beim Verfassen von geographischen Argumentationen berücksichtigt werden sollen, wie die idealtypische Struktur von Argumentationen, werden hier vorgestellt. Die Schüler*innen haben in Kap. 3 der Lerneinheit zu allen Teilbereichen die Möglichkeit, ihr Verständnis durch z. B. Zuordnungsaufgaben, Quizfragen oder Lückentexte zu überprüfen, und können die noch nicht beherrschten Teile jederzeit wiederholen. In Kap. 4 sollten die Schüler*innen das Gelernte dann anwenden und eine eigene Argumentation verfassen. Da sich das Beispiel der digitalen Lerneinheit nicht auf Ressourcenkonflikte beim Thema Windkraft bezieht, wird im Folgenden auf diese Thema angepasstes Unterstützungsmaterial dargestellt.

Didaktisches Unterstützungsmaterial für Argumentationen zu Konflikten beim Ausbau der Windkraft

Das im Folgenden vorgestellte didaktische Unterstützungsmaterial (siehe digitaler Materialanhang) bezieht sich allgemein auf das Thema des Windkraftausbaus in Deutschland und sollte eingesetzt werden, wenn die Lerneinheit zur Internetrecherche bereits behandelt wurde (Link s. o.). Die Aufgabenstellung kann aber leicht durch die

Lehrkraft auf ein spezielles aktuelles Beispiel für die Konflikte um den Windkraftausbau bezogen werden, indem „Deutschland" durch den jeweiligen Ortsnamen ersetzt wird.

Das Material ist in drei Teile gegliedert, in denen auf jene digitale Lerneinheit Bezug genommen wird, in der alle Aspekte bereits theoretisch behandelt wurden. Zunächst wird die Internetrecherche durch eine Tabelle unterstützt, in die relevante Ergebnisse eingetragen werden können (1), dann wird die Meinungsbildung durch eine Tabelle mit Pro- und Kontra-Argumenten sowie einem Meinungsstrahl befördert (2), und im letzten Schritt wird ein Strukturgerüst vorgestellt, das für den Schreibprozess förderlich ist (3).

Nachdem die Schüler*innen ihre Argumentationen verfasst haben, sollte eine Besprechung und Reflexion der Ergebnisse erfolgen. Es kann z. B. die Methode des Peer-Review genutzt werden, damit die Schüler*innen individuelle Rückmeldung bekommen. Die Besprechung im Unterricht kann sich an den ausgefüllten Unterstützungsmaterialien orientieren. Dabei kann noch einmal auf Akteure, die Güte ihrer Argumente sowie die zeitliche und räumliche Dynamik des Konflikts eingegangen werden. Zur abschließenden Reflexion kann das Arbeitsblatt „Reflexion des Lernzuwachses" in der digitalen Lerneinheit genutzt werden.

Beitrag zum fachlichen Lernen

Am Beispiel des Windkraftausbaus lernen die Schüler*innen die Endlichkeit von Ressourcen und die damit einhergehenden Folgen kennen. Neben globalen Konflikten (z. B. um Wasser, seltene Erden etc.) geht es hier um Inanspruchnahmen von Land und die Umsetzung innerhalb der Wertschöpfungskette zu Windkraftanlagen. Die Schüler*innen lernen, dass solche Prozesse häufig mit Konflikten verbunden sind. Konflikte werden zwischen verschiedenen Akteur*innen ausgetragen, die ihre Intentionen und Interessen verfolgen und verbreiten und dazu verschiedene Informationskanäle nutzen. Der Umgang mit Quellen, deren Bewertung, die Identifikation von Argumenten und das Verfassen einer eigenen Argumentation werden hier geübt.

Kompetenzorientierung

Kommunikation: S5 „im Rahmen geographischer Fragestellungen die logische, fachliche und argumentative Qualität eigener und fremder Mitteilungen kennzeichnen und angemessen reagieren" (DGfG, 2014: 22); S6 „an ausgewählten Beispielen fachliche Aussagen und Bewertungen abwägen und in einer Diskussion zu einer eigenen begründeten Meinung und/oder zu einem Kompromiss kommen (z. B. Rollenspiele, Szenarien)" (ebd.: 23).

Dieser Artikel fokussiert auf Argumentationskompetenzen, die bei der Behandlung von Ressourcenkonflikten im Geographieunterricht bei den Schüler*innen gefördert werden sollten. Wichtig für die Planung des Unterrichts ist die Überlegung, welche Bereiche der Argumentationskompetenz bei den Schüler*innen gezielt gefördert werden sollen. Auf der Grundlage des Gemeinsamen Europäischen Referenzrahmens für Sprachen (GER, Europarat, 2001) können verschiedene Dimensionen der Argumentationskompetenz identifiziert werden (Budke et al., 2010: 184). Es lassen sich zunächst mündliche von schriftlichen Argumentationskompetenzen unterscheiden und für beide Bereiche die Dimensionen der Rezeption, der Interaktion und der Produktion.

Innerhalb der nationalen Bildungsstandards für Geographie kann man die Argumentationskompetenzen zunächst in den Bereich der Kommunikationskompetenzen einordnen.

Tatsächlich könnte die Argumentation auch allen anderen Kompetenzbereichen der Bildungsstandards zugeordnet werden, da durch das Argumentieren fachliche Zusammenhänge besser verstanden werden können (Fachkompetenz), räumliche Wahrnehmungen und Konzepte unterschiedlicher gesellschaftlicher Gruppen verstanden werden können (Räumliche Orientierung), die eigene Meinung formuliert und fachlich angemessen begründet werden kann (Bewertungskompetenz), woraus dann letztlich Handlungen abgeleitet werden (Handlungskompetenz).

Klassenstufe und Differenzierung

Mit dem Thema Ressourcen(verfügbarkeit) beschäftigen sich die Schüler*innen bereits in der Sekundarstufe I, beispielsweise in NRW im Inhaltsfeld „Innerstaatliche und globale Disparitäten", in dem „Kenntnisse über gesellschaftliche und wirtschaftliche Strukturen, die unterschiedliche Ressourcenverfügbarkeit [als] eine wichtige Grundlage für das Verständnis von Entwicklungsunterschieden [...] erworben werden sollen" (MSB NRW, 2019: 15). Ebenso ist das Thema Energie in der Sekundarstufe I (Inhaltsfeld 5: Wetter und Klima) zu verorten. Auch bzw. gerade in der Oberstufe finden sich thematisch viele Bezüge zu Ressourcenkonflikten, ganz explizit am Beispiel Energie, aber auch im Bereich Landwirtschaft sowie bei sozioökonomischen Entwicklungsständen (MSB NRW, 2013).

Die hier beschriebene Unterrichtseinheit richtet sich an Schüler*innen der Sekundarstufe II. Je nach Fähigkeiten der Schüler*innen zur fachbezogenen Internetrecherche kann entweder die gesamte OER als Vorbereitung bearbeitet werden oder nur einzelne Kapitel.

Räumlicher Bezug

National (Deutschland)

Konzeptorientierung

Deutschland: Mensch-Umwelt-System (menschliches (Teil-)System, natürliches (Teil-) System), Raumkonzepte (Raum als Container, Beziehungsraum, wahrgenommener Raum, konstruierter Raum)
Österreich: Nachhaltigkeit und Lebensqualität, Interessen, Konflikte und Macht, Mensch-Umwelt-Beziehungen
Schweiz: Mensch-Umwelt-Beziehungen analysieren (3.3)

21.4   Transfer

Ressourcenkonflikte gibt es auf allen Maßstabsebenen und zu unterschiedlichen Ressourcen (Wasser, Salz, seltene Erden, Gold etc.). Die Thematik kann auch auf diese Bereiche übertragen werden, ebenso auf andere raumbezogene Konflikte wie z. B. zu Grenzziehungen, Besitzansprüche im öffentlichen Raum, Land Grabbing usw. Die Betrachtung der Akteur*innen und ihrer Äußerungen in Diskussionen können dabei von den Schüler*innen analysiert werden. Zur Partizipation an gesellschaftlichen Diskursen und zur eigenen Meinungsbildung ist der Umgang mit Quellen, die Entnahme von Informationen und deren Bewertung von großer Bedeutung.

Verweise auf andere Kapitel
Brendel, N. & Mohring, K.: *Partizipation. Digitalisierung – Virtualität*. Band 2, Kapitel 27.
Fögele, J., Mehren, R. & Rempfler, A.: *Systemkompetenz. Planetare Belastungsgrenzen – Stickstoff*. Band 1, Kapitel 17.
Jahnke, H. & Bohle, J.: *Raumkonzepte. Grenzen – Europas Grenzen*. Band 2, Kapitel 12.
Keil, A. & Kuckuck, M.: *Handlungstheoretische Sozialgeographie. Energieträger – Energiewende*. Band 1, Kapitel 23.

Förderhinweis
Die Erstellung der in diesem Artikel vorgestellten digitalen Lerneinheit wurde im Rahmen des Projekts „Generalisierbarkeit und Transferierbarkeit digitaler Fachkonzepte am Beispiel mündiger digitaler Geomediennutzung in der Lehrkräftebildung" (DiGeo) vom Bundesministerium für Bildung und Forschung (BMBF) gefördert, Förderkennzeichen 16DHB3003.

Literatur

Budke, A., Schiefele, U., & Uhlenwinkel, A. (2010). Entwicklung eines Argumentationskompetenzmodells für den Geographieunterricht. *Geographie und ihre Didaktik/Journal of Geography Education, 38*(3), 180–190.
DGfG. (Hrsg.). (2014). *Bildungsstandards im Fach Geographie für den Mittleren Schulabschluss mit Aufgabenbeispielen* (8. Aufl.). DGfG.
Eickelmann, B., Bos, W., Gerick, J., Goldhammer, F., Schaumburg, H., Schwippert, K., Senkbeil, M., Vahrenhold, J., & Waxmann Verlag. (2019). *ICILS 2018 #Deutschland Computer- und informationsbezogene Kompetenzen von Schülerinnen und Schülern im zweiten internationalen Vergleich und Kompetenzen im Bereich Computational Thinking*. https://kw.uni-paderborn.de/fileadmin/fakultaet/Institute/erziehungswissenschaft/Schulpaedagogik/ICILS_2018__Deutschland_Berichtsband.pdf.
Europarat. (2001). *Gemeinsamer europäischer Referenzrahmen für Sprachen: Lernen, lehren, beurteilen*. https://rm.coe.int/1680459f97 (Zugriff).

Engelen, E., & Budke, A. (2020). Students' approaches when researching complex geographical conflicts using the internet. *Journal of Information Literacy, 14*(2), 4–23. https://ojs.lboro. ac.uk/JIL/article/view/PRA-V14-I2-1/2916.

Feierabend, S., Rathgeb, T., & Reutter, T. (2020). *JIM-Studie 2019: ugend, Information, Medien – Basisuntersuchung zum Medienumgang 12- bis 19-Jähriger* (M. F. S. mpfs, Hrsg.). https://www.mpfs.de/fileadmin/files/Studien/JIM/2019/JIM_2019.pdf. (21.12.2020).

Gebhardt, H. (2013). Ressourcenkonflikte und nachhaltige Entwicklung – Perspektiven im 21. *Jahrhundert. Mitteilungen der Fränkischen Geographischen Gesellschaft, 59*, 11–22.

Gebhardt, H., & Glaser, R. (2011). Hotspots und Tipping Points von Global Change, Globalisierung und Ressourcenknappheit. In Gebhardt et al. (Hrsg.), *Geographie. Physische Geographie und Humangeographie* (S. 1172–1178). Verlag.

Haas, H.-D., & Schlesinger, D. M. (2007). *Umweltökonomie und Ressourcenmanagement.* Verlag, Institut für Geographie und Wirtschaftsgeographie der Universität Hamburg.

Kienpointner, M. (1983). *Argumentationsanalyse: Manfred Kienpointer.* Verlag des Instituts für Sprachwissenschaft der Universität.

Kopperschmidt, J. (2016). *Argumentationstheorie zur Einführung.* Junius Verlag.

Kuckuck, M. (2014). Konflikte im Raum. Verständnis von gesellschaftlichen Diskursen durch Argumentation im Geographieunterricht. *Geographiedidaktische Forschungen, 54*, Münster.

Metzger, M. J., Flanagin, A. J., Markov, A., Grossman, R., & Bulger, M. (2015). Believing the unbelievable: understanding young people's information literacy beliefs and practices in the United States. *Journal of Children and Media, 9*(3), 325–348. https://doi.org/10.1080/1748279 8.2015.1056817(21.12.2020).

Mildner, S.-A., Richter, S., & Lauster, G. (2011). Einleitung: Konkurrenz + Knappheit = Konflikt? In S.-A. Mildner (Hrsg.), *Konfliktrisiko Rohstoffe? Herausforderungen und Chancen im Umgang mit knappen Ressourcen* (S. 9–17). Verlag. https://www.swp-berlin.org/fileadmin/contents/products/studien/2011_S05_mdn_ks.pdf. Zugegriffen: 25. Jan. 2021.

Ministerium für Schule und Weiterbildung des Landes Nordrhein-Westfalen (MSW NRW). (2013). *Kernlehrplan für die Sekundarstufe II Gymnasium/Gesamtschule in Nordrhein-Westfalen.* Düsseldorf.

Ministerium für Schule und Bildung des Landes Nordrhein-Westfalen (MSB NRW). (2019). *Kernlehrplan für die Sekundarstufe I. Gymnasium in Nordrhein-Westfalen.* Düsseldorf.

Ossenbrügge, J. (1983). *Politische Geographie als räumliche Konfliktforschung. Konzepte zur Analyse der politischen und sozialen Organisation des Raumes auf der Grundlage anglo-amerikanischer Forschungsansätze.* Verlag, Institut für Geographie und Wirtschaftsgeographie der Universität Hamburg.

Richter, S. (2018). *Ressourcenkonflikte.* https://www.bpb.de/internationales/weltweit/innerstaat-liche-konflikte/76755/ressourcenkonflikte#footnode2-2. Zugegriffen: 25. Jan. 2021.

Rhode-Jüchtern, T. (1995). *Raum als Text. Perspektiven einer konstruktiven Erdkunde.* Institut für Geographie der Universität Wien.

Werlen, B. (1995). *Sozialgeographie alltäglicher Regionalisierungen. Bd. 1. Zur Ontologie von Gesellschaft und Raum.* Steiner.

Wardenga, U. (2006). Raum- und Kulturbegriffe in der Geographie. In M. Dickel & D. Kanwischer (Hrsg.), *TatOrte. Neue Raumkonzepte didaktisch inszeniert* (S. 21–47). Lit.

WBGU. (2003). *Welt im Wandel: Energiewende zur Nachhaltigkeit.* Springer.

Weiss, G. (2006). Der Kampf gegen die Windmühlenflügel. Umweltkonflikte um Windenergieanlagen im Kölner Raum. In P. Sauerborn et al. (Hrsg.), *Fachwissenschaft und Fachdidaktik. Aktuelle Beiträge zur Geographie Deutschlands* (S. 71–80). Shaker.

Sozioökonomische Bildung

22

Standortansprüche und ihre Veränderung.
Das Wirkungsgefüge Gesellschaft, Wirtschaft, Politik
und Umwelt in einem alpinen Fallbeispiel

Christian Fridrich

▶ **Teaser** Sozioökonomische Bildung stellt den in gesellschaftlichen Kontexten räumlich und wirtschaftlich agierenden Menschen ins Zentrum. Wirtschaft wird als gesellschaftlich eingebettet sowie konstituiert und daher als von jedem Menschen mitgestaltbar verstanden. Demzufolge unterliegen auch Standortansprüche nicht „naturgesetzlichen" Prinzipien, sondern sind Ausdruck mehrperspektivischer gesellschaftlicher Aushandlungsprozesse im Wirkungsgefüge Gesellschaft, Wirtschaft, Politik und Umwelt. Diese Prozesse sind mit Reflexion, individueller Emanzipation und gesellschaftlicher Partizipation von mitgestaltungswilligen und -fähigen (jungen) Menschen eng verknüpft.

22.1 Fachwissenschaftliche Grundlage: Standortansprüche – Nachhaltiges Wirtschaften

Im Unterricht kann die Verlockung groß sein, Themen wie „Standort", „Standortfaktoren" oder „Standortansprüche" eher abbilddidaktisch, monoperspektivisch und deskriptiv – eventuell noch mit Fallbeispielen versehen – umzusetzen (Abb. 22.1,

Ergänzende Information Die elektronische Version dieses Kapitels enthält Zusatzmaterial, auf das über folgenden Link zugegriffen werden kann https://doi.org/10.1007/978-3-662-65720-1_22.

C. Fridrich (✉)
Fachbereich Geographische und Sozioökonomische Bildung, Pädagogische Hochschule Wien, Wien, Österreich
E-Mail: Christian.Fridrich@phwien.ac.at

linke Grafik). Meist folgen derartige Umsetzungen reinen Kosten-Nutzen-Kalkülen, monetären Effizienzkriterien und letztendlich dem Ziel der Ökonomisierung des Denkens und Handelns. Die Analyse und Umsetzung des Kosten-Nutzen-Prinzips wird hier als verkürzter und deswegen stark kritisierter Zugang erachtet, weil er erstens monodisziplinär, nämlich ausschließlich wirtschaftswissenschaftlich, und zudem zweitens allzu oft monoparadigmatisch, mit **neoklassischer Modellbildung,** ausgerichtet ist (zur Vertiefung siehe digitalen Materialanhang).

Im Rahmen der **handlungstheoretischen Sozialgeographie** hingegen wird unter anderem deutlich, dass nur Menschen Interessen, Anforderungen und Handlungsoptionen entwickeln können, die sie mit unterschiedlicher Machtausstattung realisieren oder auch nicht (z. B. Weichhart, 2018). Es ist somit von einer wechselseitigen Beziehung zwischen Akteur*innen und dem „Sozialen", nämlich gesellschaftlichen und wirtschaftlichen Rahmenbedingungen auszugehen. Einerseits wird durch menschliche Handlungen im Rahmen von Alltagspraktiken „das Soziale" erst durch Handlungsfolgen konstituiert, gestaltet und verändert. Andererseits bildet Soziales den Bezugsrahmen, jedoch keine kausalistische oder gar deterministische Vorgabe für Alltagspraktiken von Akteur*innen. Soziales steht daher in einer dynamischen und fortwährenden Entwicklung (Werlen, 1995: 56) und die Kategorie „Raum" ist als Projektionsfläche sozialen Handelns zu verstehen. „Raumprobleme" sind aus dieser Perspektive Herausforderungen der Bewältigung von als problematisch wahrgenommenen Konstellationen zwischen physisch-materiellen Gegebenheiten und intendierten bzw. realisierten Handlungen (Weichhart, 1996: 39; Werlen, 1997: 392; Fridrich, 2018: 84 ff.).

Dementsprechend wird in diesem Beitrag ein Perspektivenwechsel von allgemein formulierten Standortansprüchen hin zu handelnden Subjekten in Alltagskontexten voll-

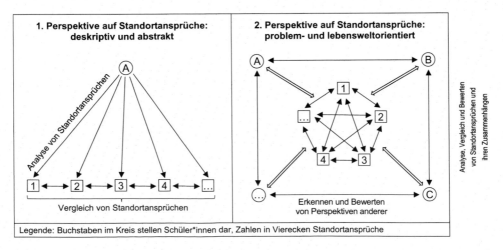

Abb. 22.1 Schematische Darstellung von zwei unterschiedlichen Perspektiven auf Standortansprüche in unterrichtspraktischen Umsetzungen (Quelle: Eigene Darstellung)

zogen, wie er beispielsweise bei der Wahl einer Wohnung, einer Urlaubsdestination oder eines „Einkaufserlebnisses" immer wieder bewusst oder unbewusst in subjektiv gestaltete Lebenswelten integriert wird. Dabei kommen verschiedene Interessen, Handlungsspielräume und Umsetzungsoptionen unterschiedlicher Akteur*innen zum Tragen und konkurrieren miteinander, was nicht selten zu gesellschaftlich konstituierten Widersprüchen bis hin zu Standortkonflikten führt, mehrere individuelle Perspektiven von Schüler*innen integriert und Aushandlungsprozesse erforderlich macht (Abb. 22.1, rechte Grafik). Die Doppelpfeile symbolisieren die Wechselbeziehung zwischen analysierenden Lernenden und dem „Wirkungsgefüge im Analysegegenstand", hier also Zusammenhänge zwischen und Beeinflussungen von einzelnen Standortanforderungen.

Im vorliegenden Fallbeispiel kommen Widerstreit und Wandel von Standortansprüchen zum Ausdruck. Dieses Exempel stammt aus einer kontrovers diskutierten Realsituation aus den Alpen in Tirol und wurde ausschließlich mit originalen Text-, Bild- und Kartenquellen aufbereitet. Es geht pointiert formuliert um die Frage: „Sollen die beiden Gletscherskigebiete Ötztal und Pitztal verbunden werden oder nicht?" Dabei kann es nicht um die Beantwortung dieser Frage mit „ja" oder „nein" gehen, denn es werden durch die beiden Mesomethoden „Mystery" und „Problemszenario einer Umweltverträglichkeitsprüfung" ausführliche und mehrperspektivisch differenzierte Antworten gefordert. Zudem geht es im Kontext der Analyse von Zusammenhängen im Wirkungsgefüge *Gesellschaft, Wirtschaft, Politik und Umwelt*, um Einnehmen und Begründen einer reflektierten Perspektive, um Bewerten von Argumenten und Perspektiven anderer sowie um Sensibilisierung für Denk- und Handlungsalternativen. So sind in diese Reflexionen zu Standortansprüchen teilweise widersprüchliche Aussagen in den Dimensionen Tourist*innen, Tourismusentwickler*innen, Seilbahnbetreiber*innen, Nachhaltigkeitsförder*innen, Gletscheraufschließer*innen, Gemeinde- und Landespolitiker*innen etc. einzubeziehen. Nicht zuletzt deswegen ist einfachen Antworten auf vordergründig leicht zu beantwortende, jedoch im Kern komplexe Fragestellungen prinzipiell zu misstrauen (zur Vertiefung siehe digitalen Materialanhang).

Weiterführende Leseempfehlung

Gebhardt, H., Glaser, R., Radtke, R., Reuber, P. & Vött, A. (2020). *Geographie.* Physische Geographie und Humangeographie. 3. Aufl. Heidelberg: Springer Spektrum.

Problemorientierte Fragestellung

Wie wirken sich verändernde und widersprüchliche Standortansprüche von Akteur*innen in mehrperspektivischen gesellschaftlichen Aushandlungsprozessen auf die Gestaltung von Räumen aus?

22.2 Fachdidaktischer Bezug: Sozioökonomische Bildung

Als fachdidaktischer Ansatz ist das Paradigma der sozioökonomischen Bildung zentral, welches auf den hier relevanten Bildungsgegenstand *Wirtschaft und Wirtschaften in der Gesellschaft* fokussiert. Junge Menschen sollen zu reflektiertem Denken, Bewerten und Handeln in Wirtschaft, Gesellschaft und Umwelt ermutigt werden, was einen sozialwissenschaftlichen Bezug im Sinne von ganzheitlich-vernetzten gesellschaftlichen, wirtschaftlichen, politischen und auch ökologischen Zugängen erforderlich macht, der auch als „integrativ-geographischer" Bezug bezeichnet werden kann. Die Zugangsweise ist daher multi- und transdisziplinär sowie insofern multiparadigmatisch, als ausgewählte relevante wissenschaftliche Paradigmen integriert werden (Hedtke, 2018: 101–104). Zur massiven Kritik an verengten monoparadigmatischen Zugängen siehe den digitalen Materialanhang (2. Vertiefung).

Im Gegensatz dazu versteht die eingangs ausgeführte sozioökonomische Bildung Wirtschaft, Raumnutzungen und daher auch Nutzungsansprüche als in die Gesellschaft eingebettet und von dieser konstituiert. Folgerichtig existiert nicht ein einzig richtiger, „rein" ökonomischer Standpunkt, nach dem im Sinne des TINA-Prinzips gedacht und gehandelt werden muss, sondern eine Vielzahl von Perspektiven, die von Menschen, Akteur*innengruppen und Institutionen vertreten werden (Ulrich, 2001, S. 3). Sozioökonomische Bildung orientiert sich an zentralen, theoretisch fundierten Prinzipien (Hedtke, 2018: 46–65, 95–235; Fridrich & Hofmann-Schneller, 2017: 56 f.; Fridrich, 2020: 22; Engartner et al., 2021: 73–132): Sozialwissenschaftlichkeit, Pluralität, Subjektorientierung, Problemorientierung (zur Vertiefung siehe digitalen Materialanhang).

In der Regel laufen komplexe gesellschaftliche Prozesse in einem Subjektivitäts-Sozialitäts-Konnex ab, indem subjektive Einschätzungen, Ideen und Handlungen von Menschen oder Interessengruppen gesellschaftlich wirksam werden und diese gesellschaftlichen Rahmenbedingungen wiederum auf Menschen rückwirken. Dies bedeutet die Notwendigkeit einer Analyse von eigenen und fremden Ansprüchen ebenso wie die Optionen ihrer Umsetzung. Unterkomplexe, kontingenz- und alternativlose Unterrichtsarrangements sind daher gemäß dem Kontroversitätsgebot des Beutelsbacher Konsens abzulehnen. Es gilt: „Was in Wissenschaft und Politik kontrovers ist, muss auch im Unterricht kontrovers erscheinen" (Wehling, 1977: 179).

Auch wenn bloße Kosten-Nutzen-Kalküle im Kontext der ökonomischen Bildung eben kritisch diskutiert wurden, kommen sie doch in Originalaussagen einzelnen Akteur*innen in den folgenden Unterrichtsbausteinen (insbesondere im Mystery) zum Ausdruck. Die Handlungsfelder der sozioökonomischen Bildung lassen sich jedoch keinesfalls auf eine abbilddidaktisch generierte „kleine BWL oder VWL" reduzieren, sondern stellen vier miteinander vernetzte Bereiche dar, die als *big four* der sozioökonomischen Bildung besonders auch für in deren Rahmen generierte Lehr-Lern-Arrangements große Relevanz haben:

1. Haushalt und Konsum: Privathaushalte sind jene gesellschaftlichen und wirtschaftlichen Basiseinheiten, in denen Güter und Dienstleistungen produziert und konsumiert werden, Geld ausgegeben und angelegt wird, Kredite aufgenommen, Verträge geschlossen sowie kurz- und langfristige finanzielle Planungen vorgenommen werden. In diesem Fallbeispiel konsumieren Tourist*innen ihren „hochalpinen Urlaub".

2. Berufsorientierung und Arbeitswelt: Bildungs- und Berufsorientierung sowie vielfältige Themen der Arbeitswelt inklusive Einkommen sollten in allen Schulstufen vertreten sein. Mehrperspektivische Betrachtungen, wie etwa Arbeitnehmer*innen- und Arbeitgeber*innenperspektiven, sowie Aktualitäts- und Lebensweltbezug sind bedeutsam. In diesem Exempel sind verschiedene Berufsgruppen in den Wintersport involviert und beziehen daraus Einnahmen.

3. Gesellschaft und Staat: Wirtschaftliche Entscheidungen und Handlungen sind immer auch mit Interessen sowie Macht verbunden und können auf gesellschaftliche Auswirkungen bezüglich mehrerer Maßstabsebenen verweisen, wie etwa bei Erschließung oder Nichterschließung weiterer Skigebiete mit regionalen Auswirkungen sowie mit Wechselbeziehungen zur Raumordnung des betreffenden Bundeslandes.

4. Geld und Finanzen: Dieser Bereich wird zwar als eigenständiger Aspekt angeführt, weist jedoch, wie aus den obigen drei Bereichen ersichtlich ist, den Charakter einer Querschnittsmaterie auf. Bedeutsam ist in diesem Kontext, dass nur manche, aber bei Weitem nicht alle Aspekte monetär ausdrückbar sind und dass monetäre Kosten-Nutzen-Kalküle nie den alleinigen Maßstab bilden können (siehe oben), sondern vielmehr nach den Gelingensbedingungen eines „guten Lebens" nachzufragen ist.

Weiterführende Leseempfehlung

- Belling, D. (2020): Räumliche Konflikte. Standort-, Ressourcen-, Grenz- und Tourismuskonflikte. *Geographie heute*, 347, 2–7. (Anm.: Dieses Heft widmet sich in zahlreichen Unterrichtsbeispielen dem Thema „Räumliche Konflikte".)
- Engartner, T., Hedtke, R., Zustrassen, B. (2021): *Sozialwissenschaftliche Bildung*. Politik – Wirtschaft – Gesellschaft. Paderborn: Verlag Ferdinand Schöningh. (Anm.: Dieser Band ist *state of the art,* sowohl hinsichtlich Didaktik als auch Methodik, und liefert auch Inspirationen zur unterrichtspraktischen Umsetzung.)

Bezug zu weiteren fachdidaktischen Ansätzen

Aktualitätsprinzip, Kontroversitätsprinzip, Perspektivenwechsel

22.3   Unterrichtsbausteine:
Standortansprüche und ihre Veränderung

Mit den Unterrichtsbausteinen werden exemplarisch Standortansprüche in verschiedenen
Akteur*innenperspektiven, in unterschiedlichen thematischen Dimensionen und teilweise auch im zeitlichen Wandel des hochalpinen Skisports bearbeitet. Skisport,
Gletschernutzung und Gletscherschwund im Hochgebirge zählen zumindest zu medial
vermittelten Lebenswelten von Jugendlichen, sind für nicht wenige Jugendliche durch
den Wintersport direkt erfahrbar und besonders für im alpinen Gebiet wohnende Jugendliche Teil ihrer Lebenswelten.

Baustein 1: Bildimpuls
Mittels eines Bildimpulses über ein hochalpines Gebiet in den Ötztaler Alpen
(Abb. 22.2) notieren Schüler*innen Assoziationen. Diese werden in einem zweiten
Schritt zu einem Thema in Form eines einzelnen Wortes oder einer Wortgruppe ver-
dichtet sowie schließlich das Ergebnis mit dem*der Sitznachbar*in verglichen.
Anschließend soll jede Zweiergruppe versuchen, ein gemeinsames Thema zu finden,

Abb. 22.2 Blick vom Hinteren Brunnenkogel nach Süden über den Taschachferner zur Wildspitze in
den Ötztaler Alpen, Tirol – Österreich. Bildquelle: WWF/Vincent Sufiyan (Anm.: Mit dem Bild wird
bewusst noch nicht auf den Konflikt hingewiesen, denn dieses im Bild sichtbare Gebiet steht unter
Schutz.)

wodurch bereits in dieser Phase divergierende Wahrnehmungen und Schwerpunkte erkennbar werden. Anschließend werden die gefundenen Themen im Plenum verglichen, wobei erneut deutlich wird, dass dasselbe Bild zu unterschiedlichen Assoziationen und Begriffszuschreibungen führen kann, die positiv, negativ, deskriptiv, analytisch etc. sein können. Unterschiedliche Wahrnehmungen einer Darstellung und ihre subjektiven Bezüge im Sinne konstruktivistischer Ansätze treten zutage.

Am Ende dieses ersten Bausteins werden Schüler*innen im Sinne der Berücksichtigung der individuellen Bedeutsamkeit motiviert, Thesen zu erstellen, warum sie von diesen Prozessen betroffen sind. Provokant formuliert könnte dies lauten: „Was gehen mich in Duisburg (Wien, Berlin, Eisenstadt …) die Gletscher in den Tiroler Alpen an?" Diese Thesen werden in Baustein 4 nochmals aufgegriffen.

Baustein 2: Mystery

Ein Mystery mit der Leitfrage „Sollen die beiden Gletscherskigebiete Ötztal und Pitztal verbunden werden oder nicht?" wird bearbeitet. Diese Frage sowie die dazu auf Infokärtchen wiedergegebenen charakteristischen Aussagen entstammen den Lebenswelten von Akteur*innen aus den Ötztaler Alpen und werden dort und überregional kontrovers diskutiert. „Eine" Lösung gibt es nicht, die Umweltverträglichkeitsprüfung liegt auf Eis und eine Bürger*innenbefragung in einer der betroffenen Gemeinden, St. Leonhard im Pitztal, ging sehr knapp für eine unberührte Erhaltung des Gletschers aus (Stand: Juli 2022). Mit den Antwortversuchen können Gewinner*innen und Verlierer*innen sowie ihre Relationen zueinander gemeinsam mit gesellschaftlich produzierten Widersprüchen identifiziert werden. Mysterys sind eine Form von problemorientierten und kognitiv aktivierenden Aufgabenformen, bei denen Lernende in einer Kleingruppe aus einer Vielzahl von Informationen bzw. Aussagen eine inhaltliche Strukturierung z. B. mit einem grafischen Wirkungsgefüge und die Beantwortung der Leitfrage versuchen (Leat, 1998). Mysterys weisen folgende Charakteristika auf (Schuler, 2012: 4; Fridrich, 2015: 52 f.): inhaltliche Multiperspektivität, problemorientierte Lernumgebung, Integration von Schüler*innenvorstellungen, Offenheit, sozialer Kontext, Motivation, Argumentation bei der Präsentation und metakognitives Lernen mit Reflexion des Lernzuwachses (für Material zu Baustein 2 „Mystery" siehe digitalen Materialanhang).

Baustein 3: Problemszenario Umweltverträglichkeitsprüfung (UVP)

Methodisch folgt dieses Problemszenario der Mesomethode „Pro- und Kontra-Debatte" (Schleicher, 2013). Inhaltlich lehnt sich der Ablauf an die Realität der mündlichen Verhandlung im Rahmen einer – in diesem Fall in der Realität rund drei Tage dauernden – UVP an. Im Zentrum stehen Vorbereitung, Durchführung und Umsetzung des auf den vier Prinzipien (Sozialwissenschaftlichkeit, Pluralität, Subjektorientierung und Problemorientierung) der sozioökonomischen Bildung basierenden Problemszenarios „Mündliche Verhandlung der Umweltverträglichkeitsprüfung ‚Skigebietserweiterung und -zusammenschluss Pitztal – Ötztal'" (UVP). Dazu können die originalen, im Mystery verwendeten Aussagen oder das von den Schüler*innen selbst entwickelte grafische

Wirkungsgefüge eingesetzt werden. Als Vorbereitung können zusätzlich die im Material anhand von vier Bildern in jeweils zwei Gegensatzpaaren („Gletscherverbauung" versus „Gletscherehe" und „Abtrag" versus „Kuppierung" eines Grates) unterschiedlichen Wahrnehmungen und Darstellungen dienen. Mit vier problemorientierten, originalen Kurztexten zu dieser Region werden verschiedene Perspektiven in einem unterschiedlichen räumlichen, zeitlichen, institutionellen und politischen Kontext dargestellt. Die ersten beiden Initiativen kämpfen gegen den Gletscherzusammenschluss, die beiden letztgenannten setzen sich dafür ein: Initiative „Die Seele der Alpen" von WWF, Österreichischer Alpenverein und Naturfreunde; Österreichischer Alpenverein; Pitztaler Gletscherbahn und Ötztaler Gletscherbahn; Gemeinde Sölden im Ötztal.

(Für Material zu Parteien und dem Ablauf des Problemszenarios UVP siehe digitalen Materialanhang.)

Baustein 4: Aktion „Misch' dich ein!"

Dieses Thema bietet sich gleichsam zur demokratischen Partizipation sowie zur Mitgestaltung von realen Aushandlungsprozessen im Wirkungsgefüge Gesellschaft – Wirtschaft – Politik – Umwelt in folgenden möglichen Varianten je nach Nähe bzw. Entfernung zum Projektgebiet sowie nach gewonnener und eingenommener Pro- oder Kontra-Perspektive durch die Schüler*innen unter besonderer Berücksichtigung des Überwältigungsverbotes an: Unterzeichnen einer Petition pro oder kontra, Verfassen von Kommentaren auf relevanten Websites, Schreiben von Leser*innenbriefen an Zeitungen, Übermittlung von Stellungnahmen an die betreffenden Gemeinderäte oder Umweltschutzorganisationen, Erstellung von Infoflyern, Durchführung von Interviews im Projektgebiet mit Stakeholdern etc.

Abschließend werden die von den Schüler*innen in Baustein 1 formulierten Thesen über die individuelle Bedeutsamkeit des Themas nochmals aufgegriffen und die durch Lernprozesse eventuell erfolgte Veränderung diskutiert.

Baustein 5: Planspiel „Gestalte mit!"

Noch etwas weiter als Baustein 4 geht dieser abschließende Baustein. Ausgehend von diesem Fallbeispiel werden eigene Denk- und Handlungsalternativen von den Schüler*innen für das vorliegende Fallbeispiel Ötztal – Pitztal entworfen. Das bislang als konfliktreich dargestellte Exempel kann damit in einer weiteren Ausdifferenzierung in Richtung eines kooperativen Prozesses weiterentwickelt werden. Dadurch können gemeinsam durch Kreativität und Innovation Konflikte in Standortansprüche aufgelöst werden. (Für Material zu dreischrittigem Aufbau und Ablauf siehe digitalen Materialanhang.)

Beitrag zum fachlichen Lernen

Die Frage, wie sich verändernde und widersprüchliche Standortansprüche von Akteur*innen in mehrperspektivischen gesellschaftlichen Aushandlungsprozessen auf die Gestaltung von Räumen auswirken, lässt sich nicht eindeutig beantworten. Wie aus den Unterrichtsbausteinen ersichtlich wird, ist deren Beantwortung und somit die Entwicklung der Region kontingent, weil nicht abschätzbar ist, welche Akteur*innen- und Interessengruppen sich durchsetzen werden. Zentral ist die Erkenntnis, dass es für eine*n mündige*n Bürger*in erforderlich ist, komplexe Strukturen und Gesamtsituationen zu analysieren und reflektieren, sich eine eigene Meinung zu bilden und diese im Hinblick auf andere Argumente zu reflektieren (Emanzipation) sowie sich schließlich an politischen Meinungsbildungsprozessen demokratisch zu beteiligen (Partizipation).

Kompetenzorientierung

- **Fachwissen:** S17 „das funktionale und systemische Zusammenwirken der natürlichen und anthropogenen Faktoren bei der Nutzung und Gestaltung von Räumen [...] beschreiben und analysieren" (DGfG 2020: 15)
- **Erkenntnisgewinnung/Methoden:** S4 „problem-, sach- und zielgemäß Informationen aus geographisch relevanten Informationsformen/-medien auswählen" (ebd.: 20)
- **Kommunikation:** S6 „an ausgewählten Beispielen fachliche Aussagen und Bewertungen abwägen und in einer Diskussion zu einer eigenen begründeten Meinung und/oder zu einem Kompromiss kommen [...]" (ebd.: 23)
  Anhand der Mesomethoden „Mystery", „Problemszenario" und „Mitgestaltung von realen Aushandlungsprozessen" werden diese Ziele verfolgt.
- **Beurteilung/Bewertung:** S1 „fachbezogene und allgemeine Kriterien des Beurteilens [...] nennen" (ebd.: 24); S2 „geographische Kenntnisse und die o. g. Kriterien anwenden, um ausgewählte geographisch relevante Sachverhalte, Ereignisse, Probleme und Risiken [...] zu beurteilen" (ebd.)

In den entwickelten Unterrichtsbausteinen werden Standortansprüche in Bezug auf alpinen (Winter-)Tourismus erarbeitet. Dabei sollen die unterschiedlichen, oft widersprüchlichen Interessenlagen zum Zusammenschluss von Gletscherskigebieten über noch weitgehend unberührte und ökologisch sensible hochalpine Gebiete um die 3000 m Meereshöhe bewertet werden, um sich eine eigene begründete Meinung bilden und diese auch vertreten zu können. Dies wird in S17 und S4 besonders gefördert.

Klassenstufe und Differenzierung

Die Bausteine zielen in ihrer Gesamtheit und Komplexität auf die 11. Schulstufe ab.

Hinweise zur Differenzierung: Baustein 1 kann als Einfädelung in das Thema Hochgebirge bereits ab der 7. Schulstufe verwendet werden, ebenso wie die folgenden Bausteine. Nach Umarbeitung, Reduktion und Elementarisierung von Aussagen im Mystery sowie durch die Erstellung eines Arbeitsblattes mit Leitfrage, detaillierten Arbeitshinweisen und Schreibzeilen kann Baustein 2 erfahrungsgemäß auch in der Sekundarstufe I eingesetzt werden. Bei stärkerer Orientierung an einem Rollenspiel und mit intensiverer Unterstützung der Lehrperson bei der Recherche und Ausarbeitung der Argumente der in der Anzahl sinnvoll reduzierten Personen während der mündlichen Verhandlung der UVP kann auch Baustein 3 bereits in einer leistungsfähigen und argumentativ geschulten unteren Klassenstufe eingesetzt werden. Dies gilt auch für die Beteiligung an partizipatorischen Handlungen jüngerer Schüler*innen als Ausdruck demokratischer und begründeter Meinungsäußerung, denn es wäre eine grobe Fehleinschätzung, dies nicht bereits jungen Menschen in der Sekundarstufe I zuzutrauen.

Räumlicher Bezug

Lokales bzw. regionales Beispiel aus dem **Alpenraum in Tirol,** wobei je nach Perspektive die Erweiterung und Verbindung der beiden Gletscherskigebiete **Ötztal** und **Pitztal** als „Gletscherehe" oder als „Gletscherverbauung" bezeichnet werden.

Konzeptorientierung

Deutschland: Systemkomponenten (Funktion, Prozess), Maßstabsebenen (regional, lokal), Zeithorizonte (mittelfristig, langfristig), Raumkonzepte (Beziehungsraum, wahrgenommener Raum, konstruierter Raum)
Österreich: Raumkonstruktion und Raumkonzepte, Wahrnehmung und Darstellung, Nachhaltigkeit und Lebensqualität, Interessen, Konflikte und Macht, Mensch-Umwelt-Beziehungen, Kontingenz
Schweiz: Lebensweisen und Lebensräume charakterisieren (2.5c), Mensch-Umwelt-Beziehungen analysieren (3.1c–e)

22.4   Transfer

Das vorliegende Unterrichtsbeispiel versucht, in verschiedenen Phasen (insbesondere in Baustein 1, 4 und 5) das Prinzip der Schüler*innenorientierung in inhaltlichen Kontexten umzusetzen, auch wenn das betroffene Gebiet in den meisten Fällen nicht zum unmittelbaren Wohn- bzw. Schulumfeld zählt. Bei einer Bearbeitung der Themenfelder „Standortansprüche" und „Standortkonflikte" sind in der Regel Fallbeispiele im näheren Schüler*innenumfeld zu berücksichtigen, wobei mögliche lebensweltorientierte Themen von Nutzungskonflikten bis hin zu Raumerschließungsmaßnahmen auf unterschiedlichen Maßstabsebenen reichen.

Verweise auf andere Kapitel
- Fögele, J. & Hoffmann, K. W.: *Wissenschaftsorientierung. Klimawandel.* Band 1, Kapitel 20.
- Reuschenbach, M. & Hoffmann, T.: *Aktualitätsprinzip. Ökosysteme – Gefährdung von Lebensräumen.* Band 1, Kapitel 18.
- Tanner, R. P.: *Fächerübergreifender Unterricht. Regionale Disparitäten – Periphere ländliche Räume.* Band 2, Kapitel 23.

Danksagung Ich danke sehr herzlich für ausführliche und bereichernde Gespräche mit Liliana Dagostin (Abteilung Raumplanung und Naturschutz des Österreichischen Alpenvereins), Gerhard Lieb (Institut für Geographie und Raumforschung der Universität Graz), Michael Plank (Abteilung Umweltschutz des Amtes der Tiroler Landesregierung), Beate Rubatscher-Larcher (Pitztaler Gletscherbahn) und Ernst Schöpf (Bürgermeister der Gemeinde Sölden) sowie den beiden anonymen Gutachter*innen für wertvolle Hinweise zu diesem Beitrag.

Literatur

Engartner, T., Hedtke, R., & Zustrassen, B. (2021). *Sozialwissenschaftliche Bildung. Politik – Wirtschaft – Gesellschaft.* Ferdinand Schöningh.

Fridrich, C. (2015). Kompetenzorientiertes Lernen mit Mysterys – Didaktisches Potenzial und methodische Umsetzung eines ergebnisoffenen Lernarrangements. *GW-Unterricht, 140,* 50–62.

Fridrich, C. (2018). Sozioökonomische Bildung an allgemeinbildenden Schulen der Sekundarstufe I und II in Österreich. Entwicklungslinien, Umsetzungspraxis und Plädoyer für das Integrationsfach Geographie und Wirtschaftskunde. In T. Engartner, C. Fridrich, S. Graupe, R. Hedtke, G. Tafner (Hrsg.), *Sozioökonomische Bildung und Wissenschaft. Entwicklungslinien und Perspektiven* (S. 81–108). Springer.

Fridrich, C. (2020). Sozioökonomische Bildung als ein zentrales Paradigma für den Lehrplan „Geographie und Wirtschaftliche Bildung" 2020 der Sekundarstufe I. *GW-Unterricht, 158,* 21–33.

Fridrich, C., & Hofmann-Schneller, M. (2017). Positionspapier „Sozioökonomische Bildung". *GW-Unterricht, 145,* 54–57.

Hedtke, R. (2018). *Das Sozioökonomische Curriculum.* Wochenschau.

Leat, D. (1998). *Thinking Through Geography.* Chris Kington Publishing.

Schleicher, Y. (2013). *Diercke. Pro und Contra als Unterrichtsmethode.* Westermann.

Schuler, S. (2012). Denken lernen mit Mystery-Aufgaben. *Praxis Geographie extra. Mystery – Geographische Fallbeispiele entschlüsseln,* 4–7.

Ulrich, P. (2001). Wirtschaftsbürgerkunde als Orientierung im politisch-ökonomischen Denken. *sowi-onlinejournal* 2. http://www.sowi-online.de/journal/2001_2/ulrich_wirtschaftsbuergerkunde_orientierung_politisch_oekonomischen_denken.html. Zugegriffen: 15. Jän. 2021.

Wehling, H.-G. (1977). Konsens à la Beutelsbach? Nachlese zu einem Expertengespräch. In S. Schiele & H. Schneider (Hrsg.), *Das Konsensproblem in der politischen Bildung* (S. 173–184). Klett.

Weichhart, P. (1996). Die Region – Chimäre, Artefakt oder Strukturprinzip sozialer Systeme? In G. Brunn (Hrsg.), *Region und Regionsbildung in Europa: Konzeptionen der Forschung und empirische Befunde.* Wissenschaftliche Konferenz, Siegen 10.–11. Oktober 1995 (S. 25–43). Nomos.

Weichhart, P. (2018). *Entwicklungslinien der Sozialgeographie. Von Hans Bobek bis Benno Werlen.* Steiner.

Werlen, B. (1995). *Sozialgeographie alltäglicher Regionalisierungen. Bd. 1. Zur Ontologie von Gesellschaft und Raum.* Steiner.

Werlen, B. (1997). *Sozialgeographie alltäglicher Regionalisierungen. Bd. 2. Globalisierung, Region und Regionalisierung.* Steiner.

Fächerübergreifend lernen

Periphere ländliche Räume – Welche Zukunft für die Alpen?

Rolf Peter Tanner

▶ **Teaser** Raum-zeitliche Interdisziplinarität wird im neuen Deutsch-schweizer Lehrplan 21 im Integrationsfach Natur-Mensch-Gesellschaft (NMG) auf der Sekundarstufe I mit der Perspektive „Räume, Zeiten Gesellschaften" abgebildet. Da sich die Zukunftsaussichten einer Region nur aus der Bestimmung des Entwicklungspfades aus der zeitlichen Tiefe und der aktuellen räumlichen Ausprägung erschließen lassen, ist dieser Ansatz geeignet, Chancen und Gefahren für die Raumentwicklung auszuloten.

23.1 Fachwissenschaftliche Grundlage: Regionale Disparitäten – Periphere ländliche Räume

Der Alpenraum hat in den letzten Jahrhunderten eine gewaltige kulturelle, ökonomische und politische „Peripherisierung" erlebt. Heute dominieren externe Nutzungen wie der Tourismus oder die Energiegewinnung viele Regionen, während das endogene Potenzial bis zur vollständigen Verödung von Talschaften verkümmert, die Verkehrserschließung sich auf wenige Achsen konzentriert, während andere Gebiete abgehängt werden mit entsprechenden Einwirkungen auf das Landschaftsbild. Es müssen Wege gefunden werden,

---

Ergänzende Information Die elektronische Version dieses Kapitels enthält Zusatzmaterial, auf das über folgenden Link zugegriffen werden kann https://doi.org/10.1007/978-3-662-65720-1_23.

R. P. Tanner (✉)
PHBern, Institut Sekundarstufe II, Bern, Kanton Bern, Schweiz
E-Mail: rolf.tanner@phbern.ch

unter Bezugnahme auf die endogenen, im Laufe der Zeit entwickelten Potenziale den Alpenraum aus dieser „Sackgasse" zu befreien.

Die Alpen werden schon seit Langem durch die menschliche Präsenz geprägt. Für die prähistorische Besiedlung der Alpen mag die Figur des „Ötzis" stehen. Einschneidender war die Unterwerfung des Alpenraumes durch die Römer und die allmähliche Infiltration von germanischen Gruppen in der Spätantike bis zum hochmittelalterlichen Landesausbau unter Einbezug aller ethnisch-kulturellen Gruppen. In der Folge bildeten sich verschiedene „Sattelstaaten" quer über die Alpen, die einerseits die Verkehrsströme kontrollierten, andererseits aber auch verschiedene Räume an Nord- und Südabdachung integrierten (s. Abb. 23.1a).

In der Frühneuzeit wurden die Alpen durch die Herausbildung von National- und Flächenstaaten zunehmend fragmentiert, indem nun Wasserscheiden als „natürliche Grenzen" wahrgenommen und die alten Bindungen zwischen Nord und Süd gekappt wurden. Einzige Ausnahme von diesem Prozess blieb die Schweiz (s. Abb. 23.1b). In der Folge verlagerten sich neben den ökonomischen auch die politischen Gravitationszentren ins Umland der Alpen. Diese wurden nun externen Interessen unterworfen und lediglich als Ergänzungsraum wahrgenommen, sei es als Erholungsraum, als Ressourcenreservoir, als Verkehrshindernis oder auch als Projektionsfläche von Sehnsüchten.

Für das Verständnis dieser Entwicklung ist die Erkenntnis der Pfadabhängigkeit, die von den traditionellen Nutzungssystemen gelegt wird, zentral (s. Abb. 23.2). Zudem war für die Herausbildung von Tourismusgebieten die Verkehrsanbindung an die transalpinen Verkehrsachsen entscheidend, aber auch die Zugehörigkeit zu verschiedenen Nationalstaaten mit den je unterschiedlichen sozioökonomischen Rahmenbedingungen. Interessant ist zudem die Verteilung der touristischen Größenklassen: „Großbetriebe" mit konzentrierten kapitalgestützten Freizeitanlagen und Wohneinrichtungen befinden sich eher in Gebieten mit ursprünglich gemischt ackerbaulich-viehwirtschaftlichen Nutzungsformen mit Haufendörfern und kleinparzelligen Realteilungsflächen in den West- und Südalpen, während die eher klein strukturierten, familienbetriebsgestützten Fremdenverkehrsgebiete eher in ehemaligen Streusiedlungsgebieten mit Milchwirtschaft im nord- und ostalpinen Raum anzutreffen sind (s. Abb. 23.2; Beispiele zu den Nutzungssystemen s. M3 und M4). In letzteren Gebieten hat die Landwirtschaft zwar keine große ökonomische, aber nach wie vor eine mentale und identitätsstiftende Bedeutung (s. M6), während im West- und Südalpenraum die Landwirtschaft fast völlig zusammengebrochen ist (Bätzing, 2015; s. Infobox 23.1 und M5). Die hier und im Folgenden genannten Bildmaterialien M4–M7 stehen im digitalen Materialanhang zur Verfügung.

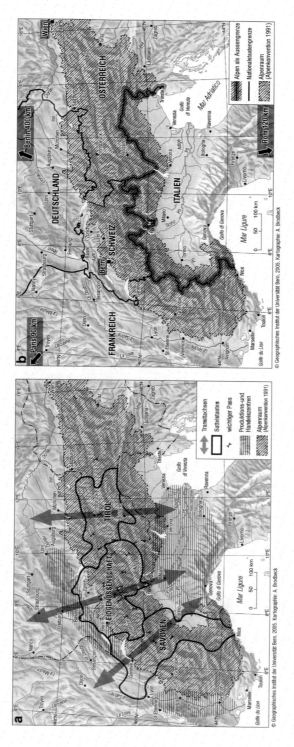

Abb. 23.1 **a** Sattelstaaten als Transiträume (16.–18. Jahrhundert) und **b** die Alpen als Peripherie der jungen Nationalstaaten (Grenzen von 1872; Egli, 2004: 107, 110)

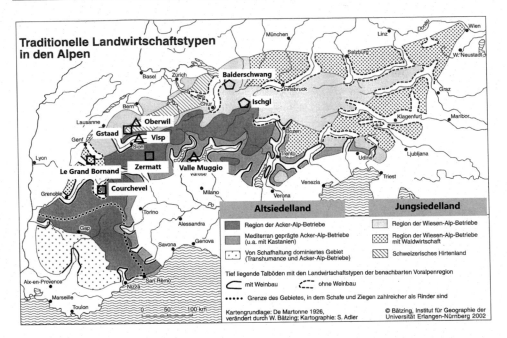

Abb. 23.2 Die zwei Nutzungssysteme in den Alpen (Bätzing, 2015: 61, nach De Martonne, 1926: 157, bearbeitet). Eingezeichnet sind die im Text behandelten Tourismusorte (Quadrate), die alternativen Tourismusorte (Fünfecke) und die nichttouristischen Orte (Dreiecke)

Infobox 23.1: „Zwei Nutzungssysteme":

Jung-/Altsiedelland bzw. Anerbenrecht/Realteilung

Den Unterschied zwischen den Nutzungssystemen thematisiert Werner Bätzing in seinem Standardwerk zum Alpenraum und systematisiert ihn im ganzen Gebiet (Bätzing, 2015: 60 ff., s. Abb. 23.2), indem er die Form der Acker-Alp-Betriebe (einschließlich der mediterran geprägten Sonderformen) mit Haufendörfern und Realteilung dem Altsiedelland zuordnet und die andere Form der Wiesen-Alp-Betriebe mit Anerbenrecht (Schweizer Hirtenland und Sonderform mit Waldwirtschaft eingeschlossen) dem Jungsiedelland. Er begründet die Unterschiede dadurch, dass im inner- und südalpinen Raum sich größere alteingesessene Bauerngemeinschaften erhalten haben, die der Feudalisierung im hohen Mittelalter mehr oder weniger erfolgreich zu widerstehen vermochten und in einer kommunalen, statuarisch festgelegten, tendenziell egalitären Gesellschaftsordnung mit denselben Pflichten und Rechten für die Grundbesitzer lebten. Römisch-rechtliche Vorstellungen beeinflussten auch das Erbrecht, das zur Realteilung tendierte. Die Landnutzung bestand in einem eher auf Autarkie ausgerichteten Agropastoralsystem. Auf der anderen Seite stand das feudale Gesellschaftssystem im Jungsiedelland mit einem durch den Grundherrn organisierten Siedlungs- und Flursystem, in dem der Bauer als Lehensnehmer in einem personalen Abhängig-

keitsverhältnis lebte. Gekennzeichnet ist dieses System durch das Anerbenrecht zur Aufrechterhaltung der Kontrolle durch die Grundherrschaft und durch
Streusiedlung. Die Produktion war neben der Selbstversorgung auch auf Markt-
orientierung hin zu den aufstrebenden städtischen Siedlungen geprägt, was die
Viehzucht begünstigte.

Dieser Unterschied lässt sich sehr schön an einem aktuellen Beispiel illustrieren: In
Grindelwald (Berner Oberland) war eine wüste Kontroverse um eine neue Bergbahn
entbrannt, bei der sich eine Alpkorporation gegen das Überfahrtsrecht gewehrt hatte
(dokumentiert in einem Filmbericht des Schweizer Fernsehens). In Grindelwald herrscht
die nordalpine Milchwirtschaft vor und immer schon das Ein- oder Anerbenrecht.
Somit ist der Bezugspunkt der Landnutzung das einzelne Heimwesen, mit dem man
sich verbunden fühlt. Im Wallis hingegen, wo beim Erbgang die Realteilung unter den
Kindern herrschte, hatte in der Folge jede Generation andere Nutzflächen, die mentale
Bezugsgröße war und ist heute noch die Dorfgemeinschaft und nicht das Heimwesen.
Das Nutzungssystem funktioniert sozusagen wie eine Aktiengesellschaft (Cole & Wolf,
1974). Und als diese Aktiengesellschaften im Bereich Landwirtschaft allmählich nicht
mehr genug abwarfen, begann man Alternativen zu suchen und investierte in den Touris-
mus. So ist es nicht verwunderlich, dass in Zermatt die Bürgergemeinde ein zentraler
Akteur im Fremdenverkehrsgeschäft wurde. Eine Diskussion wie in Grindelwald wäre in
Zermatt völlig undenkbar.

Infobox 23.2: Alpkorporation
Die Alpkorporation ist eine Genossenschaft von Bauern, die eine Alp (Alm)
besitzen und auch bewirtschaften. Diese Korporation ist unabhängig von
politischen Körperschaften. Alpkorporationen sind typisch für das Jungsiedelland
(s. dort), denn die Genossenschaftsanteile sind an den Hof gebunden und werden
mit ihm weitergegeben. Im Altsiedelland (s. dort) waren (und sind) eher private
Alpen oder Gemeindealpen verbreitet.

Für die Zukunft müssen Wege gefunden werden, den alpinen Tourismus nachhaltiger
zu gestalten unter gleichzeitigem Erhalt oder Ausbau von Erwerbs- und Produktions-
möglichkeiten in anderen Branchen und Regionen, soll der Alpenraum auch ein Lebensraum bleiben und kein touristisches „Disneyland" neben einer abgeschotteten „alpinen
Brache" oder „Wildnis" werden. Bätzing (2015) spricht hier von der „ausgewogenen
Doppelnutzung" zwischen endogenen Nutzungen, basierend auf den alpenspezifischen
Ressourcen, und den exogenen Nutzungen, z. B. durch Touristen oder durch Elektrizi-
tätswerke der städtischen Zentren oder aber durch ubiquitäre Betriebe, die mit den Alpen

gar nichts zu tun haben, aber in den verstädterten Alpenräumen angesiedelt werden
können (s. Infobox 23.3).

Infobox 23.3: Die ausgewogene Doppelnutzung
„Die Alpen können nur dann eine nachhaltige Zukunft realisieren, wenn sie
sich weder von Europa abschotten noch in die Einzugsbereiche der einzel-
nen Großstädte zerfallen, sondern wenn sie ein relativ eigenständiger und
multifunktionaler Lebens- und Wirtschaftsraum mit einer eigenen Umwelt-,
Wirtschafts- und Lebensraumverantwortung bleiben bzw. wieder werden.
   In einer Welt mit stark entfalteten Arbeitsteilungen und räumlichen
Spezialisierungen können die Alpen jedoch nur dann ein relativ eigenständiger
Wirtschaftsraum sein, wenn es neben der endogenen Nutzung der alpinen
Ressourcen (Land-, Forstwirtschaft, Handwerk) auch die Nutzung dieser
Ressourcen durch außeralpine oder exogene Nutzer (Tourismus, Wasserkraft,
Transitverkehr) sowie die Existenz ubiquitärer Arbeitsplätze (Industrie, Dienst-
leistungen) gibt. Andernfalls wäre die wirtschaftliche Grundlage zu klein und
nicht tragfähig. Und weiterhin gilt ebenso, dass die exogene Nutzung der Alpen als
Ergänzungsraum für die europäischen Zentren sowie die Ansiedlung ubiquitärer
Wirtschaftsfunktionen nur dann nachhaltig ausgestaltet werden können, wenn
diese Nutzungen nicht als monofunktionale Flächennutzungen bzw. als ortlose
Punkte im globalen Netzwerk organisiert werden, sondern im Rahmen eines
multifunktionalen Lebensraumes als zusätzliche Nutzungen ausgeführt und so
an die spezifischen lokalen und regionalen Bedingungen angepasst werden."
(Bätzing, 2015: 386 ff.)

Weiterführende Leseempfehlung
- Bätzing, W. (2015). *Die Alpen. Geschichte und Zukunft einer europäischen Kulturlandschaft.* München: C.H. Beck.
- Bätzing, W. (2018). *Die Alpen. Das Verschwinden einer Kulturlandschaft.* Darmstadt:
wbgTHEISS.

Problemorientierte Fragestellung
Welche Zukunft hat der Alpenraum? Als Sportarena? Als Disneyland? Als Wildnis?

23.2   Fachdidaktischer Bezug: Fächerübergreifender Unterricht

Der Begriff der Interdisziplinarität wird hier im Sinne des „phänomenologischen
Ansatzes" von Marc Eyer verstanden: „Der phänomenologische Ansatz [geht] nicht von
den Disziplinen aus, sondern vom Unterrichtsgegenstand. Am Anfang und im Zentrum

steht ein Phänomen, das nur mit einem multidisziplinären Ansatz ganzheitlich erfasst werden kann." (Eyer, 2017: 47) Soll für eine Region oder ein „Lebensraum" das endogene Potenzial – und dazu gehört zum Beispiel auch die intakte Kulturlandschaft als Grundlage für den Tourismus – aus dem früheren Nutzungssystem abgeleitet und weiterentwickelt werden, dann braucht es einen interdisziplinären bzw. transdisziplinären Diskurs zur Überschreitung von verschiedenen Grenzen zwischen den Disziplinen, aber auch zwischen Vergangenheit und Zukunft. Insbesondere durch die Erhaltung der Verbindung mit der Vergangenheit wird die frühere Landschaft ein Teil der heutigen, „if the link can be created, the past landscape becomes part of the present one, but if the link is lost we will regard the past as someone else's past" (Palang et al., 2017: 129 f.). Dieses Diktum kann über die Kulturlandschaft hinaus auch grundsätzlich auf die Entwicklung eines Raums übertragen werden. Konkret sollen in diesem Beitrag Geschichte und Geografie unter Einbezug der Ökonomie integriert werden. Zielstufe sind primär die oberen Klassen der Sekundarstufe I oder die Sekundarstufe II.

Weiterführende Leseempfehlung

- Darbellay F.; Louviot M.; Moody Z. (2019). L'interdisciplinarité à l'école. Neuchâtel: Alphil, https://library.oapen.org/handle/20.500.12657/49815 (Französisch).
- Eyer M. (2017). Interdisziplinarität auf der Sekundarstufe II. Bern: h.e.p.
- Tanner R.P. (2021). Die Kulturlandschaft – ein Lerngegenstand für den interdisziplinären Unterricht. *Didactica Historica 7/2021*, https://bit.ly/3gETpMX.
- Zur Veränderung der Sichtweise auf die Alpen bieten sich die bitterbösen Bilder und Gegenüberstellungen von Lois Hechenblaikner an: Hechenblaikner, L. (2009). Off Piste. Manchester: Dewi Lewis Publishing. Das Buch ist leider vergriffen. Weitere, neuere Publikationen unter https://www.hechenblaikner.at/fotobucher/, letzter Zugriff 23.06.2021.

Bezug zu weiteren fachdidaktischen Ansätzen
Kartenauswertung, ästhetische Bildung, Bildung für nachhaltige Entwicklung, sozioökonomische Bildung

23.3 Unterrichtsbausteine: Besiedlungsgeschichte und traditionelle Nutzungssysteme der Alpen bedingen die gegenwärtige Entwicklung

Zur Erarbeitung der Thematik müsste eine sachlogische Abfolge von Teil-Bausteinen erfolgen. Der detailliert ausgeführte Baustein baut auf den zwei ersten Schritten auf, die ausgeprägten interdisziplinären Charakter tragen (s. „Fachwissenschaftliche Grundlage"):

Einstieg mit zwei Filmsequenzen aus dem Arte-Film „Rummelplatz Alpen" (https://www.youtube.com/watch?v=MtF11LTMkDo): Min. 00:00–14:07 und Min. 56:48–1:03:12, die die beiden Extreme der gegenwärtigen Entwicklung in den Alpen zeigen (Boom versus völlige Verwilderung), kommentiert von der Bergsteigerlegende Reinhold Messner.

Erarbeitung der Besiedlungsgeschichte der Alpen und der traditionellen Nutzungssysteme (s. dazu auch Infobox 23.1 und die beiden Beispielkarten in Abb. 23.3), dabei kann herausgearbeitet werden, dass es offenbar zwei grundsätzlich verschiedene Systeme gibt. Hier wird die Lehrperson die Begründung liefern bzw. könnte dies auch anhand des Originaltextes von Cole und Wolf (1974) geschehen: „The ‚Bauer', sole heir to authority, remains alone with his family upon the holding: all siblings who do not accept the stipulated conditions of dependence must leave the homestead. In Tret, authority is not vested exclusively in the male head of household; wife and husband complement each other in [carrying out their duties], and each participates in a distinct subset of relations with the daughters and sons of the household. The Tret family may be compared to a severalty, a shareholder company, while the Felixers [cling] rigidly to the concept of each man being a lord on his domain." (Cole & Wolf, 1974: 243)

Fragmentierung und Abkopplung des Alpenraums

Pfadabhängigkeit der sozioökonomischen Entwicklung von den (historischen) Landnutzungssystemen aus der zeitlichen Tiefe heraus:

Für die Schweiz und Frankreich sowie Bayern gibt es Tools zum Zeitvergleich von Karten und Luftbildern, mithilfe derer die Entwicklung der Landnutzung nachvollzogen werden kann. Dazu wählt man touristische wie auch nichttouristische Orte aus, und zwar sowohl aus dem Realteilungsgebiet („Altsiedelland") als auch aus den Gebieten mit Anerbenrecht („Jungsiedelland"). Als Gruppenarbeit ließe sich auf diese Weise ein Vergleich anstellen, zum Beispiel zwischen den Tourismusorten Courchevel (F) und Zermatt (CH) – Orte, die ursprünglich Realteilung praktizierten –, Le Grand Bornand (F) und Gstaad (CH) mit ursprünglich mehrheitlich geschlossener Vererbung sowie nichttouristischen Orten wie Valle di Muggio (CH) und Oberwil im Simmental (CH) sowie Visp (CH):

Phase 1: Erkundung in Gruppen mit Google Street View
Phase 2: Summarische Erfassung der Siedlungsentwicklung und der allfälligen touristischen und/oder nichttouristischen Anlagen sowie der Bebauungsart (s. die Links in Tab. 23.1 und 23.2)
Phase 3: Erfassung der Landnutzung und deren Veränderung
Phase 4: Austausch der Gruppenresultate

Alternativ könnte auch Ischgl in Tirol (Realteilungsgebiet, auf dem schweizerischen Webportal gerade noch erfasst, https://s.geo.admin.ch/8a59f5c4ca) und ein bayerischer Ort wie zum Beispiel Balderschwang (Anerbengebiet) als Tourismusorte erfasst werden, da Bayern für das Geoportal die identische Software wie die Schweiz verwendet (https://v.bayern.de/8Jvkh), ebenfalls mit einem „Zeitreisetool". Entsprechende Orte

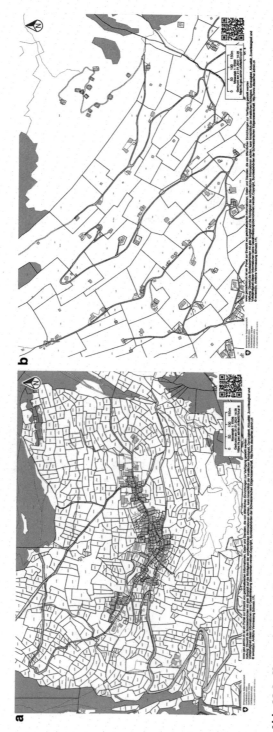

Abb. 23.3 Katasterkarte von Guarda im Unterengadin (Altsiedelland) und von Lauenen im Berner Oberland (Jungsiedelland) im selben Maßstab (Quelle: Geoportal des Bundes, Link auf die Karte via QR-Code). Siehe dazu auch M4 im digitalen Materialanhang

gäbe es im Ostalpenraum grundsätzlich viele, nur sind die Geoportale von Österreich oder Italien nicht entsprechend eingerichtet.

Es kann gezeigt werden, dass die Landwirtschaft unabhängig von der touristischen Nutzung im Realteilungsgebiet mehrheitlich zusammenbricht (M5a und b), während sie sich im Anerbengebiet halten kann (M6a–c). Die Eingriffe in den Natur- und Kulturraum mit der Einrichtung von Transportanlagen und der Bautätigkeit erscheinen im Jungsiedelland weniger markant als im Altsiedelland (M7a, b und M8 sowie die Erkundungen via Street View, s. Tab. 23.1), die touristischen Gebäude paraphrasieren zumindest die lokale Bautradition. Wobei hier angemerkt sein muss, dass vieles auch hier Staffage und „inszenierte Ländlichkeit" ist. In Bezug auf die Anbindung zum Umland können Orte, die touristisch interessant sind, in Bezug auf die periphere Lage auch sehr abgelegen sein, allenfalls sogar in einer Sackgassenlage (z. B. Saas Fee oder Zermatt im Wallis, Grindelwald im Berner Oberland oder Sölden in Tirol), ohne dass dies der Entwicklung Abbruch tut, während ein Tal wie Valle di Muggio (s. Tab. 23.2),

Tab. 23.1 Wandel in touristischen Orten (Links siehe digitalen Materialanhang)

Zermatt Karte und Luftbild	*Courchevel* Karte und Luftbild	*Gstaad* Karte und Luftbild	*Le Grand Bornand* Karte und Luftbild
Starke Siedlungsverdichtung und -ausdehnung um den alten Dorfkern. *Liftanlagen primär im Süden und Osten des Dorfes bis in die sensiblen Hochalpenregionen, vorgetrieben mit starken Eingriffen in die Natur (Pistenrodungen, Planierungen) bis in die sensiblen höchsten Stufen.* *Bebauung in großen Appartementhäusern („Jumbo-Chalets") Ehemalige Kleinstäcker verschwinden und veröden.*	*Entwicklung eines ursprünglichen Maiensäss bzw. einer Alpsiedlung zu einer reinen Tourismussiedlung mit zum Teil städtischen Bauten auf verschiedenen Höhenstockwerken. Etliche Lifte bereits 1956 vorhanden.* *Viele Liftanlagen und erkennbare Pistenrodungen und Planierungen. Ebenfalls ist ein kleiner Flugplatz vorhanden (auf 2000 m Höhe!)* *Bebauung in urbanistischer Form, aber auch in pseudotraditioneller Form.* *Ehemalige Kleinstäcker in den tieferen Siedlungslagen verschwinden und veröden.*	*Siedlungsentwicklung erkennbar, aber die traditionelle Streusiedlung ist immer noch stark vertreten* *Viele Liftanlagen, aber kaum Pistenrodungen und wenig starke Planierungen sichtbar.* *Bebauung der traditionellen Bauweise angenähert.* *Die Landnutzung verändert sich nur wenig, es sind kaum Verödungen sichtbar.*	*Ähnlich Gstaad eher mäßige Siedlungs- und Ferienhausentwicklung. Streusiedlung ist vor allem im Osten immer noch stark vertreten* *Ebenfalls mäßiger Ausbau der Seilbahninfrastruktur, beschränkt auf ein einziges Gebiet, nur in einem Teil ausgeprägtere Planierungen sichtbar und ein Staubecken für Beschneiung.* *Bebauung der traditionellen Bauweise angenähert, wenige Großbauten.* *Die Landnutzung verändert sich nur wenig, es sind kaum Verödungen sichtbar.*

Tab. 23.2 Wandel in nichttouristischen Orten (Links siehe digitalen Materialanhang)

Valle Muggio Karte und Luftbild	*Oberwil im Simmental* Karte und Luftbild	*Visp* Karte und Luftbild
Starke Zunahme der Wald- und Gebüschflächen *Siedlungsteile, vor allem Einzelgebäude, verschwinden zum Teil im Waldgebiet* *Auch Maiensässe und Alp-flächen wachsen zu* *Ackerterrassen auf Luftbild von 1946 noch erkennbar, im aktuellen Bild häufig verbuscht* *→ Allgemeiner Rückzug der Siedlung und Landnutzung aus der Fläche bis hin zur völligen Aufgabe*	*Nur schwache Zunahme der Waldflächen und leichte Ver-dichtung* *Lediglich marginale Ver-änderung im Siedlungsgefüge* *Alpweiden und Maiensässe weiterhin in Nutzung, Zunahme von Erschließungsstraßen* *Lediglich Vergrößerung der Nutzungsparzellen weisen auf Strukturwandel hin*	*Sehr starke Zunahme der Siedlungs- und Industriefläche, ermöglicht durch Korrektur der Rhône und der Vispa im 19. Jahrhundert* *Industrieansiedlung (Lonza) (Keimzelle bereits 1941 erkennbar) wegen hohen Energiebedarfs, der durch Wasserkraftwerke gedeckt werden konnte* *Optimale Verkehrslage am Korridor Bern – Mailand (Lötschberg-Basistunnel) und Genf – Mailand* *Rein extern gesteuerte Ent-wicklung*

nur wenige Kilometer vom Ballungsraum des Sottoceneri im Tessin gelegen, sich fort-während entleert und verödet. Häufig sind es also nicht nur Zeit-Distanz-mäßige Peri-pherien, sondern auch „mentale", in denen gewisse Regionen zu liegen kommen. Orte, die ubiquitären oder externen Nutzungen unterliegen, sind lediglich von der guten Verkehrserschließung und in früheren Jahren von der Nähe leistungsfähiger Kraft-werke abhängig. Somit können sich in den großen Alpentälern entsprechende Industrie-komplexe und Kraftwerke etablieren (Tal von Grenoble (F), das Wallis (CH, s. das Beispiel von Visp in Tab. 23.2), das Inntal (A) oder das Etschtal (I)).

Der Zusammenhang zwischen (traditionellem) Nutzungssystem und Entwicklung kann anhand von historischen und aktuellen Katastern gut sichtbar gemacht werden. So kann über die Website https://mapire.eu/de/ der franziszeische Kataster von Österreich-Ungarn aus dem 19. Jahrhundert abgerufen werden und man kann zum Beispiel Orte wie Alpbach (Tirol, Jungssiedelland) und Sölden oder eben Ischgl (ebenfalls Tirol, aber Altsiedelland) bezüglich der Parzellierung vergleichen. Bei Balderschwang kann als Hintergrund die „Historische Karte" gewählt werden. Beim Hineinzoomen erscheint dann ebenfalls die Parzellarkarte. Aber auch die heutige Situation spiegelt immer noch den hergebrachten Zustand wider. So kann über das Geoportal des Landes Tirol (https://maps.tirol.gv.at) der aktuelle Katasterplan von Ischgl, Sölden oder Alpbach (unter „Basisthemen" den Punkt „Kataster" einschalten) angezeigt werden. Balderschwang ist ebenso darstellbar wie auch die Schweizer Beispiele (https://map.geo.admin.ch/ den gesuchten Ort im Suchfenster eingeben, anschließend „Cadastral Webmap" wählen) und ebenso Le Grand-Bornand (https://bit.ly/3ijmgXA) wie auch Courchevel (https://bit. ly/3VelTMx; das Dorfgebiet, wo der Skiort auf der ursprünglich nicht oder kaum par- zellierten Alpstufe lag).

Zum Schluss können Lösungsansätze entworfen werden – auch im Rückbezug auf Sequenzen im eingangs gesehenen Film, wie zum Beispiel von Reinhold Messner dargelegt, oder mit dem Beispiel der Osteria in Sambuco (Piemont) und dann dem Ansatz von Werner Bätzing („Ausgewogene Doppelnutzung") gegenübergestellt werden (siehe Infobox 23.2).

Beitrag zum fachlichen Lernen

Die Sequenz soll sowohl für den Entwicklungsstand als auch Entwicklungsdisparitäten im Alpenraum aus der zeitlichen Tiefe heraus einen Erklärungsansatz bieten und eine mögliche Zukunftsstrategie aufzeigen, ohne dass ein unüberwindlich scharfer Gegensatz zwischen den verschiedenen Entwicklungspfaden entsteht, der den Alpenraum neben der politischen auch noch in die soziokulturelle und naturräumliche Fragmentierung treibt, indem ein Teil völlig verlassen wird und „verwildert", während ein anderer Teil zum „Rummelplatz" mit allen Folgen mutiert.

Kompetenzorientierung

- **Fachwissen:** S10 „vergangene und gegenwärtige humangeographische Strukturen in Räumen beschreiben und erklären; sie kennen Vorhersagen zu zukünftigen Strukturen [...]" (DGfG 2020: 14); S12 „den Ablauf von humangeographischen Prozessen in Räumen [...] beschreiben und erklären" (ebd.); S14 „die realen Folgen sozialer und politischer Raumkonstruktionen [...] erläutern" (ebd.: 15); S17 „das funktionale und systemische Zusammenwirken der natürlichen und anthropogenen Faktoren bei der Nutzung und Gestaltung von Räumen [...] beschreiben und analysieren" (ebd.); S18 „Auswirkungen der Nutzung und Gestaltung von Räumen [...] erläutern" (ebd.); S19 „an ausgewählten einzelnen Beispielen Auswirkungen der Nutzung und Gestaltung von Räumen [...] systemisch erklären" (ebd.); S20 „mögliche ökologisch, sozial und/oder ökonomisch sinnvolle Maßnahmen zur Entwicklung und zum Schutz von Räumen [...] erläutern" (ebd.); S22 „geographische Fragestellungen [...] an einen konkreten Raum [...] richten" (ebd.); S23 „zur Beantwortung dieser Fragestellungen Strukturen und Prozesse in den ausgewählten Räumen [...] analysieren" (ebd.: 16); S24 „Räume unter ausgewählten Gesichtspunkten [...] vergleichen" (ebd.)
- **Beurteilung/Bewertung:** S2 „geographische Kenntnisse und die o. g. Kriterien anwenden, um ausgewählte geographisch relevante Sachverhalte, Ereignisse, Heraus- forderungen und Risiken [...] zu beurteilen" (ebd.: 24); S5 „zu den Auswirkungen ausgewählter geographischer Erkenntnisse in historischen und gesellschaftlichen Kontexten [...] kritisch Stellung nehmen" (ebd.: 25); S8 „geographisch relevante Sach- verhalte und Prozesse [...] in Hinblick auf diese Normen und Werte bewerten" (ebd.)
- **Handlung:** S9 „sich in ihrem Alltag für eine bessere Qualität der Umwelt, eine nach- haltige Entwicklung, für eine interkulturelle Verständigung und eine Begegnung auf Augenhöhe mit Menschen anderer Regionen sowie ein friedliches und gerechtes Zusammenleben in der Einen Welt einzusetzen [...]" (ebd.: 28)

Die Kompetenzen sind so ausgewählt, dass sie den Prozess von der Problemwahrnehmung und -analyse über die Bewertung bis hin zur (eigenen) Handlungsebene abbilden, denn auch Schülerinnen und Schüler außerhalb des Alpenraumes sind als Konsument*innen von touristischen Angeboten aktuelle wie zukünftige zentrale Akteure in diesem Problemfeld.

Klassenstufe und Differenzierung
Der Baustein ist sowohl für die obere Sekundarstufe I als auch für die Sekundarstufe II geeignet, wobei in der Sekundarstufe II fächerübergreifender Unterricht eher noch wenig institutionalisiert ist. Es besteht die Möglichkeit, den genetischen Aspekt des Erbrechts und der unterschiedlichen Landnutzungssysteme wegzulassen und sich lediglich auf den Massentourismus und dessen raumrelevante Auswirkungen zu beschränken. Die Fallbeispiele lassen sich auch auf diese Weise auswerten.

Räumlicher Bezug
Gesamter Alpenraum

Konzeptorientierung
Deutschland: Maßstabsebenen (lokal, regional, national, international), Raumkonzepte (Raum als Container, Beziehungsraum, wahrgenommener Raum)
Österreich: Diversität und Disparität, Wahrnehmung und Darstellung, Wachstum und Krise
Schweiz: Lebensweisen und Lebensräume charakterisieren (2.2, 2.3, 2.5)

23.4   Transfer

Der „phänomenologische Ansatz" ist per se auf fast unüberschaubare Weise anwendbar, solange eben ein Phänomen im Zentrum steht. Ob dies nun die völlig unterschiedliche, soziokulturell geprägte Nutzungsweise in einem Gebirgsraum ist mitsamt den Auswirkungen auf den Entwicklungspfad einer Region oder ein physikalisches Phänomen wie der Luftdruck, ist eigentlich unerheblich. Die Prägung von Entwicklungspfaden durch die (ursprüngliche) Nutzungsweise lässt sich natürlich beliebig transferieren, zum Beispiel auf andere Gebirgsräume.

Verweise auf andere Kapitel
- Bette, J.: *Modellkompetenz. Wirtschaftsräumlicher Wandel – Innovation.* Band 2, Kap. 17.
- Fridrich, C.: *Sozioökonomische Bildung. Standortansprüche – Nachhaltiges Wirtschaften.* Band 2, Kap. 22.
- Nöthen, E. & Klinger, T.: *Ästhetische Bildung. Tourismus – Mobilität.* Band 2, Kap. 16.

Literatur

Bätzing, W. (2015). *Die Alpen. Geschichte und Zukunft einer europäischen Kulturlandschaft.* Beck.

Cole, J. W., & Wolf, E. R. (1974). *The hidden frontier.* Academic.

De Martonne, E. (1926). *Les Alpes. Géographie générale.* Colin.

Egli, H.-R. (2004). Die Entwicklung von Kernräumen und Peripherien im schweizerischen Alpenraum seit dem Mittelalter. *Siedlungsforschung. Archäologie – Geschichte – Geographie, 22,* 105–118.

Eyer, M. (2017). *Interdisziplinarität auf der Sekundarstufe II.* h.e.p.

Palang, H., Soini, K., Printsmann, A., & Birkeland, I. (2017). Landscape and cultural sustainability. *Norsk Geografisk Tidsskrift – Norwegian Journal of Geography, 71*(3), 127–131.

Weiterführende Literatur

Bätzing, W. (2018). *Die Alpen. Das Verschwinden einer Kulturlandschaft.* WbgTHEISS.

Guichonnet, P. (Hrsg.). (1980). *Histoire et Civilisations des Alpes.* Payot.

Mathieu, J. (1992). *Eine Agrargeschichte der inneren Alpen. Graubünden, Tessin, Wallis 1500–1800.* Chronos.

Mathieu, J. (2011). *Die Dritte Dimension. Eine vergleichende Geschichte der Berge in der Neuzeit.* Schwabe.

Mathieu, J. (2015). *Die Alpen. Raum, Kultur, Geschichte.* Reclam.

Tanner, R. P. (2016). Sportgerät? Wildnis? Bilderbuch? Die Alpen im Blickfeld des Tourismus. *Geographie Heute, 331,* 36–38.

Wie lässt sich Nachhaltigkeitsbildung transformativ gestalten?

24

Zukunftsfähigkeit von Ernährungsmegatrends dekonstruieren

Fabian Pettig und Nicole Raschke

▶ **Teaser** Ausgehend von der fachwissenschaftlichen Darstellung zu Megatrends, die im Rahmen einer strategischen Zukunftsforschung gesamtgesellschaftliche Entwicklungstendenzen konzeptualisieren, wird im Beitrag die Bedeutung transformativer Bildung für einen an Mündigkeit, Emanzipation und Partizipation ausgerichteten nachhaltigkeitsbezogenen Geographieunterricht begründet. Der Unterrichtsvorschlag zeigt Möglichkeiten der Umsetzung dieses Ansatzes am Beispiel von Ernährungstrends.

Ergänzende Information Die elektronische Version dieses Kapitels enthält Zusatzmaterial, auf das über folgenden Link zugegriffen werden kann https://doi.org/10.1007/978-3-662-65720-1_24.

F. Pettig (✉)
Institut für Geographie und Raumforschung, Universität Graz, Graz, Steiermark, Österreich
E-Mail: fabian.pettig@uni-graz.at

N. Raschke
Professur für Geographische Bildung, Institut für Geographie, Technische Universität Dresden, Dresden, Sachsen, Deutschland
E-Mail: Nicole.Raschke@tu-dresden.de

24.1   Fachwissenschaftliche Grundlage: Zukunftsforschung und Megatrends – Ernährung

In einer auf Zukunft ausgerichteten nachhaltigen Entwicklung, wie sie in den *Sustainable Development Goals* zum Ausdruck kommt, geht es im Kern um die Lebensbedingungen gegenwärtiger und zukünftiger Generationen. Um Gegenwart und Zukunft zu gestalten, ist es notwendig, langfristig bestehende Entwicklungen zu identifizieren, die Einfluss auf eine nachhaltige Entwicklung haben können bzw. eine solche prägen. Dies stellt vor dem Hintergrund der Unmöglichkeit der Generierung gesicherten Wissens über die Zukunft sowie der schnellen Verfügbarkeit mannigfaltiger Daten durch digitale Infrastrukturen eine Herausforderung dar (Zorn & Schweiger, 2020: 23 ff.). Eine wissenschaftsbasierte, strategische Zukunftsforschung ermittelt – im Gegensatz zu feuilletonistischer Trendforschung – im Sinne einer transparenten und überprüfbaren Herangehensweise und auf Grundlage von Zeitvergleichen statistisch nachweisbare Entwicklungstendenzen der Gesellschaft (Opaschowski, 2015). Dabei geht es darum, systemische Entwicklungen und Dynamiken innerhalb von Gesellschaften, Forschungslandschaften oder Wirtschaftssystemen zu verstehen und Zukunft als Reflexionsbegriff für gegenwärtige Einschätzungen eines zukünftig Möglichen zu konzeptualisieren (Zorn & Schweiger, 2020: 25). Die Verfahren der Zukunftsforschung, bspw. Trendanalysen, Trendmonitoring, Horizon Scanning, Szenarioprojekte, Modellierungen und Folgenabschätzungen von Maßnahmen, sind Instrumente zur Früherkennung von ökonomischen, ökologischen, gesellschaftlichen, technologischen oder politischen Veränderungen (Behrendt et al., 2015: S. 32). Veränderungen, die für die weitere Entwicklung mittel- oder langfristig bedeutsam sind, werden als Trend bezeichnet. Sie wirken sich positiv oder/und negativ auf Entwicklungen aus, lösen Handlungsbedarfe aus und sind beeinflussbar (Roth et al., 2014: 6). Insofern erzeugt Zukunftsforschung Zukunftsbilder, d. h. Annahmen über die Zukunft. Sie konstruiert Repräsentationen von Zukunft und wirkt so auf die Gestaltung von gesellschaftlichen Verhältnissen ein (Baumgartner & Mayer, 2019: 55; Neuhaus, 2018: 18).

> **Infobox 24.1: Begriffserläuterung „Megatrends"**
> Megatrends sind nach Naisbitt (1982) Tiefenströmungen des Wandels und beziehen sich auf Entwicklungskonstanten. Sie sind also von langfristiger Dauer, ubiquitär, d. h. auf alle Lebensbereiche ausstrahlend, global, robust und komplex. Nach Neuhaus (2018) bestehen Trends aus einem diagnostischen, d. h. einem statistischen, interpretativen und argumentativen Teil, sowie einer prognostischen Komponente (Abb. 24.1).

Vor dem Hintergrund des Klimawandels und globaler Problematiken im Zusammenhang mit dem Lebensmittelsystem zeichnen sich mehrere Trends im Bereich Ernährung

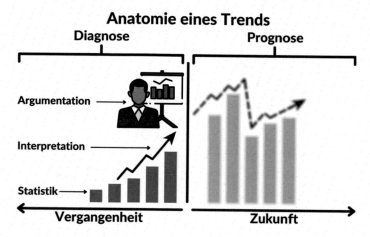

Abb. 24.1 Anatomie eines Trends (Neuhaus, 2018: 5)

ab, die Nachhaltigkeit versprechen, u. a. neue Proteinquellen (Insekten), fleischfreie Produkte (z. B. „Beyond Meat"), aber auch CO_2 speichernde Weizensorten (Kenza), lokal-regionaler Lebensmittelkonsum (z. B. Verbrauchergemeinschaften), Selbstversorgung, Solidargemeinschaften u. v. m. Zugleich dient Ernährung nicht allein der Versorgung, sondern ist auch Mittel für und Ausdruck von Individualität, Lifestyle und persönlicher Überzeugung (Ploeger et al., 2011). Damit einher geht auch der Wunsch nach Abgrenzung von und Zugehörigkeit zu bestimmten sozialen Gruppen, was sich auf Konsument*innenwünsche und Angebotsstrukturen auswirkt. Hierin liegen mit Blick auf die Zukunftsfähigkeit der Esskulturen komplexe Wechselwirkungen zwischen ökologischen, ökonomischen und sozialen Aspekten auf unterschiedlichen Maßstabsebenen, Widersprüche und Ambiguitäten sowie Fragen nach Gerechtigkeit begründet (Rosol & Strüver, 2018). Die kritisch-reflexive Auseinandersetzung mit Zukunftsbildern im Geographieunterricht am Beispiel ausgewählter Ernährungstrends schafft Möglichkeiten, das Bewusstsein für die Rahmenbedingungen von gesellschaftlichen Veränderungen zu entwickeln, trägt zur Qualität von Entscheidungs- und Planungsprozessen bei und bietet Anknüpfungspunkte für eine an Mündigkeit und Partizipation ausgerichtete transformative Bildung.

> **Infobox 24.2: Beispiele für Megatrends (Auswahl)**
> - Zunahme und Ausbreitung des Klimawandels
> - Zunahme der Geschwindigkeit von Veränderungen in allen Bereichen des Lebens – vom Verkehr über die technische Innovation bis hin zum Kommunikationsverhalten in den sozialen Netzwerken
> - Verstärkte Globalisierung in fast allen Lebensbereichen, intensivierte Verflechtung, Wachstum von Mittelschichten

- Zunehmende Individualisierung auch in bislang kollektiv agierenden Gesellschaften
- Kommerzialisierung von immer mehr Lebensbereichen (Marktförmigkeit, Verwertbarkeit)
- Zunahme von Umweltbewusstsein, ökologische Sensibilisierung
- Verbreitete Urbanisierung: Verstädterung des Lebensraumes bis hin zu Megacities
- Virtualisierung zahlreicher alltäglicher Abläufe in Freizeit und Arbeitswelt

(nach Göll, 2020: 50)

Weiterführende Leseempfehlung
- Göll, E. (2020). Trends und Megatrends als Ansatz der modernen Zukunftsforschung. In S. Engler, J. Janik & M. Wolf (Hrsg.), *Energiewende und Megatrends* (S. 45–60). *Wechselwirkungen von globaler Gesellschaftsentwicklung und Nachhaltigkeit.* Bielefeld: transcript (Edition Politik, Bd. 93).
- Rosol, M. & Strüver, A. (2018). (Wirtschafts-)Geographien des Essens: transformatives Wirtschaften und alternative Ernährungspraktiken. *Zeitschrift für Wirtschaftsgeographie, 62* (3–4).

Problemorientierte Fragestellungen
- Wie und warum entstehen neue **Ernährungstrends?**
- Wie zukunftsfähig sind (mir wichtige) **Ernährungstrends?**

24.2   Fachdidaktischer Bezug: Transformative Bildung

Der Ansatz „Transformative Bildung" (WBGU, 2011) wird in der deutschsprachigen Nachhaltigkeits- und BNE-Debatte seit dessen Einführung im Gutachten des Wissenschaftlichen Beirats der Bundesregierung Globale Umweltveränderungen (WBGU) „Welt im Wandel" von 2011 diskutiert und bezieht sich auf das Konzept der Großen Transformation.

Infobox 24.3: Begriffserläuterung „Große Transformation"
Das Konzept der Großen Transformation wurde Mitte des 20. Jahrhunderts von Karl Polanyi geprägt. Hiermit charakterisierte er die Entkoppelungsprozesse von Marktsystem und Gesellschaft im Laufe des 19. und 20. Jahrhunderts als epochale, gesellschaftlich-institutionelle Revolution und Folge der Industrialisierung sowie eines entfesselten Kapitalismus. Die Idee eines epochalen Umbruchsprozesses

griff der WBGU 2011 explizit auf und bezog diese auf eine nachhaltige Entwicklung als gesamtgesellschaftliche Zukunftsaufgabe und zweite Große Transformation. In diesem Kontext beschreibt der Begriff „einen massiven ökologischen, technologischen, ökonomischen, institutionellen und kulturellen Umbruchprozess zu Beginn des 21. Jahrhunderts" (nach Schneidewind, 2019: 11).

Laut WBGU soll über transformative Bildung sowohl ein Problembewusstsein für irreversible erdsystemische Entwicklungen geschaffen als auch konkrete Handlungsmöglichkeiten angesichts drohender Entwicklungen vermittelt werden, um „dem Handeln Einzelner die notwendige Richtung zu geben" (WBGU, 2011: 374). Transformative Bildungsangebote sollen Lernende dazu befähigen, an der Gestaltung gesellschaftlicher Transformationsprozesse hin zu einer gerechten und zukunftsfähigen Welt teilzuhaben, und dabei die Kluft zwischen Wissen und Handeln überwinden. Zugleich wird aus pädagogischer Perspektive davor gewarnt, dass dieser Bildungsansatz die Kritik am instrumentell-neoliberalen Gehalt einer institutionalisierten BNE (Selby & Kagawa, 2010) nicht schlicht unter neuen – teils widersprüchlich gebrauchten – Begrifflichkeiten reproduzieren und dabei eher indoktrinierend als emanzipierend wirken dürfe (Lingenfelder, 2020: 54). Damit ist gemeint, dass die Forderung, allein das Handeln der Lernenden im Unterricht in eine politisch gewünschte Richtung zu beeinflussen, mit dem kritischen Anspruch mündigkeitsorientierter Bildung und auch dem Überwältigungsverbot gemäß „Beutelsbacher Konsens" (Wehling, 1977) unvereinbar ist.

In einem Unterricht, der transformative Bildungsprozesse ermöglichen möchte, muss es also immer auch darum gehen, sich der Situiertheit des eigenen Denkens und Handelns in Bezug auf nachhaltigkeitsbezogene Fragestellungen bewusst werden zu können. Bezogen auf das Thema Nachhaltigkeit und nachhaltige Entwicklung bedeutet dies bspw., gängige Wachstumsdiskurse (Green Growth) zu be- und hinterfragen und auch Alternativen wie Postwachstumsökonomien (Degrowth) zu thematisieren. Die kritische Reflexion der Eingebundenheit des eigenen Denkens und Handelns in nachhaltigkeitsbezogene Narrative kann dazu führen, ein Bewusstsein und gut begründete Haltungen sowie auch Handlungsbereitschaften angesichts kontroverser Nachhaltigkeitsstrategien und -narrative auszubilden, ohne einfach „richtige Verhaltensweisen" zu übernehmen.

Die pädagogische und fachdidaktische Diskussion um transformative Bildung im Kontext von BNE ist überaus vielfältig und vielstimmig. Ein Bezugspunkt der Debatte ist die kritische Pädagogik Paulo Freires (1973). Es wird dabei die gesellschaftlich-disruptive Aufgabe von Bildung betont, d. h., dass sie herrschende Machtverhältnisse reflektieren und den Einzelnen zur mündigen Teilhabe an der Veränderung dieser Verhältnisse befähigen soll. Vor diesem Hintergrund lassen sich als geeignete Unterrichtsformate zur Ermöglichung transformativer Bildungsprozesse im Geographieunterricht problemorientierte und projektbasierte Lernangebote ausmachen, welche die dilemmatische Struktur nachhaltiger Entwicklung dialogisch und kritisch-reflexiv in den

Blick rücken und Lernenden Gelegenheiten bieten, sich ihrer Vorannahmen bewusst zu werden und sich zu positionieren, unterschiedliche Sichtweisen kritisch zu reflektieren und alternative Handlungsweisen experimentierend und konstruktiv zu erproben (Pettig, 2021). Da sich Handlungsbereitschaft aus eigenen Überzeugungen speist, sind Unterrichtsmethoden, die Selbstreflexion und Werte-Bildung ermöglichen, in besonderem Maße dazu geeignet, Schüler*innen zur verantwortungsvollen Gestaltung einer sozial-ökologischen Transformation zu befähigen (Meyer, 2018: 23–27). Transformative Bildung ist also als Denkrahmen für Unterricht zu verstehen, an dem sich ein zukunfts-fähiger Geographieunterricht orientieren kann. Ob ein jeweiliges Unterrichtssetting dabei zu transformativen Bildungsprozessen führt, lässt sich nie mit Sicherheit sagen; es lässt sich immer nur so unterrichten, dass transformative Bildung prinzipiell möglich(er) wird.

Weiterführende Leseempfehlung
- Meyer, C. (2018). Den Klimawandel bewusst machen – zur geographiedidaktischen Bedeutung von Tiefenökologie und Integraler Theorie im Kontext einer trans-formativen Bildung. In: C. Meyer, A. Eberth & B. Warner (Hrsg.), *Diercke Klima-wandel im Unterricht. Bewusstseinsbildung für eine nachhaltige Entwicklung* (S. 16–30). Braunschweig: Westermann.
- Pettig, F. (2021). Transformative Lernangebote kritisch-reflexiv gestalten. Fach-didaktische Orientierungen einer emanzipatorischen BNE. *GW-Unterricht 34*(2), 5–17. https://doi.org/10.1553/gw-unterricht162s5

Bezug zu weiteren fachdidaktischen Ansätzen
Werte- und Haltungsbildung, Mündigkeitsorientierung, Bildung für nachhaltige Ent-wicklung

24.3   Unterrichtsbaustein: Wie zukunftsfähig sind unterschiedliche Ernährungstrends?

Der Unterrichtsbaustein verschränkt am Gegenstand Ernährungstrends die Zukunfts-dimension von Megatrends mit der auf die Befähigung zur Gestaltung eines zukunfts-fähigen Miteinanders ausgerichteten Transformativen Bildung. In Zukunfts- und Megatrends kommen gesellschaftliche Narrative zum Ausdruck, die sich in unter-schiedlichen Bereichen des Alltags niederschlagen. Der transformative Bildungsgehalt des Bausteins liegt in der Reflexion hegemonialer Erzählungen von „guten", „grünen" und „nachhaltigen" Entwicklungen hinsichtlich der diesen Entwicklungen inhärenten, nicht-nachhaltigen Strukturen und Hintergründen. Ausgehend von einer durch Dis-kussionsimpulse gesteuerten kritisch-reflexiven Betrachtung verschiedener Abbildungen, die jeweils für gegenwärtige Trends im Ernährungsbereich stehen, und einer

Diskussion zu unterschiedlichen Mechanismen der Etablierung und Konsolidierung von Ernährungstrends setzen sich die Schüler*innen mit dem konkreten Beispiel einer Trendkonstruktion zu Milch als (marktfähiges, innovatives) Produkt in China sowie mit den Auswirkungen industrieller Milchproduktion in verschiedenen Regionen, bspw. des Senegal, auseinander. Hier geht es einerseits um Ernährungssicherung, zum Beispiel durch die Erschließung neuer Nahrungsquellen, andererseits drücken sich in neuen Ernährungstrends auch Kommodifizierungspraktiken zur Erschließung neuer Absatzmärkte aus. Am Beispiel der Milchproduktion in China werden die wirtschaftlichen Überlegungen bei der Einführung eines neuen Produktes in einen sehr großen und damit lukrativen Absatzmarkt, aber auch die global-regionalen Verflechtungen der Wirtschaftsräume und damit die Folgen auf europäische und afrikanische Märkte deutlich.

Anschließend übertragen die Schüler*innen die Fragestellungen zu Ursachen, globalen Zusammenhängen und lokalen Auswirkungen auf einen selbst gewählten Ernährungstrend und setzen sich kritisch mit diesem auseinander. Die Schüler*innen entwickeln so ein Bewusstsein darüber, dass eigenes Denken und Handeln von Megatrends wie der verstärkten Globalisierung in fast allen Lebensbereichen, der Kommerzialisierung von immer mehr Lebensbereichen oder auch der Zunahme von Umweltbewusstsein und ökologischer Sensibilisierung beeinflusst sind. Vor dem Hintergrund einer zukunftsfähigen Entwicklung sind diese Einflüsse sowie damit verbundene Fragen nach Macht und Ohnmacht zu reflektieren.

Lernende erhalten auf diese Weise die Gelegenheit, ein Bewusstsein für die Herausforderungen und Widersprüche nachhaltiger Entwicklung am Beispiel von Ernährungstrends auszubilden. Hiermit verbunden ist das Ziel, mündige Entscheidungen als Konsument*in treffen zu können und sich der Bedeutung und Genese aktueller (Ernährungs-)Trends bewusst zu werden.

Phase 1 | Einstieg: Vorannahmen bewusst machen und sich positionieren

In der Einstiegsphase sollen die eigenen Erfahrungen mit und Überzeugungen zu Ernährung, Ernährungstrends im Allgemeinen und dem Ernährungstrend „Superfood" im Besonderen zum Thema gemacht werden. Der Einstieg wird mittels Bildimpulsen realisiert (s. Abb. 24.2), die im Klassenzimmer verteilt werden. Die Schüler*innen finden sich in Gruppen zum jeweiligen Bild zusammen und tauschen sich zum abgebildeten Trend aus. Im Plenum werden zwei Fragen besprochen (Warum habe ich das Bild ausgewählt? Was verbinde ich mit dem Ernährungstrend?) und die Überlegungen der Schüler*innen festgehalten.

Im Anschluss wird in einem Gespräch über die Bilder sowie die geäußerten Assoziationen das Thema „Ernährungstrends" in dessen Bedeutsamkeit für den Einzelnen ausgelotet. Die Überlegungen und Gedanken aus der Diskussion werden stichwortartig festgehalten, sodass diese am Ende des Unterrichtsbausteins zur Lernwegreflexion genutzt werden können.

Abb. 24.2 Beispiele für aktuelle Ernährungstrends: Superfood-Bowl (pixabay), Mandelmilch (pixabay), veganer Burger mit pflanzenbasiertem Patty (pexels.com)

Impulse für das Unterrichtsgespräch

- Wofür steht dieses Bild im Kontext Ernährung? Wo begegnen uns solche Bilder noch? Wie wirkt das Bild auf euch?
- Wie positioniert ihr euch zum Thema gesunde Ernährung, Superfood, vegane Ernährung etc.? Ist euch das wichtig? Was ist euch daran wichtig?
- Gibt es weitere aktuelle Trends, die im Bereich Ernährung diskutiert werden?
- Die zentralen Fragestellungen für die Unterrichtssequenz werden am Ende gemeinsam formuliert:
- Wie und warum entstehen neue Ernährungstrends?
- Wie zukunftsfähig sind (mir wichtige) Ernährungstrends?

Überleitung/Gelenkstelle

Ernährungstrends gibt es in vielen Bereichen und in verschiedenen Regionen finden sich unterschiedliche Trends. Im nächsten Schritt wird der Blick auf einen aktuellen Trend in Asien gerichtet: Milch.

Phase 2 | Erarbeitung: Zusammenhänge verstehen und reflektieren

Im zweiten Unterrichtsschritt werden die gezielte Etablierung eines Ernährungstrends (Milchprodukte) dekonstruiert, diesbezügliche Auswirkungen auf lokale Märkte reflektiert und mögliche Alternativen diskutiert. Der Bildungsgehalt dieses Beispiels für den Geographie- und GW-Unterricht liegt darin, dass Milchprodukte in der Lebenswelt der Schüler*innen bekannt sind und gegenwärtig gesellschaftlich kontrovers hinsichtlich deren Klimaauswirkungen diskutiert werden, in anderen Regionen jedoch völlig anders beworben bzw. diskutiert und mit anderem Gefühl konsumiert werden.

Als Material dient der Dokumentarfilm „Das System Milch" (Pichler, 2017)[1], aus dem drei Ausschnitte geschaut und reflektiert werden. Die ersten beiden Ausschnitte verdeutlichen die Einführung von Milchprodukten in China und Senegal als Erschließung neuer Absatzmärkte der globalen Milchindustrie sowie die damit verbundenen Auswirkungen auf regionale Märkte. Der dritte Ausschnitt zeigt am Beispiel eines Schweizer Kleinbauern mögliche alternative Wirtschaftsweisen auf.

[A] Konstruktion eines Ernährungstrends am Beispiel China

Inhaltsangabe: Sequenz 1 (Min. 00:59:00–01:06:00)

In der Filmsequenz wird am Beispiel Milch dargestellt, wie Bedürfnisse in einer Bevölkerungsgruppe geschaffen und mithilfe europäischer Milchkonzerne riesige Produktionsstrukturen in China aufgebaut werden. Der Filmausschnitt zeigt, dass Milchkonsum mit körperlicher Stärke, Gesundheit und damit der Chance auf ein erfolgreiches Leben assoziiert wird. Milch wird als Produkt für die ganze Familie intensiv beworben. Impressionen aus einem chinesischen Supermarkt zeigen die große Vielfalt und Anzahl chinesischer Milchprodukte. Die chinesische Milchproduktion hat auch Auswirkungen auf regionale Milchproduzenten in Europa, weil diese dadurch unter Druck gesetzt werden, billiger zu produzieren.

Die Sequenz 1 wird entlang folgender Aufgabenstellungen reflektiert:

- Erläutere, auf welche Weise Milch als Produkt in den chinesischen Markt eingeführt wird. Beschreibe die Strategien, die dabei angewendet werden. Nenne Gründe für diese Initiativen.
- Beschreibe die Entstehung eines Ernährungstrends, berücksichtige dabei verschiedene Interessengruppen und deren Motive.

---

[1] Der Dokumentarfilm „Das System Milch" lief 2017 in den deutschen Kinos und ist gegenwärtig als DVD oder über Streaming-Dienste erhältlich.

Überleitung/Gelenkstelle

Die hier diskutierten Initiativen und die gezielte Etablierung von Ernährungstrends haben Auswirkungen auf regionale Märkte, die an einem zweiten Beispiel diskutiert werden sollen.

[B] Folgen extensiver Milchproduktion und Milchpulverexporte am Beispiel Senegal

Inhaltsangabe: Sequenz 2 (Min. 01:07:00–01:19:00)
Im Filmausschnitt werden die Folgen subventionierter Milchproduktion Europas auf lokale Märkte am Beispiel des Senegal verdeutlicht. Lokale senegalesische Milchproduktion ist kaum konkurrenzfähig, insbesondere in Bezug auf Milchpulver und andere industriell verarbeitete Milchprodukte. Freihandelsabkommen zwischen EU und ausgewählten Ländern Afrikas und damit verbundene niedrige Zölle machen es für europäische Milchproduzenten möglich, neue Absatzmärkte (für zum Teil überproduzierte Milchprodukte) zu erschließen. Die importierten Produkte sind wesentlich günstiger. Senegalesische Werbetafeln verweisen auf die gesundheitsfördernde und geschmacksverbessernde Wirkung von Milch. Die schwierigen Umstände lokaler Milchbauern führen auch zu Migration. Im Film wird zweierlei deutlich: Einerseits ist der lokale Absatz von importiertem Milchpulver ein lukratives Geschäft für ansässige Händler*innen; andererseits ist die lokal produzierte Milch preislich nicht konkurrenzfähig. Die lokale Viehwirtschaft könnte für viele Menschen die Beschäftigung sichern, gerät aber durch das Preisdumping international agierender Konzerne sowie Strukturförderprogramme in Probleme.

Die Sequenz 2 wird entlang folgender Aufgabenstellungen reflektiert:
- Begründe die Maßnahme der Subventionierung von Milch aus Perspektive der EU.
- Erläutere die Auswirkungen subventionierter Milchproduktion für regionale Märkte im Senegal. Erstelle eine Wirkungskette.

Überleitung/Gelenkstelle
Welche Alternativen sind denkbar?

[C] Alternative Denkweisen am Beispiel Schweiz

Inhaltsangabe: Sequenz 3 (Min. 00:40:00–00:44:00 und Min. 01:19:00–1:21:00)
In beiden Filmausschnitten wird die Perspektive eines Schweizer Milchbauern dargestellt, der seinen Hof von konventioneller auf ökologische Produktion umgestellt

hat. Die Sichtweise einer intensiven, ganzheitlichen und qualitativ hochwertig ökologischen Landwirtschaft wird durch den Landwirt anschaulich dargestellt. Seine
ganzheitlichen Betrachtungen auf eine „beseelte" Landwirtschaft als Arbeitsplatz
und Lebensort wird auch in folgendem Zitat deutlich: „Wir müssen sie [die Land-
wirtschaft] wieder den Ökologen, Philosophen und *auch* den Ökonomen über-
lassen." Kleinere und vielfältige Produktionseinheiten, geringe Technisierung und
eine Haltung gegen eine auf Gewinnmaximierung und Wachstum ausgerichtete
Profitorientierung kennzeichnen diese Sichtweise.

Die Sequenz 3 wird entlang folgender Aufgabenstellungen reflektiert:
- Erläutere die Perspektive des Milchbauern und dessen Vorstellungen einer öko-
  logischen Landwirtschaft.
- Vermute: Könnte es auch in dieser Bewirtschaftungsweise zur Entstehung von
  Ernährungstrends kommen?

Überleitung/Gelenkstelle
Bezug zum Einstieg und den diskutierten Trends

Phase 3 | Transfer, Konstruieren
Anschließend werden die erarbeiteten Wirkungszusammenhänge und damit verbundenen
Fragen auf die eingangs geführte Diskussion zu gegenwärtigen Ernährungstrends übertragen. Die Schüler*innen sind aufgefordert, den von ihnen in der Einstiegsphase
gewählten Ernährungstrend kritisch zu hinterfragen. Zur Präsentation der Arbeitsergebnisse wählen die Schüler*innen selbstständig ein geeignetes Format, zum Beispiel
Plakat, Erklärvideo, Podcast o. Ä., und setzen dies um.

**Recherche und Diskussion in den Arbeitsgruppen werden entlang folgender Impulse
durchgeführt:**
- Begründet: Warum handelt es sich bei dem gewählten Beispiel um einen
  Ernährungstrend? Analysiere dazu ausgewählte Produkte, deren Darstellung
  und Werbung.
- Beschreibt ökologische, soziale und wirtschaftliche Auswirkungen sowie ver-
  schiedene Perspektiven auf diesen Trend. (Hilfestellungen: Wie wird der Trend
  in sozialen Medien dargestellt? Wie ist die CO_2-Bilanz des Trends? Nischen-
  produkt oder Mainstream – und mit welchen wirtschaftlichen Folgen?)
- Stellt Herausforderungen und Chancen, Kontroversen und Widersprüche in
  Bezug auf das gewählte Beispiel dar.
- Ist der Trend zukunftsfähig? Vermutet Auswirkungen eines globalen Trends
  (Was wäre, wenn der Trend ein globaler Trend werden würde?).

Phase 4 | Abschluss: Präsentation und Reflexion

In der abschließenden Unterrichtsphase präsentieren und diskutieren die Schüler*innen die Ergebnisse aus Phase 3. Neben der inhaltlichen Auseinandersetzung mit ausgewählten Ernährungstrends geht es dabei auch um die Rekapitulation und Reflexion zu den eigenen Überlegungen, angewendeten Mechanismen sowie zum eigenen Arbeitsprozess. Die Positionen der Einstiegsphase werden einbezogen. Eine abschließende Diskussion zur Notwendigkeit sowie zu Möglichkeiten und Grenzen einer zukunftsfähigen Ernährungsweise runden das Unterrichtsbeispiel ab.

Beitrag zum fachlichen Lernen

Die Schüler*innen gewinnen die Erkenntnis darüber, dass eigenes Handeln und Denken in globale Megatrends, z. B. Kommerzialisierung von immer mehr Lebensbereichen oder Zunahme von Umweltbewusstsein, eingebunden ist. Sie gewinnen einen Einblick in die Komplexität der Wirkungszusammenhänge zwischen Entstehung und Auswirkungen ausgewählter Trends am Beispiel Ernährung und lernen damit verbundene Herausforderungen und Widersprüche kennen. Die Folgen der Trends für globale und lokale Märkte sind ebenso zentral wie die Möglichkeiten und Grenzen einer zukunftsfähigen Ernährung. Die Schüler*innen werden sich der Bedeutung des Themas für das eigene Handeln durch die verknüpfende Betrachtung verschiedener Regionen und Maßstabsebenen bewusst.

Kompetenzorientierung

- **Erkenntnisgewinnung/Methoden:** S6 die Auswirkungen bestimmter Trends auf lokaler und globaler Maßstabsebene über eine Recherche in Erfahrung bringen und die Ergebnisse systematisch darstellen
- **Kommunikation:** S6 die Auswirkungen bestimmter Trends auf lokaler und globaler Maßstabsebene mit anderen diskutieren
- **Beurteilung/Bewertung:** S6 die Auswirkungen ausgewählter Ernährungstrends auf die Gesellschaft unter Berücksichtigung verschiedener Perspektiven beurteilen; S8 Ernährungstrends unter Berücksichtigung ihrer kontroversen Hintergründe und mit Blick auf ihre Zukunftsfähigkeit im Sinne der nachhaltigen Entwicklung bewerten
- **Handlung:** S10 die eigene Eingebundenheit von Konsumentscheidungen in Ernährungstrends reflektieren; S11 selbstbestimmt Handlungsentscheidungen unter Berücksichtigung der komplexen und kontroversen Hintergründe bestimmter Ernährungstrends treffen

Der Unterrichtsbaustein fördert in erster Linie die Beurteilungs- und Reflexionsfähigkeit der Lernenden im Themenbereich „Megatrends der Ernährung". Ausgehend von der alltäglichen Bedeutung von Ernährungstrends im Leben der Schüler*innen und dem Irritationsmoment, Milch als Trend zu betrachten, bietet der Unterrichtsbaustein die Möglichkeit, sich am Beispiel Milch(-wirtschaft) in China kritisch mit Ernährungstrends und deren regionalen und globalen Auswirkungen auseinanderzusetzen. Zudem werden Denk- und Reflexionsanlässe für eigene Konsumentscheidungen in einem global vernetzten System gegeben.

Klassenstufe und Differenzierung
Klassenstufen 10–12 oder Sekundarstufe II
Das Unterrichtsbeispiel ist im Hinblick auf Differenzierung durch Individualisierung gekennzeichnet, weil sich die Schüler*innen mit einem selbst gewählten Ernährungstrend auseinandersetzen. Insofern berücksichtigt das Konzept unterschiedliche Ausgangssituationen und Bedingungen. Schüler*innen ohne konkreten eigenen Bezug zum Thema lernen alternative Ernährungsweisen und -trends kennen und können diese und ihre eigene Haltung zum Thema „Ernährungstrends" kritisch reflektieren. Jene mit konkretem eigenem Bezug zu einem Trend lernen diesen kritisch zu hinterfragen, zu analysieren und ggf. neu zu sehen. Weiterhin ist das Präsentationsmedium, d. h. das Produkt der vertieften Auseinandersetzung mit Ernährungstrends, frei wählbar. Im Hinblick auf Differenzierung durch Unterstützung besteht die Möglichkeit, die Recherche durch zusätzliches Material zu strukturieren oder die anspruchsvolle Reflexion der Filmsequenzen durch kleinschrittige Aufgabenstellung oder die Verwendung eines Arbeitsblattes zu entlasten.

Räumlicher Bezug
China, Senegal, Schweiz, Deutschland

Konzeptorientierung
Deutschland: Nachhaltigkeitsviereck (Ökonomie, Ökologie, Politik, Soziales), Maßstabsebenen (lokal, regional, national, international, global)
Österreich: Nachhaltigkeit und Lebensqualität, Arbeit, Produktion und Konsum, Märkte, Regulierung und Deregulierung, Mensch-Umwelt-Beziehungen
Schweiz: Mensch-Umwelt-Beziehungen analysieren (3.2)

24.4   Transfer

Das Unterrichtsbeispiel bietet vielfältige Transfermöglichkeiten im Hinblick auf Themen, Methoden, Räume und Aktivitäten. Thematisch und regional ist denkbar, die gewonnenen Erkenntnisse zur Relevanz von Ernährungstrends für das eigene Verhalten auf andere Konsumentscheidungen oder Produkte zu übertragen (etwa Kleidung, Technik).

Verweise auf andere Kapitel

- Meyer, C.: *Wertebildung. Landwirtschaft – Tierwohl.* Band 1, Kap. 15.
- Oberrauch, A. & Andre, M.: *Statistik und Visual Analytics. Planetare Belastungsgrenzen – Nachhaltigkeit.* Band 1, Kap. 16.

Literatur

Baumgartner, C., & Mayr, H. (2019). Megatrends und nachhaltige Entwicklung im Tourismus – Ein Unterrichtsbeispiel. *GW-Unterricht, 2019*(4), 54–72.

Behrendt, S., Scharp, M., Zieschank, R., & Nouhuys, J. V. (2015). *„Horizon Scanning" und Trendmonitoring als ein Instrument in der Umweltpolitik zur strategischen Früherkennung und effizienten Politikberatung. Konzeptstudie.* Umweltbundesamt (Texte, 106/2015).

Freire, P. (1973). *Pädagogik der Unterdrückten: Bildung als Praxis der Freiheit.* Rohwolt.

Göll, E. (2020). Trends und Megatrends als Ansatz der modernen Zukunftsforschung. In S. Engler, J. Janik, & M. Wolf (Hrsg.), *Energiewende und Megatrends. Wechselwirkungen von globaler Gesellschaftsentwicklung und Nachhaltigkeit* (S. 45–60). Transcript (Edition Politik, Band 93).

Lingenfelder, J. (2020). Was bedeutet Transformative Bildung im Kontext sozial-ökologischer Krisen? *Außerschulische Bildung, 51*(1), 52–56.

Meyer, C. (2018). Den Klimawandel bewusst machen – zur geographiedidaktischen Bedeutung von Tiefenökologie und Integraler Theorie im Kontext einer transformativen Bildung. In C. Meyer, A. Eberth, & B. Warner (Hrsg.), *Diercke Klimawandel im Unterricht. Bewusstseinsbildung für eine nachhaltige Entwicklung* (S. 16–30). Westermann.

Naisbitt, J. (1982). *Megatrends. Ten new directions transforming our lives* (1. Aufl.). Warner Books.

Neuhaus, C. (2018). Der Trend als Werkzeug. Gebrauchsanleitung für ein Instrument der strategischen Beobachtung. *Zeitschrift für Zukunftsforschung, 7*(1), ohne Seiten. urn:Nbn :De:0009-32-47193.

Opaschowski, H. W. (2015). Mode, Hype, Megatrend? Vom Nutzen wissenschaftlicher Zukunftsforschung. *Aus Politik und Zeitgeschichte (APuZ), 65*(31–32), 40–45.

Pettig, F. (2021). Transformative Lernangebote kritisch-reflexiv gestalten. Fachdidaktische Orientierungen einer emanzipatorischen BNE. *GW-Unterricht, 34*(2), 5–17. https://doi.org/10.1553/gw-unterricht162s5.

Pichler, A. (2017). *Das System Milch* [Film]. München, Tiberius Film.

Ploeger, A., Hirschfelder, G., & Schönberger, G. (Hrsg.). (2011). *Die Zukunft auf dem Tisch. Analysen, Trends und Perspektiven der Ernährung von morgen. Heidelberger Symposium: Der Essalltag als Herausforderung der Zukunft* (1. Aufl.). VS Verlag für Sozialwissenschaften.

Rosol, M., & Strüver, A. (2018). (Wirtschafts-)Geographien des Essens: Transformatives Wirtschaften und alternative Ernährungspraktiken. *Zeitschrift für Wirtschaftsgeographie, 62*(3–4), 169–173.

Roth, F., Herzog, M., Giroux, J., & Prior, T. (2014). *Trendanalyse Bevölkerungsschutz 2025. Chancen und Herausforderungen aus den Bereichen Umwelt, Technologie und Gesellschaft.* Center for Security Studies (CSS), ETH Zürich.

Schneidewind, U. (2019). *Die Große Transformation. Eine Einführung in die Kunst gesellschaftlichen Wandels.* Fischer.

Selby, D., & Kagawa, F. (2010). Runaway climate change as challenge to the 'closing circle' of education for sustainabale development. *Journal of Education for Sustainable Development, 4*(1), 37–50. https://doi.org/10.1177/097340820900400111.

Wehling, H.-G. (1977). Konsens à la Beutelsbach? Nachlese zu einem Expertengespräch. In S. Schiele & H. Schneider (Hrsg.), *Das Konsensproblem in der politischen Bildung* (S. 173–184). Ernst Klett.

WBGU (Wissenschaftlicher Beirat der Bundesregierung Globale Umweltveränderungen). (2011). *Welt im Wandel: Gesellschaftsvertrag für eine Große Transformation.* WBGU.

Zorn, J., & Schweiger, S. (2020). Kontext bitte! Einblicke in die Geschichte der Zukunftsforschung und ihre Relevanz für die Erfindung der Megatrends. In S. Engler, J. Janik, & M. Wolf (Hrsg.), *Energiewende und Megatrends. Wechselwirkungen von globaler Gesellschaftsentwicklung und Nachhaltigkeit* (S. 23–43). Transcript.

Digitale Transformation des Dienstleistungssektors

25

Sozioökonomische Implikationen am Beispiel von Lieferdienst-Plattformen reflektieren

Fabian Pettig

▶ **Teaser** Digitalisierungsprozesse haben zu tiefgreifenden Veränderungen der Dienstleistungsbranche geführt, welche sich zunehmend über Plattformökonomien realisiert. Plattformökonomien zeichnen sich sowohl durch Flexibilisierung von Beschäftigung und Segmentierungsprozesse des Dienstleistungssektors als auch durch das Aufkommen neuer und z. T. prekärer Arbeit aus. Im Unterrichtsbaustein werden diese neuartigen Geographien der Wertschöpfung am Beispiel von Essenslieferdiensten multiperspektivisch reflektiert und die Digitalisierung als fachlicher Lerngegenstand adressiert.

25.1 Fachwissenschaftliche Grundlage: Dienstleistungssektor – Plattformökonomie

Vor etwa einem Jahrzehnt bezeichnete das Statistische Bundesamt den Dienstleistungssektor als „Wirtschaftsmotor in Deutschland". Tatsächlich sind die wirtschaftlich überaus bedeutenden Dienstleistungsbereiche derart ausdifferenziert, dass in Ergänzung zum klassischen *Drei-Sektoren-Modell* bereits länger auch ein *quartärer Sektor* unterschieden wird. Im Kern umfasst der quartäre Sektor hochspezialisierte, inzwischen vornehmlich datenverarbeitende Tätigkeiten im Bereich der IKT (Informations-Kommunikations-Technologien).

F. Pettig (✉)
Institut für Geographie und Raumforschung, Universität Graz, Graz, Steiermark, Österreich
E-Mail: fabian.pettig@uni-graz.at

© Der/die Autor(en), exklusiv lizenziert an Springer-Verlag GmbH, DE, ein Teil von Springer Nature 2023
I. Gryl et al. (Hrsg.), *Geographiedidaktik,* https://doi.org/10.1007/978-3-662-65720-1_25

Infobox 25.1: Kennzahlen der Dienstleistungsbranche im deutschsprachigen Raum

Die Bezeichnung „Wirtschaftsmotor" ist heute treffender denn je. So wurden 2019 in der Dienstleistungsbranche rund 69 % der gesamtwirtschaftlichen Wertschöpfung in Deutschland generiert, in Österreich 70 % und in der Schweiz 74 %. Derzeit sind in Deutschland etwa 33,5 Mio. von 44,6 Mio. Erwerbspersonen im Dienstleistungsbereich tätig, was rund 72 % aller Beschäftigten entspricht; gut 80 % der Unternehmen in Deutschland sind Dienstleistungsunternehmen. Mit einem annähernd durchgehenden jährlichen Wachstum – Ausnahmen stellen die Jahre 2003 und 2020 dar – von durchschnittlich 1,24 % seit 1992 stellt die Dienstleistungsbranche den am schnellsten wachsenden Wirtschaftsbereich in Deutschland dar. Diese seit mehreren Jahrzehnten voranschreitende Tertiärisierung der Wirtschaft bricht seit Langem mit dem häufig noch immer tradierten Bild der „Industrienation Deutschland".

Quelle: Alle Kennzahlen aus Statista und Destatis (abgerufen: 04.05.2021)

Dies digitale Durchdringung des Dienstleistungssektors bedingt fundamentale sozioökonomische Veränderungen, führt zu neuen Formen der Arbeit und neuen Geographien der Wertschöpfung mit räumlicher Aggregation der größten Anbieter außerhalb Chinas in der San Francisco Bay Area und Seattle (Kenney & Zysman, 2020). Digitale Plattformen entgrenzen globale Wertschöpfungsprozesse virtuell, d. h., dass zuvor lokale Praktiken in Clouds zentralisiert und ein immer erheblicherer Teil des globalen Kapitals (außerhalb Chinas) auf diese Region in Kalifornien konzentriert werden. Dabei sind die größten, dominanten Plattformen keine neutralen Mittler, sondern machtvolle Akteure, die Märkte prägen und neue Marktlogiken hervorbringen.

Einerseits vereinfachen es die technischen Entwicklungen, dass Unternehmen Dienstleistungen auf einfache Weise einer Vielzahl von Nutzer*innen anbieten können (Business-to-Consumer- bzw. B2C-Dienstleistung). Andererseits wird es auch für Privatpersonen immer einfacher, Dienstleistungen über das Internet und soziale Netzwerke anzubieten (Peer-to-Peer- bzw. P2P-Dienstleistung). Die veränderten Zugangsbedingungen gehen mit dem Aufkommen einer Vielzahl an digitalen Plattformen, also Online-Marktplätzen, einher, welche als Vermittlungsinstanz zwischen dem oder der Leistungserbringer*in und dem oder der Leistungsempfänger*in fungieren (Weissenfeld et al., 2020: 31). Beispiele für etablierte Plattformen sind u. a. Amazon, Uber, eBay, Fiverr oder Etsy. Der Markt geht aber weit über diese Big Player hinaus. Plattformen wie Helpling oder BOOK A TIGER vermitteln bspw. Arbeitskräfte für Reinigung, Hundesitting oder auch Gartenarbeit.

Das Geschäftsmodell der Plattformökonomien besteht also nicht im Verkauf von Gütern bzw. Dienstleistungen an Verbraucher*innen, sondern in der provisionsbasierten Bereitstellung einer digitalen Umgebung, die Anbieter*innen den algorithmisch optimierten Zugang zu potenziellen Kund*innen ermöglicht. Diese Entwicklung im

Dienstleistungssektor wird hinsichtlich deren sozioökonomischer Implikationen entlang der Begriffe *Sharing-Economy* und *Gig-Economy* überaus kontrovers diskutiert (Köbis et al., 2021). Auf der einen Seite wird unter dem Stichwort *Sharing-Economy* betont, dass Plattformen das einfache Teilen von (teils ungenutzten) Ressourcen und Infrastrukturen ermöglichen und darüber hinaus vielen potenziellen Leistungserbringer*innen einen unkomplizierten Zugang zum Markt eröffnen. Auf der anderen Seite wird kritisiert, dass die häufig betonten positiven sozialökologischen Effekte einer auf das Teilen ausgerichteten Wirtschaft auch Rebound-Effekte bedingen können, wie das Beispiel des großen Konkurrenzdrucks auf dem boomenden Bike-Sharing-Markt in Großstädten verdeutlicht. Unter dem Stichwort *Gig-Economy* wird zudem hervorgehoben, dass bestimmte Plattformökonomien zugleich auch prekäre neue Formen der Arbeit hervorbringen, die sich zwischen algorithmischer Kontrolle und Autonomie bewegen und gesellschaftliche Ungleichgewichte und Machtverhältnisse reproduzieren (Wood et al., 2019).

Infobox 25.2: Erläuterung von „Sharing-Economy" und „Gig-Economy"

Unter **Sharing-Economy** wird eine Form der Wertschöpfung verstanden, die sich um das Teilen von Ressourcen organisiert. Nutzer*innen einer Plattform können auf diese Weise nicht ausgelastete Güter und Dienstleistungen an andere Nutzer*innen vermitteln. Hierunter fallen B2C-Konzepte, z. B. unternehmensgeführtes Car-Sharing, ebenso wie innovative P2P-Konzepte, z. B. *Spacer* (https://www.spacer.com.au), eine australische Plattform, die es Nutzer*innen erlaubt, ungenutzte Park- und Lagerflächen etwa in der heimischen Garage an interessierte Peers zu vermieten.

Die **Gig-Economy** beschreibt eine Form der Wertschöpfung, in der Freelancer*innen Miniaufträge, sog. Gigs (entlehnt aus der Musikbranche, in der mit „Gig" umgangssprachlich ein Auftritt bezeichnet wird), vermittelt werden. Als Freiberufler*innen sind sie i. d. R. nicht in einem Unternehmen angestellt, nutzen eigene Arbeitsmittel wie Laptop, Handy oder Fahrrad und sind nicht gegen Verdienstausfall, bspw. aufgrund von Krankheit, abgesichert.

Das Geschäftsmodell der Plattformökonomien sowie die hiermit verbundenen sozioökonomischen Implikationen lassen sich am Beispiel von Fahrradlieferdiensten, welche im Zuge der COVID-19-Pandemie eine deutliche Expansion erfuhren und deren auffällige Dienstkleidung und Transportkisten zunehmend das Stadtbild prägen, exemplarisch verdeutlichen und im Unterricht reflektieren. Restaurants ohne eigenen Lieferdienst erhalten über die Teilnahme an internationalen Plattformen wie *Just Eat Takeaway* mit Sitz in Amsterdam, welche bspw. in Deutschland und Österreich unter *Lieferando* firmieren, oder lokalen Plattformen wie *Velofood* aus Graz oder *Dabbavelo* aus Zürich die Möglichkeit, ihr Speisenangebot digital zu vermarkten. Diese Plattformen stellen die Infrastruktur (Website, Bestellsystem, Zahlungsabwicklung, Lieferbot*innen) zwischen Leistungserbringer*innen (Restaurants) und Leistungsempfänger*innen (Kund*innen) bereit und verrechnen für ihre Leistung eine Liefergebühr. Auf diese Weise erhalten Restaurants ohne eigenen Lieferdienst die Möglichkeit, neue potenzielle Kund*innen unkompliziert anzusprechen und zu beliefern; Kund*innen wird ermöglicht, aus einer breiteren Angebotspalette zu wählen und von einer unkomplizierten Bestellabwicklung zu profitieren. Zugleich sind die prekären Beschäftigungsverhältnisse der Lieferbot*innen bestimmter Plattformen immer wieder Gegenstand öffentlicher Diskussionen.[1]

Weiterführende Leseempfehlung

Weissenfeld, K., Dungga, A. & Frecè, J. (2020). Plattformbasierte Dienstleistungen. Dienstleistungen als Treiber des gesellschaftlichen Wandels. In J. Schellinger, K. Tokarski & I. Kissling-Näf (Hrsg.), *Digitale Transformation und Unternehmensführung* (S. 29–53). Wiesbaden: Springer Gabler. https://doi.org/10.1007/978-3-658-26960-9_3

Problemorientierte Fragestellung

Welche Chancen und Herausforderungen sind mit der zunehmenden digitalen Durchdringung des Dienstleistungssektors in Form von Plattformökonomien verbunden?

25.2 Fachdidaktischer Bezug: Digitalisierung

Das Phänomen der digitalen Transformation des Dienstleistungssektors lässt sich mit Blick auf digitalisierungsbezogene fachdidaktische Perspektiven mit unterschiedlicher Schwerpunktsetzung aufbereiten. In der vielstimmigen pädagogischen Debatte um den Zusammenhang von (fachlicher) Bildung und Digitalisierung zeichnen sich unterschiedliche Strömungen ab. Eine trennscharfe Differenzierung der Diskurslinien ist aufgrund terminologischer Unschärfen kaum möglich. Hier wird die Breite der Diskussion über drei Schwerpunkte mit unterschiedlichen Stoßrichtungen in gebotener Kürze skizziert.

Erstens wird eine Diskussion um das Lernen *mit* digitalen Medien – i. S. digital unterstützten Lernens – und das Lernen *über* digitale Medien – i. S. der Förderung digitalbezogener Kompetenzen – geführt. Einerseits geht es dabei um den effektiven Einsatz digitaler Technologien (sowohl in Form von Hard- als auch Software) im Unterricht, d. h., es geht sowohl um Formen des E-Learnings als auch um den Einsatz mobiler Endgeräte. Die politisch geförderte infrastrukturelle Ausstattung von Bildungs-

---

[1] Als Beispiel für wiederkehrende mediale Thematisierung einiger konkreter Probleme mag ein Beitrag des Deutschlandfunk Kultur-Ressorts dienen: https://www.deutschlandfunkkultur.de/die-prekaere-lage-der-gig-worker-selbststaendig-und-doch.1264.de.html?dram:article_id=474931.

einrichtungen mit Breitbandinternet, WLAN sowie digitalen Endgeräten wird dabei von bildungspolitischen Forderungen begleitet. So werden andererseits „Kompetenzen in der digitalen Welt" (KMK, 2016) als Querschnittsaufgabe von Schule ausgewiesen, die das Suchen, Bewerten und Verbreiten von Informationen ebenso wie ein Grundverständnis für die technischen Hintergründe aktueller Medien umfassen und im Unterricht gefördert werden sollen. In Österreich wurde eine „Digitale Grundbildung" (BMBWF, 2022) als eigener Pflichtgegenstand eingeführt.[2] Einige Autor*innen kritisieren die bildungs-politische Überbetonung einer funktionalistischen Sichtweise auf das Lernen mit und über digitale Medien (Bastian, 2017). Hiermit verbunden ist auch die Kritik an neo-liberalen Motiven innerhalb der bildungspolitischen Papiere, welche die ökonomische Verwertbarkeit digitalbezogener Kompetenzen betonen und explizit fordern (Dander, 2018).

Zweitens wird eine Diskussion um Aspekte und Gelingensbedingungen einer „Medienbildung" (Marotzki & Jörissen, 2009) in Abgrenzung zu Medienkompetenzen geführt. Unter Medienbildung werden dabei Transformationsprozesse von Selbst-Welt-Verhältnissen in einer mediatisierten, d. h. von Medien durchzogenen Welt verstanden. Medien stehen dabei nicht als Mittler zwischen Individuum und Welt: Wir verhalten uns in einer mediatisierten Welt nicht *zu* Medien, sondern *in* Medien. Diese Medialität prägt wesentlich die Strukturen von Weltsichten, bedingt neue Formen der Interaktion, des Miteinanders, der algorithmischen Ermöglichung, aber auch Verunmöglichung. Medien-bildung gibt entsprechend Orientierung in einer „Kultur der Digitalität" (Stalder, 2016) und ermöglicht zugleich die kritisch-reflexive Teilhabe an deren Aushandlung und kreativen Gestaltung. Kern einer zukunftsfähigen Medienbildung im Geographie- sowie GW-Unterricht muss daher das fachdidaktische Prinzip der Mündigkeitsorientierung sein (Dorsch & Kanwischer, 2020). Schüler*innen sollen dazu befähigt werden, Digitali-tät *kritisch-reflexiv* zu analysieren und digitale Medien *selbstbestimmt* zur Artikulation eigener Visionen und Weltsichten einzusetzen, um hierüber *Autonomie* im digitalen Zeit-alter zu erlangen.

Drittens wird eine Diskussion um die Digitalisierung als fachlicher Bildungsgegen-stand geführt. Der Fokus liegt hierbei auf den gesellschaftlichen Implikationen sowie den fachlichen Bildungsgehalten der digitalen Transformation. Felgenhauer und Gäbler (2019: 6) plädieren als Geographen in diesem Kontext ganz grundsätzlich dafür, „das Digitale nicht primär als technisches, sondern als sozial-kulturelles und historisches Phänomen zu deuten", woraus sich neue inhaltliche Perspektiven für den Geographie- und GW-Unterricht ergeben. Die multiplen geographischen Zugänge im Horizont Digitaler Geographien werden von Ash et al. (2018) in drei epistemologische Fenster mit unterschiedlichen Fragehorizonten unterschieden: Wie wird welches geographische

---

[2] Unter dem digi.komp-Dachbegriff liegen entsprechende Kompetenzmodelle für sämtliche Schul-stufen vor (vgl. https://www.digikomp.at).

Wissen digital produziert *(Geographies produced through the digital)?* Wie bedingt Digitalität welche Produktion sozialräumlicher Verhältnisse *(Geographies produced by the digital)?* Wie durchdringt Digitalität welche Lebenswelten und alltäglichen Praktiken *(Geographies of the digital)?*

> **Infobox 25.3: Geographische Bildung und Digitalisierung**
> Die Breite der geographiedidaktischen Diskussion zum Zusammenhang von geographischer Bildung und Digitalisierung wurde jüngst kollaborativ in Form eines Positionspapiers gebündelt. Ziel dieses Dokuments ist es, den „Beitrag des Faches Geographie zur Bildung in einer durch Mediatisierung und Digitalisierung geprägten Welt"[3] (HGD, 2020) auszuloten und anschlussfähig für Schule und Hochschule darzulegen. Im Positionspapier werden zehn unterschiedliche Perspektiven auf das Themenfeld formuliert, welche die dargestellten Debatten fachspezifisch konkretisieren.

Im Unterrichtsbaustein rückt die Digitalisierung als fachlicher Bildungsgegenstand im Horizont digitaler Geographien in den Blick, indem Fragen zu neuen Formen sozialräumlicher Verhältnisse und auch zur digitalen Durchdringung von Lebenswelten und alltäglicher Praktiken am Beispiel von Lieferdiensten analysiert werden. Unter Berücksichtigung eines Medienbildungsbegriffs fokussiert der Baustein nicht vordergründig auf die Förderung technologiebezogener Kompetenzen, sondern darauf, die Implikationen der digitalen Transformation des Dienstleistungssektors kritisch zu reflektieren und reflexiv die eigene Rolle als Konsument*in in diesem vielschichtigen Geflecht zu beurteilen.

Weiterführende Leseempfehlung
Felgenhauer, T. & Gäbler, K. (2019). Geographien digitaler Alltagskultur. Überlegungen zur Digitalisierung in Schule und Unterricht. *GW-Unterricht 42*(2), 5–20. https://doi. org/10.1553/gw-unterricht154s5

Bezug zu weiteren fachdidaktischen Ansätzen
Sozioökonomische Bildung, mündigkeitsorientierte Bildung

---

[3] Neben den zehn Perspektiven beinhaltet das Positionspapier einen einbettenden Rahmentext sowie ergänzende Erläuterungen zu jeder Perspektive. Das Papier steht online unter https://geographiedidaktik.org/geographische-bildung-und-digitalisierung/ zum Download bereit.

Abb. 25.1 Widersprüchliche
Entwicklungen im
Dienstleistungsbereich?
(Verändert nach Statista, 2017;
https://de.statista.com/statistik/
studie/id/47645/dokument/
digitale-plattformen-im-e-
commerce/)

> **Material 1: Widersprüchliche Entwicklungen?!**
>
> **Der weltweit größte...**
>
> ... **Anbieter von Hotelzimmern besitzt keine Hotels.**
>
> ... **Ferienwohnungsanbieter hat keine Immobilien.**
>
> ... **Taxiunternehmer besitzt kein einziges Taxi.**
>
> ... **Essenslieferdienst führt kein eigenes Restaurant.**

25.3 Unterrichtsbaustein: Plattformarbeit zwischen Autonomie und Abhängigkeit

Schritt 1: Was sind Plattformen und welchen ökonomischen Stellenwert haben sie?
Zum Einstieg in das Thema präsentiert die Lehrkraft Logos unterschiedlicher Plattformen (bspw. YouTube, Uber, Lieferando, Zalando, Etsy, BOOK A TIGER ...). Die
Schüler*innen benennen und charakterisieren die Plattformen kurz, informieren sich
ggf. über Unbekanntes, ergänzen weitere Plattformen und berichten, welche Plattformen
von ihnen und ihrem Umfeld genutzt werden. Im Gespräch werden Gemeinsamkeiten
und Unterschiede der jeweiligen Geschäftsmodelle ergründet. Als gemeinsame Arbeitsdefinition lässt sich aus diesem Unterrichtsschritt bspw. festhalten, dass Plattformen
Marktplätze darstellen, die Anbieter*innen und Kund*innen digital die Möglichkeit des
Austauschs von Waren, Informationen und Dienstleistungen ermöglichen. Anschließend
werden einige scheinbar widersprüchliche Aussagen projiziert (siehe Abb. 25.1). Die
Schüler*innen formulieren Vermutungen, welche sozioökonomischen und sozialräumlichen Auswirkungen mit diesen Entwicklungen, bedingt durch die digitale Transformation des Dienstleistungssektors, verbunden sind.

Der Einstieg mündet in die Formulierung der unterrichtsleitenden Fragestellung:
Welche Chancen und Herausforderungen sind mit der zunehmenden digitalen Durchdringung des Dienstleistungssektors in Form von Plattformökonomien verbunden?

**Schritt 2: Veränderungen des Dienstleistungssektors im Zuge digitaler
Transformation verstehen**
Anschließend wird die wirtschaftliche Bedeutung des Dienstleistungssektors im Allgemeinen und von digitalen Plattformen im Besonderen herausgestellt. Es bietet sich
an, aktuelle Statistiken zur Bruttowertschöpfung heranzuziehen und die Entwicklungen
von den Schüler*innen analysieren und verbalisieren zu lassen. Daraufhin werden die
Struktur und Funktionsweise von Plattformökosystemen im Detail erarbeitet. Auf Grundlage eines Informationstexts zur Plattformökonomie (siehe z. B. Schössler, 2018, Kap. 2;
http://library.fes.de/pdf-files/wiso/14756.pdf) erstellen die Schüler*innen in Arbeitsgruppen ein Schaubild zur Funktionsweise von digitalen Plattformen und präzisieren
die Arbeitsdefinition vom Beginn des Unterrichts (Beispiel siehe Abb. 25.2). Die

Abb. 25.2 Mögliches Schaubild zur Funktionsweise und zu Merkmalen digitaler Plattformen. (Eigene Darstellung)

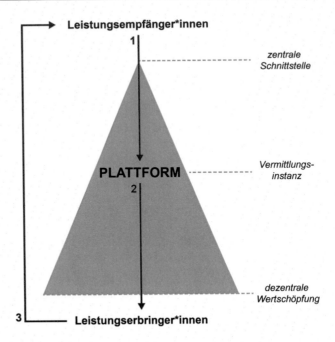

Tauglichkeit der Entwürfe wird über deren Anwendung zur Analyse bestimmter Platt-formen aus dem Unterrichtseinstieg geprüft, bspw.: „Wie geeignet ist das Schaubild, um das Geschäftsmodell von Fiverr zu erklären?" Zur Differenzierung können die zentralen Begriffe des Schaubilds auch vorgegeben werden. In dieser Phase sollten auch Begriffe wie Crowd-, Sharing- und Gig-Economy aufgegriffen und geklärt werden. Dies kann bspw. mittels einer kurzen Sequenz aus einem Podcast gelingen (z. B. https://www.dw.com/de/plattformkapitalismus-und-gig-economy/av-45301840; Min. 03:15–05:40).

Im Plenum werden Effekte dieser Entwicklungen zusammengetragen, bspw. die Auslastung ungenutzter Ressourcen, der einfache Marktzugang für Leistungser-bringer*innen, die Kundenfreundlichkeit (Plattform als Ansprechpartner, Bündelung des Angebots über eine Plattform …). Es bietet sich an, die Effekte aus Sicht der beteiligten Akteur*innen zu formulieren: Welche positiven Effekte ergeben sich für Leistungs-empfänger*innen, Leistungserbringer*innen und Plattformen? Weiterführend lassen sich hier auch die räumliche Agglomeration der großen Plattformen (u. a. im Silicon Valley, aber auch in steuerlich günstigen Regionen) sowie die damit verbundenen volkswirt-schaftlichen Auswirkungen diskutieren.[4]

---

[4] Die Europäische Union hat ein übersichtliches Factsheet erstellt, das zur Problematisierung der volkswirtschaftlichen Implikationen der digitalen Wirtschaft im Unterricht überaus geeignet ist: https://taxation-customs.ec.europa.eu/system/files/2018-03/factsheet_digital_taxation_21032018_en.pdf.

Schritt 3: Case Study „Lieferdienste" – Kritische Betrachtungen der Gig-Economy

Exemplarisch für diese Entwicklungen im Dienstleistungssektor stehen hier die international agierenden Lieferdienst-Plattformen. Über aktuelle Statistiken lässt sich das rasante Wachstum dieses Wirtschaftszweigs aufzeigen und von den Schüler*innen beschreiben. Das Fallbeispiel lässt sich anschaulich aus der Perspektive ehemaliger Bot*innen entfalten, die der makroperspektivischen Betrachtung digitaler Plattformen mikroperspektivische Erlebnisberichte gegenüberstellen und hierüber einen Perspektivenwechsel anregen.[5] Die Berichte können im Unterricht arbeitsteilig dazu genutzt werden, die darin deutlich werdenden Beweggründe, Möglichkeiten und Schattenseiten der Lieferdienst-Plattformen von den Schüler*innen erarbeiten und nachvollziehen zu lassen. In den Berichten werden unterschiedliche Aspekte der Gig-Economy angesprochen: Flexibilisierung der Arbeit und Autonomie, Anstellungs- und Vergütungsmodelle sowie soziale Absicherung, digitale Überwachung durch Technologie.

> **Infobox 25.4: Beschäftigungsbedingungen in der Gig-Economy**
>
> „Da Online-Essensbestellung ein Markt ist, der noch wächst bzw. gerade erst im Entstehen ist, ist er auch hart umkämpft. Hinter den Essensdienstleistern stehen zahlreiche Investoren, die viel Geld in diese Unternehmen investieren. Dementsprechend groß ist auch der Druck, am Markt bestehen zu bleiben, um eine monopolartige Stellung zu gewinnen. Gerade deshalb ist der Wettbewerb zwischen den Bewerbern besonders intensiv und wird oft über die Arbeitsbedingungen der Beschäftigten ausgefochten. Beobachtet man diese Branche, scheint es, dass an nahezu jedem Standort, an dem es solche Unternehmen gibt, Arbeiter*innen ihre Arbeitsbedingungen kritisieren. […] Basierend auf den vorliegenden Informationen zeigt sich die nationale Verschiedenheit der Geschäftsmodelle. Ein Beispiel: Die Foodora-Fahrer*innen in Paris arbeiten alle als Freelancer, wohingegen sie in Berlin Verträge haben, aber kein garantiertes Stundenausmaß. In Wien wiederum fährt ein Großteil der Fahrer*innen dieses Unternehmens als freie Dienstnehmer*innen und ein kleinerer Teil ist angestellt. Arbeitet man bei einem Essenszustellservice wie Foodora, Deliveroo oder UberEats, so stellt man [in der Regel] das eigene Fahrrad, das eigene Smartphone, die eigenen mobilen Daten und auch die eigene soziale Absicherung für das Unternehmen zur Verfügung. Produktionsmittel, die das Unternehmen (gegen Kaution) zur Verfügung stellt, sind Rucksäcke, Jacken und Helme in der firmenspezifischen (Signal-)Farbe. Dadurch erfüllen diese auch einen Werbezweck und machen aus den Fahrer*innen fahrende Reklametafeln. Das Unternehmen nutzt die Arbeitskraft gleich doppelt: Zum einen

---

[5] Online sind mehrere sehr eindrückliche und überaus differenzierte Blogeinträge schnell auffindbar, u. a. https://stadtstreunen.at/erfahrungen-als-fahrradkurierin-in-wien/.

für die Herstellung der Dienstleistung, zum anderen zur Sichtbarmachung der Marke."
(Herr, 2017; https://awblog.at/ausgeliefert-in-der-gig-economy-essenszustellung-in-zeiten-von-apps-und-smartphones/)

Schritt 4: Konsument*innenverantwortung und Szenarien einer gerechten digitalen Arbeitswelt

Zum Ende des Unterrichtsbausteins ist eine Reflexion der eigenen Rolle und Verantwortung als Konsument*in im Zeitalter digitaler Plattformökonomien sinnvoll. Eine moralische Aufladung ist dabei zu vermeiden; vielmehr geht es darum, eigene Haltungen angesichts globaler Entwicklungen und strukturell-politischer Rahmenbedingungen gegenüber dieser neuen Arbeitswelt einzunehmen und mündig Entscheidungen im eigenen Leben zu treffen. Hier sollte unbedingt auch das eigene Gefühl zwischen Macht und Ohnmacht thematisiert werden. Methodisch bietet sich hierfür u. a. eine Positionslinie an, auf der sich die Schüler*innen anschließend entsprechend ihrer Meinung im Klassenzimmer positionieren. Als Endpunkte der Linie sind die beiden Positionen „Mein Bestellverhalten beeinflusst die Arbeitsbedingungen" und „Mein Bestellverhalten hat keinen Einfluss auf die Arbeitsbedingungen" denkbar. Hierüber werden sowohl eine Diskussion über unterschiedliche Standpunkte eröffnet als auch Verantwortlichkeiten ausgelotet und Handlungsmöglichkeiten sowie deren Grenzen diskutiert.

Ein alternatives, möglicherweise zukunftsfähiges Szenario formuliert Colin Crouch 2019 in seinem Werk „Gig Economy. Prekäre Arbeit im Zeitalter von Uber, Minijobs & Co.". Die kompakte Rezension[6] zum Buch kann als Diskussionsimpuls in der Abschlussdiskussion aufgegriffen werden. Im Buch werden wesentliche Inhalte des Unterrichtsbausteins aufgegriffen, problematisiert und davon ausgehend ein – teils radikales – Zukunftsszenario digitaler Ökonomien entworfen, welches vielleicht dazu in der Lage ist, die digitale Arbeitswelt, mit der junge Menschen zunehmend konfrontiert sind, gerecht zu gestalten. Der Autor thematisiert unter anderem globale Regularien statt nationalstaatlicher Lösungen, gesellschaftliche Aufwertung prekärer Beschäftigungsverhältnisse und die Einführung eines bedingungslosen Grundeinkommens.

Beitrag zum fachlichen Lernen

Im Baustein wird die digitale Transformation des Dienstleistungssektors makro- und mikroperspektivisch reflektiert und damit werden drängende Fragestellungen im Kontext **„Digitale Geographien"** sowie von *Platform Economies* und *Science and*

---

[6]Die Rezension ist online als Text und Audioaufzeichnung verfügbar: Colin Crouch: „Gig Economy" – Ideen für den Arbeitsmarkt der Zukunft (Archiv) (deutschlandfunkkultur.de).

Technology Studies aufgegriffen. Es zeigt sich, dass mit Plattformökonomien zahlreiche Chancen verbunden sind, die sich u. a. in der Auslastung ungenutzter Ressourcen, im unkomplizierten Marktzugang oder in der Flexibilisierung von Arbeit ausdrücken. Zugleich werden am Beispiel der Lieferdienste exemplarisch auch die sozioökonomischen und sozialräumlichen Herausforderungen neuer Formen der Arbeit deutlich (u. a. prekäre Beschäftigungsverhältnisse) oder auch die räumliche Entgrenzung der größten Plattformen, mit der auch volkswirtschaftliche Auswirkungen verbunden sind.

Kompetenzorientierung

- **Erkenntnisgewinnung/Methoden:** S6 „geographisch relevante Informationen aus analogen, digitalen und hybriden Informationsquellen sowie aus eigener Informationsgewinnung strukturieren und bedeutsame Einsichten herausarbeiten" (DGfG, 2020: 21); S7 „die gewonnenen Informationen mit anderen geographischen Informationen zielorientiert verknüpfen" (ebd.)
- **Beurteilung/Bewertung:** S5 „zu den Auswirkungen ausgewählter geographischer Erkenntnisse in historischen und gesellschaftlichen Kontexten [...] kritisch Stellung nehmen" (ebd.: 25); S6 „zu ausgewählten geographischen Aussagen hinsichtlich ihrer gesellschaftlichen Bedeutung [...] kritisch Stellung nehmen" (ebd.)
- **Handlung:** S9 „sich in ihrem Alltag für eine bessere Qualität der Umwelt, eine nachhaltige Entwicklung, für eine interkulturelle Verständigung und eine Begegnung auf Augenhöhe mit Menschen anderer Regionen sowie ein friedliches und gerechtes Zusammenleben in der Einen Welt einzusetzen [...]" (ebd.: 28); S11 „natur- und sozialräumliche Auswirkungen einzelner ausgewählter Handlungen abschätzen und in Alternativen denken" (ebd.)

Mit Blick auf das für Österreich vorliegende fachübergreifende Kompetenzmodell digikomp12, formuliert für die Sekundarstufe II, zielt der Unterrichtsbaustein insbesondere auf den Bereich „Informationstechnologie, Mensch und Gesellschaft" und insbesondere auf die Förderung folgender Kompetenzen ab:

- 1.1 „Ich kann den Einfluss von Informatiksystemen auf meinen Alltag, auf die Gesellschaft und Wirtschaft einschätzen und an konkreten Beispielen Vor- und Nachteile abwägen."
- 1.2 „Ich kann über meine Verantwortung beim Einsatz von Informatiksystemen reflektieren."

Klassenstufe und Differenzierung

Klassenstufe 10–13

Im zweiten Unterrichtsschritt kann die Recherchephase über eine Vorauswahl an Informationen durch die Lehrkraft bzw. ein Arbeitsblatt an die Lerngruppe angepasst werden. Auch die abschließende Diskussion lässt sich in höheren Klassenstufen inhaltlich um mögliche Zukunftsszenarios digitaler Ökonomien erweitern, die aktuell politisch wie gesellschaftlich intensiv diskutiert werden. Es bietet sich darüber hinaus an, die Diskussion zur Verantwortung als Konsument*in im Zeitalter digitaler Plattformökonomien in Kooperation mit dem Ethik-/Philosophieunterricht zu realisieren, indem die Reflexion um ethische Fragestellungen ergänzt wird.

Räumlicher Bezug
Urbane Räume, konkrete Erlebnisberichte aus Wien und Berlin, Silicon Valley

Konzeptorientierung
Deutschland: Systemkomponente (Struktur), Nachhaltigkeitsviereck (Ökonomie, Ökologie, Politik, Soziales), Maßstabsebenen (lokal, regional, national, global), Zeithorizonte (kurzfristig, langfristig)
Österreich: Arbeit, Produktion und Konsum, Märkte, Regulierung und Deregulierung
Schweiz: Mensch-Umwelt-Beziehungen analysieren (3.2c)

25.4   Transfer

Der Zusammenhang von geographischer Bildung und Digitalisierung betrifft sämtliche Bereiche eines zukunftsfähigen Geographie- bzw. GW-Unterrichts. Die hier formulierten drei Dimensionen des fachdidaktischen Ansatzes erlauben sowohl die fachdidaktische Reflexion des Einsatzes digitaler Technologien als auch der Thematisierung der Digitalisierung als Lerngegenstand. Auch ein inhaltlicher Transfer ist leicht realisierbar, indem eine andere kontrovers diskutierte Plattformökonomie analysiert wird, bspw. Taxiunternehmen (Uber, Lyft …) oder Paketlieferdienste.

Verweise auf andere Kapitel
- Bette, J.: *Modellkompetenz. Wirtschaftsräumlicher Wandel – Innovation.* Band 2, Kap. 17.
- Fridrich, C.: *Sozioökonomische Bildung. Standortansprüche – Nachhaltiges Wirtschaften.* Band 2, Kap. 22.
- Mittrach, S., & Dorsch, C.: *Mündigkeitsorientierte Bildung. Kultur der Digitalität – Smart Cities.* Band 2, Kap. 28.

Literatur

Ash, J., Kitchin, R., & Leszczynski, A. (2018). Digital turn, digital geographies? *Progress in Human Geography, 42*(1), 25–43. https://doi.org/10.1177/0309132516664800.
Bastian, J. (2017). Lernen mit – Lernen über Medien? Eine Bestandsaufnahme zu aktuellen Entwicklungen. *DDS – Die Deutsche Schule 109*(2), 146–162.

BMBWF (2022). *Digitale Grundbildung.* https://www.bmbwf.gv.at/Themen/schule/zrp/dibi/dgb. html.

Dander, V. (2018). Ideologische Aspekte von „Digitalisierung". Eine Kritik des bildungspolitischen Diskurses um das KMK-Strategiepapier „Bildung in der digitalen Welt". In C. Leineweber & C. de Witt (Hrsg.), *Digitale Transformation im Diskurs* (S. 252–279). Selbstverlag der FernUniversität Hagen.

DGfG (2020). *Bildungsstandards im Fach Geographie für den Mittleren Schulabschluss.* Deutsche Gesellschaft für Geographie.

Dorsch, C., & Kanwischer, D. (2020). Mündigkeit in einer Kultur der Digitalität – Geographische Bildung und „Spatial Citizenship". *Zeitschrift für Didaktik der Gesellschaftswissenschaften (ZDG), 11*(1), 23–40.

Felgenhauer, T., & Gäbler, K. (2019). Geographien digitaler Alltagskultur. Überlegungen zur Digitalisierung in Schule und Unterricht. *GW-Unterricht 42*(2), 5–20. https://doi.org/10.1553/gw-unterricht154s5.

HGD (Hochschulverband für Geographiedidaktik). (2020). Der Beitrag des Faches Geographie zur Bildung in einer durch Digitalisierung und Mediatisierung geprägten Welt. http://geographie-didaktik.org/wp-content/uploads/2020/11/Positionspapier_Geographische_Bildung_und_Digitalisierung_2020.pdf. Zugegriffen: 24. Febr. 2021.

Kenney, M., & Zysman, J. (2020). The platform economy: Restructuring the space of capitalist accumulation. *Cambridge Journal of Regions, Economy and Society, 13*(1), 55–76. https://doi.org/10.1093/cjres/rsaa001.

Herr, B. (2017). *Ausgeliefert in der Gig Economy? Essenszustellung in der Zeit von Apps und Smartphones.*https://awblog.at/ausgeliefert-in-der-gig-economy-essenszustellung-in-zeiten-von-apps-und-smartphones/.

KMK (Kultusministerkonferenz). (2016). *Bildung in der digitalen Welt. Strategie der Kultusministerkonferenz.* KMK.

Köbis, N. C., Soraperra, I., & Shalvi, S. (2021). The consequences of participating in the sharing economy: A transparency-based sharing framework. *Journal of Management, 47*(1), 317–343. https://doi.org/10.1177/0149206320967740.

Marotzki, W., & Jörissen, B. (2009). *Medienbildung – Eine Einführung.* Julius Klinkhardt.

Schössler, M. (2018). *Plattformökonomie als Organisationsform zukünftiger Wertschöpfung.* Friedrich-Ebert-Stiftung.

Stalder, F. (2016). *Kultur der Digitalität.* Suhrkamp.

Statista (2017). *Digitale Plattformen im e-Commerce.*https://de.statista.com/statistik/studie/id/47645/dokument/digitale-plattformen-im-e-commerce/#professional.

Weissenfeld, K., Dungga, A., & Frecè, J. (2020). Plattformbasierte Dienstleistungen. Dienstleistungen als Treiber des gesellschaftlichen Wandels. In J. Schellinger, K. Tokarski, & I. Kissling-Näf (Hrsg.), *Digitale Transformation und Unternehmensführung* (S. 29–53). Springer Gabler. https://doi.org/10.1007/978-3-658-26960-9_3.

Wood, A. J., Graham, M., Lehdonvirta, V., & Hjorth, I. (2019). Good gig, bad gig: Autonomy and algorithmic control in the global gig economy. *Work, Employment and Society, 33*(1), 56–75. https://doi.org/10.1177/0950017018785616.

Reflexion im digitalen Zeitalter

Geographien der Information im Kontext von Partizipation und Repräsentation

Detlef Kanwischer

▶ **Teaser** Informationen sind der Rohstoff des digitalen Zeitalters. Die freie Online-Enzyklopädie Wikipedia stellt diesen Rohstoff bereit, systematisiert ihn und ist häufig die erste Anlaufstelle für Schüler*innen und Lehrkräfte bei der Recherche nach Informationen. Dieses Phänomen wird im Folgenden aufgegriffen. Hierbei wird thematisiert, wie und wo welche räumlichen Informationen entstehen, welche Machtasymmetrien damit verbunden sind und welche Auswirkungen dies auf konkrete Orte haben kann.

26.1 Fachwissenschaftliche Grundlage: Informationssektor – Geographien der Information

Im Allgemeinen wird unter „Information" der Anteil einer Nachricht verstanden, der für den/die Empfänger*in etwas Neues bedeutet. Im geographischen Kontext geht es bzgl. Information zum einen darum, wo Informationen herkommen und wer auf welchen infrastrukturellen Verbreitungswegen Zugang zu diesen Informationen hat. Zum anderen steht die Frage nach der Bedeutung von raumbezogenen Informationen für das Finden und das Verständnis von Orten und Regionen im Mittelpunkt (Graham, 2015).

In einer Kultur der Digitalität (Begriffserläuterung siehe Infobox 26.1) ist es zu veränderten Formen des Zugangs, der Produktion und der Repräsentation von Informationen gekommen. Infolgedessen sind Informationen bestimmt durch ein neues

---

D. Kanwischer (✉)
Institut für Humangeographie, Goethe-Universität Frankfurt, Frankfurt am Main, Hessen, Deutschland
E-Mail: kanwischer@geo.uni-frankfurt.de

I. Gryl et al. (Hrsg.), *Geographiedidaktik*, https://doi.org/10.1007/978-3-662-65720-1_26

Niveau der Geschwindigkeit, mit der sie sich verbreiten, durch Allgegenwärtigkeit und ständige Verfügbarkeit. Dies hat zu neuen digitalen Geographien der Information geführt. Durch die sozialen Medien ist es für jede und jeden jeden Tag und zu jeder Zeit möglich, Informationen – auch raumbezogene – im Internet zu veröffentlichen. Hiermit haben sich die dezentralen und antihierarchischen Netz-Utopien der 1990er-Jahre bewahrheitet. Gleichzeitig wurden aber auch zentrale und hierarchische Strukturen durch den Aufstieg des Plattformkapitalismus (Facebook, Google, Amazon etc.) neu konfiguriert. Hinsichtlich der räumlichen Verbreitung von Informationen kommen Graham et al. (2015) in ihrer Untersuchung, in der sie eine Reihe von Schlüsselplattformen, wie z. B. Whois, GitHub, Wikipedia und Google Search, analysiert haben, zu folgendem Ergebnis: „In short, there are few signs that global informational peripheries are achieving comparable levels of participation or representation with traditional information cores, […] with the global North producing, and being the subject of, exponentially more content than the global South" (ebd.: 102). Dieser Befund verdeutlicht, dass auch die neuen digitalen Verbreitungswege von Informationen nicht in jedem Fall dazu beigetragen haben, geographische Ungleichheiten zu überwinden und Partizipation zu fördern. In der Praxis sieht es so aus, dass nur wenige Menschen in bestimmten Teilen der Welt unsere digitalen Informationsplattformen wie z. B. Wikipedia aufbauen. Hiermit stellt sich dann auch die Frage, welche raumbezogenen oder ortsbezogenen Informationen bzw. Repräsentationen überhaupt, und wenn, wie dargestellt werden. Autoren wie Graham und Zook (2014) nennen die Hinzufügung raumbezogener Informationen zur Wirklichkeit durch digitale interaktive Anwendungen, wie z. B. Wikipedia oder ortsbezogene Hashtags in Posts, „augmented realities" (erweiterte Realitäten), die wiederum die Aneignung und Wahrnehmung von Orten beeinflussen. Diese Informationen sind somit zugleich Teil der Welt wie auch „Weltlieferanten". Angesichts der zunehmenden Bereitstellung und Nutzung dieser „augmented geographies" ist davon auszugehen, dass diese die subjektive Wahrnehmung von Orten und Räumen wesentlich mitbestimmen und zu Veränderungen des Selbstbezugs und der Weltanschauung führen (Jörissen & Marotzki, 2009). Daher ist die analytische Auseinandersetzung mit Fragen der Geographien der Information nicht nur dringlich, sondern zwingend notwendig.

Infobox 26.1: *Begriffserläuterung „Kultur der Digitalität"*
Das Digitale ist im Alltag der meisten Menschen integriert. Das Digitale ist hierbei keine isolierbare Entität, sondern konstitutiv. Stalder (2016) beschreibt dieses Phänomen als „Kultur der Digitalität". In ihr sind Referentialität, Gemeinschaftlichkeit und Algorithmizität die dominierenden Prinzipien, die die Gesellschaft prägen. Ein Beispiel hierfür ist z. B. die Nutzung von ortsbezogenen Hashtags in Posts in den sozialen Netzwerken wie z. B. #frankfurt oder #sylt. Die Benutzer*innen generieren, synthetisieren und interpretieren damit lokale Informationen. Dadurch werden neue Attribute der Bedeutung für einen

bestimmten Raum erzeugt, die es vor einiger Zeit noch nicht gab. Hierbei beziehen sich alle auf den gleichen ortsbezogenen Hashtag und Raum (Referentialität). Gleichzeitig gehören die Nutzer*innen durch die verwendeten Hashtags und der Benutzung der jeweiligen sozialen Netzwerke zu einer Gemeinschaft auf Zeit, der sie sich zugehörig fühlen (Gemeinschaftlichkeit). Die Algorithmen der sozialen Netzwerke bestimmen, welche raumbezogenen Informationen wir wann und an welcher Stelle überhaupt bekommen, womit die Algorithmen letztendlich entscheiden, was die Grundlage unseres räumlichen Handelns wird (Algorithmizität). Weitere raumbezogene Beispiele sind z. B. die Verwendung von Karten-Mashups, der Einfluss von Empfehlungsportalen (digitale Mundpropaganda), die Rolle von Echtzeit-Navigationssystemen im Straßenverkehr und die Bedeutung von Instagram im Hinblick auf touristische Orte (Stichworte: Instagramability und Selfie-Points).

Weiterführende Leseempfehlung

Graham, M. & Zook, M. (2014). Augmentierte Geographien: Zur digitalen Erfahrung des städtischen Alltags. *Geographische Rundschau*. 65(6). 18–25.

Problemorientierte Fragestellungen

- Entstehen durch die freie Online-Enzyklopädie Wikipedia neue Geographien der Information im Hinblick auf die räumliche Verteilung der Generierung von Information?
- Welche räumlichen Informationen werden auf der Internet-Enzyklopädie Wikipedia von wem produziert?

26.2   Fachdidaktischer Bezug: Reflexion

Halten Sie einen Moment inne. Denken Sie darüber nach, warum Sie diesen Text überhaupt und warum gerade jetzt lesen. Gibt es situative Rahmenbedingungen, die Sie beim Lesen des Textes im Moment stören? Welche förderlichen Hinweise zum Lernen erwarten Sie von diesem Text? Welche anderen Möglichkeiten sehen Sie, um sich mit dem Thema „Reflexion im digitalen Zeitalter" auseinanderzusetzen? Was haben diese Gedanken mit ihrer eigenen (berufs-)biografischen Lebensgeschichte zu tun? Irritieren Sie diese Fragen?

Dieses einführende Gedankenspiel dient zur erfahrungsbezogenen Einführung, um ein Verständnis über Reflexion und Reflexivität in Lernprozessen zu entwickeln. Generell wird Reflexionsprozessen eine wichtige Bedeutung im Lernprozess zugewiesen. Nur durch das Bewusstsein über den eigenen Lernprozess ist es möglich, Verantwortung für das eigenständige Lernen zu übernehmen. Hierbei kann die Fähigkeit zur Reflexion nicht bei jedem Individuum vorausgesetzt werden, sondern muss gefördert werden.

Als Wegbereiter des reflexiven Lernens gilt John Dewey. Für ihn besteht Reflexion in einem „regen, andauernden, sorgfältigen Prüfen von etwas, das für wahr gehalten wird" (Dewey, 1951: 6). Am Anfang des Reflexionsprozesses stehen ein „Zustand der Beunruhigung [...] und ein Akt des Forschens" (ebd.: 9). Jede mögliche Handlungsoption wird in der Reflexion dahingehend geprüft, ob sie geeignet ist, das Problem zu lösen. Gemeinsam ist diesem und anderen Ansätzen (siehe Abb. 26.1), dass der Zusammenhang zwischen Erfahrung, Handlung, Irritation und Reflexion hervorgehoben wird und es sich um einen zyklischen Prozess handelt (Hilzensauer, 2008). Generell wird zwischen der „Strukturreflexivität", die sich auf die „Regeln und Ressourcen" der gesellschaftlichen Struktur bezieht, und der „Selbstreflexivität", die sich auf das eigene Handeln und Denken bezieht, unterschieden (Lash, 1996: 203). Hilzensauer (2008) unterscheidet hinsichtlich der Reflexion des Lernens zudem zwischen drei verschiedenen Reflexionsebenen: Reflexion über den Lerngegenstand, Reflexion über die Lernhandlungen und Reflexion über das Lernen (= Selbstreflexion). Die Förderung eines reflexionsorientierten Lernens ist eng verknüpft mit der Gestaltung von Lernaufgaben. Diese müssen entsprechende Freiheitsgrade haben, damit den Lernenden die Gelegenheit gegeben wird, die zuvor durch Reflexivität bewusst gemachten Interessen in neue, bestenfalls selbstbestimmte Lernaufgaben oder Handlungen zu überführen (Dorsch & Kanwischer, 2019).

Im digitalen Zeitalter erhält die Fähigkeit des reflexiven Lernens noch einmal aus ganz anderen Perspektiven eine besondere Bedeutung. In einer durch Digitalität geprägten Welt existiert die eine „richtige Weltsicht" nicht mehr. Vielmehr müssen die verschiedenen Perspektiven wahrgenommen und dadurch der eigene Standpunkt relativiert werden. Der Ansatz der strukturalen Medienbildung lenkt hierbei „die Aufmerksamkeit auf die Formelemente der Medien und fragt danach, wie durch sie Reflexion ermöglicht werden kann" (Jörissen & Marotzki, 2009: 41). Hierbei wird auf vier reflexive Orientierungsoptionen zurückgegriffen:

1. in Bezug auf die „Grenzen des Wissens", wenn z. B. darüber reflektiert wird, wie durch „augmented geographies" eine Vielzahl verschiedener räumlicher Deutungen möglich wird.

2. in Reflexion von „Handlungsbezug", wenn z. B. die räumlichen Handlungsoptionen, die sich aus den „augmented geographies" ergeben, im Fokus stehen.

3. in Bezug auf „Grenzziehungen", wenn das Verhältnis von Subjekt und Raum durch geomediale Informationen neu konfiguriert wird.

4. in Bezug auf „Biografisierungsprozesse", wenn die Frage nach der eigenen sozialräumlichen Identität und ihren biografischen Bedingungen im Kontext von „augmented geographies" virulent wird.

Theorie/Modell und Vertreter	Beeinflusst von/durch	Kernaussagen
Pragmatismus und kommunikative Interaktionspädagogik, John Dewey (1859-1952)	Chicagoer Schule des Pragmatismus mit Charles Sanders Peirce (1839-1914) und William James (1842-1910)	Lernen setzt Handeln voraus, primäre Erfahrungen werden (maßgeblich durch Reflexion) in sekundäre Erfahrungen übertragen.
Kritische Psychologie und Subjekttheorie, Klaus Holzkamp (1927-1955)	Marxistische Position der Philosophie (die Umwelt bestimmt das Sein) sowie Konstruktivismus	Wandel vom Bedingungsdiskurs hin zum Begründungsdiskurs. Subjekt als Zentrum seiner Interessen und Handlungen. Expansives Lernen vs. Defensives Lernen.
Erfahrungslernen (Experiential Learning), David A. Kolb (geb. 1939)	John Dewey (1859-1952) und Jean Piaget (1896-1980)	Learning Cycle: konkrete Erfahrung (1) werden reflektiert (2), danach generalisiert (3) und übertragen (4) bevor sie wieder in konkretes Handeln (1) münden.
The reflective practicioner, Donald A. Schön (1930-1997)	John Dewey (1859-1952) und später auch David Kolb (geb. 1939)	Reflection in Action (Reflexion im aktuellen Handlungszusammenhang) – Reflection on Action (nachträgliche Reflexion vergangener Situationen).
Reflection: Turning experience into Learning, David Boud, Rosemary Keogh, David Walker	John Dewey (1859-1952), David Kolb (geb. 1939)	Konkrete Erfahrungen – Reflexiver Prozess (Trennung von Erfahrung und Gefühl) – Neue Perspektive über die gemachten Erfahrungen.
Reflective Cycle, Graham Gibbs (Universität Oxford)	Inspiriert von Dewey und v. a. Kolbs Learning Cycle.	Sechs Schritte zur Reflexion: (1) Description, (2) Feelings, (3) Evaluation, (4) Analysis, (5) Conclusion, (6) Action Plan
Selbstreflexion als Reflexion zweiter Ordnung, Horst Siebert (geb. 1939)	Konstruktivismus, v. a. systemisch konstruktivistische Didaktik	Selbstreflexion – Problemreflexion – Gruppenreflexion. Reflexives Lernen als Lernhaltung, weniger als Methode.

Abb. 26.1 Überblick über Reflexionsmodelle und Konzepte im Kontext des reflexiven Lernens (Hilzensauer, 2008: 8)

Diese Orientierungsdimensionen ermöglichen es, reflexiv mit den „augmented geographies", die oftmals auch durch undurchschaubare Algorithmen geprägt sind, umzugehen.

Weiterführende Leseempfehlung
Hilzensauer, W. (2008). Theoretische Zugänge und Methoden zur Reflexion des Lernens. Ein Diskussionsbeitrag. *Bildungsforschung*, 5 (2), 1–18.

Bezug zu weiteren fachdidaktischen Ansätzen
Mündigkeitsorientierte Bildung, Critical Thinking, Dekonstruktion

---

26.3 Unterrichtsbausteine: Geographien der Information am Fallbeispiel Wikipedia

Am 15. Januar 2021 hat Wikipedia ihren 20. Geburtstag gefeiert. Im Zuge der Geburtstagsfeierlichkeiten wurden viele Reportagen verfasst, welche die nichtkommerziellen, partizipativen, neutralen und gemeinnützigen Strukturen aus der Anfangszeit hervorhoben, gleichzeitig aber auch darauf aufmerksam gemacht haben, dass Informationen auf Wikipedia insbesondere von weißen und männlichen Wikipediane*rinnen aus der westlichen Welt produziert werden und es bei der Generierung von Informationen auch zu sogenannten Edit-Wars (Bearbeitungskriegen) kommt. Hiermit wird deutlich, dass es durch die ungleiche Partizipation zu einer verzerrten Perspektive auf die Welt kommt, räumliche Repräsentationen auf Wikipedia umstritten sind und eine räumlich ungleiche Verteilung der Informationsproduktion vorliegt. Diese Probleme stehen im Mittelpunkt von zwei Unterrichtsbausteinen, die sich kritisch und reflexionsorientiert mit Wikipedia auseinandersetzen.

Unterrichtsbaustein 1: Wo kommen welche Informationen her?

Phase 1: Einstieg und Problematisierung
Als Unterrichtseinstieg für die erste Perspektive kann die Abb. 26.2 dienen, welche die Verteilung der Standorte der Autoren*innen von Wikipedia-Einträgen aufzeigt.

Die Visualisierung der Daten illustriert, dass die Informationsproduktion für Wikipedia vornehmlich in der westlichen Welt stattfindet und somit ein klassisches Zentrum-Peripherie-Gefälle vorliegt. Diese These kann zum Ausgangspunkt genommen werden, um zu fragen, wie die auf Wikipedia bereitgestellten Informationen räumlich gegliedert sind.

Phase 2: Erarbeitung
Unter „Wikipedia:Statistik" sind unterschiedliche Analysen abrufbar, u. a. auch die Anzahl von Artikeln hinsichtlich Länderkategorien in Bezug auf die Einwohnerzahl und die Fläche. Abb. 26.3 wurde aus diesen Daten generiert und verdeutlicht, wie stark die einzelnen Länder der Welt in der deutschsprachigen Wikipedia mit Artikeln abgedeckt sind.
Datengrundlage: https://de.wikipedia.org/wiki/Wikipedia:Statistik/Artikelanzahl_nach_ Staat (abgerufen am 12.05.2021); kartographische Umsetzung: Torsten Rudzok

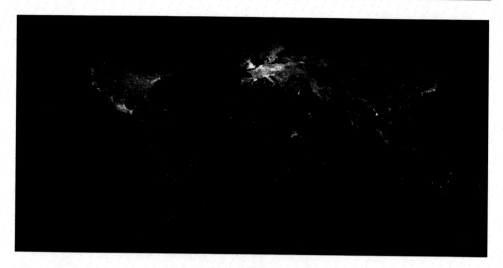

Abb. 26.2 Weltweite Verteilung von Wikidata-Einträgen, denen ein Standort zugewiesen ist. Jedes Pixel steht für einen Eintrag auf Wikipedia und den Ort, an dem er verfasst wurde (Stand: 3. April 2016). (Quelle: Addshore, eigenes Werk, CC0 1.0, https://commons.wikimedia.org/wiki/File:Wikidata_Map_April_2016_Big.png)

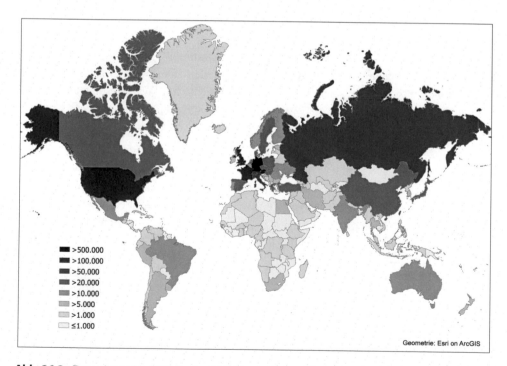

Abb. 26.3 Deutschsprachige Wikipedia: Statistik „Artikelanzahl nach Staat" (Stand: 12. Mai 2021)

Im Unterricht dient die Karte als Ausgangspunkt für eine Diskussion, warum es so viele „weiße Flecken" auf der Wikipedia-Weltkarte gibt und welche Folgen dies hat. Hierbei sollte deutlich werden, dass es ungleiche Geographien von Informationen in Bezug auf Produktion und Repräsentation gibt und dies zur Folge hat, dass einige Regionen der Welt überrepräsentiert und einige unsichtbar sind, die folglich auch nicht „gehört" werden können.

Phase 3: Sicherung und Reflexion
Abschließend könnten Lösungsmöglichkeiten vor dem Hintergrund einer Informationsrecherche auf der Webseite der Organisation „Whose Knowledge?" diskutiert werden. „Whose Knowledge?" ist eine Initiative, die im Kontext des Internets im Allgemeinen und von Wikipedia im Speziellen Wissen über marginalisierte Räume und Gruppen sammelt, um fehlende oder verzerrte Darstellungen im Internet oder auf Wikipedia zu korrigieren (siehe: https://whoseknowledge.org/?s=wikipedia).

Unterrichtsbaustein 2: Wie stellt sich der Entstehungsprozess von räumlichen Informationen dar?
Die zweite Perspektive dieses Unterrichtsbausteins thematisiert die konkreten Entstehungsbedingungen von räumlichen Informationen in Artikeln auf Wikipedia. Hierzu ist es notwendig, dass sich die Schüler*innen mit den Entstehungsprozessen von Artikeln auf Wikipedia und den damit einhergehenden Konflikten vertraut machen.

Phase 1: Einstieg und Problematisierung
Als Unterrichtseinstieg kann die Seite „Wikipedia:Starthilfe" genutzt werden, die verdeutlicht, wie Wikipedia für Leser*innen genutzt werden kann. Hierbei sollten sich die Schüler*innen insbesondere auch mit der Seite „Wikipedia:Edit-War" auseinandersetzen, die den Prozess verdeutlicht, wenn Autor*innen abwechselnd die Änderungen anderer Autor*innen rückgängig machen oder überschreiben.

Phase 2: Erarbeitung
So gerüstet, können die Schüler*innen in einem ersten Schritt z. B. die Wikipedia-Seite „Gedenkstätte Berlin-Hohenschönhausen", die als zentrales Untersuchungsgefängnis der Staatssicherheit diente, analysieren. Dafür müssen die Schüler*innen nach dem Lesen des Artikels einen Blick hinter die „Kulissen" des Artikels werfen, d. h. die Diskussionsseite und die Seiteninformationen analysieren sowie sich einen Überblick über die Versionsgeschichte verschaffen. Diesbezügliche Fragestellungen sind u. a.: Gibt es strittige Inhalte auf der Diskussionsseite zum Artikel? Wie viele Autor*innen haben an dem Artikel mitgearbeitet? Wann wurde der Artikel zuletzt bearbeitet? Wie häufig wurden die Versionen überarbeitet? Anschließend kann diskutiert werden, welche Informationen zu diesem Ort aus welchem Grund von wem wie verändert wurden und wer sich schlussendlich durchgesetzt hat. Diese Analyse verdeutlicht, dass auf Wikipedia eine Auseinandersetzung über die Deutungshoheit bzgl. bestimmter Informationen

zu konkreten Orten stattfindet. Dies wiederum führt zu der Diskussion, was es bedeutet, dass Informationen – auch räumliche – in der Wikipedia mitunter immer wieder neu verhandelt und neu geordnet werden. Um dies strukturiert zu thematisieren, können die vier reflexiven Orientierungsoptionen der strukturalen Medienbildung angewendet werden.

Phase 3: Sicherung und Reflexion
Abschließend könnten sich die Schüler*innen auf die Suche nach räumlichen Informationen in Wikipedia zu einer selbst gewählten Lokalität machen. Hierbei bietet es sich an, den Schulort auszuwählen. Der entsprechende Artikel wird auf Wikipedia aufgerufen und nach dem eingeübten Muster analysiert. Zudem sollten die Informationen mit anderen Informationsquellen abgeglichen werden, um sie zu bewerten. Dies könnte dazu führen, dass die Schüler*innen Vorschläge zur Überarbeitung des Artikels machen, falls aus ihrer Sicht wichtige Informationen fehlen oder falsch, unverständlich oder unvollständig sind.

Weitere unterrichtspraktische Anregungen zum Thema Wikipedia sind unter „klicksafe.de/wikipedia" und „Wikipedia:Wikipedia im Unterricht" zu finden.

Beitrag zum fachlichen Lernen
Die Auseinandersetzung mit der Produktion, Verteilung und Konstruktion von räumlichen Informationen gehört im digitalen Zeitalter zu den Kernaufgaben des fachlichen Lernens im Geographieunterricht. Digitale räumliche Informationen aus dem Internet (Wikipedia, Empfehlungsportale, ortsbezogene Hashtags in Posts usw.) sind eine geographische „Augmentierung", d. h. eine Erweiterung physischer Orte, die unsere Wahrnehmung von Raum immer stärker prägen und damit auch handlungsleitend sind. Die damit verbundenen Wahrnehmungsmuster und Entstehungs- und Rezeptionsprozesse zu thematisieren und die sich daraus ergebenen Herausforderungen zu benennen, ist zwingend notwendig, um dem Ziel einer digital souveränen und mündigen Gesellschaft näher zu kommen.

Kompetenzorientierung
- **Räumliche Orientierung:** S7 „Beeinflussungsmöglichkeiten der Kommunikation mit kartographischen Darstellungen [...] beschreiben" (DGfG, 2020: 18); S16 „anhand von Karten verschiedener Art erläutern, dass Raumdarstellungen stets konstruiert sind [...]" (ebd.)
- **Erkenntnisgewinnung/Methoden:** S6 „geographisch relevante Informationen aus analogen, digitalen und hybriden Informationsquellen sowie aus eigener Informationsgewinnung strukturieren und bedeutsame Einsichten herausarbeiten" (ebd.: 21)
- **Kommunikation:** S5 „im Rahmen geographischer Fragestellungen die logische, fachliche und argumentative Qualität eigener und fremder Mitteilungen kennzeichnen und angemessen reagieren" (ebd.: 22)

- **Beurteilung/Bewertung:** S4 „zur Beeinflussung der Darstellungen in geographisch relevanten Informationsträgern durch unterschiedliche Interessen kritisch Stellung nehmen […]" (ebd.: 25)

Schwerpunktmäßig wird der Kompetenzbereich der Beurteilung/Bewertung thematisiert. Durch die kritische Auseinandersetzung mit der orts- und länderbezogenen Informationsgenerierung auf Wikipedia werden insbesondere die Fähigkeiten geschult, die Darstellung von geographischen Informationen und Erkenntnissen in Medien vor dem Hintergrund bestimmter Interessen und Produzenten kritisch zu hinterfragen und den Erklärungswert sowie die Bedeutung dieser Informationen zu beurteilen.

Klassenstufe und Differenzierung
Der Unterrichtsbaustein adressiert Schüler*innen ab der 10. Klassenstufe. Je nach Lernausgangslage der Klasse können die einzelnen Elemente des Unterrichtsbausteins aber auch auf unterschiedliche Klassenstufen übertragen werden. Ab der 5. Klassenstufe könnten z. B. anhand eines ausgewählten einfachen Artikels die räumlichen Informationen zu einem bestimmten Ort bewertet und in die unterschiedlichen Funktionen von Wikipedia, wie z. B. Diskussion, Seiteninformationen, Artikel zitieren und Versionsgeschichte, eingeführt werden. Ab der 7. Klassenstufe ist die Auseinandersetzung mit der ortsbezogenen Herkunft der Wikipedianer*innen bzw. die Analyse der Länderkategorien möglich, um Zentrum-Peripherie-Prozesse auf einer globalen Maßstabsebene zu verdeutlichen. Weitere Variationen ergeben sich aus den ausgewählten Artikeln auf Wikipedia, die unterschiedlich komplex sind. Die freie und konkrete Suche nach „Edit-Wars" bzgl. räumlicher Informationen oder die Überarbeitung eines Artikels ist in der Oberstufe umsetzbar. Im Kern sollte es auf jeder Niveaustufe darum gehen, die Entstehungsbedingungen räumlicher Informationen zu reflektieren.

Räumlicher Bezug
Globale Perspektive, repräsentative Orte (z. B. Berlin)

Konzeptorientierung
Deutschland: Systemkomponenten (Struktur, Prozess), Maßstabsebenen (lokal, global), Raumkonzepte (Beziehungsraum, konstruierter Raum)
Österreich: Raumkonstruktion und Raumkonzepte, Maßstäblichkeit, Wahrnehmung und Darstellung, Interessen, Konflikte und Macht
Schweiz: Mensch-Umwelt-Beziehungen analysieren (3.2), sich in Räumen orientieren (4.2)

26.4 Transfer

Reflexives Lernen ist ein Grundprinzip des Unterrichts, ähnlich wie Problem- und Schüler*innenorientierung. Daher sollte die Reflexion über den Lerngegenstand, über die Lernhandlung und über die eigene Lernhandlung bei jedem Themenfeld berücksichtigt werden. Als methodische Anleitung zum reflexiven Lernen wird häufig das Portfolio bzw. E-Portfolio genannt (vgl. Band 2, Kap. 28). Im Kern geht es aber um die entsprechenden Lernaufgaben, die einen Reflexionsprozess auslösen, wie z. B. in Bezug auf die Arbeitsplanung und die damit einhergehenden Probleme und Schwierigkeiten oder die Auseinandersetzung mit dem Thema im Kontext der eigenen Lebensgeschichte. Im Kontext der Digitalität bietet sich hierfür die Anwendung der vier reflexiven Orientierungsoptionen der strukturalen Medienbildung an. Die Auseinandersetzung mit dem Themenfeld einer Geographie der Informationen kann auch mit anderen didaktischen Ansätzen wie z. B. entdeckendes Lernen, Raumkonzepte, Konstruktivismus und Perspektivenwechsel, Critical Thinking, mündigkeitsorientierte Bildung, Partizipation oder Dekonstruktion erfolgreich umgesetzt werden.

Verweise auf andere Kapitel
- Eberth, A. & Lippert, S.: *Inklusion. Postkolonialismus – Othering*. Band 2, Kap. 13.
- Hintermann, C. & Pichler, H.: *Dekonstruktion. Flucht und Migration – Mediale Repräsentation*. Band 2, Kap. 14.
- Reuschenbach, M.: *Zukunftsorientierung. Globalisierung – Globale Warenketten*. Band 2, Kap. 19.
- Schreiber, V.: *Kritisches Kartieren. Stadtentwicklung – Ungleichheit in Städten*. Band 2, Kap. 6.
- Schröder, B. & Kübler, F.: *Machtsensible geographische Bildung. Politische Ökologie – Klimagerechtigkeit*. Band 1, Kap. 22.
- Schulze, U. & Pokraka, J.: *Spatial Citizenship. Geovisualisierung – Webmapping*. Band 1, Kap. 27.

Literatur

Dewey, J. (1951). *Wie wir denken*. Morgarten.

DGfG (Deutsche Gesellschaft für Geographie) (Hrsg.) (2020). *Bildungsstandards im Fach Geographie für den Mittleren Schulabschluss*. DGfG.

Dorsch, C., & Kanwischer, D. (2019). Mündigkeitsorientierte Bildung in der geographischen Lehrkräftebildung. Zum Potential von E-Portfolios. *Zeitschrift für Geographiedidaktik, 47*(3), 98–116.

Graham, M. (2015). Information geographies and geographies of information. *New Geographies, 7*, 159–166.

Graham, M., & Zook, M. (2014). Augmentierte Geographien: Zur digitalen Erfahrung des städtischen Alltags. *Geographische Rundschau., 65*(6), 18–25.

Graham, M., De Sabbata, S., & Zook, M. (2015). Towards a study of information geographies: (Im)mutable augmentations and a mapping of the geographies of information. *Geo: Geography and Environment, 2*(1), 88–105.

Hilzensauer, W. (2008). Theoretische Zugänge und Methoden zur Reflexion des Lernens. *Ein Diskussionsbeitrag. Bildungsforschung, 5*(2), 1–18.

Jörissen, B., & Marotzki, W. (2009). *Medienbildung – eine Einführung. Theorie – Methoden – Analysen.* Klinkhardt.

Lash, S. (1996). Reflexivität und ihre Doppelungen. Struktur, Ästhetik und Gemeinschaft. In U. Beck, A. Giddens, & S. Lash (Hrsg.), *Reflexive Modernisierung: Eine Kontroverse* (S. 195–286). Suhrkamp.

Stalder, F. (2016). *Kultur der Digitalität.* Suhrkamp.

Partizipation.
Räume und Digitalisierung/Virtualität

27

Visionen nachhaltiger Städte mit Virtual Reality gestalten

Nina Brendel und Katharina Mohring

▶ **Teaser** Digitale und virtuelle Räume spielen nicht nur im Alltag der Schüler*innen eine wesentliche Rolle, sie stellen auch eine neue Art des Raum-Erlebens dar und sollten daher im Geographieunterricht reflektiert werden. Wie andere soziale Medien ermöglichen sie neue Möglichkeiten der Partizipation und Mitgestaltung, die beispielsweise im Rahmen einer Bildung für nachhaltige Entwicklung großes Potenzial bieten – sofern sie „achtsam" eingesetzt werden.

27.1 Fachwissenschaftliche Grundlage: Digitalisierung – Virtualität

Digitalisierung ist sowohl ein technischer als auch ein kultureller und kommunikativer Wandel (Stalder, 2018). Das beeinflusst unter anderem die Art und Weise, wie Raum erfahren und angeeignet werden kann (Felgenhauer & Gäbler, 2019; Böckler, 2014).

Ergänzende Information Die elektronische Version dieses Kapitels enthält Zusatzmaterial, auf das über folgenden Link zugegriffen werden kann https://doi.org/10.1007/978-3-662-65720-1_27.

N. Brendel (✉) · K. Mohring
Institut für Umweltwissenschaften und Geographie, Universität Potsdam, Potsdam, Brandenburg, Deutschland
E-Mail: ninabrendel@uni-potsdam.de

K. Mohring
E-Mail: kmohring@uni-potsdam.de

Viele technische Geräte und digitale Anwendungen verfügen heutzutage über die Möglichkeit, sich „zu verorten" – also ihren aktuellen Standort auf der Erdoberfläche festzulegen. Auch können wir mittlerweile selbst beeinflussen, welche Informationen über Orte digital verfügbar sind. Es ist für uns Alltag, dass wir uns über Urlaubsorte vorab informieren können, Informationen über einen Ort posten und diese Informationen mit anderen Personen in sozialen Netzwerken teilen. So sind die digitale und analoge Welt miteinander verflochten. Das verändert nicht nur unser Wissen über Orte, sondern unser Verhältnis zu Raum und Zeit (Felgenhauer & Gäbler, 2019). Digitale Kommunikation findet zwar in Echtzeit statt, Informationen erreichen uns schneller und scheinbar rückt die Welt wie ein „globales Dorf" (McLuhan, 1962) zusammen. Dennoch sprechen wir nicht von einem Raumverlust, sondern von einem Bedeutungswandel von Raum. Digitale Medien sind zum Ersten als materielle Technik physisch im Raum verteilt. Diese Verteilungen können zu Ungleichheiten und Ausschluss führen. Wenn z. B. Menschen an Orten keinen Zugang zu digitalen Medien haben – sei es aus ökonomischen oder politischen Gründen –, sind sie im schlimmsten Fall von weltweiten Kommunikationen ausgeschlossen. Digitale Medien können zum Zweiten das Handeln in und die Bedeutung von Räumen verändern, z. B. wenn städtische Plätze per Video überwacht werden oder wenn Influencer auf Instagram positiv über eine Stadt berichten. Aber auch innerhalb des digitalen Netzwerkes gibt es Orte und Grenzen: wenn sich z. B. verschiedene Nutzer*innen zu digitalen Nachbarschaften zusammenfinden oder virtuelle Orte (Webseiten) aufgrund von Bezahlschranken unzugänglich werden. In den letzten Jahren fand Virtual Reality (VR) eine starke Verbreitung. Das ist eine digitale Technologie, mit der virtuelle Orte erlebt werden können. Hierbei scheint die Grenze zwischen real und virtuell zu verschwimmen (vgl. Abb. 27.1 sowie Brendel & Mohring, 2020). Mithilfe von VR-Brillen können Menschen in virtuelle Welten „eintauchen", d. h., die Welt umgibt sie vollständig. Man kann in einem Foto oder Video stehen. Oder man erlebt vollständig computergenerierte Welten, die sogar surreal und unnatürlich erscheinen können. Mit dem Blick oder dem Körper kann man die Welt steuern und sich von Ort zu Ort bewegen. Menschen, die sich in eine VR-Welt begeben, erleben diese oft als sehr real. Sie fühlen sich, als wären sie an einem anderen Ort, und empfinden diesen virtuellen Ort mit ihrem ganzen Körper. Der Ort strahlt sozusagen eine Atmosphäre aus und löst Gefühle wie Unwohlsein oder Glück aus. Die in der virtuellen Welt erlebten Situationen können sich so sehr deutlich einprägen. Das ist ein äußerst machtvoller Prozess. Unter Umständen ändern Menschen nach dem Erleben in VR ihr Verhalten oder ihre Einstellungen. Vor allem für den Einsatz im Bildungsbereich sollte der Umgang mit VR daher sorgfältig erprobt werden, die Inhalte genau auf die Lernziele abgestimmt sein. Wir sprechen in diesem Kontext von einem „achtsamen" Einsatzkonzept, das die Bedürfnisse von Lernenden und die möglichen Auswirkungen einer immersiven Umgebung auf ihre Gefühle und Raumerlebnisse mitdenkt.

Bezüge zur Digitalisierung sind nur vereinzelt in Inhaltsfelder der Lehrpläne integriert (z. B. Kernlehrplan NRW Sekundarstufe I, Inhaltsfeld 10: „Räumliche Strukturen unter

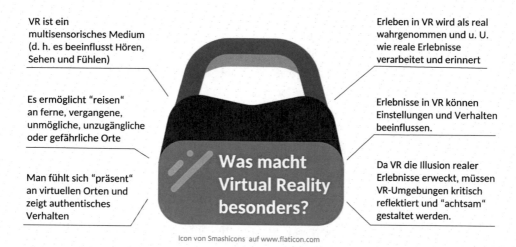

Abb. 27.1 Ausgewählte Charakteristika von Virtual-Reality-Umgebungen. (Quelle: eigene Darstellung, basierend auf Brendel & Mohring, 2020)

dem Einfluss von Globalisierung und Digitalisierung"), meist stellen sie ein integratives, fächerübergreifendes Kompetenzfeld dar.

Weiterführende Leseempfehlung
Tilo Felgenhauer & Karsten Gäbler (2019). Geographien digitaler Alltagskultur. Überlegungen zur Digitalisierung in Schule und Unterricht. *GW-Unterricht 154* (2), 5–20.

Problemorientierte Fragestellungen
- Wie erleben wir virtuelle Räume?
- Wie lebt man in den Megacities der Welt?
- Wie können unsere virtuellen Stadtwelten zu einer nachhaltigen Stadtentwicklung beitragen?

27.2 Fachdidaktischer Bezug: Partizipation

Partizipation ist kein spezifisch geographischer Ansatz. Allerdings ist **Partizipation** für eine moderne Geographie ein wichtiges Leitbild: Dies zeigt sich zum einen durch vermehrt praxisbezogene Ansätze geographiedidaktischer Forschung (wie z. B. partizipative Forschung, u. a. Bustamante Duarte et al., 2019, oder Design-based Research, u. a. Feulner et al., 2015). Zum anderen zeichnen sich moderne geographische Lernumgebungen (im Sinne eines konstruktivistischen Lernparadigmas) durch erhöhte Partizipation Lernender aus. Für Winter (2020: 6) stellen der „Anspruch auf Partizipation der Schüler und [eine] Demokratisierung der Lernkultur" Kernmerkmale einer neuen

Lern- und Prüfungskultur dar. Dieses partizipative Lernen kann z. B. in Form von Service Learning (z. B. Schmidt & Berger, 2017) Lernende zur Problemlösung in authentischen Praxisfeldern (z. B. Stadtplanung) ermächtigen. Dadurch, dass ihr Beitrag für die Praxis relevant ist und ihre Arbeitsergebnisse ggf. direkt angewandt werden, können sie zur weiteren Mitgestaltung gesellschaftlicher Prozesse motiviert werden.

Doch nicht jede Form der Beteiligung ist gleich partizipatives Lernen: Mayrberger (2012) unterscheidet verschiedene Stufen der Partizipation (siehe Abb. 27.2) und grenzt sie von Stufen der „Pseudobeteiligung" ab.

In formalen Bildungskontexten (z. B. Geographieunterricht) ist dabei das Paradox unumgänglich, dass die Übernahme von Verantwortung und Mitbestimmung des Lernprozesses in gewisser Weise immer vom Lehrenden initiiert ist, was Mayrberger (2012:18) „verordnete Partizipation" nennt (d. h. selbst das spannendste, eigenständig durchgeführte Projekt bleibt letztlich ein Arbeitsauftrag im Rahmen des Unterrichts).

Dabei ist es Ziel des Geographieunterrichts, Lernende zum geographischen Handeln zu befähigen – insbesondere im Kontext einer Bildung für nachhaltige Entwicklung (BNE): „Partizipation und Mitgestaltung" (Schreiber & Siege, 2016: 95) sind wesentliche Teilkompetenzen einer Handlungskompetenz im Sinne einer BNE. Konkret bedeutet dies, dass wir als Lehrende die Grundlage bereiten sollten, damit sich Lernende mündig und kompetent fühlen und bereit erklären, sich im privaten Bereich sowie auf gesellschaftlicher Ebene für eine nachhaltige Entwicklung einzusetzen. Digitale Medien bieten hierfür neue Möglichkeiten: Kinder und Jugendliche sind es gewohnt, das Internet (z. B. Wikipedia, Foren) sowie darin geführte Diskurse (z. B. über Twitter, Instagram) aktiv mitzugestalten (als Prosument*innen im Gegensatz zu Konsument*innen). Lauffenburger et al. (2020: 4) bezeichnen Social Media daher als „Möglichkeitsräume demokratischer Teilhabe".

Integriert man digitale oder virtuelle Lernumgebungen in den Unterricht, ergeben sich daraus auch neue Möglichkeiten der gesellschaftlich relevanten Partizipation, die Lernende zur aktiven Mitgestaltung – idealerweise über eine verordnete Partizipation hinaus – motivieren soll. Ein Beispiel: Über einfaches technisches Equipment können Lernende 360-Grad-Bilder und -Videos erstellen und damit aktiv virtuelle Räume gestalten. Essenziell sind hierfür eine fachspezifische Medienkompetenz sowie die Reflexion von Raumwahrnehmung, -produktion und -konstruktionsprozessen. Denn da Erlebnisse in VR als real wahrgenommen und erinnert werden, müssen VR-Erlebnisse achtsam gestaltet und reflektiert werden (Brendel & Mohring, 2020). Dies zu vermitteln gelingt am besten, wenn Lernende selbst zu Prosument*innen virtueller Räume werden. Partizipation über digitale und virtuelle Räume schafft also einerseits neue Beteiligungsmöglichkeiten (Empowerment), andererseits auch neue Verantwortlichkeiten, wie im digitalen Raum kommuniziert und gehandelt werden sollte.

Weiterführende Leseempfehlung
Mayrberger, K. (2012). Partizipatives Lernen mit dem Social Web gestalten. Zum Widerspruch einer verordneten Partizipation. *MedienPädagogik: Zeitschrift für Theorie und Praxis der Medienbildung 21*, 1–25.

Stufen der Partizipation in formalen Bildungskontexten

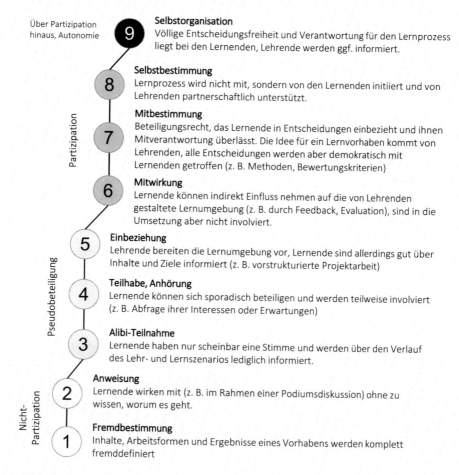

Abb. 27.2 Stufen der Partizipation in formalen Bildungskontexten. (Quelle: eigene Darstellung, verändert nach Mayrberger, 2012: 18)

Bezug zu weiteren fachdidaktischen Ansätzen

Bildung für nachhaltige Entwicklung, fachspezifische Medienkompetenz

27.3 Unterrichtsbausteine: Lernende erleben und gestalten Virtual Reality

Baustein A: Lernende **erleben** Unterrichtsinhalte über das Medium Virtual Reality

Als einfacher Einstieg in virtuelle Lernräume können bestehende VR-Lernumgebungen genutzt werden (zur benötigten Technik siehe M1, zu Beispielen für

VR-Lernumgebungen siehe M2 im digitalen Materialanhang). Hier sollte didaktisch und pädagogisch gezielt ausgewählt werden: Viele (kommerzielle) Anbieter wie z. B. Google Expeditions wählen stark lehrer*innenzentrierte Ansätze, die Schüler*innen lediglich in die Rolle von Beobachter*innen versetzen, welche nur insofern mit der virtuellen Welt interagieren, als sie ihren Kopf drehen und sich umblicken. Die Auswahl der 360-Grad-Szenerien und der eingeblendeten Informationen übernimmt zentral die Lehrkraft.

Ein schüler*innenzentrierterer Einsatz erfolgt, wenn Lernende virtuelle Räume eigenständig erkunden können, z. B. einen Vulkanausbruch bei einem virtuellen Helikopterflug erleben oder virtuell durch einen Naturwald oder eine Megacity spazieren (siehe M2). Hier kann entdeckend gelernt werden, unterstützt durch Reflexionsimpulse wie in Abb. 27.3 vorgeschlagen.

Schüler*innen können so in eine Diskussion darüber eintreten, dass diese Räume zwar sehr real wirken, jedoch ausgewählte Repräsentationen darstellen, die subtil auf das eigene Raumerleben wirken und daher kritisch hinterfragt werden müssen (raumbezogene Medienkompetenz). Infobox 27.1 skizziert exemplarisch ein Unterrichtsszenario, das einem Vergleich verschiedener Megacities mittels Atlaskarten das Erleben der Atmosphären dieser Städte in VR gegenüberstellt. Essenziell ist dabei eine kritische Reflexion der medialen Darstellungsweisen dieser Räume – in Virtual Reality genauso wie mittels Karten.

Abb. 27.3 Reflexionsfragen zum Erleben von Virtual-Reality-Umgebungen. (Quelle: eigene Darstellung)

> **Infobox 27.1: Beispielhafter Unterrichtsablauf zum Einsatz von VR-Umgebungen**
> **Einstieg:** Brainstorming und ggf. Erstellung einer gemeinsamen Mind-Map zu Assoziationen zum Thema „(Groß-)Stadt". Impulsgeleitete Hinführung der Schüler:innen zur Fragestellung.
> **Fragestellung:** Wie lebt man in den Megacities der Welt?
> **Erarbeitung 1:** Materialgeleitet (z. B. mittels thematischer Atlaskarten) analysieren die SuS ausgewählte Megacities (z. B. New York, London, Moskau und Shanghai) auf Basis unterschiedlicher Kategorien, z. B. historische Entwicklung, Stadtmodell, funktionale Gliederung, Sozialstruktur, Anteil der Grünflächen etc. Methodisch bietet sich hier Gruppenarbeit oder Gruppenpuzzle an, als Produkte entstehen z. B. Kurzprofile der Megacities.
> **Teilsicherung 1:** Die SuS beurteilen auf Basis ihrer Ergebnisse, in welcher dieser Städte sie am liebsten leben würden, und begründen ihr Urteil. Dazu können z. B. Klebepunkte auf den Kurzprofilen verteilt werden.
> **Erarbeitung 2:** Die SuS erleben die ausgewählten Städte in kurzen VR-Umgebungen und tauschen sich z. B. in Partnerarbeit über ihre Eindrücke, Gefühle und die wahrgenommene Atmosphäre aus, vergleichen und bewerten sie. Als Leitfragen werden die ersten vier Reflexionsimpulse in Abb. 27.3 genutzt.
> **Sicherung und Diskussion:** Im Plenum werden die Eindrücke diskutiert und auf Basis der weiteren Reflexionsimpulse in Abb. 27.3 eingeordnet. Es wird reflektiert, wie Raumwahrnehmung von den zur Verfügung stehenden Informationen und der medialen Darstellung abhängt. Je nach Lerner*innengruppe wird der Aspekt der Authentizität vertieft.
> **Anwendung und Reflexion:** Die SuS verteilen erneut Klebepunkte, in welcher Stadt sie am liebsten leben würden, und begründen ihre Entscheidung und ggf. Änderungen ihrer Einstellung. Darauf aufbauend diskutiert die Klasse, welche Informationen und Erlebnisse die Wahrnehmung und Bewertung einer Stadt beeinflussen. Abschließend werden die Elemente der zu Beginn der Stunde erstellen Mind-Map dahingehend eingeordnet und bewertet.

Bieten VR-Lernumgebungen größere Interaktionsmöglichkeiten, gehen damit auch gesteigerte Partizipationsmöglichkeiten einher: In Virtual-Reality-Exkursionen (nach Brendel & Mohring, 2020) kann durch Blicksteuerung aus verschiedenen Handlungsoptionen ausgewählt und können die Konsequenzen dieser Entscheidung „erlebt" werden. Da Erlebnisse in VR wie reale Erlebnisse erinnert werden, können Lernende so im virtuellen Raum Handlungen „testen", sich also als wirksame Akteur*innen erleben und zu Partizipation und Mitgestaltung im Alltag motiviert werden.

Baustein B: Lernende gestalten eigenständig Virtual-Reality-Umgebungen.
Das eigentliche partizipatorische Potenzial von VR liegt im Gestalten von VR-Lernumgebungen (zu benötigter Technik siehe M1).

Als Beispiel sei die Problemfrage herangezogen, wie die Schüler*innen mit eigenen Visionen einer zukunftsfähigen Stadt zur nachhaltigen Stadtentwicklung beitragen können. Infobox 27.2 skizziert eine mögliche Umsetzung in einer Unterrichtssequenz.

Infobox 27.2: Skizze einer Unterrichtssequenz zum Gestalten virtueller Stadtvisionen (auf Basis des Stechlin-Modells)

Stunde 1, fachliche Einarbeitung: Angeregt durch Visualisierungen zukünftiger Städte (z. B. aus Büchern, Filmen oder Illustrationen) tauschen sich die SuS über ihre Vorstellungen einer Stadt der Zukunft aus. Es wird die Leitfrage der Einheit entwickelt: Wie können unsere virtuellen Stadtwelten zu einer nachhaltigen Stadtentwicklung beitragen?

Die Schüler*innen erarbeiten die Grundlagen des nachhaltigen Entwicklungsziels 11 „Nachhaltige Städte und Gemeinden" und recherchieren zu Stadtentwicklungsprojekten oder Aktionen in Bezug auf eine nachhaltige Entwicklung ihres Heimatorts. Dies kann mit ausgewähltem (differenzierendem) Material oder mittels einer angeleiteten Internetrecherche erfolgen. Die Ergebnisse werden vorgestellt und die Auswirkungen dieser Projekte gemäß den Richtlinien des Entwicklungsziels 11 beurteilt.

Stunde 2, Exkursion: Idealerweise kann die Lernendengruppe auf einem Unterrichtsgang die recherchierten Projekte besuchen, mit Akteur*innen in Kontakt treten und sich über die Projekte fachlich austauschen. Neben dieser fachlichen Analyse der Stadtentwicklungsprojekte sind die Lernenden auch aufgefordert, die Atmosphären dieser Orte zu erspüren. Mit der Methode des Standbildes kann mit der eigenen Körperhaltung vermittelt werden, wie diese Orte auf die Schüler*innen wirken und wie sie sich an diesen Orten fühlen.

Stunde 3 und 4, Transitionsphase: Hierfür sollte mindestens eine Doppelstunde angesetzt werden, da diese Phase zwei wesentliche Schritte beinhaltet, die sehr bewusst angeleitet werden müssen: So entwickeln die Schüler*innen auf Grundlage ihrer Ergebnisse der Vorstunden in Gruppen zunächst fachlich eigene Visionen einer zukunftsfähigen Stadt (entweder eine fiktive Stadt oder eine zukünftige Vision des Heimatorts). Unter Beratung der Lehrkraft übertragen sie diese Vision dann in eine virtuelle Repräsentation. Dazu müssen die Lernenden zunächst entscheiden, *was* sie in den Fokus rücken (welche Stadtansichten? Welche Orte?) und gleichzeitig *wie* diese Orte repräsentiert werden (Welche Ansicht? Welche Perspektive? Welche Tageszeit?). Dabei muss gut reflektiert werden, welche Einflüsse ihre Gestaltungselemente auf die Wirkung dieser virtuellen Stadtvision haben (hierbei helfen die Impulsfragen in Abb. 27.4 sowie ein Rückbezug zur Standbildübung in Stunde 2).

Stunde 5, Erstellung der virtuellen Stadtvision: Zur technischen Umsetzung dieser Visionen nutzen die SuS bestehende 360-Grad-Fotos und -Videos aus dem Internet oder erstellen eigene 360-Grad-Aufnahmen. Diese können auch mithilfe geeigneter Software (z. B. Google Tour Creator, Marzipano) mit weiteren Medien (z. B. Bildern, Karten, eingesprochenen Erläuterungen, Musik) angereichert werden. Hierzu ist idealerweise ein weiterer Unterrichtsgang möglich, alternativ werden die Aufnahmen als Hausaufgabe erstellt.

Stunde 6, Erleben und Reflektieren der virtuellen Stadtvisionen: In der Abschlussstunde werden die entwickelten Virtual-Reality-Stadtvisionen untereinander getestet und Feedback gegeben. Essenziell ist hierbei eine Reflexion der Raumwahrnehmung und von Raumkonstruktionsprozessen: Was vermitteln die kreierten VR-Städte – inhaltlich und atmosphärisch? Wie steht die Vision in Bezug zum SDG 11? Wie können wir in der Realität zu einer solchen Stadtentwicklung beitragen?

Einer fachlichen Einarbeitung in den Themenbereich „nachhaltige Stadtentwicklung" und einer Recherche zu Projekten nachhaltiger Stadtentwicklung am Heimatort folgt idealerweise ein Unterrichtsgang für Erhebungen und das Erspüren von Atmosphären dieser Orte (Wahrnehmung schulen). Ausgehend von ihren fachlichen Erkenntnissen können Lernende in Kleingruppen eigene Visionen für eine nachhaltige Stadtentwicklung zunächst fachlich erarbeiten und dann (eine klare Trennung ist überaus wichtig!) in eigene VR-Umgebungen umsetzen.

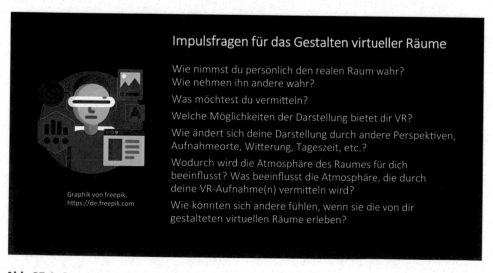

Abb. 27.4 Impulsfragen für das Gestalten virtueller Räume. (Quelle: eigene Darstellung)

Beispielsweise könnten Lernende eine „grüne" Zukunftsvision ihrer Stadt gestalten, indem sie mit einem „Blick für Grünes", also Gärten, Urban-Gardening-Projekte, Parkanlagen etc. durch die Stadt exkursionieren und dies in VR-Fotografien und VR-Videos abbilden.

Hierbei kann die Impulsfrage hilfreich sein: „Welche Vision meiner Stadt möchte ich in meiner virtuellen Stadt vermitteln (Was?) und mit welchen Mitteln (Wie?)" Nach einer Phase des Vertraut-Werdens mit der 360-Grad-Fotografie gilt es dann zu diskutieren, welche Inhalte, Prozesse, Atmosphären und Erlebnisse über die gestalteten 360-Grad-Aufnahmen vermittelt werden sollen (siehe Abb. 27.4).

Dieser Prozess des Perspektivwechsels von Raum Erlebenden zu Raum Gestaltenden sollte von der Lehrkraft eng mit reflexionsfördernden Impulsen begleitet werden.

Die erstellten Aufnahmen können anschließend über YouTube bereitgestellt oder mittels Software (z. B. Marzipano, Thinglink) mit Zusatzinformationen angereichert und zu VR-Exkursionen weiterentwickelt werden (eine genauere Beschreibung findet sich bei Mohring & Brendel, 2020).

Indem Schüler*innen eigene Visionen von nachhaltigen Städten als virtuelle Räume gestalten, sind sie stark herausgefordert, ihr eigenes Raumerleben zu reflektieren und mitzudenken, welche Raumerlebnisse sie mit ihrer VR-Repräsentation für andere gestalten. So werden sie zu virtuellen Stadtplaner*innen, die gedankliche Prozesse durchlaufen, die auch in der tatsächlichen Stadtplanung hoch relevant sind (z. B.: Wie fühlen sich Menschen an diesem Ort? Welche Funktionen soll eine Maßnahme erfüllen, welche Bedürfnisse befriedigen?). Denn haben Lernende z. B. eine VR-Umgebung zu grüner Stadtgestaltung produziert, haben sie aktiv, mit eigenen Ideen und eigenständig an einer Vision von nachhaltiger Stadtentwicklung partizipiert. Übernehmen Lernende Verantwortung für diesen Prozess, sind hohe Stufen der Partizipation sowie das Anregen von Handlungsintentionen im Sinne einer Handlungskompetenz möglich.

Beitrag zum fachlichen Lernen
Baustein A soll zur Beantwortung der ersten problemorientierten Fragestellung beitragen, die sich zunächst dem Medium VR annähert und Lernende in eine Reflexion über das Medium VR bringt.

Die anderen beiden Fragestellungen richtet sich an VR gestaltende Unterrichtsszenarien, wie in Baustein B skizziert. Alle Fragen sind ergebnisoffen und stark lerner*innenzentriert gedacht. Es gibt hier kein Richtig oder Falsch, wichtiger als die abschließende Beantwortung der Fragen ist der Weg dorthin. Konkreter gesagt: Wie Lernende VR-Lernumgebungen wahrnehmen, kann individuell sehr verschieden sein und ist wertneutral zu sehen. Elementar ist, dass Reflexionsprozesse darüber angeregt werden, wie virtuelle Räume wahrgenommen werden. Ebenso zielt die dritte Frage weniger auf möglichst konkrete Einflussmöglichkeiten (z. B. Diskussion der VR-Stadtvisionen mit Stadtplaner*innen), sondern auf eine Bereitschaft zum Mitgestalten und darauf, eigene Partizipationsmöglichkeiten zu diskutieren.

Kompetenzorientierung

- **Fachwissen:** S22 „geographische Fragestellungen […] an einen konkreten Raum […] richten" (DGfG, 2020: 15)
- **Räumliche Orientierung:** S15 „anhand von kognitiven Karten/Mental Maps und Augmented Reality [und Virtual Reality] erläutern, dass Räume stets selektiv und subjektiv wahrgenommen werden […]" (ebd.: 18)
- **Beurteilung/Bewertung:** S8 „geographisch relevante Sachverhalte und Prozesse […] in Hinblick auf diese Normen und Werte bewerten" (ebd.: 25)
- **Handlung:** S8 „fachlich fundiert raumpolitische Entscheidungsprozesse nachzuvollziehen und daran zu partizipieren […]" (ebd.: 28)

Partizipation und Mitgestaltung (S8) als Kernkompetenz im Lernbereich „Globale Entwicklung", Kompetenzbereich „Handeln" (gemäß Orientierungsrahmen für diesen Lernbereich; Schreiber & Siege, 2016: 95): Die Schülerinnen und Schüler sind in der Lage und aufgrund ihrer mündigen Entscheidung bereit, Ziele der nachhaltigen Entwicklung im privaten, schulischen und beruflichen Bereich zu verfolgen und sich an ihrer Umsetzung auf gesellschaftlicher und politischer Ebene einzusetzen.

Die vorgestellten Unterrichtsbausteine sollen zur Kompetenzförderung von „Partizipation und Mitgestaltung" gemäß einer Handlungskompetenz im Sinne des Orientierungsrahmens für den Lernbereich „Globale Entwicklung" beitragen. Generell gilt dabei, dass Partizipation ermöglicht werden soll; inwieweit sich Lernende jedoch tatsächlich bereit erklären, mitzugestalten, obliegt immer ihrer mündigen Entscheidung. Ziel des Unterrichts sollte und kann es nur sein, sie dazu zu befähigen (Empowerment). Ein erster Schritt in diese Richtung kann beispielsweise über den Einsatz von Virtual-Reality-Umgebungen im Geographieunterricht erfolgen.

Klassenstufe und Differenzierung

Der Einsatz von VR-Umgebungen eignet sich generell für alle Klassenstufen, anzustreben ist ein schrittweiser Aufbau einer fachspezifischen Medienkompetenz: Bereits in der Unterstufe kann die Wirkung, die Virtual-Reality-Umgebungen auf die Lernenden haben, analysiert und reflektiert sowie das (aus dem Alltag bekannte) Medium VR kritisch hinterfragt werden (Baustein A). Gerade für die Unterstufe müssen VR-Umgebungen sehr bewusst ausgewählt werden, um Schüler*innen vor Überwältigung und starken (negativen) emotionale Reaktionen zu schützen.

Das eigenständige Produzieren von Virtual-Reality-Umgebungen (Baustein B) ist besonders ab den Klassenstufen 9 und 10 gewinnbringend, da davon auszugehen ist, dass dann grundlegende Medienkompetenzen, ausreichend Abstraktionsvermögen sowie die Fähigkeit zur Reflexion über Raumwahrnehmung und -konstruktionsprozesse vorhanden sind.

Räumlicher Bezug

Virtuelle Räume, urbane Räume

Konzeptorientierung
Deutschland: Nachhaltigkeitsviereck (Ökonomie, Ökologie, Politik, Soziales), Maßstabsebene (lokal), Zeithorizont (langfristig), Raumkonzepte (wahrgenommener Raum, konstruierter Raum)
Österreich: Raumkonstruktion und Raumkonzepte, Wahrnehmung und Darstellung
Schweiz: Zur Digitalisierung/Virtualität finden sich im Schweizer Curriculum keine Bezüge.

27.4   Transfer

Partizipation kann in verschiedenen Formen und Ausmaßen im Geographieunterricht integriert werden – ganz übergeordnet als Element eines konstruktivistischen Lernparadigmas, bei dem Lernende auf möglichst hohen Stufen der Partizipation am Unterricht mitgestalten, oder als punktuelle Beteiligungsform z. B. im Rahmen eines Unterrichtsprojekts. Neben der hier beschriebenen Einbettung in die Inhalte und Kompetenzbereiche einer Bildung für nachhaltige Entwicklung kann Partizipation genauso im Sinne des Service Learning, des Activist Citizenship oder der kollaborativen Gestaltung von Geoinformation(ssystemen) erfolgen.

Verweise auf andere Kapitel
- Dickel, M.: *Perspektivenwechsel. Sozialkatastrophe – Hurricans.* Band 1, Kap. 6.
- Franz, S.: *Digitale Geomedien. Naturgefahr – Vulkanismus.* Band 1, Kap. 4.
- Hiller J. & Schuler, S.: *Mental Maps/Subjektive Karten. Nachhaltige Stadtentwicklung – Stadtgrün.* Band 1, Kap. 25.
- Meurel, M., Lindau, A.-K. & Hemmer, M.: *Exkursionsdidaktik. Stadtentwicklung – Gentrifizierung.* Band 2, Kap. 8.
- Meyer, C. & Mittrach, S.: *Bildung für nachhaltige Entwicklung. Welthandel – Textilindustrie.* Band 2, Kap. 20.

Literatur

Boeckler, M. (2014). Digitale Geographien: Neogeographie, Ortsmedien und der Ort der Geographie im digitalen Zeitalter. *Geographische Rundschau, 6,* 4–10.
Brendel, N., & Mohring, K. (2020). Virtual-Reality-Exkursionen im Geographiestudium – Neue Blicke auf Virtualität und Raum. In L. Blasch, T. Hug, P. Missomelius, & M. Rizzolli (Hrsg.), *Medien – Wissen – Bildung: Augmentierte und virtuelle Wirklichkeiten* (S. 189–204). University Press.
Bustamante Duarte, A. M., Ataei, M., Degbelo, A., Brendel, N., & Kray, C. (2021) Safe spaces in participatory design with young forced migrants, *CoDesign, 17*:2, 188–210, https://doi.org/10.1080/15710882.2019.1654523.

DGfG (Hrsg.) (2020). *Bildungstandards im Fach Geographie für den Mittleren Schulabschluss mit Aufgabenbeispielen*. 10. Auflage. Online verfügbar unter: https://geographie.de/wp-content/uploads/2020/09/Bildungsstandards_Geographie_2020_Web.pdf.

Felgenhauer, T., & Gäbler, K. (2019). Geographien digitaler Alltagskultur. Überlegungen zur Digitalisierung in Schule und Unterricht. *GW-Unterricht, 154*(2), 5–20.

Feulner, B., Ohl, U., & Hörmann, I. (2015). Design-Based Research – Ein Ansatz empirischer Forschung und seine Potenziale für die Geographiedidaktik. *Zeitschrift für Geographiedidaktik, 3*, 205–231.

Lauffenburger, M., Biersack, J., Kanwischer, D., & Schulze, U. (2020). Partizipation im Kontext digitaler Geomedien und geographischer Lehrkräftebildung. Eine explorative Studie zu den Gelingensbedingungen für die Förderung partizipativer Fähigkeiten. *Open Spaces, 2*, 4–15.

Mayrberger, K. (2012). Partizipatives Lernen mit dem Social Web gestalten. Zum Widerspruch einer verordneten Partizipation. *MedienPädagogik: Zeitschrift für Theorie und Praxis der Medienbildung, 21*, 1–25.

McLuhan, M. (1962). *The gutenberg galaxy*. University of Toronto Press.

Mohring, K., & Brendel, N. (2020). Vom Ort zur virtuellen Welt – Studierende designen in Wien eine VR-Exkursion zu nachhaltiger Stadtentwicklung. In A. Hof & A. Seckelmann (Hrsg.), *Exkursionen und Exkursionsdidaktik in der Hochschullehre. Erprobte und reproduzierbare Lehr- und Lernkonzepte*. (S. 129–148). Springer.

Schmidt, H., & Berger, S. (2017). Lernen durch Engagement im Geographieunterricht. Wie Service-Learning Schüler zu Akteuren im städtischen/globalen Raum machen kann. *Geographie heute, 38*(333), 43–45.

Schreiber, J.-R., & Siege, H. (Hrsg.). (2016). *Orientierungsrahmen für den Lernbereich Globale Entwicklung*. Cornelsen.

Stalder, F. (2018). Herausforderungen der Digitalität jenseits der Technologie. *Synergie – Fachmagazin für Digitalisierung in der Lehre, 5*, 8–15.

Winter, F. (2020). *Leistungsbewertung. Eine neue Lernkultur braucht einen anderen Umgang mit den Schülerleistungen*. Schneider.

Mündigkeitsorientierte Bildung

Smart Cities als Beispiel für die digitale Transformation von Städten

Stephanie Mittrach und Christian Dorsch

▶ **Teaser** Am Beispiel des stadtgeographischen Themenfeldes „Smart City" wird exemplarisch aufgezeigt, wie durch Portfolioarbeit ein Beitrag zur mündigkeitsorientierten Bildung geleistet werden kann. Anhand des Unterrichtsbausteins zur digitalen Transformation von Städten werden die drei Dimensionen einer mündigkeitsorientierten Bildung, nämlich Struktur- und Selbstreflexivität, Sich-seiner-selbst-bewusst-Sein sowie Autonomie, konkretisiert.

28.1 Fachwissenschaftliche Grundlage: Kultur der Digitalität – Smart Cities

Etwa seit Beginn der 2000er-Jahre hält der Begriff Smart City Einzug in Politik und Stadtentwicklung. Unter Verwendung von Informations- und Kommunikationstechnologie (IKT) wird dabei angestrebt, innerstädtische Prozesse wie etwa Verwaltungsabläufe

Ergänzende Information Die elektronische Version dieses Kapitels enthält Zusatzmaterial, auf das über folgenden Link zugegriffen werden kann https://doi.org/10.1007/978-3-662-65720-1_28.

S. Mittrach (✉)
Green Office, Leibniz Universität Hannover, Hannover, Niedersachsen, Deutschland
E-Mail: stephanie.mittrach@zuv.uni-hannover.de

C. Dorsch
Institut für Humangeographie, Goethe-Universität Frankfurt, Frankfurt am Main, HE, Deutschland
E-Mail: dorsch@geo.uni-frankfurt.de

oder den Verkehr effizienter zu organisieren beziehungsweise zu steuern. Grundlage dessen ist eine umfassende digitale Vernetzung, die mit einer algorithmengesteuerten Auswertung von Daten einhergeht, die beispielsweise durch Kameras oder Sensoren gesammelt werden. Ziel der Smart City ist es, „den Ressourceneinsatz zu verringern, die Lebensqualität ihrer Bewohner nachhaltig zu erhöhen sowie die Wettbewerbs-fähigkeit der regionalen Wirtschaft nachhaltig zu stärken" (Gassmann et al., 2018: 17). Wenngleich umfassendere Smart-City-Strategien insbesondere außerhalb von Europa bestehen, gibt es auch in Deutschland zahlreiche Beispiele für die digitale Transformation von Städten, wie der Smart-City-Atlas anschaulich aufzeigt (Bitkom e. V., 2019). So hat sich beispielsweise das „Smarter Together"-Projekt in München zum Ziel gesetzt, die Stadtteile Neuaubing-Westkreuz und Freiham bis zum Jahr 2050 durch intelligente Lösungen klimaneutral zu gestalten. Um die Digitalisierung weiter zu forcieren, werden in einigen Städten auch gezielt Start-up-Unternehmen in diesem Bereich gefördert, wie etwa der „Smart City Hub" in Hannover verdeutlicht. Die Viel-fältigkeit der Smart-City-Anwendungen ist in Abb. 28.1 exemplarisch dargestellt.

Städte wie Songdo City in Südkorea zeigen jedoch, dass die städtischen Digitalisierungsprozesse auch kritisch zu hinterfragen sind. Diverse Autor*innen (u. a. Bauriedl & Strüver, 2018; Mühlichen, 2020) weisen beispielsweise auf Problematiken wie mangelnden Datenschutz, Videoüberwachung oder Exklusionsprozesse hin, die durch die digital durchdrungenen Lebenswelten entstehen. Auch die Monopolstellung einzelner IKT-Unternehmen, denen oftmals die smarte Verwaltung der Städte über-tragen wird, steht im Zentrum der Kritik. Gleichwohl kann und soll den verschiedenen

Abb. 28.1 Die „Smart City" als Beispiel für die digitale Transformation von Städten. (Eigene Dar-stellung: Mittrach)

urbanen Herausforderungen durch die Smart-City-Transformation begegnet werden (Etezadzadeh, 2020). Auch bietet das Konzept die Chance, dass die Partizipation an gesellschaftlichen Entwicklungen durch den Einsatz direkter Bürger*innenbeteiligung mittels digitaler Beteiligungsplattformen (E-Partizipation) und den kostenlosen Zugriff auf kommunale Daten (E-Government) erleichtert wird (Mandl & Schaner, 2012: 196). Eindrucksvolles Beispiel dafür ist die Smart-City-Anwendung „e-Estonia", mit der die Bürger*innen des baltischen Staates Estland etwa im Internet an politischen Wahlen teilnehmen oder eine Geburtsurkunde beantragen können.

Grünberg und Dorsch (2016) schlussfolgern daher, dass die (künftigen) Bewohner*innen dieser digitalisierten Städte somit nicht nur in der Lage sein müssen, die für die Smart City notwendige digitale Technologie zu beherrschen, sondern auch reflektiert mit Beteiligungsmöglichkeiten umzugehen sowie die Auswirkungen der Digitalisierung hinsichtlich gesellschaftlicher Prozesse zu bewerten. Letztendlich bedarf es mündiger Bürger*innen. Im Geographieunterricht der Sekundarstufe I, aber insbesondere der Sekundarstufe II können im Zusammenhang mit der Thematisierung stadtgeographischer Entwicklungsprozesse die Smart-City-Bestrebungen aufgegriffen werden, um einen Beitrag zu einer mündigkeitsorientierten Bildung zu leisten.

Weiterführende Leseempfehlung
Etezadzadeh, C. (Hrsg.) (2020). *Smart City – Made in Germany. Die Smart-City-Bewegung als Treiber einer gesellschaftlichen Transformation*. Wiesbaden: Springer Vieweg.

Problemorientierte Fragestellungen
- Welche Chancen und Herausforderungen ergeben sich durch die Digitalisierung von Städten?
- Wie kann die Smart City von Bürger*innen (mit-)gestaltet werden?

28.2 Fachdidaktischer Bezug: Mündigkeitsorientierte Bildung

Schule soll Schüler*innen zu mündigem Handeln befähigen. Dieser Grundsatz gilt in Deutschland spätestens seit der Nachkriegszeit, in der Adorno, Horkheimer oder Klafki Mündigkeit als zentralen Begriff der Aufklärung wiederbelebten und sie als zwingende Voraussetzung einer wehrhaften Demokratie ansahen. Dabei bleibt jedoch die Frage offen, mit welchen unterrichtlichen Methoden und Inhalten Schüler*innen zu mündigen Individuen werden und wie dieser Prozess in Zeiten des kompetenzorientierten Unterrichts überprüft werden kann. Auf der Suche nach Antworten werden zentrale Bestandteile des Mündigkeitsbegriffs, wie z. B. die Fähigkeit, Widerstand zu leisten, oder die Selbstbestimmung, oftmals außer Acht gelassen und durch flexibel anpassungsfähige Kompetenzprofile wie Selbstregulierung und Eigenverantwortung ausgetauscht.

Das Konzept der mündigkeitsorientierten Bildung versucht einen Kompromiss zu finden: Es greift zentrale Dimensionen von Mündigkeit auf, die in der philosophischen, sozial- und bildungswissenschaftlichen Debatte mit ihr konnotiert werden, ohne den Anspruch zu erheben, den Begriff in seiner Gänze abzubilden (Dorsch, 2019). Mündigkeit umfasst demnach drei Dimensionen, wie Abb. 28.2 zeigt.

Die erste Dimension bezieht sich auf die Fähigkeit der Reflexivität. Eine Reflexion bezeichnet nach Dewey (1951) das rege, andauernde und sorgfältige Prüfen eines Reflexionsgegenstandes. Bei der Strukturreflexivität liegt dieser außerhalb der eigenen Person, d. h., die Reflexion bezieht sich angelehnt an Lash (1996) auf die sozialen Existenzbedingungen der Handelnden und die Regeln und Ressourcen der gesellschaftlichen Struktur. Stehen hingegen das eigene Denken und Handeln im Fokus der Reflexion, handelt es sich um Selbstreflexivität. Diese Fähigkeit hilft dem Individuum, die eigenen Interessen, Stärken und Schwächen zu ergründen und sich somit seiner selbst bewusst zu sein. Sie führt zur zweiten Dimension mündigkeitsorientierter Bildung, dem Zustand des Sich-seiner-selbst-bewusst-Seins. Hierdurch wird ermöglicht, dass der Mensch seine eigene Position in der sich ständig verändernden, unbestimmten und teils widersprüchlichen Gegenwart erkennen kann. Wer seine eigenen Interessen kennt und somit aus eigener Überzeugung heraus Entscheidungen trifft, handelt selbstbestimmt und nicht nur selbstgesteuert. Selbstbestimmtes und selbstgesteuertes Handeln sind Teile der dritten Dimension von Mündigkeit: Autonomie, ebenso wie die Fähigkeiten, sich zu

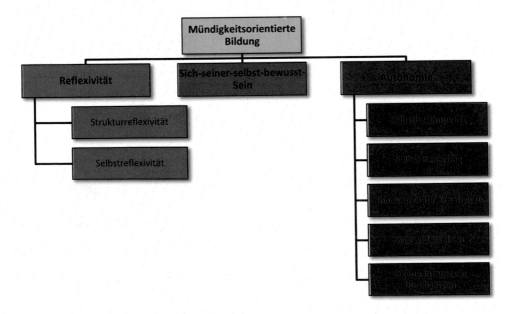

Abb. 28.2 Dimensionen mündigkeitsorientierter Bildung. (Verändert nach Dorsch, 2019: 134)

widersetzen (Adorno, 1969), Innovativität/Kreativität (Gryl, 2013) und die Fähigkeit, die eigenen Interessen durchzusetzen (Schulze et al., 2015).

Das Thema „Smart City" bietet vielfältige Anknüpfungspunkte, die mithilfe der Fähigkeiten einer mündigkeitsorientierten Bildung erschlossen werden können. Zu nennen sind hier beispielsweise die Problematik der Überwachung durch Kameras und Sensoren sowie die algorithmengesteuerte Verwaltung der Stadt, die Gegenstände einer Struktur- bzw. Selbstreflexion sein können. Wie in den Augen der Schüler*innen eine ideale Stadt aussieht und wie diese durch Vernetzung und Digitalisierung kreativ/ innovativ umgesetzt werden könnte, sind Fragen des Sich-seiner-selbst-bewusst-Seins und der Autonomie. Die in einigen bereits bestehenden Smart-City-Konzepten implementierte digitale Bürgerbeteiligung bietet die Möglichkeit, andere von den eigenen Interessen zu überzeugen sowie selbstbestimmt Initiativen für die eigene Stadt zu starten.

Weiterführende Leseempfehlung
Dorsch, C., & Kanwischer, D. (2020). Mündigkeit in einer Kultur der Digitalität: Geographische Bildung und „Spatial Citizenship". *Zeitschrift für Didaktik der Gesellschaftswissenschaften (ZDG)* 11(1), 23–40.

Bezug zu weiteren fachdidaktischen Ansätzen
Bildung für nachhaltige Entwicklung, Spatial Citizenship, Partizipation

28.3 Unterrichtsbaustein: In der Smart City mündig agieren können

Im Rahmen des Unterrichtsbausteins setzen sich die Schüler*innen unter Berücksichtigung der Dimensionen einer mündigkeitsorientierten Bildung mit dem Konzept „Smart City" auseinander. Dabei dokumentieren und reflektieren sie ihren Lernfortschritt in einem E-Portfolio, also einer digitalen Sammelmappe, in der die Schüler*innen ihre Arbeitsergebnisse und ihren Lernprozess dokumentieren und reflektieren. Die Methode bietet Schüler*innen einen wirkungsvollen Rahmen, um sich ihrer Mündigkeit bewusst zu werden und die entsprechenden Fähigkeiten zu üben (Dorsch, 2019). Die Arbeitsaufträge für die einzelnen Phasen und die sechs Thesen für die Vertiefung I sind im digitalen Materialanhang abrufbar.

Einstieg
Über einen kreativen Zugang sollen die Schüler*innen entweder ihre Stadt der Zukunft zeichnen oder eine Fantasiereise in diese schreiben. Mithilfe dieses Einstiegs kann die Dimension „Sich-seiner-selbst-bewusst-Sein" der mündigkeitsorientierten Bildung aufgegriffen werden. Die Schüler*innen bearbeiten die Aufgabe ausgehend von ihren

eigenen Vorstellungen und können, falls im Vorunterricht stadtgeographische Grundlagen vermittelt wurden, auch bereits an diese anknüpfen. Im Anschluss bietet es sich an, die Zeichnungen und/oder Geschichten im Klassengespräch vorzustellen und zu vergleichen. Eine beispielhafte Zeichnung einer Stadt der Zukunft findet sich in Abb. 28.3.

Das Beispiel Songdo City
Zunächst wird das Konzept „Smart City" am Beispiel der Stadt Songdo City in Südkorea eingeführt. Als Zugang ist z. B. der Artikel „Die Zukunftsstadt, die es schon heute gibt" (Schorsch, 2015) geeignet. Durch den Titel wird ein Bezug zu der eingangs von den Schüler*innen bearbeiteten Aufgabe hergestellt. Nach dem Lesen bieten sich vertiefende textbezogene Aufgaben für das E-Portfolio an. Als Ergänzung können die Schüler*innen (Kurz-)Videos über Songdo City hinzuziehen, die zahlreich auf einschlägigen Videoplattformen zu finden sind.

Vertiefung I: Herausforderungen von Smart Cities
In dieser Vertiefungsaufgabe soll das Konzept tiefergehend reflektiert werden. Dabei setzen sich die Schüler*innen mit der Kritik von Smart Cities auseinander. In einer ersten Aufgabe wird ausgehend vom Artikel von Schorsch (2015) herausgearbeitet, welche Herausforderungen mit einer Smart-City-Entwicklung verbunden sind. Diese anfänglichen Überlegungen können die Schüler*innen mithilfe von sechs Thesen

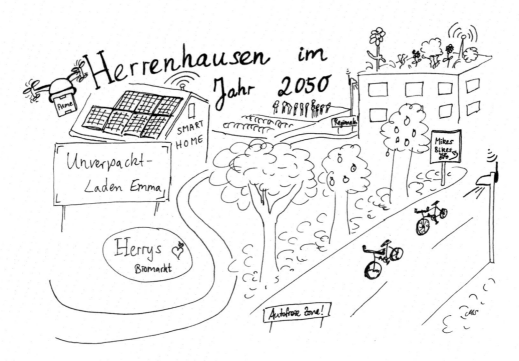

Abb. 28.3 Zeichnung „Stadt der Zukunft"

vertiefen, indem sie die dort genannten zentralen Kritikpunkte herausarbeiten. Abschließend sollen die Schüler*innen reflektieren, inwieweit der englische Begriff *smart* (im Sinne von „intelligent", „schlau", „geschickt") zutreffend für die mit der Digitalisierung von Städten verbundenen Herausforderungen ist. In einer möglichen Transferaufgabe wandeln die Schüler*innen ihre Schule zeichnerisch oder in einem Text in eine *Smart School* um. Dazu sollen sie sich anhand von zwei selbst gewählten Thesen überlegen, wie sich die darin ausgedrückten Risiken in der Schule manifestieren würden – z. B. indem Noten direkt digital an die Eltern oder potenzielle Arbeitgeber*innen übertragen werden. Durch diese Strukturreflexion können sie die zentralen Kritikpunkte auf ihren eigenen Alltag übertragen und besser nachvollziehen.

Vertiefung II: Partizipationsmöglichkeiten in Smart Cities
Die zweite Vertiefungsaufgabe beleuchtet das Potenzial sowie die Probleme von Instrumenten der digitalen Bürger*innenbeteiligung, die von den Schüler*innen ausprobiert und bewertet werden sollen. Sie spielen in der smarten Stadt eine wichtige Rolle. Die Aufgabe wurde so konzipiert, dass sie alle drei Dimensionen mündigkeitsorientierter Bildung anspricht. Die Schüler*innen sollen angeregt werden, Räume nach den eigenen Wünschen zu gestalten, ihre Vorstellungen mittels digitaler Medien zu kommunizieren und letztlich am Aushandlungsprozess über den Raum zu partizipieren. Zunächst reflektieren die Schüler*innen über ein für sie relevantes Problem in der Stadt und arbeiten selbstbestimmt einen Lösungsvorschlag dafür aus. Im nächsten Schritt veröffentlichen sie ihre Initiative auf einer Beteiligungsplattform, sofern ihre Heimatstadt eine solche anbietet (z. B. „Frankfurt fragt mich" (https://www.ffm.de/frankfurt/de/ideaPtf/45035) oder „OffeneKommune Hannover" (https://region-hannover.offenekommune.de)). Alternativ kann hierzu auch eine Social-Media-Plattform verwendet werden. Anschließend soll die Initiative über verschiedene Medien beworben werden. Nach ca. drei bis vier Wochen schreiben die Schüler*innen je eine Selbst- und Strukturreflexion über den Erfolg ihrer Initiative sowie die Rolle der Medien bei der Bewerbung und über strukturelle Probleme von Beteiligungsplattformen.

Beitrag zum fachlichen Lernen
Anhand des Unterrichtsbausteins erarbeiten sich die Schüler*innen die Potenziale und Herausforderungen, die mit der digitalen Transformation von Städten einhergehen. Anhand des Beispiels Songdo City wird deutlich, dass Smart-City-Bestrebungen Steuerungsprozesse benötigen, damit beispielsweise Exklusionsprozesse vermieden werden und die Privatsphäre der Bewohner*innen geschützt wird. Dafür ist auch die Partizipation von Bürger*innen notwendig. Anhand eines konkreten Beispiels erfahren die Schüler*innen, wie sie sich selbst an der künftigen Stadtentwicklung beteiligen können.

Kompetenzorientierung
- **Fachwissen:** S12 „den Ablauf von humangeographischen Prozessen in Räumen [...] beschreiben und erklären" (DGfG, 2020: 14)
- **Beurteilung/Bewertung:** S6 „zu ausgewählten geographischen Aussagen hinsichtlich ihrer gesellschaftlichen Bedeutung [...] kritisch Stellung nehmen" (ebd.: 25)
- **Handlung:** S7 „andere Personen fachlich fundiert über relevante Handlungsfelder zu informieren [...]" (ebd.: 27); S10 „einzelne potentielle oder tatsächliche Handlungen in geographischen Zusammenhängen begründen" (ebd.: 28); S11 „natur- und sozialräumliche Auswirkungen einzelner ausgewählter Handlungen abschätzen und in Alternativen denken" (ebd.)

Darüber hinaus orientiert sich der Unterrichtsbaustein am Kompetenzmodell des Spatial-Citizenship-Ansatzes (Schulze et al., 2015), hier vor allem an der Domäne der politischen Bildung. Er leistet zudem einen Beitrag zu einem mündigen Umgang mit den Herausforderungen in digitalisierten Lebensräumen. Die dazu notwendigen Fähigkeiten, wie z. B. die Reflexion algorithmengestützter Entscheidungen oder widerständige und innovative Praktiken der Digitalität, fehlen bislang in den Bildungsstandards.

Klassenstufe und Differenzierung
Es bietet sich an, den Schüler*innen vor dem Einsatz des Unterrichtsbausteins stadtgeographische Grundlagen zu vermitteln. Der Baustein ist für vier Doppelstunden für die Klassenstufe 11 konzipiert, kann jedoch durch didaktische Reduktion in Teilen auch für die Sekundarstufe I herangezogen werden. Dazu könnte beispielsweise in der Vertiefungsphase II eine Initiative mit der gesamten Klasse entwickelt werden. Erweiterbar ist der Vorschlag durch die Integration von Methoden des forschenden Lernens (vgl. Band 1, Kap. 3), z. B. im Kontext einer Projektwoche. Denkbar ist dabei die Durchführung einer Expert*innen- oder Passant*innenbefragung zum Thema „Smart City" nach der Vertiefung I. Auch eine Erkundung der eigenen oder der nächstgelegenen Stadt ist z. B. mit einer Spurensuche oder reflexiver Fotografie möglich. Dabei können gezielt Spuren der Digitalisierung im urbanen Raum dokumentiert werden, um einen Lebensweltbezug herzustellen.

Räumlicher Bezug
Songdo City (Südkorea), lokal (eigenes Schulumfeld)

Konzeptorientierung
Deutschland: Systemkomponenten (Funktion, Prozess), Nachhaltigkeitsviereck (Ökonomie, Ökologie, Politik, Soziales), Maßstabsebenen (lokal, regional, national, international, global), Raumkonzept (wahrgenommener Raum)
Österreich: Nachhaltigkeit und Lebensqualität, Interessen, Konflikte und Macht, Kontingenz
Schweiz: Lebensweisen und Lebensräume charakterisieren (2.3)

28.4   Transfer

Das Thema „Smart City" kann im Geographieunterricht insbesondere auch vor dem Hintergrund des fachdidaktischen Ansatzes und des übergeordneten Bildungsziels „Bildung für nachhaltige Entwicklung" reflektiert werden. Letztendlich ist es, wie oben dargestellt und auch vom WBGU (2019: 197–203) konkretisiert, das Ziel der urbanen Digitalisierungsprozesse, eine nachhaltige Stadtentwicklung zu unterstützen beziehungsweise zu forcieren (vgl. Bauriedl, 2017).

Mithilfe des fachdidaktischen Ansatzes der mündigkeitsorientierten Bildung lassen sich auch klassische Geographiethemen, wie z. B. Vulkanismus, unter Berücksichtigung der drei Dimensionen so vermitteln, dass sich Schüler*innen ihrer eigenen Mündigkeit bewusst werden. Die Schüler*innen können z. B. darüber reflektieren, ob sie selbst in einem von aktivem Vulkanismus geprägten Raum wohnen bleiben oder umziehen würden. In einer kreativ-innovativen Arbeit kann dann eine Evakuierungsstrategie für die betroffene Region entwickelt werden.

Verweise auf andere Kapitel

- Brendel, N. & Mohring, K.: *Partizipation. Digitalisierung – Virtualität.* Band 2, Kap. 27.
- Fögele, J. & Mehren, R.: *Basiskonzepte. Stadtentwicklung – Transformation von Städten.* Band 2, Kap. 4.
- Hiller, J. & Schuler, S.: *Mental Maps/Subjektive Karten. Nachhaltige Stadtentwicklung – Stadtgrün.* Band 1, Kap. 25.
- Meurel, M., Lindau, A.-K. & Hemmer, M.: *Exkursionsdidaktik. Stadtentwicklung – Gentrifizierung.* Band 2, Kap. 8.
- Meyer, C. & Mittrach, S.: *Bildung für nachhaltige Entwicklung. Welthandel – Textilindustrie.* Band 2, Kap. 20.
- Pettig, F.: *Digitalisierung. Dienstleistungssektor – Plattformökonomie.* Band 2, Kap. 25.
- Schrüfer, G. & Eberth, A.: *Globales Lernen. Verstädterung – Megacities.* Band 2, Kap. 5.
- Schulze, U. & Pokraka, J.: *Spatial Citizenship. Geovisualisierung – Webmapping.* Band 1, Kap. 27.

Literatur

Adorno, T. W. (1969). *Stichworte: Kritische Modelle 2* (1. Aufl., [Nachdr.]). Suhrkamp.
Bauriedl, S. (2017). Smart Cities als grüne Utopien. *Geographische Rundschau, 69*(7–8), 20–25.
Bauriedl, S., & Strüver, A. (Hrsg.). (2018). *Smart City. Kritische Perspektiven auf die Digitalisierung in Städten* (Urban Studies). Transcript.

Bitkom e. V. (2019). Smart-City-Atlas. Die kommunale digitale Transformation. https://www.bitkom.org/sites/default/files/2019-03/190318-Smart-City-Atlas.pdf. Zugegriffen: 12. Nov. 2020.

Dewey, J. (1951). *Wie wir denken: Eine Untersuchung über die Beziehung des reflektiven Denkens zum Prozeß der Erziehung* (Sammlung Erkenntnis und Leben: Bd. 5). Morgarten-Verl. Conzett & Huber.

DGfG [Deutsche Gesellschaft für Geographie e. V.] (Hrsg.) (2020). Bildungsstandards im Fach Geographie für denMittleren Schulabschluss mit Aufgabenbeispielen. 10., aktualisierte und überarbeitete Auflage Juli 2020. Bonn.

Dorsch, C. (2019). *Mündigkeit und Digitalität: E-Portfolioarbeit in der geographischen Lehrkräftebildung.* Dissertation, Goethe-Universität Frankfurt am Main, Frankfurt am Main.

Etezadzadeh, C. (Hrsg.). (2020). *Smart City – Made in Germany. Die Smart-City-Bewegung als Treiber einer gesellschaftlichen Transformation.* Springer Vieweg.

Gassmann, O., Böhm, J., & Palmié, M. (2018). *Smart City. Innovationen für die vernetzte Stadt. Geschäftsmodelle und Management.* Hanser.

Grünberg, N., & Dorsch, C. (2016). Smarte Schüler/innen in der Smart City? Zur Bedeutung und Adaption eines Zukunftskonzepts in Schulbüchern. *GW-Unterricht, 142/143*(2–3), 28–39.

Gryl, I. (2013). Alles neu – Innovativ durch Geographie- und GW-Unterricht? *GW-Unterricht, 131,* 16–27.

Lash, S. (1996). Reflexivität und ihre Doppelungen: Struktur, Ästhetik und Gemeinschaft. In U. Beck, A. Giddens, & S. Lash (Hrsg.), *Reflexive Modernisierung: Eine Kontroverse* (S. 195–286). Suhrkamp.

Mandl, B., & Schaner, P. (2012). Der Weg zum Smart Citizen – Soziotechnologische Anforderungen an die Stadt der Zukunft. In M. Schrenk, V. Popovich, P. Zeile, & P. Elisei (Hrsg.), *Proceedings REAL CORP 2012: Re-mixing the city. Towards sustainability and resilience?* (S. 191–199). CORP.

Mühlichen, A. (2020). Von der Smart City zur Gläsernen Stadt. In C. Etezadzadeh (Hrsg.), *Smart City – Made in Germany. Die Smart-City-Bewegung als Treiber einer gesellschaftlichen Transformation* (S. 881–890). Springer Vieweg.

Schorsch, A. (2015). Die Zukunftsstadt, die es schon heute gibt. https://www.n-tv.de/wissen/Die-Zukunftsstadt-die-es-schon-heute-gibt-article16168086.html. Zugegriffen: 29. Nov. 2020.

Schulze, U., Gryl, I., & Kanwischer, D. (2015). Spatial Citizenship – Zur Entwicklung eines Kompetenzstrukturmodells für eine fächerübergreifende Lehrerfortbildung. *Zeitschrift für Geographiedidaktik, 43*(2), 139–164.

WBGU [Wissenschaftlicher Beirat der Bundesregierung Globale Umweltveränderungen]. (Hrsg.). (2019). *Hauptgutachten. Unsere gemeinsame digitale Zukunft.* wbgu_hg2019.pdf.

Stichwortverzeichnis

Printed in the United States
by Baker & Taylor Publisher Services